高等学校规划教材

工业通风与除尘

蒋仲安　杜翠凤　牛　伟　编著

北　京

冶金工业出版社

2023

内容提要

本书为普通高等学校“安全工程”、“环境科学与工程”等专业的教学用书，系统阐述了工业有害物的种类、来源、危害及其综合防治措施，以及工业通风与除尘的基本概念、基本原理、设计方法、应用技术和测试方法。主要内容包括绪论、通风方法、排风罩、粉尘净化原理及装置、有害气体净化原理及装置、通风管道的设计计算、通风机和通风净化系统测试技术等。

本书也可作为相关专业的技术人员的参考书。

图书在版编目(CIP)数据

工业通风与除尘/蒋仲安等编著．—北京：冶金工业出版社，2010.8(2023.11重印)

高等学校规划教材

ISBN 978-7-5024-5141-7

Ⅰ.①工…　Ⅱ.①蒋…　Ⅲ.①工业建筑—通风除尘—高等学校—教材　②工业尘—除尘—高等学校—教材　Ⅳ.①TU834.6　②X964

中国版本图书馆CIP数据核字(2010)第145095号

工业通风与除尘

出版发行　冶金工业出版社　　**电　话**　(010)64027926

地　址　北京市东城区嵩祝院北巷39号　　**邮　编**　100009

网　址　www.mip1953.com　　**电子信箱**　service@mip1953.com

责任编辑　俞跃春　美术编辑　彭子赫　版式设计　孙跃红

责任校对　侯　瑂　责任印制　禹　蕊

北京印刷集团有限责任公司印刷

2010年8月第1版，2023年11月第8次印刷

787mm×1092mm　1/16；15.25印张；405千字；231页

定价39.00元

投稿电话　(010)64027932　投稿信箱　tougao@cnmip.com.cn

营销中心电话　(010)64044283

冶金工业出版社天猫旗舰店　yjgycbs.tmall.com

(本书如有印装质量问题，本社营销中心负责退换)

前　　言

随着我国工业生产和科学技术的快速发展，环境问题已越来越引起人们的普遍关注和重视。而工业生产过程中散发的各种粉尘和有害有毒气体已成为污染工作场所空气和室内外大气的主要污染物，也是引起尘肺等各种职业病的主要原因。为防止粉尘和有害有毒气体的危害，我国制定了工作区的粉尘和有害有毒气体卫生标准和排放标准，在2002年对《工业企业设计卫生标准》进行修订后，再次由卫生部颁布为两个标准——《工业企业设计卫生标准》（GBZ 1—2002）和《工业场所有害因素职业接触限值》（GBZ 2—2002）。

工业通风与除尘的任务是有效控制污染源散发的粉尘和有害有毒气体，使工作场所粉尘和有害有毒气体浓度控制在允许标准浓度规定值以下，同时将被污染的气流清除至排放标准规定值后排放至室外，以保证室内外环境的卫生条件，保障广大职工和居民的身体健康。本书力求阐明工业通风与除尘的基本规律和基本理论，理论联系实际，并插入实例和实物照片，图文并茂，反映本门课程内容的先进性和实用性。

本书在编写过程中，参阅了许多文献资料，谨向有关参考文献的作者表示衷心感谢！

由于编者水平有限，书中不妥之处，恳请读者批评指正。

编　者

2010年3月

目　录

1 绪 论

人们劳动、工作和生活需要适合的空气环境，除了要求环境符合一定的温度、湿度和风速外，还要求空气具有一定的清洁度。但是，在工业生产中散发的各种粉尘、有害气体和蒸气等有害物，如果不加控制，会使室内、外空气环境受到污染和破坏，对人的健康、动植物生长以及生态造成危害。随着工业生产的发展和社会的进步，控制有害物对室内外空气的污染，满足人们的要求和生产的需要，成为愈来愈迫切待解决的问题。工业通风与除尘就是研究解决这一问题的重要技术。

1.1 工业有害物的种类和来源

1.1.1 工业有害物的种类

由于空气中有害物质的种类不同，其治理措施也不一样。空气中有害物质的种类可分为粉尘、气体、蒸气。

1.1.1.1 粉尘

粉尘是一种微细固体物的总称，其大小通常在100μm以下。常把悬浮于空气中的粉尘称为浮尘（或飘尘），从空气中沉降下来的粉尘称为落尘（或积尘）；浮尘和落尘在不同的风流环境下是可以相互转化的，落尘在受外力作用时，能再次飞扬并悬浮于空气中，称二次扬尘。除尘技术的主要研究对象是浮尘和二次扬尘。日常生活中的例子很多，如汽车路面扬尘、风力作用扬尘（沙尘爆）等。

对粉尘的分类目前还没有统一的标准，现按粉尘的性质和形态，可以作如下分类：

（1）按粉尘的成分分：

1）无机粉尘。矿物性粉尘（石英、石棉、滑石黏土粉尘等）、金属性粉尘（铅、锌、铜、铁）和人工无机性粉尘（水泥、石墨、玻璃等）。

2）有机粉尘。植物性（棉、麻、烟草、茶叶粉尘等）、动物性粉尘（毛发、角质粉尘）和人工有机性粉尘（有机染料等）。

3）混合性粉尘。它指上述两种或多种粉尘的混合物。

如铸造厂的混砂机：既有石英粉尘，又有黏土粉尘。砂轮机磨削金属时：既有金刚砂粉尘，又有金属粉尘。

（2）按粉尘的粒径分：

1）粗尘。粒径大于40μm，相当于一般筛分的最小粒径，在空气中极易沉降。

2）细尘。粒径为10～40μm，在明亮的光线下，肉眼可以看到，在静止空气中作加速沉降。

3）微尘。粒径为0.25～10μm，用光学显微镜可以观察到，在静止空气中呈等速沉降。

4）超微粉尘。粒径小于0.25μm，用电子显微镜才能观察到，在空气中作布朗扩散运动。

（3）按粉尘的生产工序分：

1）粉尘。各种不同生产工序的使用或生产不同的物料的过程中而生成的微细颗粒。如采矿、岩石破碎等。

2）烟尘。由燃烧、氧化等伴随着物理化学变化过程所产生的固体微粒，粒径一般很小，多在0.01～1μm范围，可长时间悬浮于空气中。如锅炉厂、水泥厂、爆破等。

（4）按测定粉尘浓度的方法分：

1）全尘。它是指各种粒度的粉尘浓度总和，在实际工作中，通常把粉尘浓度近似作为全尘浓度。

2）呼吸性粉尘。它是对人体危害最大的空气动力粒径小于7.07μm的粉尘，是粉尘控制的主要对象。

（5）其他分类有：

1）按物料种类分。煤尘、岩尘、石棉尘、铁矿尘等。

2）按有无毒性物质分。有毒、无毒、放射性粉尘等。

3）按爆炸性分。易燃、易爆和非燃、非爆炸性粉尘。

4）从卫生学角度分。呼吸性粉尘和非吸入性粉尘。

5）从环境保护角度分。飘尘和降尘。

1.1.1.2　气体

气体就是在常温、常压下，在空气中呈现气态的物质。只有在高压、低温情况下才能液化。如煤气、氨气、氯气、一氧化碳等。

1.1.1.3　蒸气

蒸气是固体直接升华或液体蒸发所形成的气态物质。当温度降低时，它又可恢复成原来的固态或液态。如溶剂蒸发、磷蒸气、汞蒸气等。

1.1.2　工业有害物的来源

1.1.2.1　粉尘

许多工业生产部门都可以产生粉尘，如：冶金行业（冶炼厂、烧结厂）；建材行业（水泥厂、砖瓦厂）；机械行业（铸造厂）；轻工行业（玻璃厂、木材厂）；化工行业（农药厂、化肥厂）；纺织行业（棉纺厂、毛纺厂、麻纺）。粉尘主要来源有以下几个方面：

（1）固体物质的机械破碎（破碎）。如破碎机、球磨机等。

（2）固体表面的加工过程（加工）。如砂轮机磨削刀具、喷砂清理铸件等。

（3）粉尘颗粒物的运输过程（运输）。皮带运输机、提升机等。

（4）粉尘物料的形成过程（形成）。压砖机对模具中的粉料进行冲压成形等。

（5）物料的加热、燃烧、冶炼和焊接等过程。如锅炉、火电厂、水泥厂。

1.1.2.2　有害气体和蒸气

在化工、造纸、油漆、金属冶炼、铸造、金属表面处理过程中，均会产生大量的有害气体和蒸气。例如：在汞矿石冶炼和用汞的生产工艺过程中会散发出汞蒸气；在有色金属冶炼和红丹、橡胶、蓄电池等生产过程中会产生铅蒸气；在焦炉煤气制造和以苯为原料和溶剂的生产过程中挥发出苯蒸气；容器、储罐和管道中的有害液体或气体泄漏。此外在燃烧过程和一些化工过程中产生CO，NO_x和硫氧化物。

1.2　工业有害物的危害

1.2.1　工业有害物对人体的危害

1.2.1.1　有害物侵入人体的途径

有害物质侵入人体主要通过以下三条途径。

A 呼吸道

正常的人每天要呼吸10~15m³的空气，吸入的空气经过鼻腔、咽部、喉头、气管、支气管后进入肺泡，并在肺泡内进行新陈代谢。若有害物质随空气被吸入，轻者会使上呼吸道受到刺激而有不适感，重者就会发生呼吸器官的障碍，使呼吸道和肺发生病变，造成支气管炎、支气管哮喘、肺气肿和肺癌等疾病。若突然吸入高浓度污染物，可能会造成急性中毒，甚至死亡。据统计，大约有95%的工业中毒都是由于工业有害物通过呼吸道入侵人体所致。

B 皮肤和黏膜

有些有害物质，能够通过皮肤和黏膜侵入人体。它是经过毛囊空间，通过皮脂腺而被吸收；有的是通过破坏了的皮肤入侵；也有的通过汗腺侵入人体。一般可经皮肤、黏膜侵入的有害物质有下面几类：

(1) 能溶于脂肪或类脂肪的物质如有机铅化合物、有机磷化合物、有机锡化合物、苯的硝基化合物和氨基化合物以及苯、醇类化合物等。

(2) 能与皮脂的脂酸根相结合的物质如汞及汞盐类、砷的氧化物及砷盐类等。

(3) 具有腐蚀性的物质如酸、碱、酚类等。

经皮肤吸收的有害物量的多少，除与脂溶性、水溶性和浓度有关外，还与环境温度、相对湿度、劳动强度等因素有关。环境温度高、湿度大、劳动强度大，则发汗量多，这样有害物质就容易黏附在皮肤上而被吸收。反之，吸收量可减少。因此，改善环境的温度、湿度条件，是减少有害物经皮肤入侵的重要措施。

C 消化道

在工业生产中，有害物质单纯从消化道侵入的吸收者为数不多。但是由呼吸道侵入的毒物，有可能随呼吸道的分泌物部分吞咽进入消化道后被吸收。这种通过消化道侵入有害物的危害性比前两条途径要小得多。

1.2.1.2 粉尘对人体的危害

粉尘对人体的影响是很严重的，是造成尘肺、硅肺病的根源。影响尘肺病的发生发展的因素主要有粉尘的化学成分、粒径和分散度，以及接触时间、劳动强度和身体健康状况等。粒径不同的粉尘在呼吸道各部位的沉积情况各不相同。图1-1是吸入人体呼吸器官的气溶胶粒子，图1-2为不同粒径的粉尘在鼻部、支气管部、肺部的沉积率。

粗粉尘（大于5μm）在通过鼻腔、喉头、气管上呼吸道时，被这些器官的纤毛和分泌黏液所阻留，经咳嗽、喷嚏等保护性反射作用而排出。

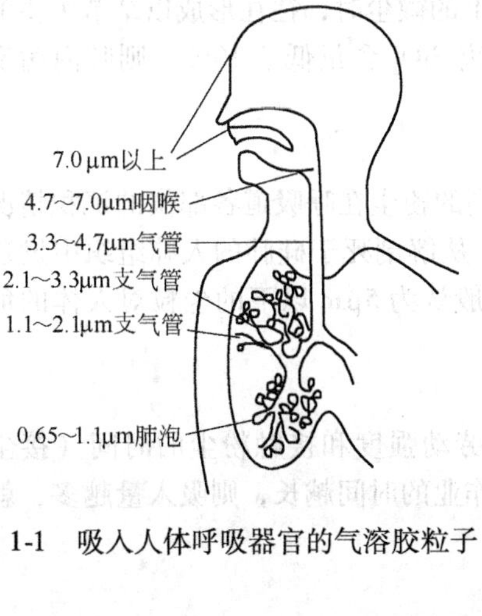

图1-1 吸入人体呼吸器官的气溶胶粒子

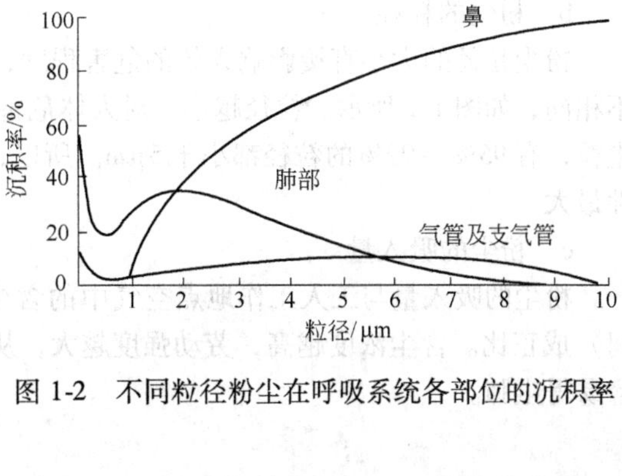

图1-2 不同粒径粉尘在呼吸系统各部位的沉积率

细粉尘（小于5μm）则会深入和滞留在肺泡中（部分粒径在0.4μm以下的粉尘可以在呼气时排出）。有人研究硅肺病死者肺中尘粒的百分比，发现粒径在1.6μm以下者占86%，3.2μm以下者占100%。粉尘越细，在空气中停留时间越长，被吸入的机会也就越多。

A 尘肺

尘肺是指工人在生产劳动中吸入粉尘而引起的以肺部组织纤维化为主的疾病。具有发病率高，死亡率高的特点，是一种严重的职业病。尘肺病人身体衰弱，呼吸困难，十分痛苦，这种病在世界各国还没有很理想的治疗方法，现有治疗尘肺的药物，只能减轻尘肺病人的痛苦，延缓尘肺病的发展，而不能使肺组织已形成的纤维化病变消散。不仅给劳动者本人和家庭带来不幸和痛苦，而且给国家造成严重的政治影响和巨大的经济损失。按发病原因可分为以下五类：

(1) 硅肺。由于吸入含游离二氧化硅（SiO_2）的粉尘而引起的尘肺称为硅肺。硅在自然界分布极广，约占地壳组成的28%，大约有95%的矿石含有SiO_2。接触游离SiO_2粉尘最严重的行业是煤炭、冶金、建材、机械和轻工。如果不注意防尘，硅肺病就可能在一些主要工业部门大量地发生，从而成为危害最大的一种职业病。所以预防尘肺，重点应放在硅肺上。

(2) 硅酸盐尘肺。由于吸入含有硅酸盐粉尘而引起的尘肺称为硅酸盐尘肺。石棉肺、滑石尘肺、云母尘肺、水泥尘肺均属于硅酸盐肺。

(3) 炭素尘肺。由于吸入含有炭素粉尘而引起的尘肺称为炭素尘肺，如煤肺、炭黑尘肺、石墨尘肺均属于炭素尘肺。

(4) 混合性尘肺。由于同时吸入含有游离SiO_2粉尘和其他粉尘而引起的尘肺称混合性尘肺。如煤矿工人所患的煤工尘肺和铸造工人所患的铸工尘肺多属混合性尘肺。

(5) 金属尘肺。由于吸入含有金属粉尘而引起的尘肺称为金属尘肺，如铝尘肺、电焊工尘肺等。

总之，尘肺是一个总名称，习惯上，接触什么粉尘致病，诊断时就叫什么尘肺。

B 尘肺的发病因素

尘肺病人从接触粉尘到发病一般有10年左右的时间，时间长的15~20年，甚至更长才发病，短的1~2年，甚至半年就能发病。尘肺发病时间（发病工龄）长短，主要取决于粉尘中游离SiO_2含量、粉尘的粒径大小和人体吸入量，个人身体状况和个人防护好坏对尘肺的发病也有不同程度的影响。

a 游离含量

大量的实验研究和卫生学调查都表明，粉尘中游离SiO_2含量越高，发病时间越短，病变发展速度越快，危害性越大。如吸入含游离SiO_2 70%以上的微尘时，往往形成以结节为主的弥漫性纤维化，而且发展较快，又易于融合，如粉尘中游离SiO_2含量低于10%，则肺内病变以间质性为主，发病较慢且不易融合。

b 粉尘的粒径

粉尘粒径的大小直接影响人体的危害程度，粒径不同的粉尘在呼吸道各部位的沉积情况各不相同，如图1-1所示。粒径越小，对人体危害性越大。从解剖死于硅肺的人肺组织中发现的尘粒，有95%~99%的粒径都小于5μm。所以，现在一般认为5μm以下的尘粒对人体的危害性最大。

c 粉尘的吸入量

粉尘的吸入量与工人工作地点空气中的含尘浓度、劳动强度和接触粉尘的时间（接尘时间）成正比。含尘浓度越高，劳动强度越大，从事粉尘作业的时间越长，则吸入量越多，就越容易得尘肺。

d 个人身体状况

由于粉尘是通过人体起作用而引起尘肺病的，所以人体本身的一些因素，也影响着尘肺的发生和发展。一般来说，体质差的，患有各种慢性病的工人比较容易发病。此外，对防尘设施不维护保养，不注意个人防护（如在没有防尘设施，含尘浓度很高的作业场所不戴防尘口罩等）的工人也容易发病。应指出的是，虽然每个人的体质不同，抵抗力不同，但如果吸入肺部的粉尘量过多时，体质差异也就不明显了。因此，在影响尘肺发病的各种因素中，起决定作用的还是粉尘的性质（游离 SiO_2 与粒径大小）和吸入量。

C 尘肺的并发症

尘肺常可并发其他疾病，如肺结核、肺原性心脏病、呼吸系统感染等，这些并发症往往使尘肺病人的病情恶化，甚至加速其死亡。因此，积极预防和治疗并发症，增强尘肺病人的体质，延长患者的生命，在整个尘肺防治工作中，占有突出的地位。

在各种并发症中，以肺结核最为常见。根据一般的统计，Ⅰ期硅肺并发肺结核者约占10~20%左右；Ⅱ期约占20%~40%；Ⅲ期则可高达40%~60%或更高。由此可见，尘肺病情越发展，并发肺结核的频率也越高。

1.2.1.3 有害气体和蒸气对人体的危害

A 对人体的危害性

根据气体（蒸气）类有害物对人体危害的性质，大致可分为麻醉性、窒息性、刺激性、腐蚀性等四类。下面列举几种常见气体（蒸气）对人体的危害。

a 汞蒸气（Hg）

汞蒸气是一种剧毒物质。即使在常温或0℃以下汞也会大量蒸发，通过呼吸道或胃肠道进入人体后便发生中毒反应。急性汞中毒主要表现在消化器官和肾脏，慢性中毒则表现在神经系统，产生易怒、头痛、记忆力减退等病症，或造成营养不良、贫血和体重减轻等症状。职业中毒以慢性中毒较多。

b 铅（Pb）

铅蒸气在空气中可以迅速氧化和凝聚成氧化铅微粒。铅不是人体必需的元素，铅及其化合物通过呼吸道及消化道进入人体后，再由血液输送到脑、骨骼及骨髓各个器官，损害骨髓造血系统引起贫血。铅对神经系统也将造成损害，引起末梢神经炎，出现运动和感觉异常。儿童经常吸入或摄入低浓度的铅，会影响儿童智力发育和产生行为异常。

c 苯（C_6H_6）

苯属芳香烃类化合物，在常温下为带特殊芳香味的无色液体，极易挥发。苯在工业上用途很广，有的作为原料用于燃料工业和农药生产，有的作为溶剂和黏合剂用于造漆、喷漆、制药、制鞋及苯加工业、家具制造业等。苯蒸气主要产生于焦炉煤气及上述行业的生产过程中。苯进入人体的途径是呼吸道或从皮肤表面渗入。短时间内吸入大量苯蒸气可引起急性中毒；长期反复接触低浓度的苯可引起慢性中毒。苯中毒能危及血液和造血器官，对妇女影响较大。

d 二氧化碳（CO_2）

CO_2 是无色略带酸臭味的气体，对人的呼吸有刺激作用。CO_2 不助燃也不能供人呼吸，易溶于水。当肺泡中 CO_2 增多时，能刺激人的呼吸神经中枢，引起呼吸频繁，呼吸量增加，所以在急救受有害气体伤害的患者时，常常首先让其吸入含有5% CO_2 的氧气以加强呼吸。但空气中 CO_2 浓度过高时，又会相对地减少氧的浓度，使人窒息。

e 一氧化碳（CO）

CO多数属于工业炉、内燃机等设备中燃料不完全燃烧时的产物，或来自煤气设备的渗漏。

CO是一种对血液、神经有害的毒物。由呼吸道吸入的CO容易与血红蛋白相结合生成碳氧血红蛋白，碳氧血红蛋白的存在影响氧和血红蛋白的离解，阻碍了氧的释放，导致低氧血症，引起组织缺氧。中枢神经系统对缺氧最敏感，引起窒息性中毒。一氧化碳是无色无味气体，能均匀地和空气混合，不易被人发觉，因此必须注意防备。

f 二氧化硫（SO_2）

SO_2主要来自含硫矿物氧化、燃烧、金属矿物的焙烧、毛和丝的漂白、化学纸浆和制酸等生产过程，含硫矿层也会涌出SO_2。它是无色、强刺激性的一种活性毒物，在空气中可以氧化成SO_3，形成硫酸烟雾，其毒性要比SO_2大10倍。它对人的眼、呼吸器官有强烈的刺激作用，使鼻、咽喉和支气管发炎。

g 氮氧化物（NO_x）

氮氧化物主要指NO和NO_2，它们来源于燃料的燃烧及化工、电镀等生产过程。NO_2呈棕红色，对呼吸器官有强烈刺激，常导致各种职业病，比如由高浓度NO_2中毒引起急性肺气肿，以及由慢性中毒引起的慢性支气管炎和肺水肿。

h 甲烷（CH_4）

甲烷为无色、无味、无臭的气体，对空气的相对密度为0.55，难溶于水，扩散性较空气高1.6倍。虽然无毒，但当浓度较高时，会引起窒息。不助燃，但在空气中具有一定浓度并遇到高温（650~750℃）时能引起爆炸，煤矿中经常发生的瓦斯爆炸事故，其爆炸气体中的主要成分就是甲烷。

i 甲醛（HCHO）

甲醛又称蚁醛，是无色有强烈刺激性气味的气体，相对空气的密度为1.06，略重于空气。几乎所有的人造板材、某些装饰布、装饰纸、涂料和许多新家具都可释放出甲醛，因此，它和苯是现代房屋装修中经常出现的有害气体。空气中的甲醛对人的皮肤、眼结膜、呼吸道黏膜等有刺激作用，它也可经呼吸道吸收。甲醛在体内可转变为甲酸，有一定的麻醉作用。甲醛浓度高的居室中有明显的刺激性气味，可导致流泪、头晕、头痛、乏力、视物模糊等症状，检查可见结膜、咽部明显充血，部分患者听诊呼吸音粗糙或有干性啰音。较重者可有持续咳嗽、声音嘶哑、胸痛、呼吸困难等病状。

B 对人体的危害程度的影响因素

（1）有害物的毒性大小。取决于有害物本身的物理、化学性质，不同有害物，其物理、化学性质各不同，对人体产生有害作用的程度也不一样。有害物与人体组织发生化学或物理化学作用，在一定条件下破坏正常生理机能，引起某些器官和系统发生暂时性或永久性病变，称为中毒。不同有害物，其毒性有大有小，在生产环境中，往往同时存在两种以上的有害物，它们有的表现为单独作用，有的表现为相加作用或相乘作用（毒性大于相加的总和），这些都与有害物的性质有关。

（2）空气中有害物的浓度大小。空气中有害物的浓度越大，在相同呼吸量情况下，被人体吸入体内的有害物量越多，危害越大。

（3）有害物与人体持续接触的时间。浓度的大小和接触时间的长短，反映有害物进入机体的数量。如果进入人体的有害物量不足，则毒性高的物质也不会引起中毒。另外，还常常存在一个最低浓度值，有害物在这最低浓度以下，即使长时间作用，对人体也不会产生危害或仅有一些轻微反应。因为这种浓度的有害物，或者不被吸收，或者被人体的保护性反应所分解（毒性减弱或变为无害），或者可使其从体内排出。

（4）作业环境的气候条件。在空气干燥和潮湿或温度高低的不同条件下，一定浓度的有害物可能产生不同的危害作用。潮湿时会促使某些有害物的毒性增大；高温时使人体皮肤毛细血管扩张，出汗增多，血液循环及呼吸加快，从而增加吸收有害物的速度。

(5) 劳动强度及个人的年龄、性别和体质等情况。劳动强度对有害物的吸收及危害作用等有明显的影响。重体力劳动时对某些有害物所致的缺氧更为敏感。在同样条件下接触有害物时，有些人可能没有任何受害症状，有些人中毒，并且致病的程度也往往各不相同。这与各人的年龄、性别和体质等有关。

1.2.2 工业有害物对生产的影响

1.2.2.1 粉尘对生产的影响

(1) 空气中的粉尘落到机器的转动部件上，会加速转动部件的磨损，降低机器工作的精度和寿命。有些小型精密仪表，若掉进粉尘会使部件卡住而不能正常工作。

(2) 粉尘对油漆、胶片生产和某些产品（如电容器、精密仪表、微型电机、微型轴承等）的质量影响很大。这些产品一经污染，轻者重新返工，重者降级处理，甚至全部报废。尤其是半导体集成电路，元件最细的引线只有头发直径的1/20或更细，如果落上粉尘就会使整块电路板报废。

(3) 粉尘弥漫的车间，降低了可见度，影响视野，妨碍操作，降低劳动生产率，甚至造成事故。

(4) 有些粉尘如煤尘、铝尘和谷物粉尘在一定浓度和温度等条件下会发生爆炸，造成人员伤亡和经济损失。

1.2.2.2 有害蒸气和气体的影响

有害蒸气和气体对工农业生产也有很大危害。例如二氧化硫、三氧化硫、氟化氢和氯化氢等气体遇到水蒸气时，会对金属材料、油漆涂层产生腐蚀作用，缩短其使用寿命。有害气体可危害农作物，对农作物危害较普遍的有害气体有二氧化硫、氟化氢、二氧化氮和臭氧等。有害气体对农作物的危害主要表现为以下三种情况：

(1) 在高浓度有害气体影响下，产生急性危害，使植物叶表面产生伤斑或者直接使植物叶片枯萎脱落。

(2) 在低浓度有害气体长期影响下，产生慢性危害使植物叶片退绿。

(3) 在低浓度有害气体影响下，产生所谓看不见的危害，即植物外表不出现症状，但生理机能受影响，造成产量下降，品质变坏。

1.2.3 工业有害物对环境的影响

工业有害物不仅会危害室内空气环境，如不加控制地排入大气，会造成大气、水和土壤污染，将在更广阔的范围内破坏人类生存的环境。

1.2.3.1 粉尘对环境的影响

(1) 粉尘对大气的污染。当空气中的粉尘超过一定数量时，就会形成大气污染。大气污染对建筑物、自然景观、生态都造成危害，进而影响人类的生存，如“煤烟型”污染及沙尘暴。

(2) 粉尘对水、土的污染。水是生物生存的前提之一。粉尘进入水中必将破坏水的品质，被人饮用会引起疾病，用于生产会降低产品质量，粉尘进入土壤将破坏土壤的性质。

1.2.3.2 有害气体和蒸气对环境的影响

(1) 对大气的危害。有些有害气体和大气中的水雾结合在一起，形成酸雾，对生物、植物、建筑物都将造成危害。如英国伦敦在1952年12月形成的硫酸雾，两周内造成4000人死亡的严重事故。

（2）对水、土的危害。各种气体在水中均有一定的溶解度，有害气体进入水中将破坏水质，有害气体溶于雨水中被带入土壤，从而对土壤造成危害。

1.3　气象条件对人体生理的影响

1.3.1　人体的热平衡

人体能量代谢过程是体内生物化学过程，而散热过程则是物理过程。在正常情况下，人体依靠自身的调节机能，使产热和散热保持动平衡状态，其平衡关系可用下式表示：

$$M - W \pm C \pm R - E = S \tag{1-1}$$

式中　M——人体新陈代谢过程中产热量，kJ/h；

W——肌肉做功而消耗的热量，kJ/h；

C——人体与周围环境以对流传导方式（以对流为主）散（吸）热量，kJ/h；当环境气温高于人体皮肤温度时，人体从环境吸收热量，取“+”，反之，则取“-”；

R——人体与周围物体表面之间辐射换热量，kJ/h；当周围物体表面温度低于人体皮肤温度时，人体以辐射的方式向外界散发热量，取“-”，反之，则取“+”；

E——人体通过皮肤表面显性发汗或不感蒸发所散发的热量，kJ/h；

S——蓄存于人体内的热量，kJ/h。

当人体产热量和散热量相等时，$S=0$；当产热量大于散热量时，$S>0$，人体热平衡破坏，导致体温升高；当散热量大于产热量时，$S<0$，导致体温降低。

实际上，人体热平衡并非是简单的物理过程，而是在神经系统调节下的非常复杂过程。当产热和散热能保持平衡时，即体温能维持在36.5～37℃，人体感到舒适，否则，破坏了这种热平衡，就会引起身体的不适，人就会生病。

1.3.2　人体散热方式及其影响因素

人体在新陈代谢过程中要向外界散热。人体内有两个控制体温的机理：一是体内的新陈代谢过程所产生的能量会增加或减少；二是通过改变皮肤表面的血液循环，控制人体散热量。显然，人的活动强度大，新陈代谢率高，人体的散热量相应增大。在正常情况下，人体依靠自身的调节机能使自身的得热和散热保持平衡。因此，人的体温是稳定的，保持在36.5～37℃之间。

人的冷热感觉与空气的温度、相对湿度、流速和周围物体表面温度等因素有关。人体散热主要通过皮肤与外界的对流、辐射和表面汗分蒸发三种形式进行，呼吸和排泄只排出少部分热量。在温和气候中，从事轻体力劳动的人，每日产生热量约为12567kJ。就散热过程来看，各种散热途径所占比例如表1-1所示。

表1-1　人体的散热方式及其所占比例

散热方式	热量/kJ	比例/%	散热方式	热量/kJ	比例/%
辐射、传导、对流	8793	70.0	吸入气加温	314	2.5
皮肤水分蒸发	1827	14.5	排泄尿粪	188	1.5
肺的水分蒸发	1005	8.0			
呼　气	440	8.5	合　计	12567	100

根据传热学知：辐射、对流、蒸发三种方式的散热量主要与气温、湿度、风速这三个因素有关。当空气中的温度较低时，对流、辐射作用加强，人体向外散热量过多，人就会感到寒冷不适；当温度适中时，人就感到舒服。

综上所述，影响人体散热的因素主要是周围的气候条件，即空气的温度、湿度和风速三者的综合作用，并决定了环境空气的质量。

1.3.3 气象条件对人体的影响

1.3.3.1 温度对人体的影响

A 低温对人体的影响

温度低于人体舒适温度的环境称为低温环境。18℃以下的温度即可视为低温，但对人的工作效率有不利影响的低温，通常是在10℃以下。在低温环境下人体中心体温低于35℃时，即处于过冷状态。低温对人体的影响表现为：一是引起局部冻伤，与人在低温环境中暴露时间长短有关；二是产生全身性影响。人体在低温环境暴露时间不长时，能依靠温度调节系统，使人体深部温度保持稳定。但暴露时间较长时，中心体温逐渐降低，就会出现一系列的低温症状：出现呼吸和心率加快，颤抖等，接着出现头痛等不适反应。当中心体温降到30～33℃时，肌肉由颤抖变为僵直，失去产热的作用，将会发生死亡。长期在低温高湿条件下劳动（如冷冻库工人）易引起肌痛、肌炎、神经痛、神经炎、腰痛和风湿性疾患等。

B 高温对人体的影响

作业环境气温较高时，人员就感到烦闷，直接影响作业人员的正常作业。温度超过舒适温度的环境称为高温环境。29℃以上对人的工作效率有不利影响，可认为是高温。人的中心体温在37℃以上就感到热。高温影响主要有两方面：一是高温烫伤、烧伤，人体皮肤温度达41～44℃时即感到痛，超过45℃即可迅速引起皮肤组织损伤；二是全身性高温反应，当局部体温达38℃时，便产生不舒适反应。全身性高温的主要症状为：头晕、头痛、胸闷、恶心、呕吐、视觉障碍（眼花）、癫病样抽搐等。温度过高还会引起虚脱、肢体强直、大小便失禁、晕厥、烧伤、昏迷、直至死亡。人体耐高温能力比耐低温能力差，当人体深部体温降至27℃时，还可抢救存活，而当深部体温达42℃时，则往往引起死亡。

1.3.3.2 空气流速对人体的影响

作业环境中的气流除受外界风力的影响外，主要与作业场所中的热源有关。热源使空气加热而升温，室外的冷空气则从门窗和下部空隙进入室内，造成空气对流。室内外温差越大，产生的气流越大。

作业环境的风速影响人体的对流散热，对不同的气温和湿度，所要求的风速也不同，一般空气温度较高，湿度较大时，也要求较大的风速。一般来说，夏季室内空气流速以0.3 m/s左右为宜，冬季室内空气流速以0.2m/s左右为宜。

1.3.3.3 湿度对人体的影响

空气的湿度是衡量空气中含水蒸气量的一个指标，是指空气中所含水蒸气量或潮湿程度，分为绝对湿度和相对湿度。

绝对湿度指每1m^{3}或每1kg湿空气中所含水蒸气的质量（g或kg）。相对湿度指湿空气中实际含水蒸气量与同温度下的饱和水蒸气量之比（%）。

当空气中水蒸气含量达到该温度下所能容纳的最大值时，空气处于饱和状态，该状态下的空气称为饱和空气。

通常，人们感觉空气潮湿程度与相对湿度有关，而与绝对湿度没有直接关系。通风工程中使用相对湿度来衡量空气的潮湿程度，在没有作具体说明时，所说的湿度一般是指相对湿度。相对湿度影响人体的汗液蒸发，湿度过低人会感到干燥，湿度过大又会感到潮湿。一般人体感到较舒适的相对湿度为50% ~60%。不同作业环境相对湿度的要求也不一样，相对湿度在80%以上的称为高气湿；低于30%的称为低气湿。高气湿主要由于水分蒸发与释放蒸汽所致，如纺织、印染、造纸、潮湿的作业场所为高气湿。在冬季的高温车间可出现低气湿。相对湿度对人体热平衡的影响还与气温有关。如在高温高湿下，因散热困难，使人感到透不过气来，若湿度降低，人体散热后就感到凉爽；低温高湿下，使人感到阴冷。

影响作业环境空气湿度的因素有大气空气湿度、作业环境产生的余湿、作业环境温度等情况。相对湿度测定的常用仪器有毛发湿度计、干湿球湿度计和氯化锂湿度计三类。

1.4 空气中有害物的含量与相关标准

1.4.1 有害物含量的表示

有害物对人体的危害，不但取决于有害物的性质，还取决于有害物在空气中的含量，即浓度大小。浓度表示空气中有害物的含量大小，它是指单位体积空气中的有害物含量。一般来说，浓度愈大，危害也愈大。不同类型的有害物，其浓度表示方法也不完全相同。

有害蒸气或气体的浓度可以用质量浓度和体积浓度（或分数）两种表示方法。质量浓度是指单位体积空气所含有害物的质量，单位为mg/m^3或mg/L。体积浓度是指单位体积空气所含有害物的体积，单位为mL/m^3或%。它们的关系是：$1mL/m^3 = 1ppm = 1 \times 10^{-4}\%$。

粉尘浓度也有质量浓度和数量浓度两种表示方法，质量浓度是指单位体积空气所含粉尘的质量，单位为mg/m^3；数量浓度是指每立方米空气中所含粉尘的颗粒数，单位为颗/m^3。在通风除尘工程技术中一般采用质量浓度，颗粒浓度主要用于洁净车间。

评价毒物的毒害大小通常用毒性来表示，毒性的计算单位一般以化学物质引起实验动物某种毒性反应所需的剂量表示。如吸入毒物，则用空气中该物质的浓度表示。

质量浓度与体积浓度的换算关系。在标准状态下，质量浓度和体积浓度可按下式进行换算：

$$C_k = \frac{M \times 10^3}{22.4 \times 10^3}C = \frac{M}{22.4}C \qquad (1\text{-}2)$$

式中 C_k——有害气体的质量浓度，mg/m^3；

M——有害气体的摩尔质量，g/mol；

C——有害气体的体积分数或浓度，$10^{-4}\%$或mL/m^3。

1.4.2 大气环境质量控制标准

为消除日趋严重的大气污染，除抓紧对大污染源的治理，尽量减少以致消除某些大气污染物的排放之外，还应通过其他一系列措施做好对大气质量的管理工作，包括制订和贯彻执行环境保护方针政策，通过立法手段建立健全环境保护法规，加强环境保护管理等。制订大气环境标准是执行环境保护法规，实施大气环境管理的科学依据和手段。

大气环境标准按其用途可分为大气环境质量标准、大气污染物排放标准、大气污染控制技术标准及大气污染警报标准。在各标准中，根据其适用范围可分为国家标准、地方标准和行业标准。

1.4.2.1 大气环境标准的种类和作用

（1）大气环境质量标准。大气环境质量标准是以保障人体健康和正常生活条件为主要目标，规定出大气环境中某些主要污染物的最高允许浓度。它是进行大气污染评价，制订大气污染防治规划和大气污染物排放标准的依据，是进行大气环境管理的依据。

（2）大气污染物排放标准。这是以实现大气环境质量标准为目标，对污染源排入大气的污染物容许含量作出限制，是控制大气污染物的排放量和进行净化装置设计的依据，同时也是环境管理部门的执法依据。大气污染物排放标准可分国家标准、地方标准和行业标准。

（3）大气污染控制技术标准。这是大气污染物排放标准的一种辅助规定。它是根据大气污染物排放标准的要求，结合生产工艺特点、燃料、原料使用标准、净化装置选用标准、烟囱高度标准及卫生防护带标准等，都是为保证达到污染物排放标准而从某一方面作出的具体技术规定，目的是使生产、设计和管理人员易掌握和执行。

（4）警报标准。这是大气环境污染不致恶化或根据大气污染发展趋势，预防发生污染事故而规定的污染物含量的极限值。超过这一极限值时就发生警报，以便采取必要的措施。警报标准的制订，主要建立在对人体健康的影响和生物承受限度的综合研究基础之上。

1.4.2.2　我国环境空气质量标准

我国于1982年制订出《环境空气质量标准》（GB 3095—1982）列入了总悬浮微粒（TSP）、飘尘、二氧化硫、氮氧化物、一氧化碳、光化学氧化剂（O_3）六种污染物的浓度标准。1996年国家环境保护局批准《环境空气质量标准》（GB 3095—1996），该标准中列入了二氧化硫（SO_2）、总悬浮颗粒物（TSP）、可吸入颗粒物（PM_{10}）、氮氧化物（NO_x）、二氧化氮（NO_2）、一氧化碳（CO）、臭氧（O_3）、铅（Pb）、苯并（a）芘（B[a]P）、氟化物（F）等10种污染物的浓度限值，如表1-2所示。

表1-2　各项污染物的浓度限值

污染物名称	取值时间	质量浓度限值			质量浓度单位（标准状态）
		一级标准	二级标准	三级标准	
二氧化硫（SO_2）	年平均	0.02	0.06	0.10	mg/m^3（标准状态）
	日平均	0.05	0.15	0.25	
	1h平均	0.15	0.50	0.70	
总悬浮颗粒物（TSP）	年平均	0.08	0.20	0.30	
	日平均	0.12	0.30	0.50	
可吸入颗粒物（PM_{10}）	年平均	0.04	0.10	0.15	
	日平均	0.05	0.15	0.25	
氮氧化物（NO_x）	年平均	0.05	0.05	0.10	
	日平均	0.10	0.10	0.15	
	1h平均	0.15	0.15	0.30	
二氧化氮（NO_2）	年平均	0.04	0.04	0.08	
	日平均	0.08	0.08	0.12	
	1h平均	0.12	0.12	0.24	
一氧化碳（CO）	日平均	4.00	4.00	6.00	
	1h平均	10.00	10.00	20.00	
臭氧（O_3）	1h平均	0.12	0.16	0.20	

续表 1-2

污染物名称	取值时间	质量浓度限值			质量浓度单位（标准状态）
		一级标准	二级标准	三级标准	
铅（Pb）	季平均		1.50		μg/m³（标准状态）
	年平均		1.00		
苯并（a）芘（B[a]P）	日平均		0.01		
氟化物（F）	日平均		7①		
	1h 平均		20①		
	月平均	1.8②		3.0③	μg/m³·d
	植物生长	1.2②		2.0③	

①适用于城市地区；

②适用于牧业区和以牧业区为主的半农牧区、蚕桑区；

③适用于农业和林业区。

根据环境质量基准，各地大气污染状况、国民经济发展规划和大气环境的规划目标，按照分级分区管理的原则，规定我国大气环境质量标准分为三级。根据各地区地理、气候、生态、政治、经济和大气污染程度，确定大气质量分为三类区。

该标准规定，一类区由国家确定，二类、三类区以及适用区域的地带范围由当地人民政府划定。三类区一般分别执行相应的三级标准。但是，凡位于三类区内的非规划的居民区，应执行三级标准。

《环境空气质量标准》是在全国范围内进行环境空气质量评价的准则，因此在标准中对环境空气、污染物项目、取值时间及浓度限值等 14 种术语的定义，以及采样与分析方法和数据统计的有效性都一一作了规定，这表明了我国对大气环境的科学管理日趋完善。

1.4.3 我国工业企业设计卫生标准

我国于 1962 年颁发并于 1979 年重新修订的《工业企业设计卫生标准》（TJ 36—1979），规定了“居住区大气中有害物质的最高容许浓度”和“车间空气中有害物质的最高容许浓度”标准。2002 年，《工业企业设计卫生标准》经修订后再次由卫生部颁布为两个标准——《工业企业设计卫生标准》（GBZ 1—2002）和《工业场所有害因素职业接触限值》（GBZ 2—2002）。修订后的标准是根据职业性有害物质的理化性质、国内外毒理学及现场劳动卫生学或职业流行病学调查资料，并参考美国、德国、俄罗斯、日本等国家的职业接触限值及其制定依据而修订和制定的，是作为工业企业设计及预防性和经常性监督使用的卫生标准。GBZ 2—2002 在其表 1 中列出了 329 个有毒物质容许浓度，在其表 2 中规定了工作场所 47 种粉尘容许浓度。

1.4.4 大气污染物排放标准

制定大气污染物排放标准应遵循的原则是：以大气环境质量标准为依据，综合考虑控制技术的可能性和地区的差异性。排放标准的制订方法，大体上有以下几种：

（1）按最佳适用技术确定的方法。

（2）按污染物在大气中的扩散规律推算的方法。

（3）按环境总量控制法制定排放标准。

1.4.4.1 按最佳适用技术确定的方法

最佳实用技术是指在现阶段效果最好、且经济合理的实际应用的污染物控制技术。按该技术确定污染物排放标准的方法，就是根据污染现状，最佳控制技术的效果和对现有控制得好的污染源进行损益分析来确定排放标准。这样确定的排放标准便于实施，便于监督，但有时不一定能满足大气环境质量标准，有时又可能显得过严。其表现形式有：

(1) 浓度法。它是以排出气体中所含污染物的容许浓度作为排放标准的。目前，多数国家仍采用这种标准。应用这种标准便于对污染源进行监督和管理。因为可直接测定污染源所排放的污染物的浓度，不需换算即可判别污染物超标情况。但此法不便控制区域的总排放量。

(2) 林格曼黑度图法。此法是以人们的视觉判断从污染源排放污染物的黑度的大小，并与标准黑度对比判断超标程度。尽管这种方法不是很准确，但由于它简单方便，在英、美等国一直在采用。

(3) 单位产品容许污染物排放量法。这种方法所制定的标准是严格的，考虑了设备的能力、产品产量的多少。目前采用这种方法作为排放标准的国家为数不少。美国有些州就采用这种标准。应用这种标准便于控制一个地区的排放污染物的总量，也便于控制无组织的污染物的排放。但不便于直接测量和进行检查与监督。

1.4.4.2 按污染物扩散规律推算制定的排放标准

这种标准是以大气环境质量标准为依据，应用污染物在大气中的扩散模式推算出不同烟囱高度时的污染物容许排放量或排放标准，或者根据污染物排放量推算出最低烟囱高度。这样确定的排放标准，由于计算式的准确性和可靠性可能存在一定问题，各地区的自然环境条件和污染源密集程度等并不相同，对不同地区可能偏严或偏宽。

1973 年发的工业“三废”排放试行标准（GBJ 4—1973），暂定了 13 类有害物质的排放标准。它是以居住区大气有害物质最高容许浓度标准为依据，应用大气扩散模式推算的不同烟囱高度时污染物容许排放量或排放浓度的标准。按此法制定的排放标准，由于计算模式的参数选择误差较大，各地区的气象条件、地形条件、污染源密集程度等也各有不同，因而，计算结果差别很大。

1996 年国家环保总局在原标准废气部分和有关其他行业性国家大气污染物排放标准的基础上，制定了《大气污染物综合排放标准》（GB 16297—1996），并得到批准实施，标准中规定了 33 种大气污染物的排放限值，同时规定了标准执行中的各项要求。

1.4.4.3 总量控制标准

总量控制标准是对整个地区排放的污染物总量加以限定的方法。它是根据地区环境的自净能力——环境容量，确定出该地区容许排放污染物总量。环境管理部门再按责任分担率计算出各个污染源的容许排放量。用总量控制标准控制一个地区或一个城市的大气污染是最为科学的。应是我国控制大气污染的努力方向。

1.5 工业有害物的综合防治措施

实践证明，任何一种单一的有害物防治措施都很难将生产场所的有害物降到国家卫生标准以下，或者说是不经济的。因此，要根据有害物的产生地点和生产作用情况，实行综合防治。

1.5.1 控制有害物产生的措施

1.5.1.1 以无毒低毒的物料代替有毒高毒的物料

生产中使用的原料和各种辅助材料，应尽量以无毒、低毒代替有毒、高毒，这是控制毒物的根本措施。如电泳涂漆中，由于油漆溶剂中的苯及其二甲苯对人体危害大，所以采用水作为溶剂，形成水溶性漆，用电泳涂漆工艺，以解除苯系物的危害。又如工业生产中使用的汞仪表，在制造和使用中工人必然要接触汞。因此改有汞仪表为无汞仪表是消除汞害的重要防护措施。

1.5.1.2 改革工艺设备和工艺操作方法

改革工艺设备和工艺操作方法，从根本上防止和减少有害物的产生，即采用产污少的生产设备和工艺，改革生产工序，以达到不用或少用、不产生或少产生有毒物质。生产工艺的改革能有效地解决防尘、防毒问题。

例如，用湿式作业代替干式作业可以大大减少粉尘的产生。在石粉加工厂用水磨石英工艺代替干磨石英工艺后，车间空气中的硅尘浓度由几百毫克降至几毫克甚至2mg以下；短纤维的石棉加工，用湿法代替干法生产也取得了很好的效果，在产尘车间内坚持湿法清扫可以防止二次尘源的产生；在油漆工业中用锌白工艺代替铅白工艺，可以消除铅中毒的危害，解除剧毒物质的危害；化工行业氯碱厂电解食盐的水银电解法，电解中产生大量的汞蒸气、含汞盐泥和含汞废水，严重危害工人的健康，又污染环境，改成隔膜法电解工艺后，消除了汞害；在镀锌、铜、镉、锡、银、金等电镀工艺中，都要使用氰化物作为络合剂，用量大，氰化物是剧毒物质，在镀槽表面易散发出剧毒的氰化氢气体，采用无氰电镀（如铵盐镀锌法），就是通过改革电镀工艺，改用其他物质代替氰化物，起到络合剂的作用，从而可消除氰化物对人体的危害。

1.5.1.3 密闭生产中的尘、毒源

包括对产污设备进行密闭，采用负压操作，避免粉尘、毒物逸散。对材料转运过程中所有可能散发有粉尘、毒物的产污点都应进行密闭。在投料、检测采样等过程中，应采取有效措施防止粉尘、毒物散发。尽量减少或杜绝生产过程中的跑冒、滴漏现象，应对设备进行及时检修。对于挥发性物料应加覆盖层。

1.5.1.4 采用隔离操作

将工人操作与产污生产设备隔离，既可对设备进行密闭隔离，也可采用给操作人员设隔离操作间，工人在隔离间对设备进行操作。

1.5.2 通风净化措施

通过工艺设备和工艺操作方法的改革，如果仍有有害物散入室内，应采取局部通风或全面通风措施，如图1-3所示，使车间空气中的有害物浓度不超过卫生标准的规定，通风排气中的

(a)

(b)

图1-3 通风措施

(a) 铸造车间的伞形罩排风；(b) 电弧炉的封闭罩

有害物浓度达到排放标准。采用局部通风时，要尽量把产尘、产毒工艺设备密闭起来，以最小的风量获得最好的效果。总图布置、建筑和工艺设计应与通风措施密切配合，进行综合防治。

1.5.3 定期检测

定期测定作业点的有害物浓度和排放浓度，检查净化设施和设备的运行情况。从而查看有害物质的危害程度，评价已有净化措施的实际效果，为制定和改进净化措施，正确选用净化设备提供科学依据，是工业通风工作重要一环，也是掌握现状，加强宏观控制指导和可行性研究并为决策提供依据的一种方法。

1.5.4 个体防护措施

由于技术和工艺上的原因，某些作业地点达不到卫生标准的控制要求时，应对操作人员采取个人防护措施，如配备防尘、防毒口罩或面具，穿戴按不同工种配备的工作服等，如图 1-4 所示。企业不仅要发给工人符合国家标准要求的防护用具，而且要教育工人认真佩戴正确使用。在含有害物浓度很高的作业场所（如工人进入无通风设备的喷砂室内作业），坚持佩带防尘防毒用具，对保障工人的身体健康，防止职业病的发生具有特殊意义。

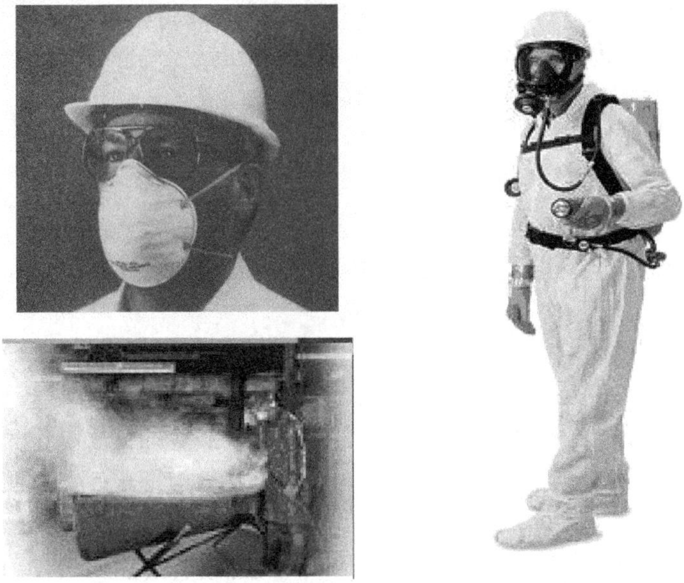

图 1-4　防尘、防毒口罩或面具的应用

1.5.5 管理措施

为了确保通风净化系统的安全运行，推动防尘、防毒工作，一定要建立严格的检查管理制度或设置专职的防尘、防毒小组。

必须加强通风设备的维护和修理，以便取得良好的通风效果。对生产过程中接触粉尘和毒气的人员应定期进行体格检查，以便发现情况，采取措施。根据国家规定，严重危害工人身体健康，长期达不到卫生标准要求的工作岗位或车间，有关部门可勒令其停止生产。

防尘、防毒工作是关系到广大职工的健康和生命的大事，各级企业和主管部门在组织生产的同时，必须加强防尘、防毒工作的领导和管理，通过宣传教育，不断提高广大职工干部和群众对防尘、防毒工作的重要性、必要性和迫切性的认识。

复　习　题

1-1　粉尘、有害蒸气和气体对人体的危害有哪些?

1-2　试阐述粉尘粒径大小对人体危害的影响。

1-3　试阐述采用通风技术控制有害物的理论依据。

1-4　写出下列物质在车间空气中的最高容许浓度，并指出何种物质的毒性最大（一氧化碳、二氧化硫、氯、丙烯醛、铅烟、五氧化砷和氧化镉）。

1-5　卫生标准规定的空气中有害物质最高允许浓度，考虑哪些因素？举例说明。

1-6　卫生标准规定居住区大气中氨的最高允许浓度为 $0.2mg/m^3$，试将该值换算成体积分数。

1-7　试阐述不同室内气象条件对人体舒适感（或人体热平衡）的影响。

1-8　试阐述大气环境标准的种类和作用。

1-9　制定大气污染物排放标准应遵循的原则是什么?

1-10　阐述防治工业有害物的综合措施。

2 通风方法

所谓通风是指为造成合乎卫生要求的空气环境，对厂房或居室进行换气的技术。这种换气技术是通过合理组织空气的流动，在局部地点或整个建筑物中把不符合卫生要求的空气排走，将符合卫生要求的干净空气送至所需要的场所。

通风净化是指利用通风的方法排除并净化被粉尘、有害气体污染的空气的技术。通风是工业生产中经常采用的控制粉尘及其有害气体的手段，目的是以最小的费用取得最大的控制效果。

2.1 控制有害物的通风方法

2.1.1 有害物在室内的传播机理

粉尘、有害气体都要经过一定的传播过程扩散到周围空气中，在与人体相接触中，进入呼吸系统、皮肤等人体器官，造成对人体的危害。使有害物从静止状态变成悬浮于周围空气中的作用，称为有害物的尘化和传播。引起尘化作用的气流称为尘化气流。常见的尘化作用有：

（1）剪切压缩造成的尘化作用。物料在进行上下往复振动时，疏松的物料受到挤压，使物料间隙中的空气猛烈挤压出来，当这些气流向外高速运动时，由于气流和粉尘的剪切压缩作用，带动粉尘一起逸出，如图2-1所示。

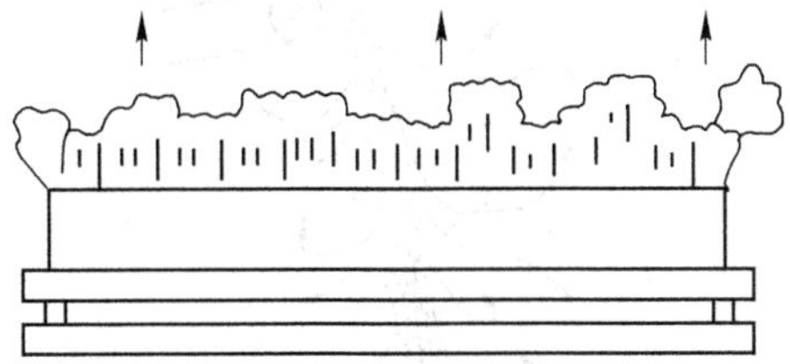

图 2-1　剪切压缩造成的尘化气流

（2）诱导空气造成的尘化作用。物体或块、粒状物料的高速运动，能带动周围空气随其流动，这部分空气称为诱导空气，如图2-2（a）所示。例如砂轮磨光金属时，在砂轮高速旋转下甩出的金属屑和砂轮粉末会产生出诱导空气，使磨削下来的细粉末随其扩散，如图2-2（b）所示。

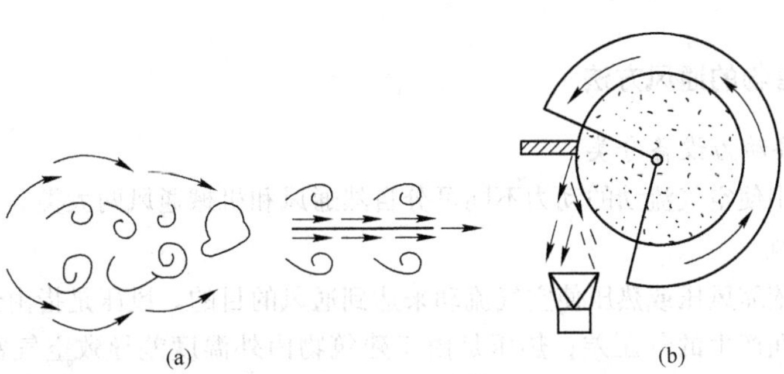

图 2-2　诱导空气造成的尘化作用

（a）块、粒状物料运动时；（b）砂轮转动时

（3）综合性尘化作用。实际尘源比较复杂，是上述两种气流的综合作用。如皮带运输机输送的粉粒状物料从高处下落到地面时，由于物料流与周围空气产生的剪切作用，空气会被卷

进物料流中，物料流逐渐扩散，相互的卷吸作用使粉尘不断向外飞扬，如图 2-3 所示。

(4) 热气流上升造成的尘化作用。当热设备表面温度很高时，它会形成一股向上运动的热射流，在有粉末状散发物的情况下，粉尘也会随之上升。同时也会卷吸周围空气，并在室内形成对流，使粉尘不断扩散。例如炼钢电炉、加热炉以及金属浇铸等过程所引起的尘化作用。

通常把上述粉尘传播过程，称为“一次尘化”作用，引起一次尘化作用的气流称为一次尘化气流。

根据计算可知：一个粒径为 $d_p = 10\mu m$、密度为 $\rho_p = 2700\ kg/m^3$ 的尘粒，在重力作用下自由下沉，其最大沉降速度约为 U_{pt}（最大）$= 0.008m/s$，与一般车间内空气流动速度约为（0.2 ~ 0.3m/s）相比是很小的，说明粉尘的运动主要受室内气流的支配。

当一个粒径为 $d_p = 10\mu m$ 的水泥尘粒，在静止空气中受到机械力作用以速度 $U_0 = 5m/s$，抛出后，在距抛射点（即尘源点）约 4.5mm 处，其速度即降至 $U_g = 0.005m/s$，很快失去动能。

以上说明，如果没有其他气流的影响，一次尘化作用给予粉尘的能量是不足以使粉尘在室内散布的，它只能造成小范围的局部气流污染。造成粉尘进一步扩散的原因是二次气流，它的方向和速度决定粉尘扩散的方向和范围，二次气流速度越大，粉尘扩散越严重，如图 2-4 所示。因此，采用削弱尘源强度、控制一次尘化气流、隔断二次气流和组织、吸捕气流，才能有效控制粉尘，达到控制粉尘扩散的目的。

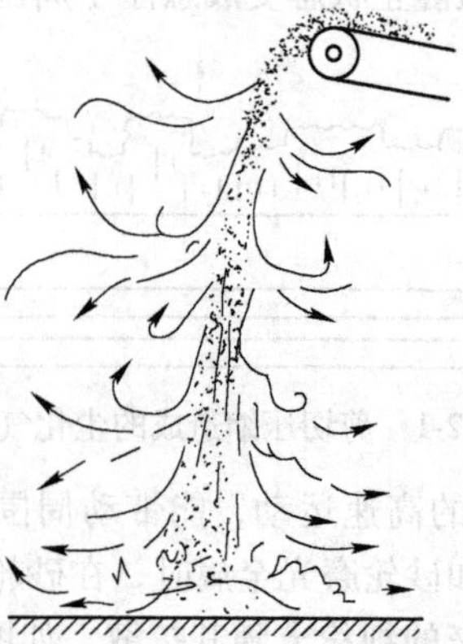

图 2-3　综合性的尘化作用

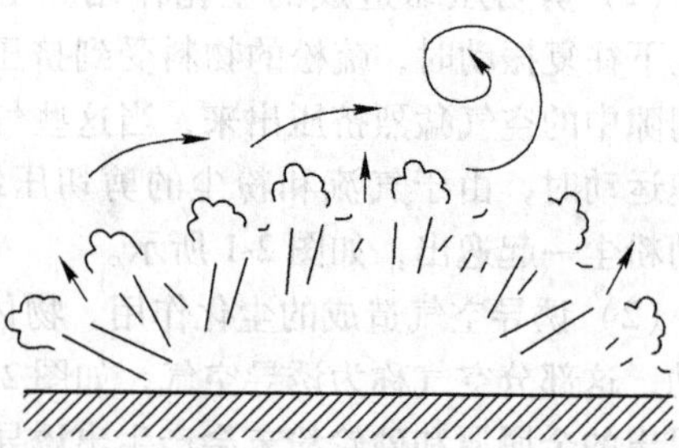

图 2-4　二次气流对粉尘的扩散作用

2.1.2　控制有害物的通风方法

2.1.2.1　按动力设备分类

按通风过程中使空气流动的动力不同可分自然通风和机械通风两大类。

A　自然通风

自然通风是依靠风压或热压使空气流动来达到通风的目的。风压是指由于风力在建筑物迎风面与背风面之间产生的气压差；热压是由于建筑物内外温度差导致空气密度差而形成的气压差。

图 2-5（a）是利用热压进行自然通风的简图，由于房间空气温度高，密度小，因此就产生了一种上升力，空气上升后从上部窗排出，使得室外冷空气从下边门窗或缝隙进入室内。因此，就在房间内形成了一种由室内外气温差引起的自然通风，这种通风方式称为热压作用下的自然通风。图 2-5（b）是利用风压进行自然通风的简图，气流由建筑物迎风面的门窗进入房

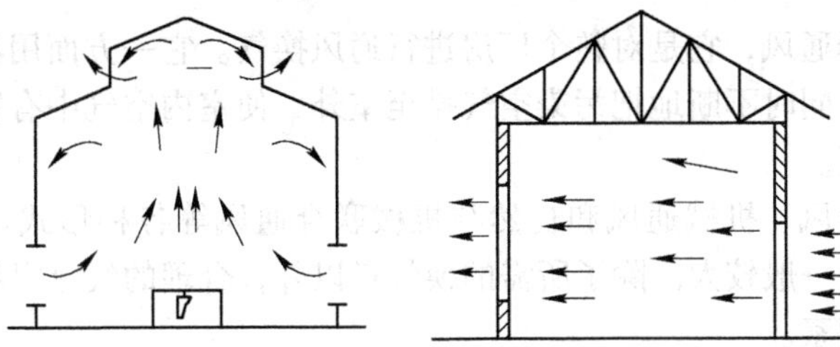

图 2-5 自然通风
(a) 利用热压作用；(b) 利用风压作用

间内，同时把房间内的空气从背风面的门窗压出去。因此，在房间中形成了一种由风力引起的自然通风，这种通风方式称为风压作用下的自然通风。

由于自然通风不需要人为提供动力，是一种既经济又节能的措施，应优先考虑。一般工业建筑中，应首先考虑充分利用有组织的自然通风来改善作业环境，只有当自然通风不能满足要求时，才考虑采用机械通风的方法。

另外，自然通风可分为有组织自然通风和无组织自然通风。有组织自然通风是利用侧窗和天窗控制，调节进、排气；有组织自然通风对热车间，特别是冶金、轧钢、铸造、锻造等车间是一种经济有效的通风方式。目前采用得较为广泛。无组织自然通风是靠门窗及缝隙进行空气交换的。

B 机械通风

机械通风是依靠风机、风扇或气泵等设备造成的压力使空气流动的。实现机械通风的一套装置及其通风流动管道称为机械通风系统。该系统主要由通风罩、通风管道和风机三部分组成。需对空气进行净化时，还需包括净化设备。系统中的风机等动力设备在工作时要消耗一定的电力，一个现代化的工厂用于机械通风的电力占全厂总电力消耗的10%左右。由于机械通风不受自然风压与热风压的限制，因此，其适用性强，不受自然风压和热风压的影响。

根据机械通风时按空气流动组织形式不同，可将机械通风分为送风式和排风式两种。送风式是将符合卫生要求的空气送入所需的场所，作业人员处于干净空气流动的范围之内；排放式通风是把不符合卫生要求的污浊空气排至室外，干净空气自然补充到被排走空气的位置。在某些情况下，也可将送风和排风结合起来，构成送排式通风系统，以提高通风效果。无论是送风通风还是排风通风均会影响室内气流的稳定性，使室内空气与内、外界发生质量交换和热量交换，因此在设计机械通风时，一般均需考虑室内空气质量平衡和热平衡问题。

按通风范围大小不同，机械通风又可分为局部机械通风和全面机械通风两大类。

C 混合通风

由机械通风与自然通风共同作用，通常是自然进风、机械排风。混合通风的情况下，室内进风和排风既有由通风系统产生的有组织的进风或排风，也有从缝隙、窗户、门等形成的无组织进风或排风。这时，应校验房间内的空气热平衡，以保持房间空气温度恒定。还应校验空气质量的平衡，以保持房间处于正压状态还是负压状态。当车间为产生有毒气体时，应使房间处于负压状态，以防无组织排风污染周围车间或居民。

2.1.2.2 按通风范围分类

按照通风系统作用范围的大小可分为局部通风与全面通风两大类。

A　全面通风

全面通风又称稀释通风，它是对整个厂房进行通风换气。它一方面用清洁空气稀释室内空气中的有害物的浓度，同时不断地把污染空气排至室外，使室内空气中有害物的浓度不超过卫生标准的最高允许浓度。

全面通风有自然通风、机械通风和自然与机械联合通风等各种形式。由于它的换气范围大，因此所需的换气量一般较大。除了所需的换气量以外，合理的气流组织形式也是影响全面通风效果好坏的重要因素。

B　局部通风

局部通风是对房间内的某个或几个部分进行的通风。它又可分局部排风和局部送风。都是利用局部范围的气流，使局部工作地带的环境条件符合卫生标准。

2.2 局部通风

局部通风可分为局部送风和局部排风两大类，它们是利用局部气流，使局部工作地点不受有害物的污染，造成良好的空气环境。即通过局部通风排风系统直接排除有害物源附近有害物质。其优点是排风量小、控制效果好。凡是散发有害物质（蒸气、气体和粉尘）的场合，结合生产工艺，应优先考虑。

2.2.1 局部排风系统

一个完整的局部排风系统可用如图2-6所示来表示，它主要有以下几个部分组成：

（1）局部排风罩。它是局部排风的重要装置，是用来捕集粉尘和有害物。它的性能好差直接影响整个系统的技术经济指标。性能良好的局部排风罩，如密闭罩，只要较小的风量就可以获得良好的工作效果。由于生产设备和操作的不同，排风罩的形式是多种多样的。

（2）风管。通风系统中输送气体的管道称为风管，它把通风系统中的各种设备或部件连成了一个整体。为了提高系统的经济性，应合理选定风管中的气流速度，管路应力求短、直。风管通常用表面光滑的材料制作，如薄钢板、聚氯乙烯板等。

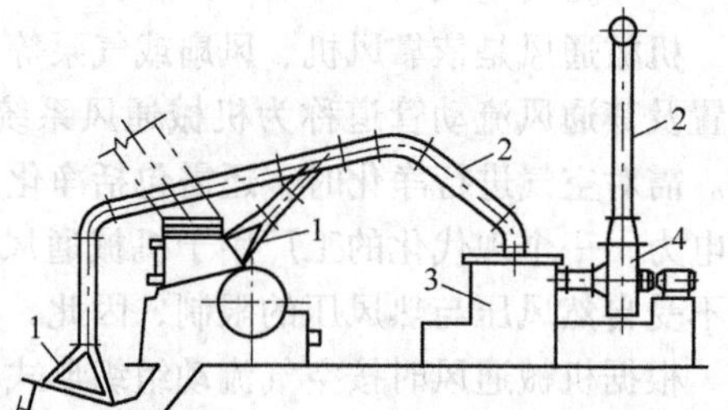

图 2-6　局部排风系统示意图

1—局部排风罩；2—风管；3—净化设备；4—风机

（3）净化设备。当排风系统排出的空气中有害物含量超过国家规定的排放标准时，必须设置净化设备来处理含尘空气。净化设备的形式和种类很多，应根据实际情况和要求进行合理选择，达到空气净化的目的。

（4）风机。风机是向机械排风系统提供气流流动的动力装置。为了防止风机的磨损和腐蚀，通常把风机放在净化设备后面，按风机工作原理可分为离心和轴流式两种。

2.2.2 局部送风系统

局部送风是将新鲜空气或经过适当处理后的空气送至工人作业地带，以改善操作区空气质量、提高工作效率。局部送风常适用于高温车间内只有少数局部作业地点需要通风降温的场合。

局部送风系统分为系统式和分散式两种，系统式局部通风是将空气集中处理（净化、冷却等）后，通过送风管道和送风口，分别送至局部作业区。分散式局部送风一般使用轴流通风机或喷雾通风机向局部作业区吹风，从而使局部作业场所的热量散发较快。图 2-7 是某铸造车间浇注工段系统式局部送风系统示意图。

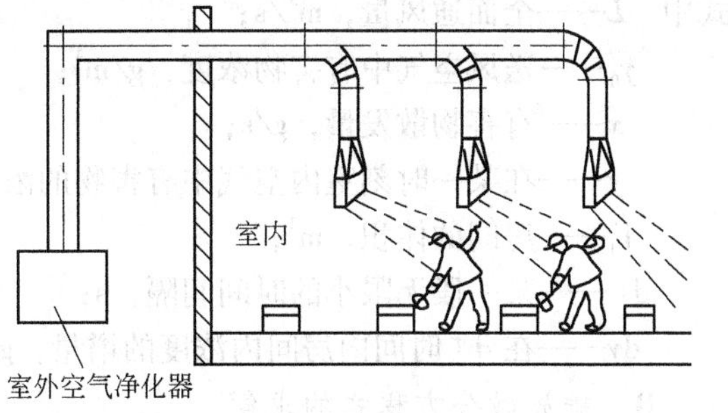

图 2-7　系统式局部送风系统示意图

2.3　全面通风

2.3.1　全面通风的一般原则

全面通风设计过程中，应注意以下几点：

（1）散发热、湿或有害物的车间，当不能采用局部通风时，或采用局部通风仍不能满足卫生要求时，应采用（辅助）全面通风。

（2）全面通风设计时应尽量采用自然通风，以节约能源和投资。当自然通风达不到卫生要求时，则应采用机械通风或自然与机械相结合的联合通风。

（3）设置集中供暖且有排风的生产厂房及辅助建筑物，应考虑自然补风的可能性。当自然补风达不到室内卫生和生产要求或在技术经济上不合理时，宜设置机械通风系统。

2.3.2　全面通风换气量的计算

全面通风的换气量的计算分两种情况进行。

2.3.2.1　室内存在有害物发散源

A　排放模型及微分方程

为分析室内空气中有害物质浓度与通风量之间的关系，先研究一种理想的情况，假设有害物在室内均匀散发（室内空气中有害物浓度分布是均匀的）、有害物质散发出来后立即散布于整个室内、稀释过程处于稳定状态（即通风时间足够长）、送风气流和室内空气的混合在瞬间完成、送排风气流是等温的。在这种假设条件下，建立如图 2-8 所示的室内有害物排放模型，在体积为 V_f 的房间内，有害物源每秒钟散发的有害物量为 x，通风系统开动前室内空气中有害物浓度为 y_1，通风风量为 $L(\mathrm{m^3/s})$，入风的有害物浓度为 y_0，排风的有害物浓度为 y。室内得到的有害物量与从室内排出的有害物量之差应等于房间内增加（减少）的有害物量，即：

$$Ly_0\mathrm{d}\tau + x\mathrm{d}\tau - Ly\mathrm{d}\tau = V_f\mathrm{d}y \tag{2-1}$$

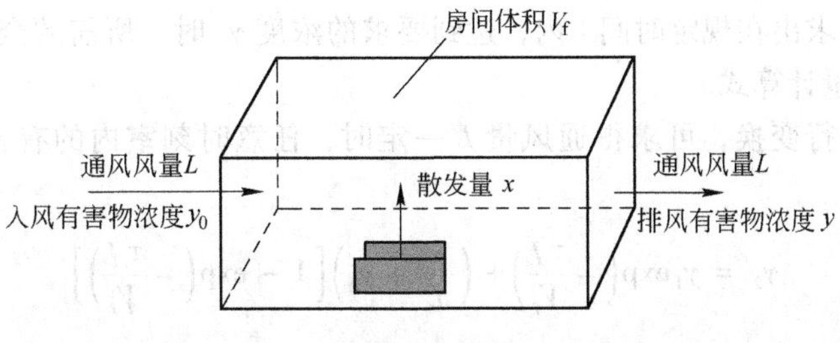

图 2-8　室内有害物排放模型

式中 L——全面通风量，m^3/s；

y_0——送风空气中有害物浓度，g/m^3；

x——有害物散发量，g/s；

y——在某一时刻室内空气中有害物的浓度，g/m^3；

V_f——房间的体积，m^3；

$d\tau$——某一段无限小的时间间隔，s；

dy——在 $d\tau$ 时间内房间内浓度的增量，g/m^3。

B 排放微分方程式的求解

式（2-1）称为全面通风的排放基本微分方程式。它反映了任何瞬间室内空气中有害物浓度 y 与全面通风量 L 之间的关系。对式（2-1）进行变换得：

$$\frac{d\tau}{V_f} = \frac{dy}{Ly_0 + x - Ly} \tag{2-2}$$

由于常数的微分为零，式（2-2）可改写为：

$$\frac{d\tau}{V_f} = -\frac{1}{L} \cdot \frac{d(Ly_0 + x - Ly)}{Ly_0 + x - Ly} \tag{2-3}$$

如果在 τ 内，室内空气中有害物浓度从 y_1 变化到 y_2，那么

$$\int_0^{\tau} \frac{d\tau}{V_f} = -\frac{1}{L}\int_{y_1}^{y_2} \frac{d(Ly_0 + x - Ly)}{Ly_0 + x - Ly} \tag{2-4}$$

对式（2-4）积分，并作适当变换得：

$$\frac{\tau L}{V_f} = \ln\frac{Ly_1 - x - Ly_0}{Ly_2 - x - Ly_0} \tag{2-5}$$

即

$$\frac{Ly_1 - x - Ly_0}{Ly_2 - x - Ly_0} = \exp\left[\frac{\tau L}{V_f}\right] \tag{2-6}$$

当 $\tau < \frac{V_f}{L}$ 时，级数 $\exp\left[\frac{\tau L}{V_f}\right]$ 收敛，式（2-6）可以用级数展开的近似方法求解。如近似地取级数的前两项，则得：

$$\frac{Ly_1 - x - Ly_0}{Ly_2 - x - Ly_0} = 1 + \frac{\tau L}{V_f}$$

或

$$L = \frac{x}{y_2 - y_0} - \frac{V_f}{\tau} \cdot \frac{y_2 - y_1}{y_2 - y_0} \tag{2-7}$$

用式（2-7）可求出在规定时间 τ 内，达到要求的浓度 y_2 时，所需的全面通风量，称不稳定状态下全面通风量计算式。

对式（2-5）进行变换，可求得通风量 L 一定时，任意时刻室内的有害物浓度 y_2 的表达式为：

$$y_2 = y_1\exp\left(-\frac{\tau L}{V_f}\right) + \left(\frac{x}{L} + y_0\right)\left[1 - \exp\left(-\frac{\tau L}{V_f}\right)\right] \tag{2-8}$$

若室内空气中初始的有害物浓度 $y_1 = 0$，式（2-8）可写为：

$$y_2 = \left(\frac{x}{L} + y_0\right)\left[1 - \exp\left(-\frac{\tau L}{V_f}\right)\right] \tag{2-9}$$

$\tau \to \infty$ 时，$\exp\left(-\frac{\tau L}{V_f}\right) \to 0$，室内有害物浓度趋于稳定，其值为：

$$y_2 = y_0 + \frac{x}{L} \tag{2-10}$$

实际上，室内有害物浓度趋于稳定的时间并不需要 $\tau \to \infty$，例如：当 $\frac{\tau L}{V_f} \geqslant 3$ 时，$\exp(-3) = 0.0497 \ll 1$，因此，可以近似认为 y_2 已趋于稳定。

由式（2-8）和式（2-9）可以画出室内有害物浓度 y_2 随通风时间 τ 变化的曲线，如图 2-9 所示。

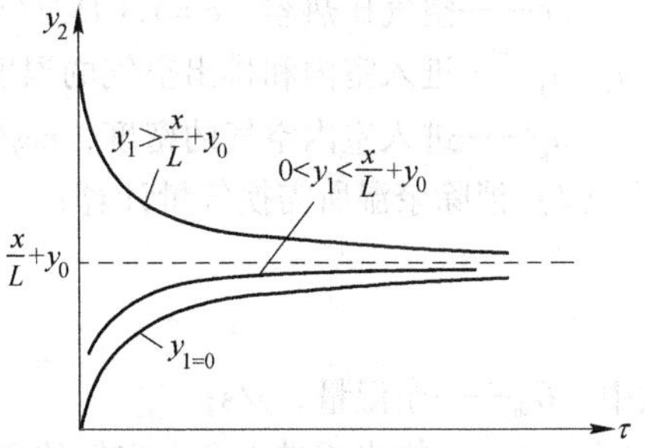

图 2-9 室内有害物浓度随通风时间的变化曲线

从上述分析可以看出：室内有害物浓度按指数规律增加或减少，其增减速度取决于 $\frac{L}{V_f}$。

C 排除有害物的全面通风量计算式

根据式（2-9），室内有害物浓度 y_2 处于稳定状态时所需的全面通风量按下式计算：

$$L = \frac{x}{y_2 - y_0} \tag{2-11}$$

在实际通风过程中，不可能满足以上假设条件，即使室内平均有害物浓度符合卫生标准，有害物源附近空气中的有害物浓度仍然可能比室内平均有害物浓度高得多。若工人的活动范围正处于这种高浓度区域内，为保证工人的呼吸带内的有害物浓度被控制在容许值以下，实际所需量比上式要大得多。即引入一个安全系数 k，式（2-11）变为：

$$L = \frac{kx}{y_2 - y_0} \tag{2-12}$$

k 值的选取要考虑诸多因素，如有害物的毒性、散布的均匀性等等，按经验取 3～10 的范围。

［例 2-1］ 某地下室的体积 $V_f = 200\text{m}^3$，设有全面通风系统。通风量 $L = 0.04\text{m}^3/\text{s}$，有 198 人进入室内，人员进入后立即开启通风机，送入室外空气，试问经过多长时间该室的 CO_2 浓度达到 5.9g/m^3（即 $y_2 = 5.9\text{g/m}^3$）。

［解］ 由有关资料查得每人每小时呼出的 CO_2 约为 40g，则 CO_2 的产生量为：

$$x = 40 \times 198 = 7920\text{g/h} = 2.2\text{g/s}$$

送入室内的空气中，CO_2 的体积含量为 0.05%（即 $y_0 = 0.98\text{g/m}^3$），风机启动前室内空气中 CO_2 浓度与室外相同，即 $y_1 = 0.98\text{g/m}^3$。

由式（2-5）得：

$$\begin{aligned}\tau &= \frac{V_f}{L}\ln\frac{Ly_1 - x - Ly_0}{Ly_2 - x - Ly_0} \\ &= \frac{200}{0.04}\ln\frac{0.04 \times 0.98 - 2.2 - 0.04 \times 0.98}{0.04 \times 5.9 - 2.2 - 0.04 \times 0.98} \\ &= \frac{200}{0.04}\ln 0.0937 = 468.56\text{s} = 7.8\text{min}\end{aligned}$$

2.3.2.2　室内存在热源或蒸气源

当室内存在热源或蒸气源时，为消除余热或余湿所需的全面通风换气量按式（2-13）和式（2-14）计算：

（1）消除余热所需换气量计算：

$$L = \frac{Q}{c\rho_g(t_p - t_j)} \tag{2-13}$$

式中　L——全面通风的换气量，m^3/s；

Q——余热量，kJ/s；

c——空气比热容，$c = 1.01 kJ/(kg \cdot ℃)$；

t_p、t_j——进入室内和排出空气的温度，℃；

ρ_g——进入室内空气的密度，mg/m^3。

（2）消除余湿所需换气量计算：

$$L = \frac{G_{sh}}{\rho_g(d_p - d_j)} \tag{2-14}$$

式中　G_{sh}——余湿量，g/s；

d_p、d_j——排出或进入室内空气的含湿量，g/kg。

在应用式（2-11）至式（2-14）时，应注意：

1）当室内同时存在有害物源、热源和湿气源时，应按式（2-11）、式（2-13）和式(2-14)分别计算后取最大值为所需换气量。

2）某种溶剂的蒸气及刺激性气体（如 SO_2、SO_3 或氟化氢）有两种以上同时向室内散发时，由于对人体的危害有联合作用，全面换气量应把各种气体分别稀释至容许浓度的空气总量之和。

3）除上述有害物质的蒸气与气体外，其他有害物质同时散发时，通风量仅按需要换气量最大的有害物质计算。

［**例 2-2**］　某车间使用脱漆剂，每小时消耗量为4kg，脱漆剂成分为苯50%，醋酸乙酯30%，乙醇10%，松节油10%，求全面通风所需空气量。

［**解**］　各种有机溶剂的散发量为：

苯 $x_1 = 4 \times 50\% = 2kg/h = 555.6mg/s$；醋酸乙酯 $x_2 = 4 \times 30\% = 1.2kg/h = 333.3mg/s$；

乙醇 $x_3 = 4 \times 10\% = 0.4kg/h = 111.1mg/s$；松节油 $x_4 = 4 \times 10\% = 0.4kg/h = 111.1mg/s$。

根据卫生标准，车间空气中上述有机溶剂的容许浓度为苯 $y_{p1} = 40mg/m^3$；

醋酸乙酯 $y_{p2} = 300mg/m^3$；乙醇没有规定，不计风量；松节油 $y_{p4} = 300mg/m^3$。

送风空气中上述四种溶剂的浓度为零，即 $y_0 = 0$。取安全系数 $k = 6$，按式（2-12）分别计算把每种溶剂的蒸气稀释到最高容许浓度以下所需的风量。

苯　$$L_1 = \frac{6 \times 555.5}{40 - 0} = 83.34m^3/s$$

醋酸乙酯　$$L_2 = \frac{6 \times 333.3}{300 - 0} = 6.66m^3/s$$

乙醇　$$L_3 = 0$$

松节油　$$L_4 = \frac{6 \times 111.1}{300 - 0} = 2.22m^3/s$$

数种有机溶剂混合存放时，全面通风量为各自所需风量之和。即

$$L = L_1 + L_2 + L_3 = 83.34 + 6.66 + 0 + 2.22 = 92.22\text{m}^3/\text{s}$$

当散入室内的有害物量无法具体计算时，在工程设计中全面换气量可按类似房间换气次数的经验数值进行计算，即使用每小时换气次数为计量单位，即：若房间体积 V_f(m^3)、换气量为 L(m^3/s)，则每小时换气次数 n(次/h)（可以从有关资料查得）为：

$$n = \frac{3600L}{V_f} \tag{2-15}$$

2.3.3 有害物散发量的计算

正确计算有害物的散发量，是合理确定全面通风的基础。

2.3.3.1 生产设备散热量的确定

进行车间热平衡计算时，必须首先了解生产过程，正确确定车间的得热量。为使设计安全可靠，应分别计算车间的最大和最小得热量。把最小得热量作为车间冬季计算热量；把最大得热量作为车间夏季计算热量。即在冬季，采用热负荷最小班次的工艺设备散热量；不经常的散热量不予考虑；经常不稳定的散热量按小时平均值计算。在夏季，采用热负荷量最大班次的工艺设备散热量；经常而不稳定的散热量按最大值计算；白班不经常的较大的散热量也应考虑。

一般散热设备散热量的计算方法，在传热学中已经介绍。在实际计算时，由于工艺过程和设备种类繁多，结构各异，完全用理论计算的方法确定设备散热量是很困难的。因此，必须深入现场调查实测，在此基础上参考有关文献，取得比较正确的结果。

生产车间主要散热设备有：

(1) 工业炉及其热设备的散热量；

(2) 原材料、成品或半成品冷却的散热量；

(3) 蒸汽锻锤的散热量；

(4) 燃料燃烧的散热量；

(5) 电炉、电机的散热量；

(6) 热水槽表面散热量。

2.3.3.2 散湿量的确定

生产车间的散湿量是指进入空气中的水蒸气数量，主要有：

(1) 暴露水面或潮湿表面散发的水蒸气量；

(2) 材料或成品的散湿量；

(3) 化学反应过程中散发的水蒸气量。

2.3.3.3 有害气体散发量的计算

在生产车间内，有害气体和蒸气的来源主要有：

(1) 燃料燃烧产生的有害气体，如工业炉窑燃烧产物中的硫氧化物、氮氧化物、HF、CO等；

(2) 通过炉子的缝隙进入室内的烟气；

(3) 从生产设备或管道的不严密处，漏入室内的有害气体；

(4) 容器中化学品自由表面的蒸发；

(5) 物体表面涂漆时，散入室内的溶剂蒸气；

(6) 生产过程中化学反应产生的有害气体。如电解铝时产生的氟化氢，铸件浇注时产生的一氧化碳等。

由于生产情况复杂，有害气体、散湿量或粉尘的产生量一般通过现场实测和调查研究，按经验数据确定。

2.3.4　全面通风气流组织

全面通风效果不仅取决于通风量的大小，还与通风气流组织有关。所谓气流组织就是合理地布置送、排风口位置、分配风量以及选用风口形式，以便用最小的通风量达到最佳的通风效果。图2-10是某车间的全面通风的一个例子，采用图2-10（a）所示的通风方式，工人和工件都处在涡流区内，工人可能中毒昏倒；如改用图2-10（b）所示的通风方式，室外空气流经工作区，再由排风口排出，通风效果大为改善。因此，全面通风效果与车间的气流组织关系密切。一般通风房间的气流组织有多种方式，常见的有上送下排、下送上排和中间送上下排等。设计时应综合考虑有害物源与作业人员的相互关系、有害物的性质及浓度、建筑物的门窗等诸多因素，选择最佳气流组织形式，其原则如下：

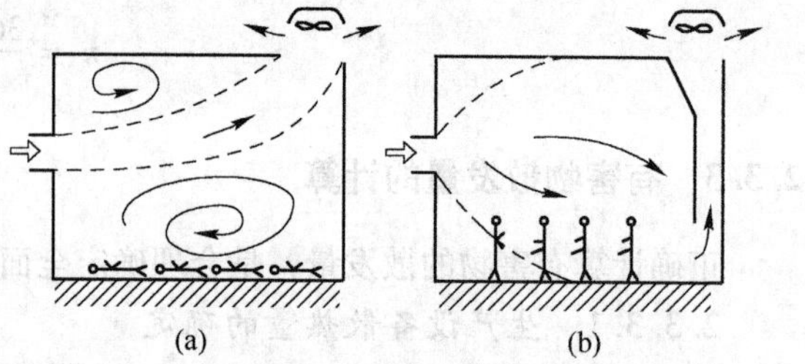

图 2-10　某车间气流组织

（1）全面通风的进、排风应避免使含有大量热、湿或有害物质的空气流入没有或仅有少量热、湿或有害物质的作业地带或人员经常停留的场所。一般来说：进风口应尽量靠近作业地点，排风口应尽量靠近有害物源或有害物质浓度高的区域。

（2）房间内所要求的卫生条件比周围环境的卫生条件高时，应保持室内为正压状态。

（3）在整个通风房间内，应尽量使进风气流均匀分布，减少涡流，避免有害物的局部地点积聚。

（4）进、排风口的相互位置应安排得当，防止进风气流不经污染地带就直接排出室外，形成“气流短路”，如图2-10（a）所示。

当车间内同时散发热量和有害气体时，如车间内设有工业炉、加热的工业槽及浇注的铸模等设备，在热设备上方常形成上升气流。在这种情况下，一般采用图2-11所示的下送上排通风方式。清洁空气从车间下部进入，在工作区散开，然后带着有害气体或吸收的余热从上部排风中排出。

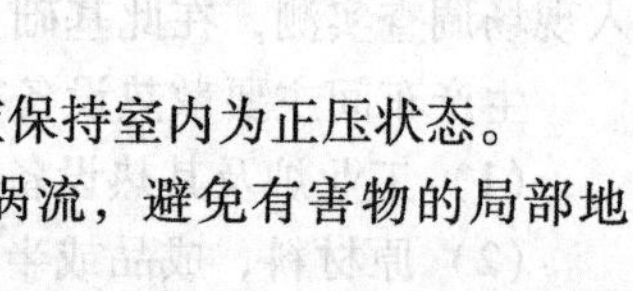

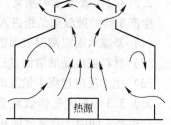

图 2-11　热车间的气流组织

根据采暖通风空气调节设计规范的规定，机械送风系统，送风方式应符合下列要求：

（1）放散热或同时放散热、湿和有害气体的生产厂房及辅助建筑物，当采用上部或上、下部同时全面排风时，宜送至作业地带。

（2）放散粉尘或密度比空气大的气体或蒸汽，而不同时放散热的生产厂房及辅助建筑，当从下部地带排风时，宜送至上部地带。

（3）当固定工作地点靠近有害物放散源，且不可能安装有效的局部排风装置时，应直接向工作地点送风。

设计规范还规定，采用全面通风消除余热、余湿或其他有害物质时，应分别从室内温度最高、含湿量或有害物质浓度最大的区域排风，并且排风量分配应符合下列要求：

（1）当有害气体和蒸汽密度比空气小，或在相反情况下，但车间内有稳定的上升气流时，宜从房间上部地带排出所需风量的三分之二，从下部地带排出三分之一。

（2）当有害气体和蒸汽密度比空气大，车间内不会形成稳定的上升气流时，宜从房间上部地带排出所需风量的三分之一，从下部地带排出三分之二。

（3）房间上部地带排出风量不应小于每小时一次换气。

（4）从房间下部地带排出的风量，包括距地面2m以内的局部排风量。

图2-12为各种送风与排风组合的优劣情况，设计时可根据实际情况选用合适的组织方式。

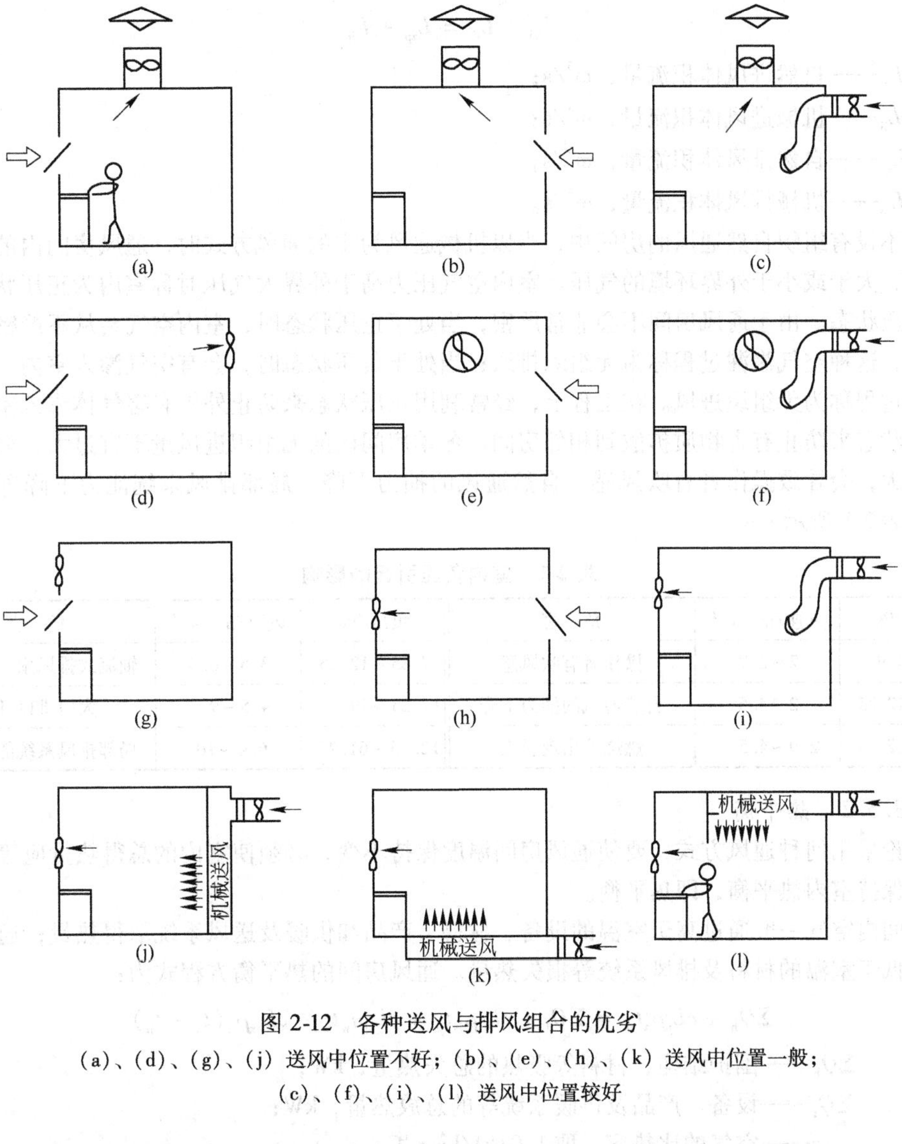

图2-12 各种送风与排风组合的优劣

（a）、（d）、（g）、（j）送风中位置不好；（b）、（e）、（h）、（k）送风中位置一般；（c）、（f）、（i）、（l）送风中位置较好

2.3.5 空气质量平衡与热平衡

2.3.5.1 空气质量平衡

在通风房间中，不论采用何种通风方式，单位时间内进入室内的空气质量与排出的空气质量应该保持相等，即空气质量平衡。通风方式按工作动力分为机械通风和自然通风两类，因

此，风量平衡的数学表达式为：

$$G_{zj} + G_{jj} = G_{zp} + G_{jp} \tag{2-16}$$

式中　G_{zj}——自然进风质量流量，kg/s；

G_{jj}——机械进风质量流量，kg/s；

G_{zp}——自然排风质量流量，kg/s；

G_{jp}——机械排风质量流量，kg/s。

当室内外温差较小、可以忽略进、排风空气密度的差异时，则质量平衡公式为：

$$L_{zj} + L_{jj} = L_{zp} + L_{jp} \tag{2-17}$$

式中　L_{zj}——自然进风体积流量，m^3/s；

L_{jj}——机械进风体积流量，m^3/s；

L_{zp}——自然排风体积流量，m^3/s；

L_{jp}——机械排风体积流量，m^3/s。

在不设有组织自然通风的房间中，当以机械通风为主的通风方式时，通风房间内的气压可以等于、大于或小于外界环境的气压。室内空气压力高于外界大气压时称室内为正压状态，反之为负压状态。由于通风房间不会非常严密，当处于正压状态时，室内空气会从不严密处渗透到室外，这种空气渗漏过程称为无组织排风；当处于负压状态时，会有空气渗入室内，这种空气渗入过程称为无组织进风。在工程上，经常利用正压状态来防止外界有害气体渗入室内，利用负压状态来防止有害物质扩散到相邻房间。冬季房间内的无组织进风量不宜过大，如果室内负压过大，会导致操作者有吹风感、自然通风的抽力下降、局部排风系统能力下降等不良后果，如表 2-1 所示。

表 2-1　室内负压引起的影响

负压/Pa	风速/$m \cdot s^{-1}$	危　害	负压/Pa	风速/$m \cdot s^{-1}$	危　害
2.45～4.9	2～2.9	操作者有吹风感	7.35～12.25	3.5～6.4	轴流式排风扇工作困难
2.45～12.25	2～4.5	自然通风的抽力下降	12.25～49	4.5～9	大门难以开闭
4.9～12.25	2.9～4.5	燃烧炉出现逆火	12.25～61.25	6.4～10	局部排风系统能力下降

2.3.5.2　热平衡

无论采用何种通风方式，要使通风房间温度保持不变，必须使室内的总得热量应等于总失热量，保持室内热平衡，即热平衡。

房间内空气一般通过高于室温的设备、材料、产品和供暖及送风系统取得热量；通过围护结构、低于室温的材料及排风系统等损失热量。通风房间的热平衡方程式为：

$$\Sigma Q_h + cL_p\rho_n t_n = \Sigma Q_f + cL_{js}\rho_{js}t_{js} + cL_{zj}\rho_w t_w + cL_{hx}\rho_n(t_s - t_n) \tag{2-18}$$

式中　ΣQ_h——围护结构、材料等吸热的总失热量，kW；

ΣQ_f——设备、产品及供暖系统等的总放热量，kW；

c——空气的比热容，取 1.01kJ/kg · ℃；

L_p——总排风量，不包括再循环空气量，m^3/s；

L_{js}、L_{zj}、L_{hx}——机械送风、自然进风、再循环空气量，m^3/s；

t_n、t_{js}、t_w、t_s——室内排风、机械送风、室外空气、再循环送风的温度，℃；

ρ_n、ρ_w、ρ_{js}——室内空气、室外空气、机械送风的密度，kg/m^3。

上式中各种设备、材料等吸热量与散热量的计算，可查有关参考文献。室外计算温度 t_w，在冬季时，对于局部排风及稀释有害气体的全面通风，采用冬季采暖室外计算温度；对于消除余热、余湿及稀释低毒性有害物质的全面通风，采用冬季通风室外计算温度；冬季通风室外计算温度是指历年最冷月平均温度的平均值。

式（2-18）是通风房间热平衡的一般形式，从上面分析可以看出，通风房间的风量平衡、热平衡是自然界的客观规律。当进风温度低于室内温度时，热损失量与总排风量有关。总排风量越大、则热损失量越多。因此在设计排风系统时，不能片面追求大排风量，而应改进排风罩的设计，在保证控制效果的前提下，使排风量尽量减小。在可能的情况下，尽量将净化后的空气全部或部分送回车间循环使用，但循环气体中的有害物质必须足够低（低于规定值）。循环气流中所容许的有害物质浓度按下式计算：

$$C_{hx} = \frac{1}{K} \cdot K_1 \left(\frac{C_z L_p - x}{L_{hx}} \right) \tag{2-19}$$

式中 C_{hx}——再循环空气中有害物质容许浓度，mg/m³；

C_z——室内有害物质最高容许浓度，mg/m³；

x——室内有害物散发量，mg/s；

L_p、L_{hx}——总排风量、再循环空气量，m³/s；

K——混合系数，取 3 ~ 10，混合良好时取 3；

K_1——系数，对游离 SiO_2 含量小于 10%、不含有毒物质的矿物性和动植物性粉尘，$K_1 = 0.9$；对游离 SiO_2 含量小于 10% 和含有毒物质的粉尘，取 $K_1 = 0.5$。

2.3.5.3 通风节能措施

在保证室内卫生和工艺要求的前提下，为降低通风系统的运行能耗，提高经济效益，进行车间通风系统设计时，可采取以下的节能措施。

（1）在集中采暖地区，设有局部排风的建筑，因风量平衡需要送风时，应首先考虑自然补风（包括利用相邻房间的清洁空气）的可能性。所谓自然补风是指利用该建筑的无组织渗透风量来补偿局部排风量。如果该建筑的冷风渗透量能满足排风要求，则可不设机械进风装置。从热平衡的观点看，由于在采暖设计计算中已考虑了渗透风量所需的耗热量，所以用渗透风量补偿局部排风量不会影响室内温度。只有当局部排风系统风量大于计算渗透风量，才会导致渗透风量增加，从而影响室内温度。

（2）当相邻房间未设有组织进风装置时，要取其冷风渗透量的 50% 作为自然补风。

（3）对于每班运行不足两小时的局部排风系统，经过风量和热量平衡计算，对室温没有很大影响时，可不设机械送风系统。

（4）设计局部排风系统时（特别是局部排风量大的车间）要有全局观点，不能片面追求大风量，应改进局部排风罩的设计，在保证效果的前提下，尽量减少局部排风量，以减少车间的进风量和排风热损失，这一点，在严寒地区特别重要。

（5）机械进风系统在冬季应采用较高的送风湿度。直接吹向工作地点的空气温度，不应低于人体表面温度（34℃左右），最好在 37 ~ 50℃之间。这样，可避免工作有吹冷风的感觉。

（6）净化后的空气再循环使用。根据卫生标准的规定，经净化设备处理后的空气中，如有害物质浓度不超过室内最高允许浓度的 30%，空气可再循环使用。

（7）把室外空气直接送到局部排风罩或排风罩的排风口附近，补充局部排风系统排出的风量。例如，采用送风通风柜，其 70% 的排风量由室外空气直接供给，这样可以减小车间排风热损失。

（8）为充分利用排风余热，节约能源，在可能条件下应设置热回收装置。目前国内已有多种形式的余热回收装置。图2-13是转轮式空气余热交换器，它能回收排风能量的70%。图2-14是通过热管换热器，用高温烟气加热室外空气，用作车间的热风采暖。

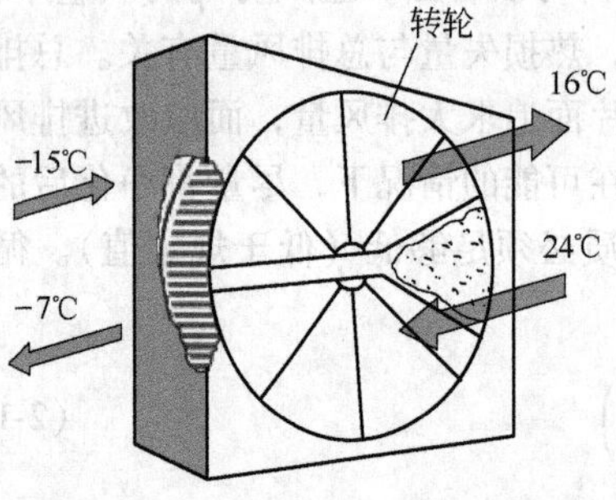

图2-13　转轮式空气余热交换器

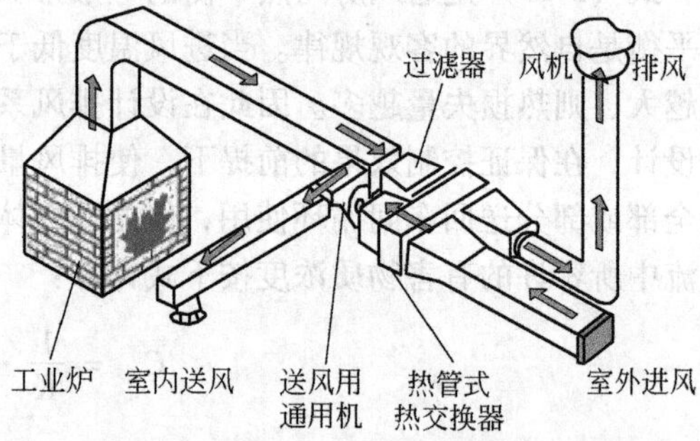

图2-14　热管换热器用于热风采暖

为使车间空气的湿度和有害物浓度稳定地达到设计要求，必须保持湿平衡和有害物质的平衡。实际的通风问题比较复杂，有时需要根据排风量确定进风量；有时则根据热平衡确定送风参数；有时既有局部排风系统，又有全面通风系统；既要确定风量，又要确定空气参数。不管问题如何复杂，只要掌握了空气质量平衡和热平衡原理，这些问题不难解决。

[例2-3]　如图2-15所示的车间内，生产设备总散热量 $Q_1 = 350\text{kW}$，维护结构失热量 $Q_2 = 450\text{kW}$，上部天窗排风量 $L_{zp} = 2.8\text{m}^3/\text{s}$，从工作区排走的风量 $L_{jp} = 4.25\text{m}^3/\text{s}$，自然进风量 $L_{zj} = 1.32\text{m}^3/\text{s}$，车间工作区温度 $t_n = 18℃$，室外空气温度 $t_w = -12℃$，室内的温度梯度为0.3℃/m，天窗中心高10m，试计算：机械送风量 G_{jj}、送风温度 t_j 和进风所需的加热量 Q_3。

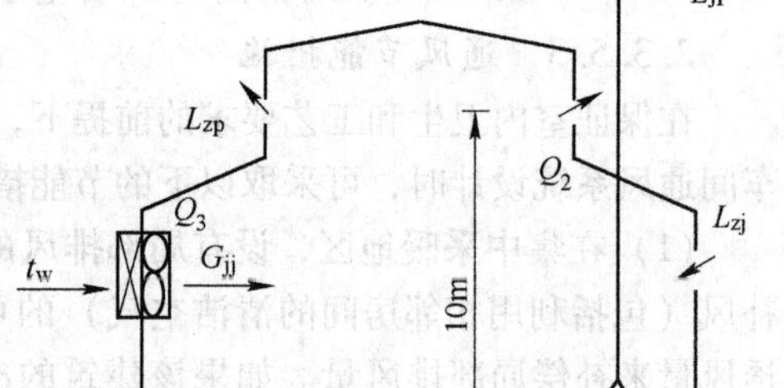

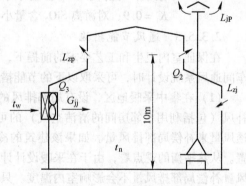

图2-15　车间通风示意图

[解]　（1）列出空气平衡方程式：

$$G_{jj} + G_{zj} = G_{jp} + G_{zp}$$

$$L_{zj}\rho_{t=-12℃} + G_{jj} = L_{zp}\rho_{zp} + L_{jp}\rho_{t=18℃}$$

（2）确定天窗排风温度：

$$t_p = t_n + \frac{0.3}{H-3} = \left[18 + \frac{0.3}{10-3}\right] = 20.4℃$$

（3）确定相应温度的空气密度：

$$\rho_{t=-12℃} = 1.35\text{kg/m}^3;\quad \rho_{t=18℃} = 1.21\text{kg/m}^3;\quad \rho_{t=20.4℃} = 1.20\text{kg/m}^3$$

（4）则机械进风量为：

$$\begin{aligned} G_{jj} &= L_{zp}\rho_{t=20.4℃} + L_{jp}\rho_{t=18℃} - L_{zj}\rho_{t=-12℃} \\ &= (2.8\times1.2 + 4.25\times1.21 - 1.32\times1.35)\text{kg/s} \\ &= 6.27\text{kg/s} \end{aligned}$$

(5) 列出热平衡方程式：

$$Q_1 + G_{jj}ct_j + G_{zj}ct_w = Q_2 + G_{jp}ct_n + G_{zp}ct_p$$

把已知数值代入上式，得：

$$350 + 6.72 \times 1.01t_j + 1.32 \times 1.01 \times 1.35 \times (-12)$$
$$= 450 + 2.8 \times 1.01 \times 1.2 \times 20.4 + 4.25 \times 1.01 \times 1.21 \times 18$$

解上式得机械进风温度 $t_j = 41.78$℃。

(6) 加热机械进风所必需的热量：

$$Q_3 = G_{jj}c(t_j - t_w) = [6.72 \times 1.01 \times (41.78 + 12)] = 365\text{kW}$$

2.4 置换通风

近年来，一种新的通风方式——置换通风在我国日益受到设计人员和业主的关注。这种送风方式与传统的混合通风方式相比较，可使室内工作区得到较高的空气品质、较高的热舒适性并具有较高的通风效率。1978 年西德柏林的一家铸造车间首次采用了置换通风系统，从这以后，置换通风系统逐渐在工业建筑、民用建筑及公共建筑中得到了广泛的应用。特别是在北欧斯堪的纳维亚国家，现在大约 50% 的工业通风系统采用了置换通风系统，大约 25% 的办公室通风系统采用了置换通风系统。在中国，也有一些工程开始采用置换通风系统，并取得了一些令人满意的结果。

有别于传统的混合通风的混合稀释原理，置换通风是通过把较低风速（湍流度）的新鲜空气送入人员工作区，利用挤压的原理把污染空气挤到上部空间排走的通风方法，它能在改善室内空气品质的基础上与辐射吊顶（地板）技术结合实现节能的目的。

2.4.1 评价通风效果的指标

传统的混合通风方式以室内的平均温度或平均含量来评价室内的通风效果。然而，室内的人是停留在工作区之内，用卫生学的观点评价通风效果应以接近地面的工作区的空气品质的优劣来衡量，从这一基本要求出发引申出新的评价方法——换气效率。

2.4.1.1 换气效率

换气效率用工作区某点空气被更新的有效性作为气流分布的评价指标。该方法是用示踪气体（SF_6，R12，CH_4 等）标识室内空气。已知标识后的初始含量为 C_0，被通风房间内新鲜空气的送入使示踪气体的含量随之下降，由此可测得室内示踪气体的含量随时间而衰减的变化规律。室内示踪气体的含量衰减曲线如图 2-9 上部曲线所示。

定义空气龄为曲线下面积与初始含量之比，则其表达式为：

$$(\tau) = \frac{\int_0^\infty C(\tau)\mathrm{d}(\tau)}{C_0} \tag{2-20}$$

式中 C_0——初始体积分数，$10^{-4}\%$；

$C(\tau)$——瞬间体积分数，$10^{-4}\%$；

(τ)——空气龄，s。

可见，对室内某点而言，其空气龄越短，即意味着空气滞留在室内的时间越短，被更新的有效性越好。对整个房间的空气龄测定通常在排风口。

假定理想的送风方式为“活塞流”，送入室内的新鲜空气量为 L_0，房间体积为 V，则该房间换气的名义时间常数为：

$$\tau_0 = \frac{V}{L_0} \tag{2-21}$$

考虑工作区高度约为房间高度的一半，则房间内空气可能的最短寿命为 $\tau_0/2$，并以此作为在相同送风量条件下，不同气流分布方式换气效果优劣的比较基础。由此可得出换气效率的定义为：

$$\varepsilon = \frac{\tau_0}{2(\tau)} \times 100\% \tag{2-22}$$

可见换气效率为可能最短的空气龄与平均空气龄之比。

显然，换气效率 $\varepsilon = 100\%$，只有在理想的活塞流时才有可能，全面孔板送风接近这种条件。四种主要通风方式的换气效率如图 2-16 所示，图 2-16（a）表示活塞通风，图 2-16（b）表示置换通风，图 2-16（c）表示混合通风，图 2-16（d）表示侧送通风，在工程中活塞通风极为少见，通风工程中常用的是传统的混合通风，置换通风的换气效率可接近于活塞通风，因此，该通风方式具有很强的生命力。

2.4.1.2　通风效率

考察气流分布方式的能量利用有效性，可用通风效率来表示，即

$$\eta = \frac{t_p - t_0}{t_n - t_0} = \frac{c_p - c_0}{c_n - c_0} \tag{2-23}$$

式中　t_p、t_0 和 t_n——排风、送风和工作区温度，℃；

c_p、c_0 和 c_n——排风、送风和工作区含量（体积分数），$10^4\%$。

从式（2-23）中可知，当 $t_p > t_n$ 时，$\eta > 1$；$t_p < t_n$ 时，$\eta < 1$。上述四种主要通风方式的 η 值的大致范围如图 2-16 所示。应该指出的是，置换通风方式 $\eta > 1$，这种通风方式已经受到重视，并在欧洲、北美广泛应用，这是因为它具有较高的 ε 值和 η 值。

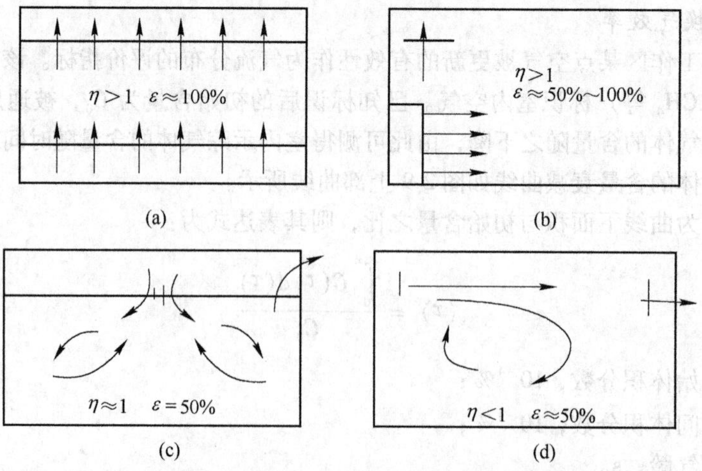

图 2-16　四种主要通风方式的 ε 值和 η 值

（a）活塞通风；（b）置换通风；（c）混合通风；（d）侧送通风

2.4.2 置换通风的原理

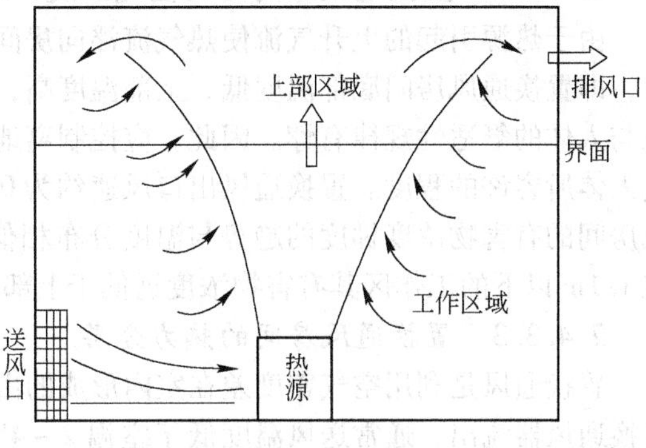

图 2-17 置换通风的原理及热力分层图

置换通风是以挤压的原理来工作的，如图 2-17 所示，置换通风以较低的温度从地板附近把空气送入室内，风速的平均值及湍流度均比较小，由于送风层的温度较低，密度较大，故会沿着整个地板面蔓延开来。室内的热源（人、电气设备等）在挤压流中会产生浮升气流（热烟羽），浮升气流会不断卷吸室内的空气向上运动，并且，浮升气流中的热量不再会扩散到下部的送风层内。因此，在室内某一位置高度会出现浮升气流量与送风量相等的情况，这就是热分离层。在热分离层下部区域为单向流动区，在上部为混合区。室内空气温度分布和有害物浓度分布在这两个区域有非常明显差异，下部单向流动区存在明显的垂直温度梯度和有害物浓度梯度，而上部湍流混合区温度场和有害物浓度场则比较均匀，接近排风的温度和浓度。因此，从理论上讲，只要保证热分离层高度位于人员工作区以上，就能保证人员处于相对清洁、新鲜的空气环境中，大大改善人员工作区的空气品质；另一方面，只需满足人员工作区的温湿度即可，而人员工作区上方的冷负荷可以不予考虑，因此，相对于传统的混合通风，置换通风具有节能的潜力（空间高度越大，节能效果越显著）。

2.4.3 置换通风的特性

传统的混合通风是以稀释原理为基础的，而置换通风以浮力控制为动力。这两种通风方式在设计目标上存在着本质差别。前者是以建筑空间为本，而后者是以人为本。由此在通风动力源、通风技术措施、气流分布等方面及最终的通风效果上产生了一系列的差别，也可以说置换通风以崭新的面貌出现在人们面前。两者的比较如表 2-2 所示。

表 2-2 两种通风方式的比较

项目	混合通风	置换通风	项目	混合通风	置换通风
目标	全室温湿度均匀	工作区舒适性	措施 4	风口参混性好	风口扩散性好
动力	流体动力控制	浮力控制	液态	回流区为湍流区	送风区为层流区
机理	气流强烈参混	气流扩散浮力提升	分布	上下均匀	温度/浓度分层
措施 1	大温差、高风速	小温差、低风速	效果 1	消除全室负荷	消除工作区负荷
措施 2	上送下回	下侧送上回	效果 2	空气品质接近于回风	空气品质接近于送风
措施 3	风口湍流系数大	送风湍流小			

2.4.3.1 置换通风房间内的自然对流

置换通风房间内的热源有工作人员、办公设备及机械设备三大类。在混合通风的热平衡设计中，仅把热源的量作为计算参数而忽略了热源产生的上升气流。置换通风的主导气流是依靠热源产生的上升气流及烟羽来驱动房间内的气流流向。关于热源引起的上升气流流量，欧洲各国学者都进行了研究，由于实验条件的不同所得的数据不尽相同。

2.4.3.2 置换通风房间室内空气温度、速度与有害物浓度的分布

由于热源引起的上升气流使热气流浮向房间的顶部，因此，房间在垂直方向上形成温度梯度，即置换通风房间底部温度低、上部温度高，室内温度梯度形成了脚寒头暖的局面，这种现象与人体的舒适性规律有悖。因此，应控制离地面0.1m（脚踝高度）至1.1m之间温差不能超过人体所容许的程度。置换通风出口风速约为0.25m/s，随着高度增加风速越来越低。置换通风房间的有害物浓度梯度的趋势与温度分布相似，即上部有害物浓度高，下部有害物浓度低，在1.1m以下的工作区其有害物浓度远低于上部的有害物浓度。

2.4.3.3 置换通风房间的热力分层

置换通风是利用空气密度差在室内形成的由下而上的通风气流。新鲜空气以极低的流速从置换通风器流出，通常送风温度低于室温2～4℃，送风的密度大于室内空气的密度，在重力作用下送风下沉到地面并蔓延到全室，在地板上形成一薄薄的冷空气层称之为空气湖。空气湖中的新鲜空气受热源上升气流的卷吸作用、后续新风的推动作用及排风口的抽吸作用而缓缓上升，形成类似活塞流的向上单向流动，因此，室内热浊的空气被后续的新鲜空气抬升到房间顶部并被设置在上部的排风口排出。

热污染源形成的烟羽因密度低于周围空气而上升，烟羽沿程不断卷吸周围空气并流向顶部，如果烟羽流量在近顶棚处大于送风量，根据连续性原理，必将由一部分热浊气流下降返回，因此顶部形成一个热浊空气层。根据连续性原理，在任一个标高平面上的上升气流流量等于送风量与返回气流流量之和。因此，必将在某一个平面上烟羽流量正好等于送风量，该平面上返回空气量等于零。在稳定状态时，这个界面将室内空气在流态上分成两个区域，即上部湍流混合区和下部单向流动清洁区。置换通风热力分层情况如图2-17所示。

在置换通风条件下，下部区域空气凉爽而清洁，只要保证分层高度（地面到界面的高度）在工作区以上，就可以确保工作区优良的空气品质，而上部区域可以超过工作区的容许浓度，该区域不属于人员停留区从而对人员无妨。

2.4.4 置换通风的设计

2.4.4.1 置换通风的设计指南

（1）置换通风的设计，应符合条件是：1）污染源与热源共存时；2）房间高度不小于2.4m；3）冷负荷小于120W/m^2 的建筑物。

（2）置换通风的设计参数，应符合条件是：1）坐着时，头部与足部温差 $\Delta t_{hf} \leqslant 2$℃；2）站着时，头部与足部温差 $\Delta t_{hf} \leqslant 3$℃；3）吹风不满意率 $PD \leqslant 15\%$；4）舒适不满意率 $PPD \leqslant 15\%$；5）置换通风房间内的温度梯度小于2℃/m。

（3）置换通风器选型时，面风速应符合条件是：1）工业建筑，面风速 u 取0.5m/s；2）高级办公室，面风速 u 取0.2m/s；3）一般根据送风量和面风速 u = 0.2～0.5m/s确定置换通风器的数量。

（4）置换通风器的布置，应符合条件是：1）置换通风器附近不应有大的障碍物；2）置换通风器宜靠外墙或外窗；3）圆柱形置换通风器可布置在房间中部；4）冷负荷高时，宜布置多个置换通风器；5）置换通风器布置应与室内空间协调。

2.4.4.2 置换通风房间内的温度梯度

置换通风房间内的温度梯度 Δt_n 是影响人体舒适性的重要因素。离地面0.1m的高度是人体脚踝的位置，脚踝是人体曝露于空气中的敏感部位，该处的空气温度 $t_{0.1}$ 不应引起人体的不舒适。房间工作区的温度 t_n 往往取决于离地面1.1m处的温度（对坐姿人员，如办公、会议、

讲课、观剧等)。由于置换通风在我国尚属于起步阶段，现有的通风空调设计手册及暖通设计规范尚未作出规定，欧洲及国际标准中的有关数据，如表2-3所示。

表2-3 欧洲及国际标准中的舒适性指标

舒适性指标	DIN 1946/2 (1/1994)	SIA V382/1 (1992)	CIBSE (1990)	ISO 7730 (1990)
$\Delta t_n = t_{1.1} - t_{0.1}$/℃	≤2	<2	<3	<3
$t_{0.1\min}$/℃	21	19	20	

2.4.4.3 送风温度的确定

送风温度由下式确定：

$$t_s = t_{1.1} - \Delta t_n \left(\frac{1-k}{c} - 1 \right) \tag{2-24}$$

式中 c——停留区的温升系数，$c = \frac{\Delta t_n}{\Delta t} = \frac{t_{1.1} - t_{0.1}}{t_p - t_s}$；

k——地面区的温升系数，$k = \frac{\Delta t_{0.1}}{\Delta t} = \frac{t_{0.1} - t_s}{t_p - t_s}$。

停留区温升系数 c 也可根据房间用途确定，表2-4列出了各种停留区升温系数的值。

表2-4 各种房间停留区的温升系数

停留区温升系数 $c = \frac{\Delta t_n}{\Delta t}$	地表面部分的冷负荷比例	房间用途
0.16	0~20	天花板附近照明的场合：博物馆、摄影棚
0.25	20~60	办 公 室
0.33	60~100	置换诱导场合
0.40	60~100	高负荷办公室、冷却顶棚、会议室

地面温升系数 k 可根据房间的用途及单位面积送风量确定，表2-5列出了各房间的 k 值。

表2-5 各种房间地面区的温升系数

地面区温升系数 $k = \frac{\Delta t_{0.1}}{\Delta t}$	房间单位面积送风量/$m^3 \cdot (m^2 \cdot h)^{-1}$	房间用途及送风情况
0.5	5~10	仅送最小新风量
0.33	15~20	使用诱导式置换通风器的房间
0.20	>25	会议室

2.4.4.4 送风量的确定

根据置换通风热力分层理论，界面上的烟羽流量与送风流量相等，即

$$L_s = L_p \tag{2-25}$$

当热源的数量与发热量已知，可用下式求得烟羽流量：

$$L_p = \left(3\pi^2 \frac{g\beta Q_s}{\rho c_p} \right)^{\frac{1}{3}} \left(\frac{6}{5}\alpha \right)^{\frac{4}{3}} Z_s^{\frac{5}{2}} \tag{2-26}$$

式中 Q_s——热源热量，kW；

β——温度膨胀系数；

α——烟羽对流卷吸系数；

Z_s——分层高度，m。

通常在民用建筑中的办公室、教室等的工作人员处于坐姿状态，工业建筑中的人员处于站姿状态。坐姿状态时分层高度 $Z_s=1.1$m，站姿状态时分层高度 $Z_s=1.8$m。

2.4.4.5　*送排风温差的确定*

当室内发热量已确定时，送排风温差是可以计算得到的。在置换通风房间内，在满足热舒适性要求条件下，送排风温差随着房间高度的增高而变大。欧洲国家根据多年的经验确定了送排风温差与房间高度的关系，如表2-6 所示。

表 2-6　送排风温度与房间高度的关系

房间高度/m	送排风温差/℃	房间高度/m	送排风温差/℃
<3	5~8	6~9	10~12
3~6	8~10	>9	12~14

2.5　事故通风

当生产设备发生偶然事故或故障时，可能突然散发出大量有害气体或有爆炸性气体进入车间，这时需要尽快地把有害物排到室外。用于排除或稀释生产房间内发生事故时突然散发的大量有害物质、有爆炸危险的气体或蒸气的通风方式称为事故通风。事故通风装置只在发生事故时才开启使用，进行强制排风。

事故排风的吸风口，应布置在有害气体或爆炸性气体散发量可能最大的区域。当散发的气体或蒸气比空气重时，吸气口主要应设在下部地带。当排除有爆炸性气体时，应考虑风机的防爆问题。事故排风机的开关，应分别设置在室内和室外便于开启的地点。

事故排风装置所排出的空气，可不设专门的进风系统来补偿，排出的空气一般不进行处理，当排出有剧毒的有害物时，应将它排到10m 以上的大气中稀释，仅在非常必要时，才采用化学方法处理，当排出的空气中含有可燃气体时，排风口应远离火源。

事故排风时的排风量，应由事故排风系统和经常使用的排风系统共同保证。事故排风的排风量一般按房间的换气次数来确定，当有害气体的最高容许浓度大于5mg/m³ 时，换气次数不应小于：

（1）车间高度在6m 及6m 以下者，8 次/h。

（2）车间高度在6m 以上者，5 次/h。

当最高容许浓度等于或低于5mg/m³ 时，上述的换气次数应乘以1.5。

复　习　题

2-1　简述有害物在室内的传播机理。

2-2　通风设计时，如果不考虑空气平衡和热平衡，会出现什么问题？

2-3　通风方法如何分类？各举一例说明。

2-4　热平衡计算中，在计算稀释有害气体所用的全面通风耗热量时，为什么采用冬季采暖室外计算温度；而在计算消除余热、余湿所需的全面通风耗热量时，则采用冬季通风室外计算温度？

2-5　在确定全面通风量时，有时按分别稀释各有害物所需的空气量之和计算，有时则取其中的最大值计算，为什么？

2-6　与传统的混合通风相比，置换通风有什么优点？

2-7　某厂有一体积 $V_f = 1200\text{m}^3$ 的车间突然发生事故，散发某种有害气体进入车间，散发量为350mg/s，事故发生后10min被发现，立即开动事故通风机，事故排风量 $L = 3.6\text{m}^3/\text{s}$，试确定风机启动后多长时间内有害物浓度才能降到 100mg/m^3 以下。

2-8　某车间设计的通风系统如图2-18所示，已知机械进风量 $G_{jj} = 1.2\text{kg/s}$，局部排风 $G_p = 1.39\text{kg/s}$，机械进风温度 $t_j = 20℃$，车间得热量 $Q_d = 20\text{kW}$，失热量 $Q_s = 4.5(t_n - t_w)\text{kW}$，室外温度 $t_w = 4℃$，开始时室内温度 $t_n = 20℃$，部分空气经墙上的窗孔 M 自然流入或流出，试确定在车间达到空气平衡、热平衡状态时：

(1) 窗孔 M 是进风还是排风，风量多大？

(2) 室内的空气温度是多少？

2-9　某车间工艺设备散发的硫酸蒸气 $x = 20\text{mg/s}$。已知夏季通风室外计算温度 $t_w = 32℃$，车间余热量为174kW。要求车间内温度不超过35℃，有害蒸气浓度不超过卫生标准，试计算该车间的全面通风量（取 $K=3$）。

2-10　某车间同时散发有害气体CO和 SO_2，已知它们的发生量分别为：$x_{CO} = 120\text{mg/s}$，$x_{SO_2} = 105\text{mg/s}$。试计算该车间所需的全面通风量（取 $k=6$）。

2-11　某房间体积为170m，采用自然通风每小时换气两次。室内无人时，房间空气中 CO_2 与室外相同（体积分数为0.05%），工作人员每小时呼出的 CO_2 量为19.8g/h。在下列情况下，求室内能容纳的最多人数。

(1) 工作人员进入房间后的第1h，空气中 CO_2 含量不超过0.1%。

(2) 室内一直有人，空气中 CO_2 含量始终不超过0.1%。

3 排 风 罩

排风罩是整个通风净化系统中的重要组成部分，它的主要作用是捕集散发在空气中的粉尘和有害物，不使其进入到工作区内，保证室内工作区粉尘和有害物浓度不超过国家卫生标准的要求。要设计完善的排风罩，即用较小的排风量可获得最佳的控制效果，从而降低设备、能耗和维护等费用。

3.1 排风罩的分类和设计原则

3.1.1 排风罩的分类及特点

按照工作原理的不同，排风罩可分为以下几种基本形式：

（1）密闭罩。它是将粉尘和有害物源全部或大部分围挡起来的排风罩，其特点是排风量小，控制有害物的效果好，不受环境气流影响，但影响操作，主要用于有害物危害较大，控制要求高的场合。

（2）柜式排风罩。有一面敞开的工作面，其他面均密闭。敞开面上保持一定的吸风速度，以保证柜内有害物不逸出。主要用于化学实验室操作台等污染的通风。

（3）外部罩。利用罩口外部吸气汇流的运动将粉尘和有害物吸入罩内的排风罩，对于生产操作影响小，安装维护方便，但排风量大，控制有害物效果相对较差。主要用于因工艺或操作条件的限制，不能将污染源密闭的场合。分上吸式、侧吸式、下吸式和槽边排风罩等。

（4）接受罩。可将排风罩罩口迎着含尘或有害物气流来流方向，使其直接进入罩内。由于有害物混合气流的定向运动，罩口排风量只要能将有害物排走即可控制有害物的扩散。主要用于热工艺过程、砂轮磨削等有害物具有定向运动的污染源的通风。与外部罩的区别在于：接受罩罩口外的气流运动是生产过程引起的，与罩子的排风无关；外部罩罩口外气流的运动是罩子排风时的抽吸作用造成的。

（5）吹吸罩。它是由吹风和排风两部分组成，在相同条件下，排风量比外部排风罩的少，抗外界干扰气流能力强，控制效果好，不影响工艺操作，但增加了射流系统。主要用于因生产条件限制，外部吸气罩离有害物源较远，仅靠吸风控制有害物较困难的场合。

3.1.2 排风罩的设计原则

设计排风罩时，应遵循以下原则：

（1）排风罩应尽可能包围或靠近有害物发生源，使有害物局限于较小的空间，尽可能减小其吸气范围，便于捕集和控制。

（2）排风罩的吸气气流方向尽可能与污染气流运动方向一致。

（3）已被污染的吸入气流不允许通过人的呼吸区。设计时要充分考虑操作人员的位置和活动范围。

（4）排风罩应力求结构简单、造价低，便于制作安装和拆卸维修。

（5）要与工艺密切配合，使局部排风罩的配置与生产工艺协调一致，力求不影响工艺操作。

(6) 要尽可能避免或减弱干扰气流（如穿堂风、送风气流对吸气流的影响）。

排风罩的结构虽不十分复杂，由于各种因素的相互制约，要同时满足上述要求并非容易。设计人员应充分了解生产工艺、操作特点及现场实际。

3.2　排风罩的气体流动特性

排风罩是整个通风净化系统中的重要组成部分，要在设备设计和造型时做到心中有数，就必须要研究排风罩罩口气体的流动规律。

3.2.1　空间点汇

当吸气口面积和空气黏性可忽略不计时，可将吸气口视为空间点汇。如果空气从各个方向均匀地流向吸气口，不受任何固体边壁的影响，则气流的等速面为一系列以吸气口为中心的同心球面，如图 3-1 所示。根据连续方程，通过任意等速面的空气流量应等于点汇的排风量，即

$$Q = Fv_c = 4\pi R^2 v_R \tag{3-1}$$

式中　Q——空气流量，m^3/s；

F——吸气口面积，m^2；

v_c——吸气口平均流速，m/s；

R——等速球面的半径，m；

v_R——半径为 R 的等速球面上的流速，m/s。

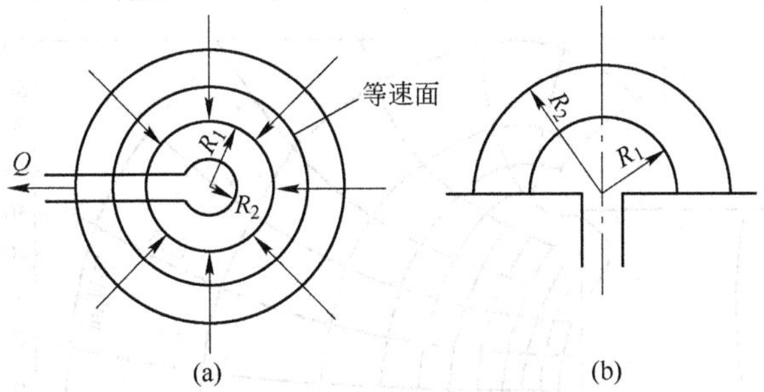

图 3-1　点汇吸气口流场

（a）自由吸气口；（b）受限吸气口

式（3-1）又可写成：

$$\frac{v_c}{v_R} = \frac{4\pi R^2}{F} \tag{3-2}$$

式（3-2）表示吸气口四周无围挡时，吸气口外部空气速度与吸气口处空气速度的关系。当吸气口设置于墙壁上时，其吸气范围受到限制。从式（3-2）可以看出，当吸气口面积 F 和吸气口风速 v_c 一定时，吸气口外空间任意一点的吸入速度 v_R 与该点至吸气口距离的平方 R^2 成反比。另外，吸气范围越小，v_R 越大，因此应尽量减小外部罩的吸气范围。

3.2.2　平面点汇

当吸气口为条缝形，且在整个长度方向上吸风均匀时，忽略吸气口两端的影响，则吸气流

场成为二维流场，如图 3-2 所示。对于这种情况，在距吸气口一定距离以外，可以忽略吸气口面积的影响，则等速面为一系列以吸气口为轴心的圆柱面。这时的吸气口可看成平面点汇（空间线汇）。根据连续性方程，通过任意等速面的流量与吸气流量相等，即

$$Q = Fv_c = 2\pi Rlv_R \tag{3-3}$$

式中　l——吸气口长度，m。

由式（3-3）可得：

$$\frac{v_c}{v_R} = \frac{2\pi Rl}{F} \tag{3-4}$$

由上式可以看出，v_R 与 R 成反比。

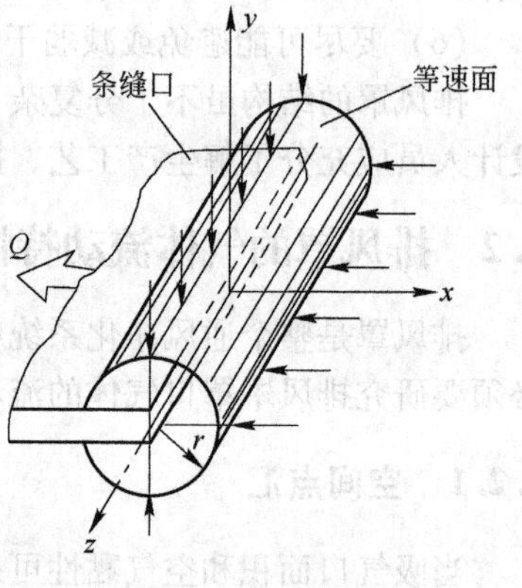

图 3-2　二维条缝吸气口

3.2.3　实际罩口流场

上面分析的点汇运动规律只是从理论上给出罩口平均风速 v_c 与任意距离处速度 v_R 的关系。实际应用的吸风罩总是有一定的面积，不能看成一个点，空气流动也是有阻力的。因此不能把点汇流动规律直接应用于实际排风罩。对于二维吸气口，当忽略空气的黏性时，可将视为平面线汇，根据流体力学的理论，可以用数学分析方法得到它的流场。而对于三维吸气口，目前只能通过实验研究得到它的气流运动规律。

如图 3-3 所示系直径为 D_0 的圆形罩口的速度场，该速度场是由一系列等速面所组成，离罩口愈远，等速面的速度值下降愈快。等速面上所示的百分数是指其相当于罩口平均流速的百

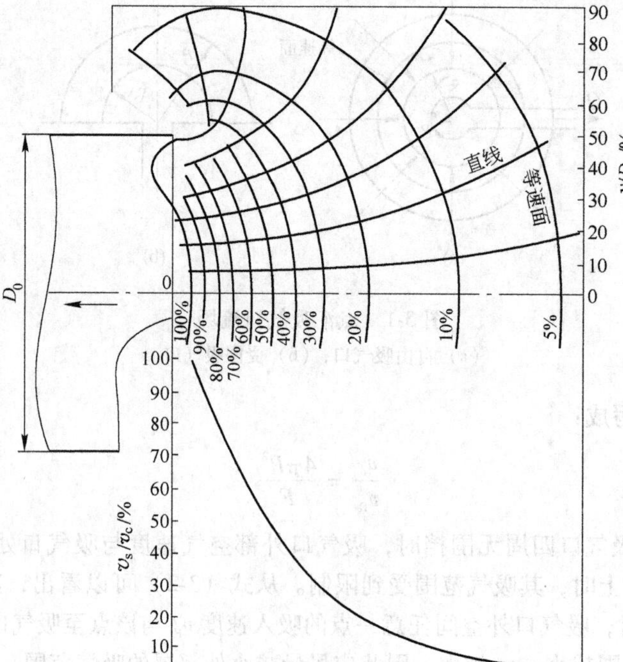

图 3-3　圆形罩口的速度场

分数。与等速面垂直的流线代表气流的方向。根据试验结果，罩口速度场的分布具有以下特点：

（1）对于点源抽风，可以认为从各个方向吸取的空气量均相同，但实际上由于罩口面积较大，在罩口附近的等速面近似与罩口平行，随着离罩越远，逐渐变成椭圆面，在1倍罩口处已经接近为球面。因此在远离罩口处，可近似当成为点抽气，即气流从各个方向汇集于一个点（点0）抽出。

（2）对于给定的罩子形状，不管罩口风速大小如何，等速面的形状大致相同。

（3）如果速度用罩口平均速度表示，距离用罩口尺寸表示，则所得的等速面可以近似代表形状相同但大小不同的罩口的速度分布。

（4）罩口速度衰减较快，例如在距罩口0.5倍罩口直径处，其流速衰减为罩口流速的25%，而距罩口一倍罩口直径处，其流速还不到8%，如图3-3所示。根据Dalla-Valle的试验表明，抽气罩轴线上的速度不仅决定于离罩口的距离，而且也与罩口面积大小有关，为此他提出的近似关系式为：

$$\frac{\psi}{100-\psi} = 0.1\frac{F}{x^2} \tag{3-5}$$

式中 x——沿轴线离罩口的距离，m；

F——罩口面积，m^2；

ψ——轴线上距罩口 x 处的速度值（用罩口平均速度的百分数表示），即

$$\psi = \frac{v_x}{v_c} \tag{3-6}$$

式中 v_x——距罩口 x 的球面速度，m/s。

上式仅适用于 $x \leqslant 1.5D_0$（D_0 为罩口直径），当 $x > 1.5D_0$ 时，实际的速度衰减要比该式计算结果更快。

方形罩口和矩形罩口的速度分布如图3-4和图3-5所示，它与圆形罩口略有不同，但其总

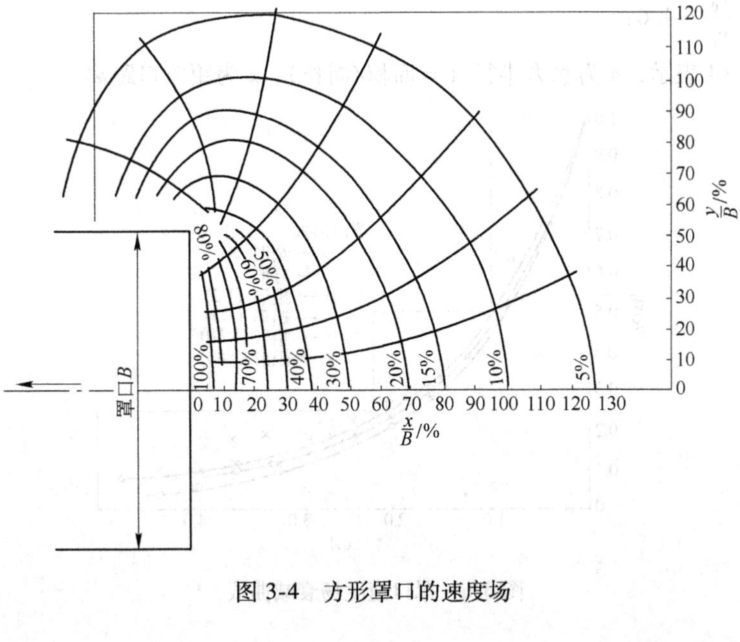

图3-4 方形罩口的速度场

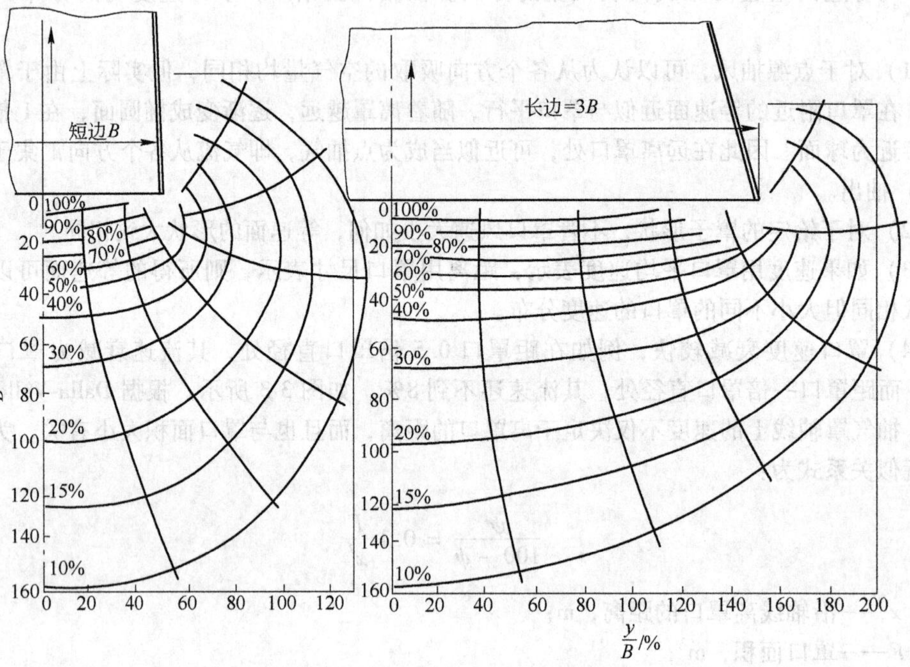

图 3-5 矩形（1∶3）罩口的速度场

的规律是相同的。A. Спрузнер 作出了衰减曲线，如图 3-6 所示，其纵坐标用 v_x/v_0 表示，v_0 为罩口中心点风速，v_x 为轴线上各点的风速。v_0 与平均风速 v_c 的关系为：

对圆形罩：$\frac{v_0}{v_c}\approx 0.945\sim 0.95$；

对方形罩：$\frac{v_0}{v_c}\approx 0.95$；

对矩形罩：$\frac{v_0}{v_c}\approx 1.0$；

横坐标用 x/A 表示，A 为水力半径（=面积/周长），x 为距罩口距离。

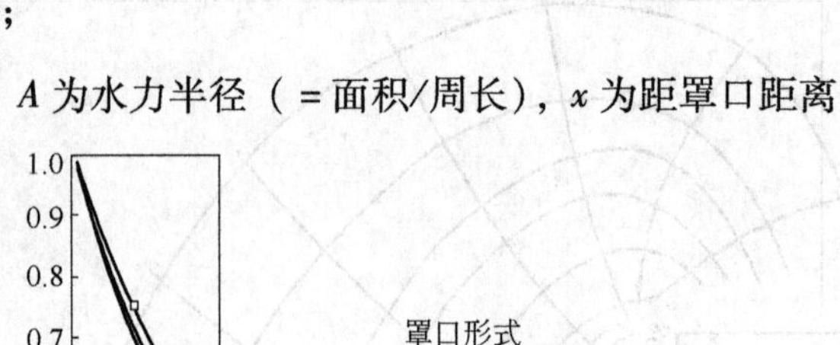

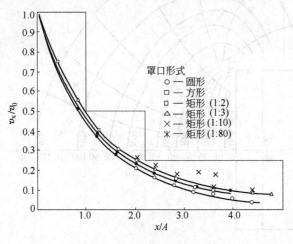

图 3-6 罩口速度场衰减曲线

罩口四周加边板（法兰）是提高罩子性能的有效措施。它可以使同一速度的等速面向外推移，如图3-7所示，即当抽风量一定时，同一点上的速度要比未加边板时大，同时还可以减少无用的空气抽入罩内，边板的宽度应尽可能伸展到与5%等速面相交，在这种情况下30%的等速面向外推移到未加边板的14%处，而10%的等速面推移到9%处。对于一给定的吸捕速度，加边板的罩子所需的风量仅为未加边板的65%～75%，在经济上的效果是明显的。

将罩子设在一个大平面上（如地板、工作台等），也可以节省抽风量。在达到同样的吸捕速度时，仅需要75%的风量。如图3-8所示即为这种情形的一个例子，其速度场的分布可以设想为两倍高度的罩子的一半，虚线所示为假想的罩子。

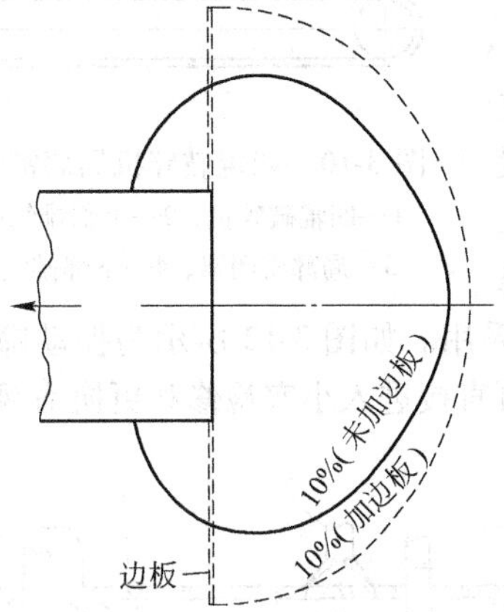

图3-7 罩口加边板与不加边板的比较

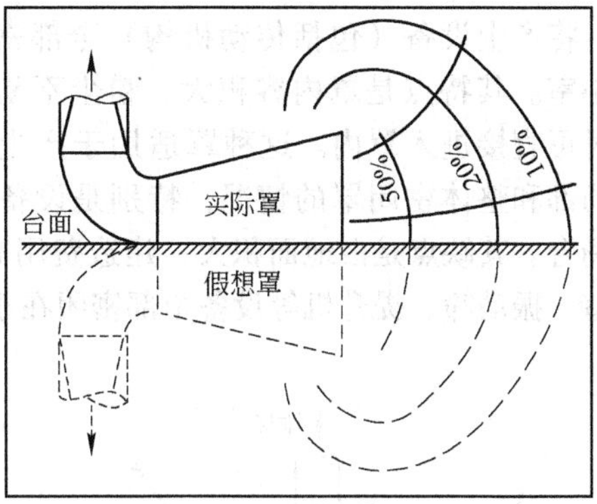

图3-8 设于平台上的罩子性能

3.3 密闭罩

3.3.1 密闭罩的工作原理

图3-9是密闭罩的结构图，它把有害物源全部密闭在罩内，在罩上设有工作孔，从罩外吸入空气，罩内污染空气由上部排风口排出。它只需较小的排风量就能有效控制有害物的扩散，排风罩气流不受周围气流的影响。它的缺点是，影响设备检修，有的看不到罩内的工作状况。

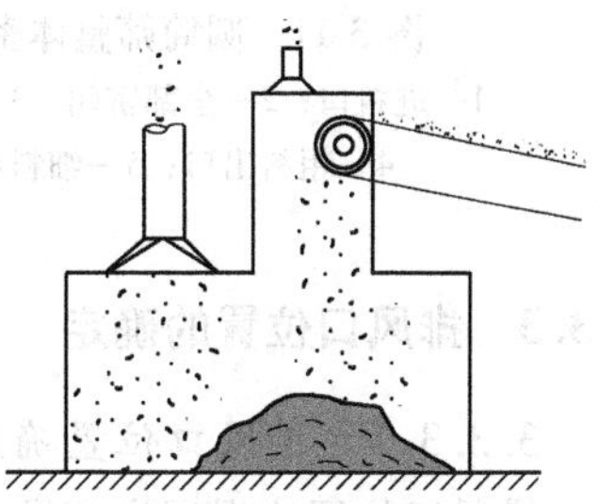

图3-9 密闭罩

3.3.2 密闭罩的形式

用于产尘设备的密闭罩称为防尘密闭罩。由于尘源和产尘设备各不相同，工艺生产条件千差万别，所以全密闭罩的形式也各种各样，按照全密闭罩密封范围的大小，可将它分为以下三种。

3.3.2.1 局部密闭罩

只将产尘点予以密闭，其特点是产尘设备及传动装置在罩外，便于观察和检修。罩内容积小，排风量少，经济性好。但是含尘气流速度较大或产尘设备引起的诱导气流速度较大时，罩内不易造成负压，致使粉尘外逸。因此，局部密闭罩适用于集中连续散发且含尘气流速度不大的尘源。

图 3-10 为四辊破碎机的局部密闭罩。物料在破碎过程中以及破碎后落到皮带机上均散发出大量粉尘，因此设置局部密闭罩。粉尘经排气口 2 和 4 排走。

3.3.2.2　整体密闭罩

将产尘设备大部分或全部予以密闭，只将传动装置留在罩外。其特点是密闭罩基本上可成为独立整体，设计容易，密封性好。罩上设置观察窗监视设备运转情况。检修时可打开检修门，必要时可拆除部分罩体。整体密闭罩适用于振动或含尘气流速度较大、设备多处产尘等情况。图 3-11 是圆筒筛整体密闭罩。

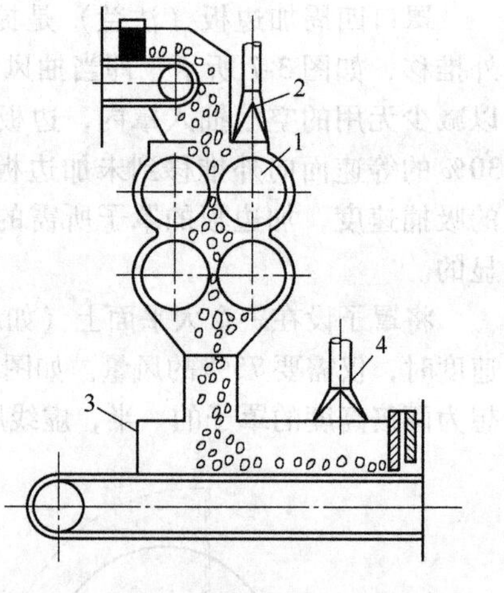

图 3-10　四辊破碎机局部密闭罩

1—四辊破碎机；2—上部排气口；3—局部密闭罩；4—下部排气口

3.3.2.3　大容积密闭罩（密闭小室）

将产尘设备（包括传动机构）全部密闭，形成独立的小室。其特点是罩内容积大，粉尘不易外逸；检修设备时可直接进入罩内。这种罩适用于产尘量大且不宜采用局部和整体密闭罩的情况，特别是设备需要频繁检修的场合。其缺点是占地面积大，建造费用高，不宜大量采用。如图 3-12 所示为振动筛的密闭小室，振动筛、提升机等设备全部密闭在小室内。工人可直接进入小室检修和更换筛网。

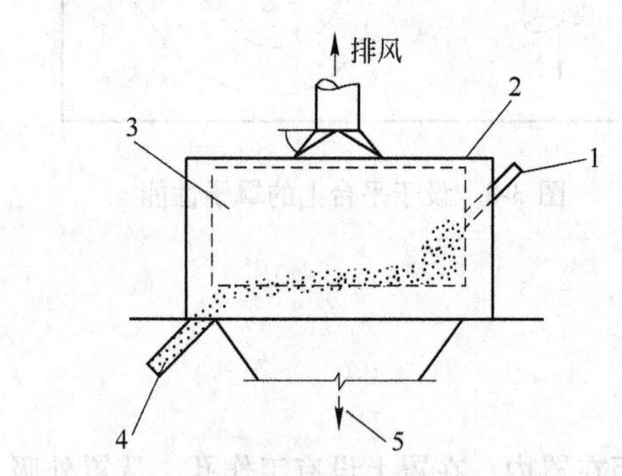

图 3-11　圆筒筛整体密闭罩

1—进料口；2—全部密闭；3—圆筒筛；4—粗料出口；5—细料出口

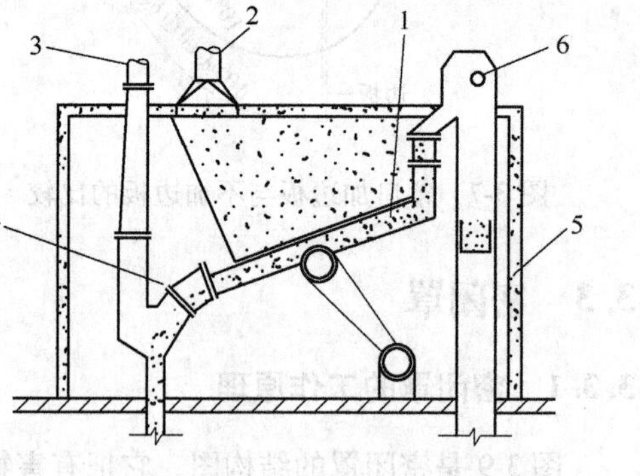

图 3-12　振动筛室密闭罩

1—振动筛；2—排风中罩；3—排风口；4—卸料口；5—密闭小室；6—提升机

3.3.3　排风口位置的确定

3.3.3.1　排风口位置确定的原则

排风口位置应根据生产设备的工作特点及含尘气流运动规律确定。影响密闭罩内粉尘等有害物外逸的主要因素是罩内正压，因此，尘源密闭后，要防止粉尘外逸，还需通过排风消除罩内正压。所以，排风口位置确定的原则是：排风口应设在罩内压力最高的部位，以利于消除正压；不应在含尘气流浓度高的部位或飞溅区内。

3.3.3.2　影响罩内正压形成的主要因素

A　机械设备运动

如图 3-11 所示的圆筒在工作过程中高速转动时，会带动周围空气一起运动，造成一次尘化气流。高速气流与罩壁发生碰撞时，把自身的动压转化为静压，使罩内压力升高。

B 物料运动

图3-13是皮带运输机转载点的工作情况。物料的落差较大时，高速下落的物料诱导周围空气一起从上部罩口进入下部皮带密闭罩，使罩内压力升高。物料下落时的飞溅是造成罩内正压的另一个原因。为了消除下部密闭罩内诱导空气的影响，物料的落差大于1m时，应按图3-13（b)所示在下部进行抽风，同时设置宽大的缓冲箱以减弱飞溅的影响。落差小于1m时，物料诱导的空气量较小，可按图3-13（a）设置排风口。

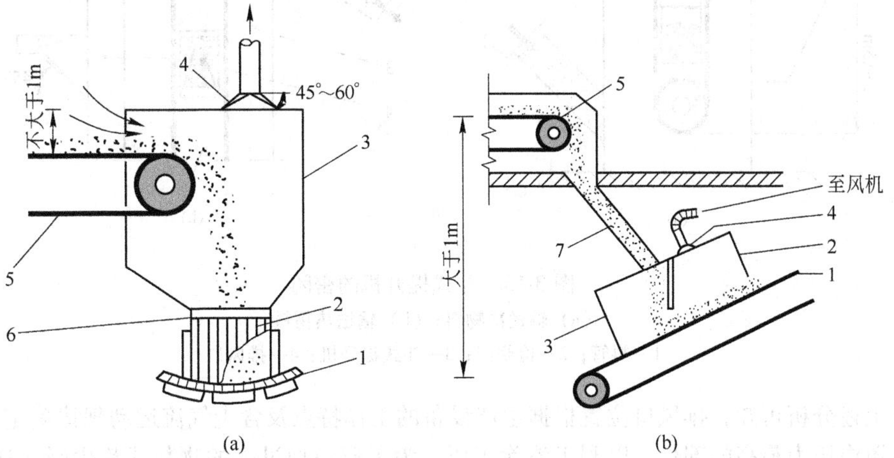

图3-13 皮带运输机转载点的工作情况

（a）落差≤1m；（b）落差>1m

1—受料皮带；2—遮尘帘；3—密闭罩；4—排风口；5—转运皮带；6—两侧挡板；7—溜槽

图3-14是发生飞溅时的情况，由于局部气流的飞溅速度较高，采用抽风的方法无法抑制这种局部高速气流运动。正确的预防方法是避免在飞溅区域内有孔口或缝隙，或者设置宽大密闭罩，使尘化气流在到达罩壁上的孔口前速度已大大减弱。

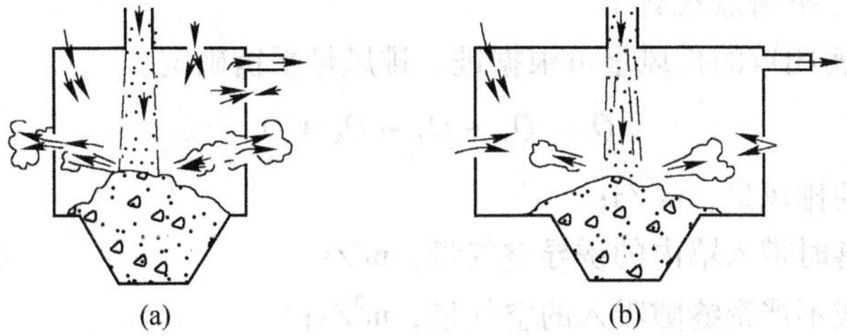

图3-14 密闭罩内的飞溅

（a）窄密闭罩；（b）大密闭罩

C 罩内温度差

图3-15是斗式提升机。当提升机提升高度较小、输送冷物料时，主要在下部的物料点造成正压，可按图3-15（a）在下部设排风点。当提升机输送热的物料时，提升机机壳类似于一根垂直风管，热气流带着粉尘由下向上运动，在上部形成较高的热压。因此，当物料温度为

50～150℃时，要在上、下同时排风，物料温度大于150℃只需在上部排风，如图3-15（b）所示。

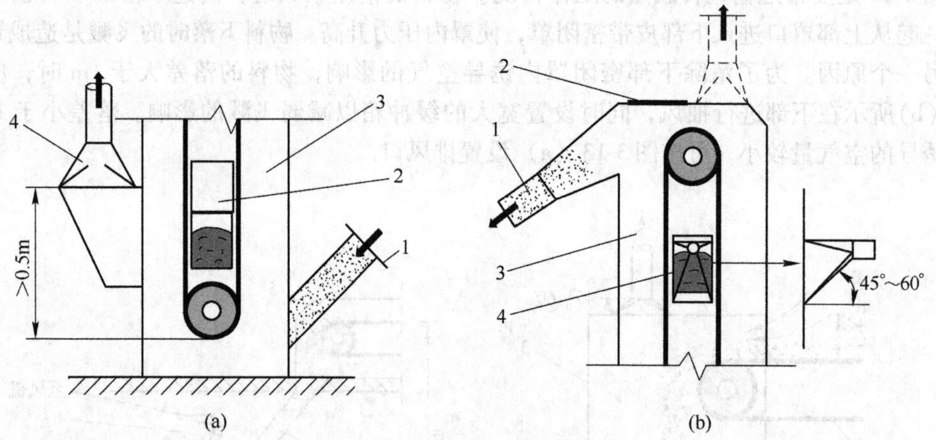

图3-15　斗式提升机的密闭

（a）输送冷物料；（b）输送热物料

1—料管；2—检修门；3—斗式提升机；4—排风口

从上述分析可知，排风口位置根据生产设备的工作特点及含尘气流运动规律确定。排风口应设在罩内压力最高的部位，以利于消除正压。为了避免把过多的物料或粉尘吸入通风系统，增加除尘器的负担，排风口不应设在含尘浓度高的部位或飞溅区内。罩口风速不宜过高，通常采用下列数值：

当筛落的极细粉尘，$u=0.4\sim0.6\text{m/s}$；

当粉碎或磨碎的细粉，$u<2\text{m/s}$；

当粗颗粒物料，$u<3\text{m/s}$。

3.3.4　排风量的确定

3.3.4.1　按空气平衡原理计算

从理论上分析，密闭罩的排风量可根据进、排风量平衡确定。

$$Q = Q_1 + Q_2 + Q_3 + Q_4 \tag{3-7}$$

式中　Q——密闭罩的排风量，m^3/s；

Q_1——物料下落时带入罩内的诱导空气量，m^3/s；

Q_2——从孔口或不严密缝隙吸入的空气量，m^3/s；

Q_3——因工艺需要鼓入罩内的空气量，m^3/s；

Q_4——在生产过程中因受热使空气膨胀或水分蒸发而增加的空气量，m^3/s。

在上述因素中，Q_3取决于工艺设备的配置，只有少量设备如自带鼓风机的混砂机等才需考虑。Q_4在工艺过程发热量大、物料含水率高时才需考虑，如水泥厂的转筒烘干机等。由于全密闭罩所需排风量的详细准确计算是很困难的，对于大多数情况，排风量可由式（3-7）简化得：

$$Q = Q_1 + Q_2 \tag{3-8}$$

对于不同的设备，它们的工作特点、密闭罩的结构形式及尘化气流的运动规律各不相同。难以用一个统一的公式对上述两部分风量进行计算。目前大多按经验数据或经验公式确定，设计时可参考有关手册。但从式（3-8）可以看出，要减少防尘密闭罩的局部排风量，应尽可能减小工作孔或缝隙面积，并设法限制诱导空气随物料一起进入罩内。

3.3.4.2 按截面平均风速计算

此法常用于大容积密闭罩。一般吸气口设在密闭室的上口部，其计算式如下：

$$Q = 3600Av \tag{3-9}$$

式中 Q——所需排风量，m^3/s；

A——密闭罩截面积，m^2；

v——垂直于密闭罩面的平均风速，m/s，一般 v 取 0.25～0.5m/s。

3.3.4.3 按换气次数计算

该方法计算较简单，关键是换气次数的确定，换气次数的多少视有害物质的浓度、罩内工作情况（能见度等）而定，一般有能见度要求时换气次数应增多，否则可少。其计算式如下：

$$Q = 60nV \tag{3-10}$$

式中 Q——排风量，m^3/h；

n——换气次数，次/min，当换气量大于 $20m^3$，取 $n=7$；

V——密闭罩容积，m^3。

3.4 柜式排风罩

3.4.1 柜式排风罩的工作原理

柜式排风罩（又称通风柜）的结构与密闭罩相似，由于工艺操作需要，罩的一面可全部敞开，如图3-16所示。柜式排风罩的工作原理，如图3-17所示。根据操作空间大小要求不同，可做成小型通风柜或大型的室式通风柜。小型通风柜适用于化学实验室及小零件喷漆等。大型的室式通风柜，操作人员在柜内工作，主要用于大件喷漆及粉料装袋等。防止柜内有害物从敞开面向外扩散的作用力，是在敞开面上形成一定的控制风速。控制风速的形成可以依靠抽吸作用，也可以依靠吹吸联合作用来实现。

通风柜孔口的风速分布状况对排除有害物的效果有很大影响，如果风速分布不均匀，有害物就有可能从风速低的部位向室内扩散。因此，在确定通风柜的结构形式及参数时，应尽可能使孔口风速分布均匀。

图 3-16 柜式排风罩

3.4.2 柜式排风罩的形式

根据排气口的位置来分，柜式排风罩可分以下几种形式：

（1）上部排风通风柜。当通风柜内产生的有害气体密度比空气小，或当柜内存在发热体时，应选择这种通风柜。图3-18为典型的上部排风通风柜，这类通风柜结构简单，应用广泛。

（2）下部排风通风柜。当柜内无发热体，且产生的有害气体密度比空气大，柜内气流下

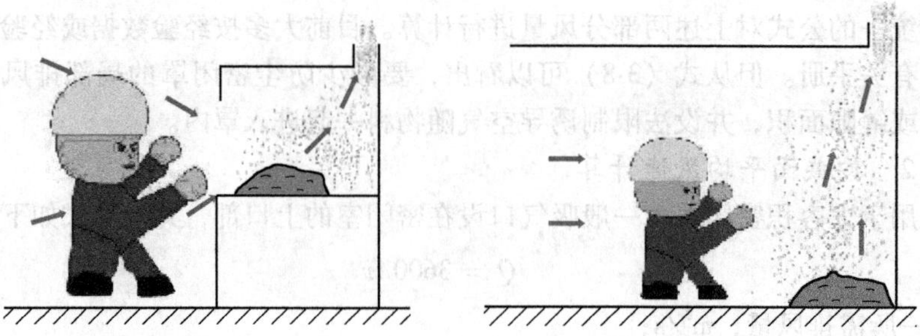

图 3-17　通风柜的工作原理图
（a）小型通风柜；（b）大型的室式通风柜

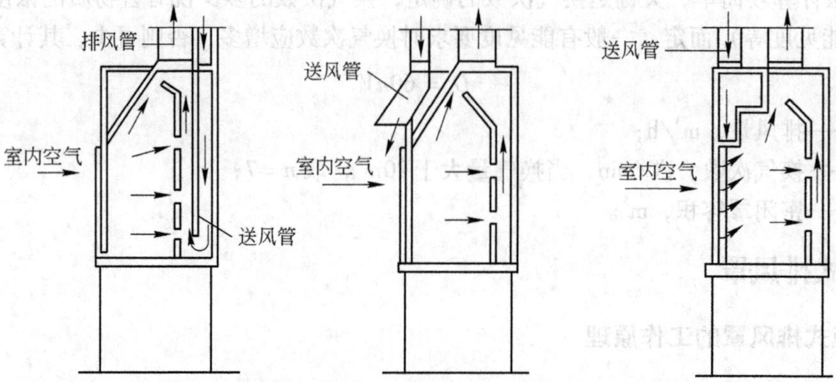

图 3-18　上部排风通风柜

降时，应选择下部排风通风柜。下部排风口可紧靠工作台面或距工作台面有一定的距离，如图 3-19 所示。

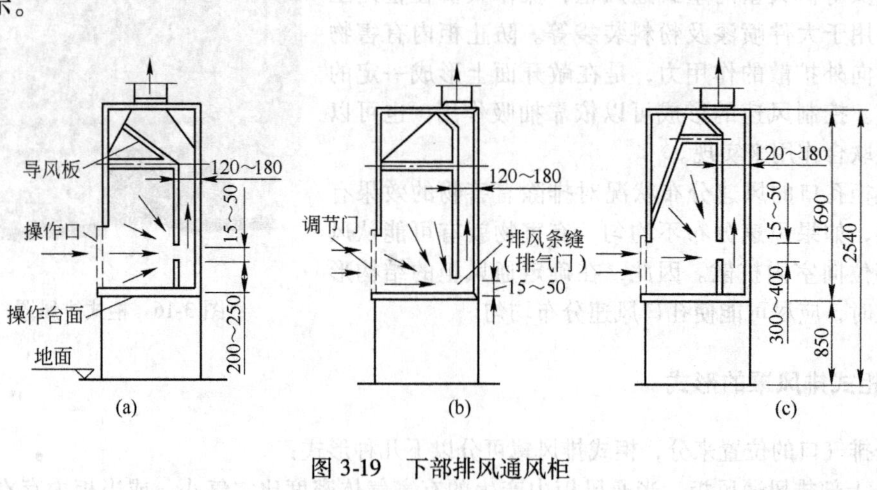

图 3-19　下部排风通风柜

（3）上下联合排风通风柜。当柜内发热量不稳定或产生密度大小不等的有害气体时，为有效地适应各种不同的工况条件，可选用上下联合排风通风柜。图 3-20 为固定导风板式，上

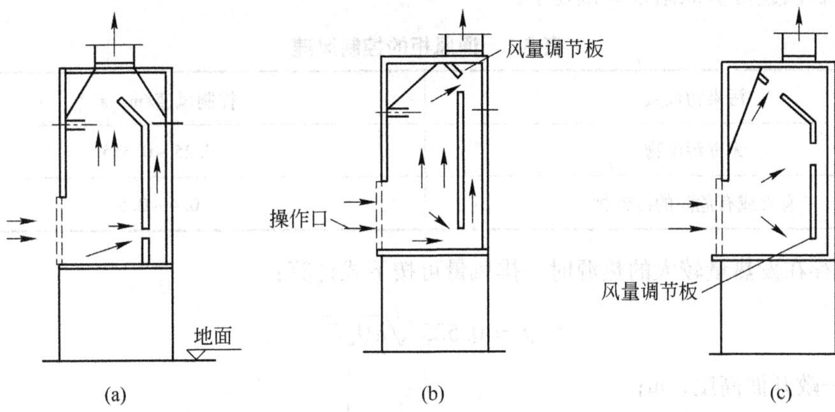

图 3-20 上下联合排风通风柜

排风口和下排风口的排风量为1∶2。这种通风柜结构简单，制作方便，多用于化学实验室。

（4）供气式通风柜（送风式通风柜）。这种通风柜的工作孔口上部及两侧设有吹风口，由供气管道输送的空气从吹风口吹出，形成隔挡室内空气幕。通风柜排气量的1/4～1/3为室内空气，2/3～3/4为辅助供给的空气。图3-21所示的供气式通风柜可减少从室内的排风量，有利于保证室内的洁净度和正压，在供暖和空调房间内使用时，能节约能量60%左右，所以也称节能型通风柜。

（5）吹吸联合工作的通风柜。图3-22是吹吸联合工作的通风柜。它可以隔断室内干扰气流，防止柜内形成局部涡流，使有害物得到较好控制。

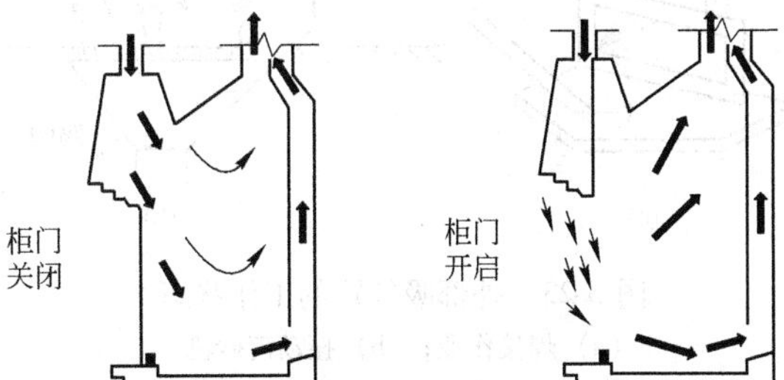

图 3-21 供气式通风柜图

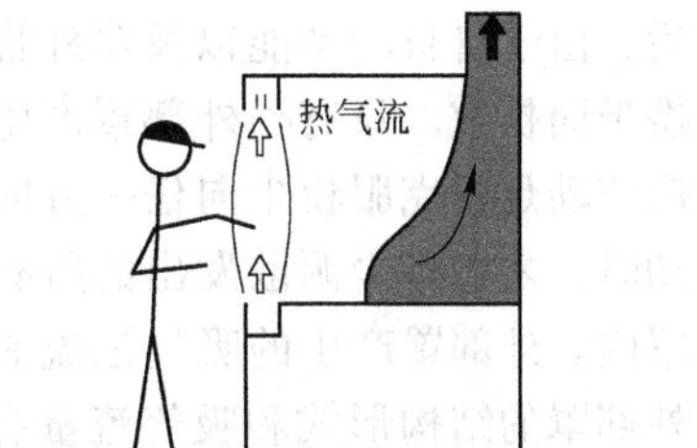

图 3-22 吹吸联合工作通风柜

3.4.3 柜式排风罩排风量的计算

通风柜的工作原理与密闭罩相同，其排风量可按下式计算：

$$Q = Q_1 + Fv\beta \tag{3-11}$$

式中 Q_1——柜内污染气体的发生量，m^3/s；

F——工作孔口及缝隙总面积，m^2；

v——工作孔口上的控制风速，m/s；

β——安全系数，一般取$\beta = 1.1 \sim 1.2$。

对于化学实验室用的通风柜，工作孔上的控制风速可按表3-1确定。对于某些特定的工艺过程，其控制风速可参照附录 3 确定。

表 3-1　通风柜的控制风速

污染物性质	控制风速/$m \cdot s^{-1}$
无毒污染物	0.25 ~ 0.375
有毒或有危险的污染物	0.4 ~ 0.5

当罩内存在发热量较大的热源时，排风量可按下式计算：

$$Q = 0.525\sqrt[3]{hQ_wF^2} \tag{3-12}$$

式中　h——敞开面高度，m；

Q_w——罩内发热量，W；

F——敞开面面积，m^2。

3.5　外部罩

3.5.1　外部罩的工作原理

由于工艺条件限制，生产设备不能密闭时，可把排风罩设在有害物附近，依靠罩口的抽吸作用，在有害物发散地点造成一定的气流运动，把有害物吸入罩内。这类排风罩统称为外部吸气罩，如图 3-23 所示。

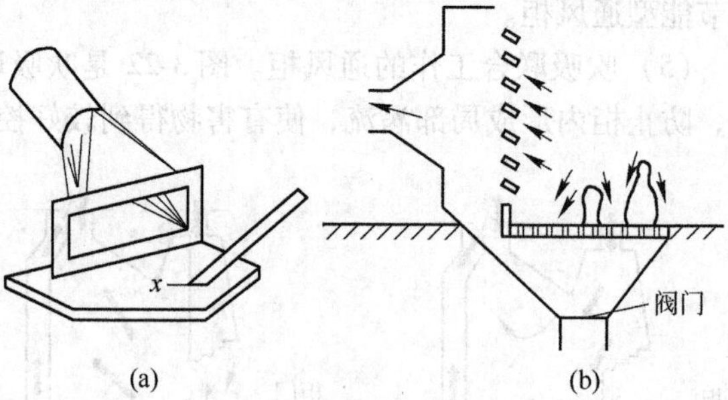

图 3-23　外部吸气罩的工作状态

（a）焊接作业；（b）振动落砂机

外部罩对粉尘的控制作用是通过罩外吸气汇流流动而产生的。粉尘离开尘源后，由于自身的动能以及罩外扰动气流的携带而扩散。只有当外部罩产生的吸气汇流流动足以克服粉尘向任一方向的扩散运动时，才能将尘源散发出的所有粉尘吸入罩内。外部罩产生的吸气汇流流场主要与外部罩的结构形式和吸气流量有关。设计外部罩的任务就是根据尘源的性质和工艺生产条件，正确选择外部罩的形式和以最小的吸气流量将粉尘捕集。在通风工程中，设计外部罩主要采用两种方法，即控制风速法和流量比法。

3.5.2　外部罩的形式

（1）按罩前有无障碍分。根据罩口前气流所受的约束情况不同，外部吸气罩分为前面无障碍的外部吸气罩和前面有障碍的外部吸气罩两类。

（2）按布置方式分。根据外部吸气罩的安装情况不同，可分为悬挂式和侧吸式。

（3）按罩口形状分。根据外部吸气罩的罩口形状不同，可分为圆形罩、矩形罩和条缝罩。

3.5.3　控制风速法

为保证有害物全部吸入罩内，必须在距吸气口最远的有害物散发点（即控制点）上造成适当的空气流动，如图 3-24 所示。控制点的空气流动称为控制风速（也称吸入速度）。这样就提出了一个问题，外部吸气罩需要多大的排风量 Q，才能在距罩口 x 处造成必要的控制风速 v_x，要解决这个问题，必须掌握 Q 和 v_x 之间的变化规律。前面讨论了外部罩吸气口气流的运动规律，本节只采用前面讨论的一些实验结果。

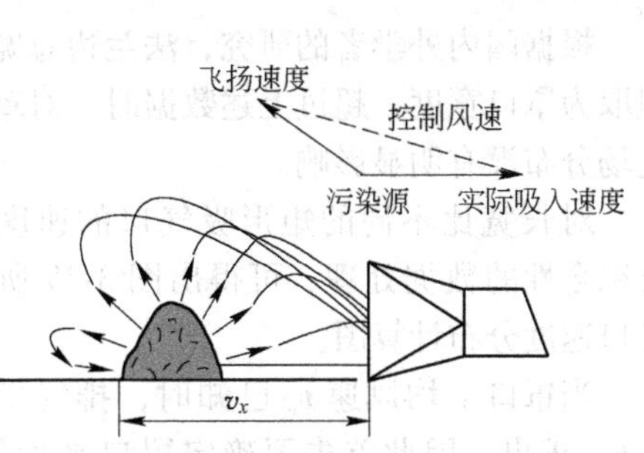

图 3-24 外部吸气罩的控制风速

3.5.3.1 前面无障碍的排风罩排风量计算

（1）对于无边板圆形和矩形（$\frac{b}{l} \geqslant 0.2$，$b$ 为吸气口宽度、l 为吸气口长度）吸气口轴线上速度的经验公式，由式（3-5）和式（3-6）得：

$$\frac{v_c}{v_x} = \frac{10x^2 + F}{F} \tag{3-13}$$

式中 v_c——罩口平均风速，m/s；

v_x——轴线上距罩口 x 处的速度值，m/s；

F——罩口面积，m^2。

（2）对于加边板圆形或矩形（$\frac{b}{l} \geqslant 0.2$）的吸气口，有：

$$\frac{v_c}{v_x} = 0.75\left(\frac{10x^2 + F}{F}\right) \tag{3-14}$$

（3）对于设在平台上（见图 3-8）的排风罩，只是将式（3-13）和式（3-14）中吸气口面积 F 为实际罩口面积的两倍。这种情况下无边板和有边板排风罩轴线上速度公式为：

无边板 $$\frac{v_c}{v_x} = \frac{5x^2 + F}{F} \tag{3-15}$$

有边板 $$\frac{v_c}{v_x} = 0.75\left(\frac{5x^2 + F}{F}\right) \tag{3-16}$$

（4）对于宽长比 $\left(\frac{b}{l} < 0.2\right)$ 的条缝形吸气口，其轴线上的速度按下列经验公式计算：

自由悬挂无边板 $$\frac{v_c}{v_x} = \frac{3.7lx}{F} \tag{3-17}$$

有边板自由悬挂或无边板设在工作台上时：

$$\frac{v_c}{v_x} = \frac{2.8lx}{F} \tag{3-18}$$

有边板设在工作台上

$$\frac{v_c}{v_x} = \frac{2lx}{F} \tag{3-19}$$

式(3-17)～式(3-19)中，l 为条缝口长度，m。

根据国内外学者的研究，法兰边总宽度可近似取为罩口宽度，超过上述数据时，对罩口的速度场分布没有明显影响。

对长宽比不同的矩形吸气口的速度分布进行综合性的数据处理，可得出图 3-25 所示的吸气口速度分布计算图。

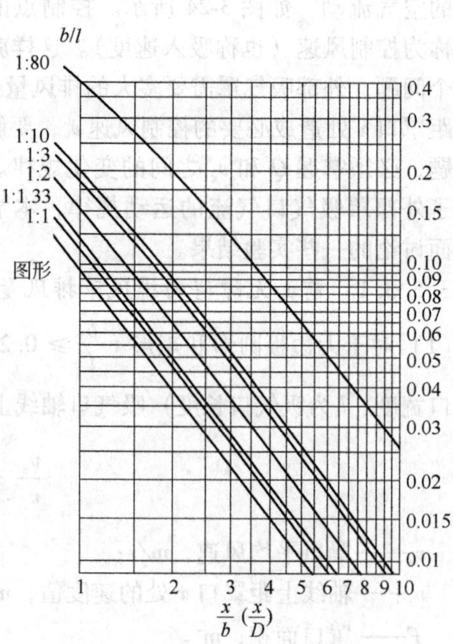

图 3-25　矩形吸气口速度计算图

当罩口平均风速 v_c 已知时，排气量可由 $Q = Fv_c$ 求出。因此首先要确定罩口平均风速 v_c。当外部罩的控制距离为 x 时，在控制点上的风速 v_x 即为控制风速。v_x 可根据经验及现场实测确定，也可根据表 3-2 和表 3-3 确定。v_x 确定后，可按式(3-13)～式(3-19)求出 v_c，从而计算出外部罩排风量 Q，或者由下列公式直接计算 Q。

(1) 自由悬挂圆形、方形和矩形 ($\frac{b}{l} \geqslant 0.2$) 罩：

无边板　$$Q = (10x^2 + F)v_x \qquad (3\text{-}20)$$

有边板　$$Q = 0.75(10x^2 + F)v_x \qquad (3\text{-}21)$$

表 3-2　控制点的控制风速 v_x

污染物散发情况	举　例	控制风速/$m \cdot s^{-1}$
以轻微的速度散发到几乎是静止的空气中	蒸汽的蒸发；气体或烟从敞开容器中外逸	0.25～0.5
以较低的速度散发到较平静的空气中	喷漆室内喷漆；间歇粉料装袋；焊接台；低速皮带机运输；电镀槽；酸洗槽	0.5～1.0
以相当大的速度散发到空气运动迅速的区域	高压喷漆；快速装袋或装桶；往皮带机上装料；破碎机破碎；冷落砂机	1.0～2.5
以高速散发到空气运动很迅速的区域	磨床；重破碎机；在岩石表面工作；砂轮机；喷砂；热落砂机	2.5～10

表 3-3　表 3-2 中控制风速取上、下极限值的情况

范围下值	范围上值
室内空气流动小或者对捕集有利	室内扰动气流强烈
污染物毒性很低或者仅是一般的除尘	污染物毒性高
间断性生产或产量低	连续性生产或产量高
大型罩子大风量	小型罩局部控制

（2）台面方形和矩形罩：

无边板 $$Q = (5x^2 + F)v_x \tag{3-22}$$

有边板 $$Q = 0.75(5x^2 + F)v_x \tag{3-23}$$

（3）自由悬挂条缝形罩：

无边板 $$Q = 3.7lxv_x \tag{3-24}$$

有边板 $$Q = 2.8lxv_x \tag{3-25}$$

（4）台面条缝形罩：

无边板 $$Q = 2.8lxv_x \tag{3-26}$$

有边板 $$Q = 2lxv_x \tag{3-27}$$

式(3-18)~式(3-25)中：

Q——排风罩排风量，m^3/s；

x——控制距离，m；

v_x——控制风速，m/s；

F——排风罩口面积，m^2；

l——条缝形罩长度，m。

3.5.3.2 前面有障碍物时外部罩排风量的计算

排风罩如果设在工艺设备上方，由于设备的限制，气流只能从侧面流入罩内，罩口的流场与一般外部罩不同。图3-26为一种典型的上部伞形罩的示意图。为避免横向气流的干扰，罩子每边均较尘源大0.4H（H为罩口至尘源表面的距离）或要求H尽可能小于等于0.3a（a罩口长边尺寸）。这时排风量可按下式计算：

$$Q = KPHv_x \tag{3-28}$$

式中 K——考虑沿高度速度分布不均匀的安全系数，一般取$K=1.4$；

P——尘源敞开面的周长，m。对于矩形伞形罩，四周敞开时$P=2(A+B)$，三面敞开时$P=2A+B$，二面敞开时$P=A+B$，一面敞开时$P=A$；

H——罩口至尘源表面的距离，m；

v_x——控制点（尘源边缘）的控制风速，m/s；

A、B——尘源的边长，m。

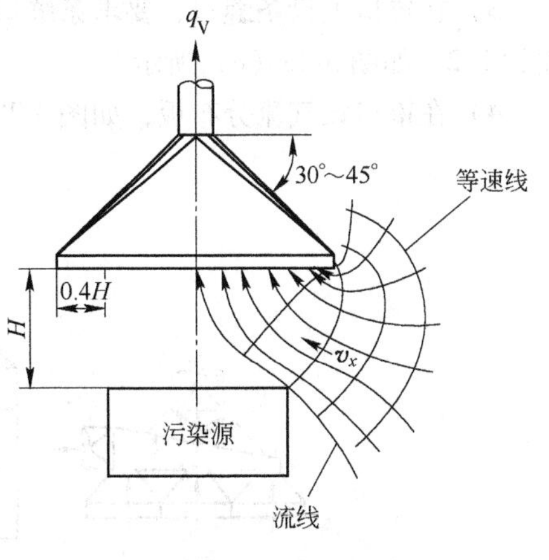

图3-26 冷过程的上吸式排风罩

设计外部吸气罩时在结构上应注意以下问题：

（1）为了减少横向气流的影响和罩口的吸气范围，在工艺条件允许时，应在罩口四周设固定或活动挡板，如图3-27所示。

（2）罩口上的速度分布对排风罩性能有较大影响。扩张角α变化时罩口轴心速度v_c和罩口平均速度v_0的比值如表3-4所示，图3-28是不同扩张角下排风罩的局部阻力系数（以管口动压为准）。当$\alpha=30°\sim60°$时阻力最小。综合结构、速度分布、阻力三方面的因素，α角应尽可能小于或等于60°。当罩口平面尺寸较大时，可采取图3-29所示的措施。

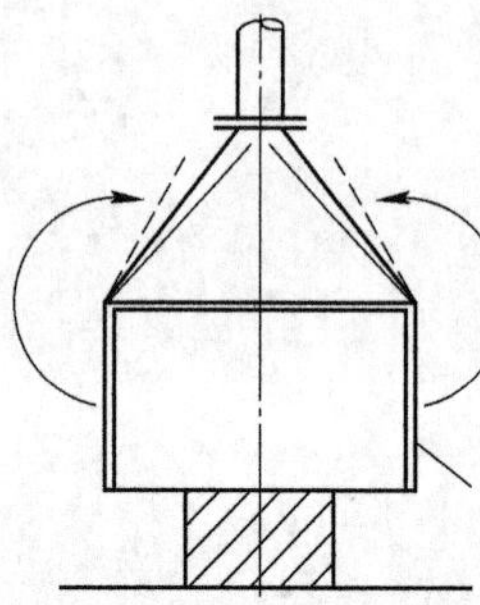

图 3-27　设有活动板的伞形罩

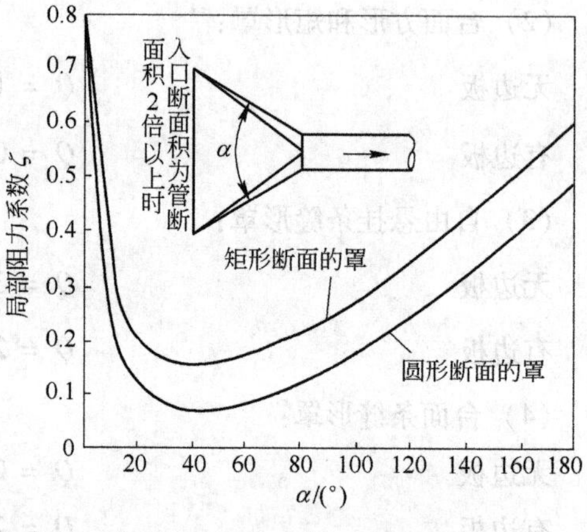

图 3-28　排风罩的局部阻力系数

表 3-4　不同 α 角下的速度比

α/(°)	v_c/v_0	α/(°)	v_c/v_0
30	1.07	60	1.33
40	1.13	90	2.0

1）把一个大排风罩分割成几个小排风罩，如图 3-29（a）所示。

2）在罩内设挡板，如图 3-29（b）所示。

3）在罩口上设条缝口，要求条缝口风速在 10m/s 以上。静压箱内的速度不超过条缝口速度的 1/2，如图 3-29（c）所示。

4）在罩口设气流分布板，如图 3-29（d）所示。

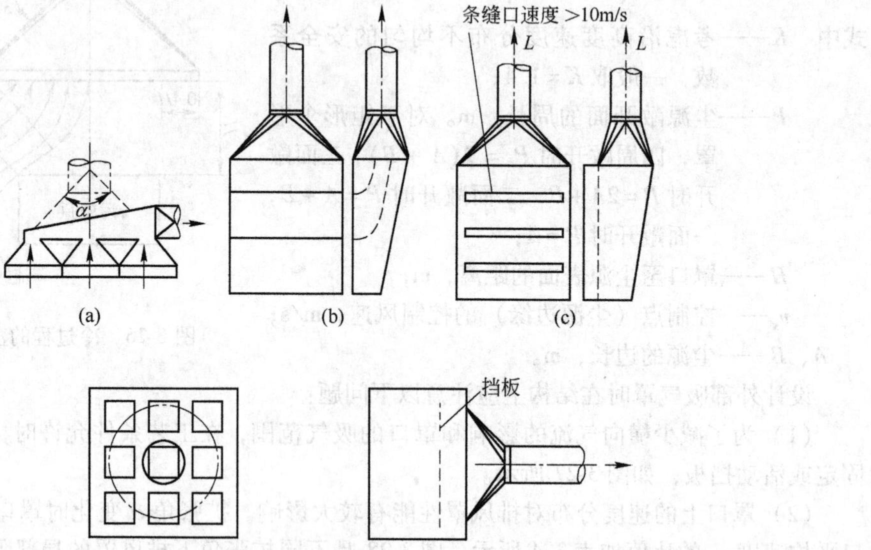

图 3-29　保证罩口气流均匀的措施

[**例 3-1**] 有一尺寸为 300mm × 600mm 的矩形排风罩（四周无边），要求在距罩口 x = 900mm 处，造成 v_x = 0.25m/s 的吸入速度，计算该排风罩的排风量。

[**解**] 由 $\frac{b}{l} = \frac{300}{600} = 0.5$，$\frac{x}{b} = \frac{900}{300} = 3.0$

由图 3-25 查得：$$\frac{v_x}{v_c} = 0.037$$

罩口平均风速 $$v_c = \frac{v_x}{0.037} = \frac{0.25}{0.037} = 6.76\text{m/s}$$

罩口排风量 $$Q = v_c F = 6.76 \times 0.3 \times 0.6 = 1.217\text{m}^3/\text{s}$$

[**例 3-2**] 在喷漆工作台旁安装一个自由悬挂圆形侧吸罩。罩口直径为 D_0 = 0.5m。工作时有气流的干扰，最不利点距罩的距离为 x = 1.7m。求罩口有边板及无边板时的排风量。

[**解**] 查表 3-2，取 v_x = 0.5m/s

无边板时，由式（3-20）得：

$$Q = (10x^2 + F)v_x = \left(10 \times 1.7^2 + \frac{\pi \times 0.5^2}{4}\right) \times 0.5 = 14.5\text{m}^3/\text{s}$$

有边板时：由式（3-21）得：

$$Q = 0.75(10x^2 + F)v_x = 0.75\left[\left(10 \times 1.7^2 + \frac{\pi \times 0.5^2}{4}\right) \times 0.5\right] = 10.9\text{m}^3/\text{s}$$

加边板后节约排风量 1/4。

[**例 3-3**] 为排除浸漆槽散发的有机溶剂蒸汽，在槽上方设吸气罩，已知槽面尺寸为 0.6m × 1.0m，罩口至槽面距离为 0.4m，罩的一个长边设置固定挡板，计算吸气罩的排风量。

[**解**] 根据表 3-2 和表 3-3，取 v_x = 0.6m/s，确定罩口尺寸

长边 $$A = a + 2 \times 0.4H = 1 + 0.8 \times 0.4 = 1.32\text{m}$$

短边 $$B = b + 2 \times 0.4H = 0.6 + 0.8 \times 0.4 = 0.92\text{m}$$

罩口固定一边挡板，故罩口周长为

$$P = 1.32 + 0.92 \times 2 = 3.16\text{m}$$

由式（3-28），罩口排风量为

$$Q = KPHv_x = 1.4 \times 3.16 \times 0.4 \times 0.6 = 1.06\text{m}^3/\text{s}$$

3.5.4 流量比法

前面讲述的计算方法均属于控制风速法。这些方法中没有考虑污染气流发生量对控制效果的影响。流量比法则同时考虑吸气气流和污染气流的综合作用，给出有关计算公式。

用排风罩排除污染气体时，其排风量 Q_3 等于污染源发生的气体量 Q_1 和周围吸入的气体量 Q_2 之和，即

$$Q_3 = Q_1 + Q_2 = Q_1\left(1 + \frac{Q_2}{Q_1}\right) = Q_1(1 + K) \tag{3-29}$$

式中 K——流量比，它反映了排风状态。

3.5.4.1 流量比 K

由式（3-29）可知，当 Q_1 一定时，K 值大，则 Q_2 大，排除污染气体的能力强；K 值小，

则 Q_2 小，污染气体有可能泄漏。在污染气体刚好不必发生泄漏的极限状态时的 K 值称为极限流量比，用 K_Q 表示，即

$$K_Q = \left(\frac{Q_2}{Q_1}\right)_{\text{Limit}} \tag{3-30}$$

由于影响气流运动的因素非常复杂，实际的 K_Q 计算式是通过实验研究得出的。

研究表明，K_Q 与污染气体发生量无关，只与污染源和罩的相对尺寸有关。如图 3-30 所示的二维上吸式排风罩，K_Q 值可按下式计算：

$$K_Q = 0.2\left(\frac{H}{E}\right)\left[0.6\left(\frac{F_3}{E}\right)^{-1.3} + 0.4\right] \tag{3-31}$$

上式适用范围为 $D_3/E > 0.2$、$H/E \leqslant 0.7$、$1.0 \leqslant F_3/E \leqslant 1.5$。

从式（3-31）可以看出，影响 K_Q 的主要影响是 H/E 和 F_3/E。H/E 是影响 K_Q 的主要因素，设计时要求 $H/E \leqslant 0.7$。增大 F_3 可减小吸气范围，K_Q 随 F_3/E 的增大而减小。实验表明，在 $F_3/E \geqslant (1.5 \sim 2.0)$ 时，对 K_Q 不再有明显影响。

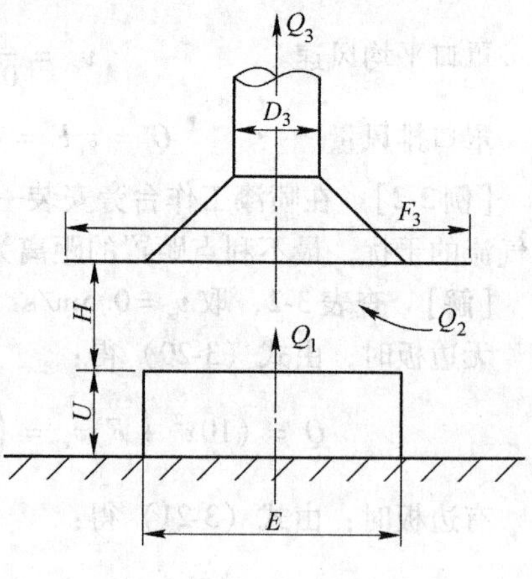

图 3-30 上吸式排风罩

污染气体与周围空气有一定温度差时，K_Q 按下式修正。

$$K_{Q(\Delta t)} = K_{Q(\Delta t=0)} + \frac{3}{2500}\Delta t \tag{3-32}$$

式中 Δt——污染气体与周围空气的温差，℃。

式（3-32）适用于热源温度小于 750℃ 的场合。

研究者还对二维、三维、上吸、侧吸等不同情况进行了详细的研究，并导出了 K_Q 的计算式，可参见有关文献。

3.5.4.2 排风罩排风量的计算

由式（3-29）得：

$$Q_3 = Q_1\left[1 + mK_{Q(\Delta t)}\right] = Q_1(1 + K_D) \tag{3-33}$$

式中 m——考虑干扰气流影响的安全系数，按表 3-5 确定；

K_D——设计流量比。

表 3-5 安全系数

干扰气流速度/$m \cdot s^{-1}$	0～0.15	0.15～0.30	0.30～0.45	0.45～0.60
安全系数 m	5	8	10	15

应用流量比法计算应注意以下几点：

（1）极限流量比 K_Q 的计算式都是在特定条件下通过实验求得的，计算时应注意这些公式适用范围。由于气流运动的复杂性，流量比法同样有某些不完善之处，如安全系数过大等，有待研究改进。

（2）流量比法是以污染气体发生量 Q_1 为基础进行计算的。Q_1 应根据实测的发散速度和发散面积计算确定。如果无法确切计算污染气体发生量，建议仍按控制风速法计算。

（3）周围干扰气流对排风量有很大的影响，在可能条件下应设法减弱它的影响。干扰风速 v_0 应尽可能实测确定。

3.6 接受罩

有些生产过程或设备本身产生或诱导一定的气流运动，带动有害物一起运动，如高温热源上部的对流气流及砂轮磨削时抛出的磨屑及大颗粒粉尘所诱导的气流等。对这种情况，应尽可能把排风罩设在污染气流前方，让它直接进入罩内。这类排风罩称为接受罩，如图 3-31 所示。

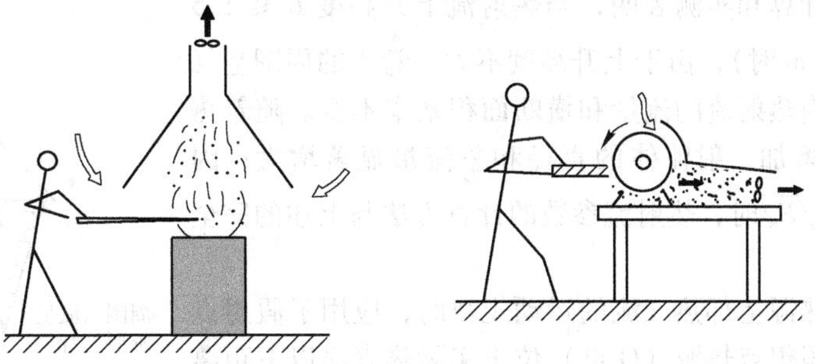

(a) (b)

图 3-31 接受罩

（a）热过程；（b）碾磨过程

接受罩在外形上和外部吸气罩完全相同，但作用原理不同。对接受罩而言，罩口外的气流运动是生产过程本身造成的，接受罩只起接受作用，它的排风量取决于接受的污染空气量的大小。接受罩的断面尺寸应不小于罩口处污染气流的尺寸。粒状物料高速运动时所诱导的空气量，由于影响因素较为复杂，通常按经验公式确定。这里将研究热源上部热射流的运动规律和热源上部接受罩的计算方法。

3.6.1 热源上部的热射流

热源上部的热射流主要有两种形式：一种是生产设备本身散发的热射流，如炼钢电炉炉顶散发的热烟气；另一种是高温设备表面对流散热时形成的热射流。对于前者必需实测确定。而对于高温设备表面对流散热形成的热射流，可根据热表面的对流散热量推算，其计算式为：

$$Q_0 = 0.38(Q_b h F_S^2)^{\frac{1}{3}} \tag{3-34}$$

式中 Q_0——热射流流量，m^3/s；

Q_b——对流散热量，kJ/s；

h——热源定性尺寸，m；

F_S——在热源顶部热射流的横断面积，m^2。

式（3-34）中的定性尺寸，对于垂直热表面是指其高度；对水平圆柱体是指直径；对于水平面则是该平面水平投影的短边尺寸。式（3-34）中的 F_S，对于水平圆柱体是圆柱体长度和直径的乘积；对于水平面是指该平面的面积；对于垂直面，是指热源顶部热射流的横断面积；此时，热气流厚度沿垂直面上升不断扩大，气流边界与垂直面夹角为5°左右。

对流散热量 Q_b 按下式计算

$$Q_b = \alpha F \Delta t \tag{3-35}$$

式中　F——热源的对流散热面积，m^2；

Δt——热源表面与周围空气的温度差，℃；

α——表面传热系数，$kJ/(m^2 \cdot s \cdot ℃)$。

由下式计算：

$$\alpha = A\Delta t^{1/3} \tag{3-36}$$

式中　A——系数，对于水平散热面，$A = 1.7 \times 10^{-3}$；对于垂直散热面，$A = 1.13 \times 10^{-3}$。

热射流在上升过程中，由于周围空气的卷入，流量和横断面积不断增大。计算和实测表明，当热射流上升高度 $H \leqslant 1.5\sqrt{F_S}$ 时（或 $H \leqslant 1$m 时），由于上升高度不大，卷入的周围空气量少，在此范围内热射流的流量和横断面积基本不变。随着热射流上升高度的增加，射流体的直径和总流量显著增大；因此，当 $H > 1.5\sqrt{F_S}$ 时，热射流参数的计算方法与上述的完全不同。

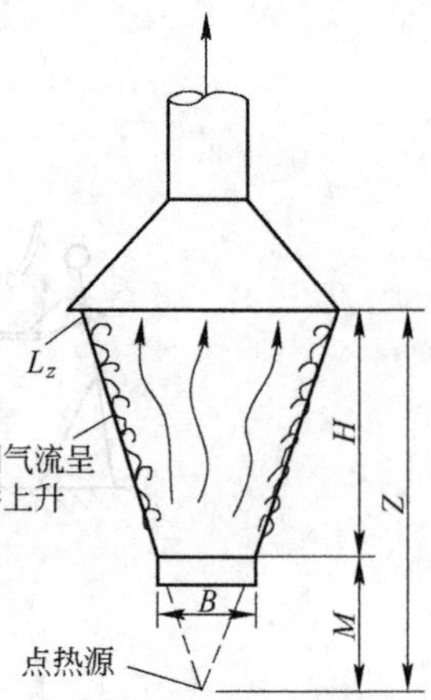

图 3-32　热源上部的接受罩

萨顿在研究热源上部热气流的运动规律时，应用了假想点热源的概念。即假想点热源（O 点）位于实际热表面以下距离为 Z 处，如图 3-32 所示。并在此基础上得出了热源上方不同高度处热射流的截面直径、截面平均流速与气流流量的计算公式。

（1）热射流直径：

$$D_z = 0.43Z^{0.88}, \text{ m} \tag{3-37}$$

（2）断面平均流速：

$$v_z = 0.05Q_b^{\frac{1}{3}}Z^{0.29}, \text{ m/s} \tag{3-38}$$

（3）断面流量：

$$Q_z = 7.26 \times 10^{-3}Q_b^{\frac{1}{3}}Z^{1.47}, \text{ m}^3\text{/s} \tag{3-39}$$

式中　Z——假想点热源距计算横截面的距离，m；即

$$Z = H + M \tag{3-40}$$

H——热源表面至计算横截面的距离，m；

M——假想点热源至热源表面的距离，m；即 $M = 2B$ 或 $M = 2.58B^{\frac{100}{88}}$；

B——热源在水平投影面积的直径或边长，m。

3.6.2　热源上部接受罩排风量的计算

从理论上说，只要接受罩的排风量等于罩口断面上热射流的流量，接受的断面尺寸等于罩口断面上热射流的尺寸，污染气流就能全部排除。实际上由于横向气流的影响，热射流会发生偏转，可能溢入室内。接受罩的安装高度 H 越大，横向气流的影响越严重。因此，生产上采用的接受罩，罩口尺寸和排风量都必须加大。

根据安装高度 H 的不同，热源上部的接受罩可分两类，$H \leqslant 1.5\sqrt{F_S}$ 为低悬罩，$H > 1.5\sqrt{F_S}$ 为高悬罩。

3.6.2.1 低悬罩排风量的计算

由于低悬罩位于收缩断面附近，罩口断面上的热射流横断面积一般小于（或等于）热源的平面尺寸。在横向气流影响小的场合，排风罩口尺寸应比热源尺寸扩大150～200mm。横向气流影响较大的场合，按下式确定：

圆形 $$D_f = B + 0.5H, \text{ m} \tag{3-41}$$

矩形 $$A_l = a + 0.5H, \text{ m} \tag{3-42}$$

$$B_l = b + 0.5H, \text{ m} \tag{3-43}$$

式中 D_f——圆形罩口直径，m；

A_l、B_l——矩形罩口长度和宽度，m；

a、b——热源水平投影尺寸，m。

低悬罩排风量的计算公式为：

$$Q = Q_0 + v'F' \tag{3-44}$$

式中 Q_0——热源上部热射流起始流量，m^3/s，由式（3-34）计算得到；

v'——罩口扩大面积上空气的吸入速度，m/s；通常取 $v' = 0.5 \sim 0.75$m/s；

F'——罩口扩大面积，即罩口面积减去热射流的断面积，m^2。

3.6.2.2 高悬罩排风量的计算

设计高悬罩时，罩口尺寸应比罩口断面处热射流尺寸增加0.8H，即

$$D_f = D_z + 0.8H, \text{ m} \tag{3-45}$$

高悬罩的总排风量为：

$$Q = Q_z + v'F' \tag{3-46}$$

式中 Q_z——热射流在罩口的流量，按式（3-39）计算，m^3/s。

［例3-4］ 某金属熔化炉，炉内金属温度为500℃，周围空气温度为20℃，散热面为直径$D=0.8$m的水平面，在热设备上方0.6m处设接受罩，计算其排风量；如因条件限制，改在热设备上方1.1m处安装接受罩，其排风量又是多少？

［解］ （1）在热设备上方0.6m处设接受罩时：

$$1.5\sqrt{F_S} = 1.5\left[\frac{\pi}{4}(0.8)^2\right]^{1/2} = 1.063\text{m}$$

由于$1.5\sqrt{F_S} > H$，该接受罩为低悬罩。热源的对流散热量由式（3-35）和式（3-36）得：

$$\begin{aligned} Q_b &= \alpha F\Delta t = A\Delta t^{4/3}F \\ &= 1.7\times10^{-3}\times\Delta t^{4/3}F \\ &= 1.7\times10^{-3}\times(500-20)^{\frac{4}{3}}\times\frac{\pi}{4}(0.8)^2 \\ &= 3.2\text{kJ/s} \end{aligned}$$

热源顶部的热射流起始流量由式（3-34）得：

$$\begin{aligned} Q_0 &= 0.38(Q_b hF_S^2)^{\frac{1}{3}} \\ &= 0.38\left(3.2\times0.8\times\frac{\pi}{4}\times0.8^2\right)^{\frac{1}{3}} \\ &= 0.33\text{m}^3/\text{s} \end{aligned}$$

由式（3-41）确定罩口直径，即

$$D_f = B + 0.5H = (0.8 + 0.5 \times 0.6) = 1.1\text{m}$$

取 $v' = 0.7\text{m/s}$，则由式（3-44）计算排风罩风量，即

$$Q = Q_0 + v'F' = 0.33 + 0.7 \times \left(\frac{\pi}{4} \times 1.1^2 - \frac{\pi}{4} \times 0.8^2\right)$$

$$= 0.643\text{m}^3/\text{s} = 2316\text{m}^3/\text{h}$$

（2）在热设备上方 1.1m 处设接受罩时，由于 $1.5\sqrt{F_S} < H$，该接受罩为高悬罩。

由式（3-40）确定，即

$$Z = H + 2B = 1.1 + 2 \times 0.8 = 2.7\text{m}$$

由式（3-37）确定，即

$$D_z = 0.43Z^{0.88} = 0.43 \times 2.7^{0.88} = 1.03\text{m}$$

由式（3-39）计算热射流量：

$$Q_z = 7.26 \times 10^{-3} Q_b^{\frac{1}{3}} Z^{1.47}$$

$$= 7.26 \times 10^{-3} 3.21^{\frac{1}{3}} \times 2.7^{1.47}$$

$$= 0.046\text{m}^3/\text{s}$$

由式（3-45）确定罩口直径，即

$$D_f = D_z + 0.8H = 1.03 + 0.8 \times 1.1 = 1.91\text{m}$$

由式（3-46）确定排风罩风量，即

$$Q = Q_z + v'F' = 0.046 + 0.7\left(\frac{\pi}{4} \times 1.91^2 - \frac{\pi}{4} \times 1.03^2\right)$$

$$= 1.468\text{m}^3/\text{s} = 5285\text{m}^3/\text{h}$$

3.7 槽边排风罩

槽边排风罩是外部排风罩的一种特殊形式，专门用于各种工业槽（如酸洗槽、电镀槽、中和槽、盐浴炉池等）。它的特点是不影响工艺操作，有害气体在进入人的呼吸区之前就被槽边上设置的条缝形吸气口抽走。

3.7.1 槽边排风罩的类型

根据罩的布置和罩口形式不同，槽边排风罩可划分为不同形式。

3.7.1.1　*按布置方式分*

根据布置方式不同可分为：槽边排风罩分为单侧式、双侧式和周边式（环形）。单侧适用于槽宽 $B \leqslant 700\text{mm}$；双侧适用于 $B > 700\text{mm}$；当 $B > 1200\text{mm}$ 时，应采用吹吸式排风罩；当槽的直径 $D = 500 \sim 1000\text{mm}$ 时，宜采用环形排风罩，布置形式如图 3-33 所示。

3.7.1.2　*按罩口形式分*

槽边排风罩的罩口有平口式和条缝式两种形式，如图 3-34 和图 3-35 所示。

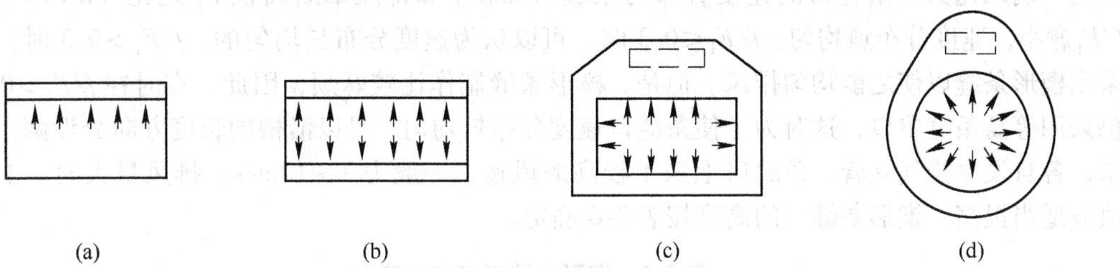

图 3-33 槽边排风罩的形式
(a) 单侧；(b) 双侧；(c) 周边侧；(d) 环形周边侧

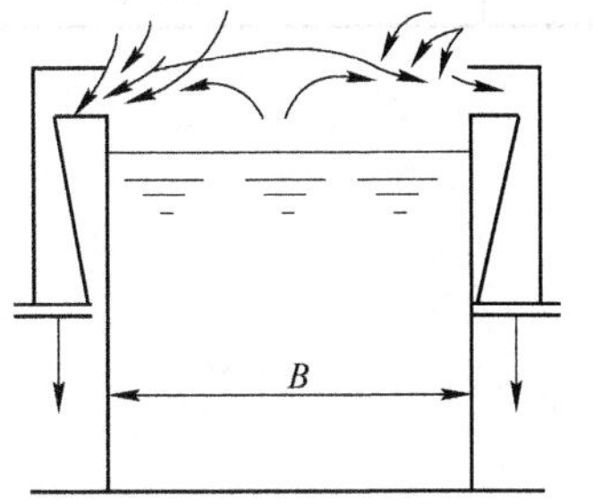

图 3-34 平口式双侧槽边排风罩

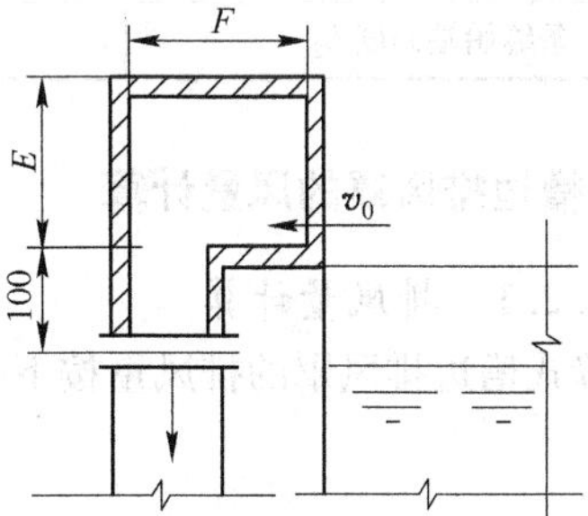

图 3-35 条缝式槽边排风罩

A 平口式槽边排风罩

平口式槽边排风罩的吸气口上不设法兰边，吸气范围大。若将平口式罩靠墙布置，则同设置法兰边一样，吸气范围由 $3\pi/2$ 减小为 $\pi/2$，如图 3-36 所示，此时的排风量会相应减小。条缝式槽边排风罩的特点是截面高度 E 较大，$E<250$mm 的称为低截面，$E\geqslant 250$mm 的称为高截面。增大截面高度如同在罩口上设置挡板，可减小吸气范围。因此，它的排风量比平口式小。但它占用的空间大，对操作有一定影响。

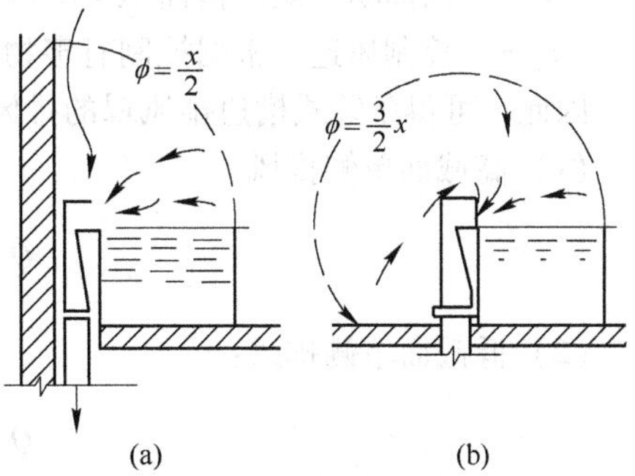

图 3-36 槽的布置形式
(a) 靠墙布置；(b) 自由布置

B 条缝式槽边排风罩

条缝式槽边排风罩广泛用在电镀车间的自动生产线上。条缝式槽边排风罩的条缝口有等高条缝和楔形条缝两种，如图 3-37 所示。等高条缝口上速度分布难以达到均匀，末端风速小，靠近风

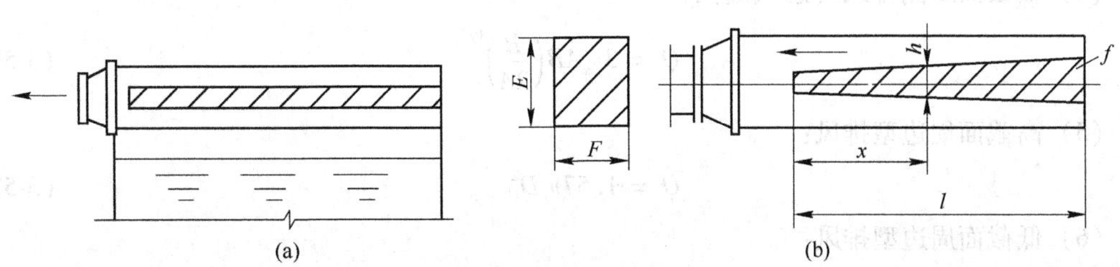

图 3-37 条缝形式
(a) 等高条缝；(b) 楔形条缝

机的一端风速大。条缝口的速度分布与条缝口面积 f 和排风罩断面积 F_1 之比（f/F_1）有关，f/F_1 愈小，速度分布愈均匀。$f/F_1 \leqslant 0.3$ 时，可以认为速度分布是均匀的。$f/F_1 > 0.3$ 时，可以采用楔形条缝以使之能均匀排风。但是，楔形条缝制作比较麻烦，因此，有时在 $f/F_1 > 0.3$ 时仍采用等高条缝罩口，这时为了使条缝口速度分布较均匀，可以沿槽的长度方向分设两个排风罩，各自设立排气立管。条缝口上采用较高的风速，一般为 7 ~ 10m/s。排风量大时，上述数值应适当提高。楔形条缝口的高度按表 3-6 确定。

表 3-6 楔形条缝口高度的确定

f/F_1	$\leqslant 0.5$	$\leqslant 1.0$
条缝末端高度 h_1	$1.3h_0$	$1.4h_0$
条缝始端高度 h_2	$0.7h_0$	$0.6h_0$

3.7.2 槽边排风罩的风量计算

3.7.2.1 排风量计算

条缝式槽边排风罩的排风量按下列原则计算：

$$Q = \alpha\beta v_x F \tag{3-47}$$

式中 α——截面修正系数，高截面取 2，低截面取 3；

β——形式修正系数，单侧取 $\beta = \left(\dfrac{B}{A}\right)^{0.2}$，双侧取 $\beta = \left(\dfrac{B}{2A}\right)^{0.2}$；

F——槽面积，矩形槽面积 $= A \times B$，圆形槽面积 $= \pi D_2/4$；

v_x——控制风速，根据控制有害物的特性来定。

因此，可得条缝式槽边排风罩的排风量计算公式如下：

（1）高截面单侧排风：

$$Q = 2v_x AB\left(\frac{B}{A}\right)^{0.2} \tag{3-48}$$

（2）低截面单侧排风：

$$Q = 3v_x AB\left(\frac{B}{A}\right)^{0.2} \tag{3-49}$$

（3）高截面双侧排风（总风量）：

$$Q = 2v_x AB\left(\frac{B}{2A}\right)^{0.2} \tag{3-50}$$

（4）低截面双侧排风（总风量）：

$$Q = 3v_x AB\left(\frac{B}{2A}\right)^{0.2} \tag{3-51}$$

（5）高截面周边型排风：

$$Q = 1.57v_x D^2 \tag{3-52}$$

（6）低截面周边型排风：

$$Q = 2.36v_x D^2 \tag{3-53}$$

式中 A——槽长，m；

B——槽宽，m；

D——圆槽直径，m；

v_x——边缘控制点的控制风速，m/s。

3.7.2.2 排风罩的阻力计算

条缝式槽边排风罩的阻力按下式计算：

$$\Delta p = \zeta \frac{v_0^2}{2}\rho, \text{ Pa} \tag{3-54}$$

式中 ζ——局部阻力系数，$\zeta = 2.34$；

v_0——条缝口上空气流速，m/s；

ρ——周围空气密度，kg/m^3。

3.8 吹吸罩

3.8.1 吹吸罩的工作原理

利用外部罩控制有害物的扩散时，由于流向罩口的空气速度衰减很快，因此要在较远的控制点造成必要的吸入速度，需要的排风量就较大，而且易受干扰气流的影响。为此，可以采用在一侧吸气的同时，在另一侧设喷吹气流，形成气幕，组成吹吸罩以提高其控制有害物的效果。在同样的控制效果下，采用吹吸式通风罩，风量可以大大减小，控制点至排风口的距离愈大，效果愈明显。

吹吸式通风中的喷吹气流一般可视作平面射流，它的特点是速度衰减慢。如图3-38（b）所示，二维吸气气流在罩口中心轴线上 $x = 2b_0$（b_0 为条缝口宽度）处，空气的吸入速度已降为 $v = 0.1v_0$（v_0 为罩口风速）。而在如图3-38（a）所示的平面射流中，在距罩口 $x = 10b_0$ 处，轴心速度仅降低到 $v = 0.8v_0$（v_0 为吹风口出口平均风速），即使在 $x = 100b_0$ 处，还有 $v = 0.2v_0$。由此可见，利用射流作动力，把有害物吹吸至排风口，再进行排除是十分有利的。

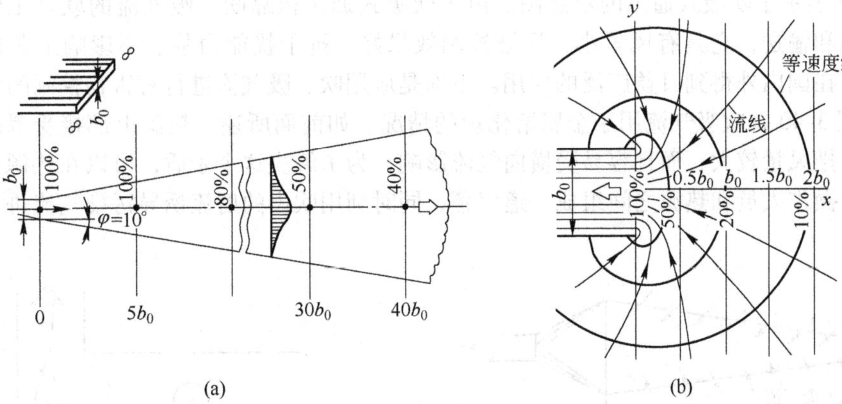

图 3-38 吹风和吸风速度分布比较

（a）二维吹风射流的速度分布；（b）二级吸风汇流的速度分布

3.8.2 吹吸罩的设计计算

要使吹吸式通风系统在经济合理的前提下获得最佳的控制效果，必须遵循吹吸气流的流动规律，使两者协调一致地工作。由于吹吸复合气流的运动情况较为复杂，尽管国内外很多学者都对其进行了研究，并提出了各种设计计算方法，但还没有一种公认的最好方法。目前主要采用速度控制法和流量比法计算吹吸罩的排风量，有关这两种计算方法的详细过程可参考有关文献。而巴杜林提出的速度控制法，认为只要保持吸风口前吹气射流末端的平均速度不小于一定的数值（0.75～1.0m/s），就能对槽内散发的有害污染物进行有效控制。

对于常用的工业槽，设计计算要点：

（1）对于操作温度为 t 的工业槽，吸风口前必须的射流平均速度 v_1' 可按下列经验公式计算：

$$v_1' = CH,\ \mathrm{m/s} \tag{3-55}$$

式中　H——吹、吸风口间距，m；

C——槽温系数；按如表 3-7 确定。

表 3-7　槽温 t 与槽温系数 C 的对应关系

槽温 t/℃	槽温系数 C	槽温 t/℃	槽温系数 C
70～95	1	40	0.75
60	0.85	20	0.5

（2）为了防止吹出气流逸出，吸风口的排风量应大于吸风口前的射流流量，一般取射流末端流量的 1.1～1.25 倍。

（3）吹风口高度 b 一般为 $(0.01\sim0.015)H$，为了防止吹风口可能出现堵塞，b 应大于5～7mm。吹风口的出口流速不能过高，以免槽内液面波动，一般不宜超过 10～12m/s。

（4）吸风口中的气流速度 v_1 应合理确定，v_1 过大，吸风口高度 b 过小，污染气流容易逸出室内；v_1 过小，又因 b_1 过大而影响操作，一般取 $v_1 \leqslant (2\sim3)v_1'$。

3.8.3　吹吸罩的应用

图 3-39 表示了吹吸式通风的示意图。由于吹吸式通风依靠吹、吸气流的联合工作进行有害物的控制和输送，它具有风量小、污染控制效果好、抗干扰能力强、不影响工艺操作等特点。近年来在国内外得到日益广泛的应用。下面是应用吹、吸气流进行有害物控制的实例。

（1）图 3-40 是吹吸气流用于金属熔化炉的情况。如前面所述，热源上部接受罩的安装高度较大时，排风量较大，而且容易受横向气流影响，为了解决这个矛盾，可以在热源前方设置吹风口，在操作人员和热源之间组成一道气幕，同时利用吹出的射流诱导污染气流进入上部接受罩。

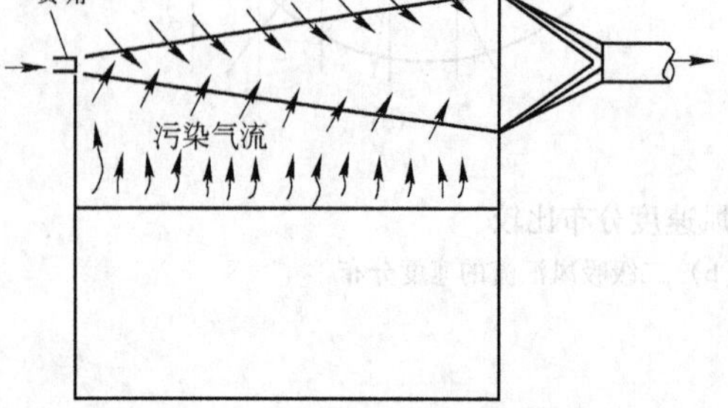

图 3-39　吹吸式通风示意图

图 3-40　吹吸气流在金属熔化炉的应用

（2）图 3-41 是用气幕控制破碎机坑粉尘的情况。当卡车向地坑卸大块物料时，地坑上部无法设置局部排风罩，会扬起大量粉尘。为此，可在地坑一侧设吹风口，利用吹吸气流抑制粉尘的飞扬，含尘气流由对面的吸风口吸除，经除尘器后排除。

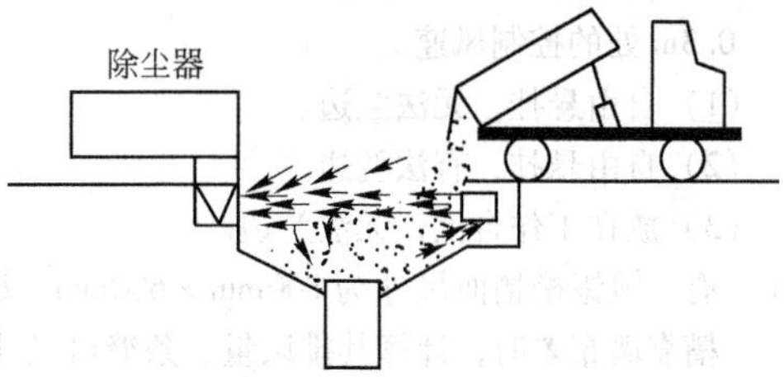

图 3-41 用气幕控制破碎机坑的粉尘

（3）吹吸气流不但可以控制单个设备散发的有害物，而且可以对整个车间的有害物进行有效控制。按照传统的设计方法采用车间全面通风时，要用大量室外空气对有害物进行稀释，使整个车间的有害物浓度不超过卫生标准的规定。如前所述，由于车间有害物和气流分布的不均匀，要使整个车间都达到要求是很困难的。图 3-42是在大型电解精炼车间采用吹吸气流控制有害物的实例。在基本射流作用下，有害物被抑制在工人呼吸区以下，最后经屋顶排风机组排除。设在屋顶上的送风小室供给操作人员新鲜空气，在车间中部有局部加压射流，使整个车间的气流按预定路线流动。这种通风方式也称单向流通风。采用这种通风方式，污染控制效果好，送、排风量少。

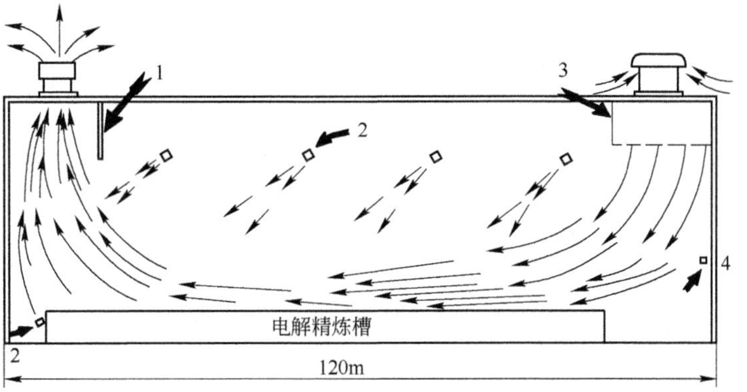

图 3-42 电解精炼车间直流式气流简图

1—屋顶排气装置；2—局部加压射流；3—屋顶送风小室；4—基本射流

复 习 题

3-1 分析下列各种局部排风罩的工作原理和特点。

（1）密闭罩；

（2）外部罩；

（3）接受罩。

3-2 为了获得良好的防尘效果，设计防尘密闭罩时应注意哪些问题，是否从罩内排除粉尘越多越好？

3-3 流量比法的设计原理和控制风速法有何不同，它们的适用条件是什么？

3-4 控制风速如何确定，罩口与污染源距离变化时，控制风速是否变化？

3-5 通风柜有哪几种形式，如何保证通风柜的效果？

3-6 根据吹吸式排风罩的工作原理，分析吹吸式排风罩最优化设计的必要性。

3-7 槽边排风罩上为什么 f/F_1 愈小，条缝口速度分布愈均匀？

3-8 影响吹吸式排风罩工作的主要因素是什么？

3-9 有一侧吸罩罩口尺寸为 300mm × 300mm。已知其排风量为 0.54m^3/s，按下列情况，计算距罩口 0.3m 处的控制风速。

(1) 自由悬挂，无法兰边。

(2) 自由悬挂，有法兰边。

(3) 放在工作台上，无法兰边。

3-10 有一镀银槽槽面尺寸为 800mm × 600mm，槽内溶液温度为室温，采用低截面条缝式槽边排风罩。槽靠墙布置时，计算其排风量、条缝口尺寸及阻力。

3-11 有一金属熔化炉（坩埚炉）平面尺寸为 600mm × 600mm，炉内温度为 600℃，取周围温度为 20℃。在炉口上部 400mm 处设接受罩，周围横向风速 0.3m/s。确定排风罩罩口尺寸及排风量。

3-12 有一浸漆槽槽面尺寸为 600mm × 600mm，槽内污染物发散速度为 0.25m/s。室内横向风速为 0.3 m/s，在槽上部 350mm 处设外部吸气罩。分别用控制风速法和流量比法，确定排风罩罩口尺寸及排风量。

4 粉尘净化原理及装置

4.1 粉尘的物理化学性质

粉尘有许多特性，与粉尘控制技术有关的主要特性有粉尘中游离二氧化硅含量、密度、安置角（安息角）、黏附性、湿润性、磨损性、荷电性和比电阻等。

4.1.1 粉尘的成分和游离二氧化硅含量

粉尘的化学成分基本上与物料的成分相同，只是在扬尘过程中由于重力、吸附、挥发等作用，使某些成分可能发生变化，所以，粉尘中各化学成分的含量与原物料有所不同，应通过分析确定。所谓游离二氧化硅是指不与其他元素的氧化物结合在一起的二氧化硅。

从工业卫生角度来说，各种粉尘对人体都是有害的，粉尘的化学成分及其在空气中的浓度，直接决定对人体的危害程度，粉尘中游离二氧化硅的含量越高，危害越严重。粉尘中游离二氧化硅含量一般较原物料中的游离二氧化硅含量稍低。粉尘中的游离二氧化硅含量（用质量百分数来表示）可以用物理方法（如 X 射线衍射法、红外分光光度法等）或化学分析方法（如焦磷酸法）测定出来。常见粉尘中游离二氧化硅含量见表 4-1 所示。

表 4-1 常见粉尘中游离二氧化硅含量

粉尘名称	游离 SiO_2 的含量/%	粉尘名称	游离 SiO_2 的含量/%
1. 石英岩类粉尘		4. 金属性粉尘	
石英粉尘	98.40	铸铁落尘	25.05
石英粉尘（浮游尘）	90.40~96.70	铁　尘	1.14
砂　石	35.97	锡　尘	4.35
砂质页岩	32.80	铜矿岩尘	4.80~5.60
天然砂	99.50	5. 有机性粉尘	
水磨石英	38.14~47.78	皮毛尘	9.00~27.30
2. 硅酸盐类粉尘		糙米灰	3.90~9.90
石　棉	3.18~5.73	糙米糠灰	21.10~23.10
云　母	0.96~6.20	黄豆灰	14.80
水　泥	41.80	碾米糠灰	6.10~6.90
水泥混合尘	24.50	饲料灰尘	15.20
黏土类	8.80~20.80	机米升降机尘	7.20~7.80
3. 炭素粉尘		机米厂饲料尘	8.40
煤	0.47~4.7	茶叶尘	3.18~11.70
活性炭	1.23~7.90	烟叶落尘	8.47~18.48

4.1.2　密度

单位体积粉尘的质量称粉尘的密度，这里指的粉尘的体积，不包括粉尘之间的空隙，因而称之为粉尘的真密度ρ_p(kg/m^3)，在一般情况下，粉尘的真密度与组成此种粉尘的物质密度是不相同的，因为粉尘在形成过程中，粉尘的表面，甚至其内部可能形成某些孔隙，只有表面光滑又密实的粉尘的真密度才与其物质密度相同，通常物质密度比粉尘密度大20% ~50%。粉尘的真密度可表示为：

$$\rho_p = \frac{粉尘的质量}{粉尘的体积},\ kg/m^3 \tag{4-1}$$

粉尘的真密度在通风除尘中有广泛用途。许多除尘设备的选择不仅要考虑粉尘的粒度大小，而且要考虑粉尘的真密度。如对于粗颗粒、真密度大的粉尘可以选用沉降室或旋风除尘器，而对于真密度小的粉尘，即使是粗颗粒也不宜采用这种类型的除尘器。

粉尘呈自然扩散状态时，单位容积中粉尘的质量称堆积密度或表观密度ρ_b，由于尘粒之间存在空隙，因此堆积密度要比粉尘的真密度小。粉尘的堆积密度可表示为：

$$\rho_b = \frac{粉尘的质量}{粉尘所占容积},\ kg/m^3 \tag{4-2}$$

粉尘的堆积密度对通风除尘有重要意义，如灰斗容积的设计，所依据的不是粉尘的真密度或物质密度，而是粉尘的堆积密度。在粉尘的气力输送中也要考虑粉尘的堆积密度。某些粉尘的真密度与堆积密度如表4-2 所示。

表 4-2　几种工业粉尘的真密度与堆积密度

粉尘名称	真密度 /kg·m^{-3}	堆积密度 /kg·m^{-3}	粉尘名称	真密度 /kg·m^{-3}	堆积密度 /kg·m^{-3}
烟　灰	2150	1200	烟灰（56μm）	2200	1070
炭　黑	1850	40	硅酸盐水泥（91μm）	3120	1500
硅砂粉（105μm）	2630	1550	造型用黏土	2470	720 ~800
硅砂粉（30μm）	2630	1450	烧结矿粉	3800 ~4200	1500 ~2600
硅砂粉（8μm）	2630	1150	氧化铜（42μm）	6400	2620
硅砂粉（72μm）	2630	1260	锅炉炭末	2100	600
电　炉	450	600 ~1500	烧结炉	3000 ~4000	1000
化铁炉	200	800	转　炉	5000	700
黄铜熔解炉	4000 ~8000	250 ~1200	铜精炼	4000 ~5000	200
亚铅精炼	5000	500	石　墨	2000	300
铅精炼	6000	—	铸物砂	2700	1000
铅二次精炼	3000	300	铅再精炼	6000	1200
水泥干燥窑	3000	600	墨液回收	3100	130

4.1.3　粉尘的安置角（安息角）

将粉尘自然地堆放在水平面上，堆积成圆锥体的锥体角叫做静安置角或自然堆积角，一般为35°~50°。将粉尘置于光滑的平板上，使该板倾斜到粉尘开始滑动时的倾斜角称为动安置角或滑动角，一般为30°~40°。

粉尘的安置角是评价粉尘流动特性的一个重要指标，它与粉尘的粒径、含水率、尘粒形状、尘粒表面光滑程度、粉尘的黏附性等因素有关，是设计除尘器灰斗或料仓锥度、除尘管道或输灰管道倾斜度的主要依据。

4.1.4 比表面积

物料被粉碎为微细粉尘，其比表面积显著增加。单位质量（或单位体积）粉尘的总表面积称为比表面积。假设尘粒为与其他同体积的球形粒子，则比表面积 S_w 与粒径的关系为：

$$S_w = \frac{\pi d_p^2}{\frac{1}{6}\pi d_p^3 \rho_p} = \frac{6}{\rho_p d_p},\ \mathrm{m^2/kg} \tag{4-3}$$

式中 ρ_p——粉尘的密度，kg/m^3；

d_p——粉尘的直径，m。

上式可以看出，粉尘的比表面积与粒径成分比，粒径越小，比表面积越大。由于粉尘的比表面积增大，它的表面能也随之增大，增强了表面活性，这对研究粉尘的湿润、凝聚、附着、吸附、燃烧和爆炸等性能有重要作用。

4.1.5 凝聚与附着

细微粉尘增大了表面能，即增强了尘粒的结合力，一般把尘粒间互相结合形成一个新的大尘粒的现象叫做凝聚；尘粒和其他物体结合的现象叫附着。

粉尘的凝聚与附着是在粒子间距离非常近时，由于分子间引力的作用而产生的。一般尘粒间距离较大，需要有外力作用使尘粒间碰撞、接触，促进其凝聚和附着。这些外力有粒子热运动（布朗运动）、静电力、超声波、紊流脉动速度等。尘粒的凝聚有利于对它捕集分离。

4.1.6 湿润性

湿润现象是分子力作用的一种表现，是液体（水）分子与固体分子间的互相吸引力造成的。它可以用湿润接触角（θ）的大小来表示，如图4-1所示。

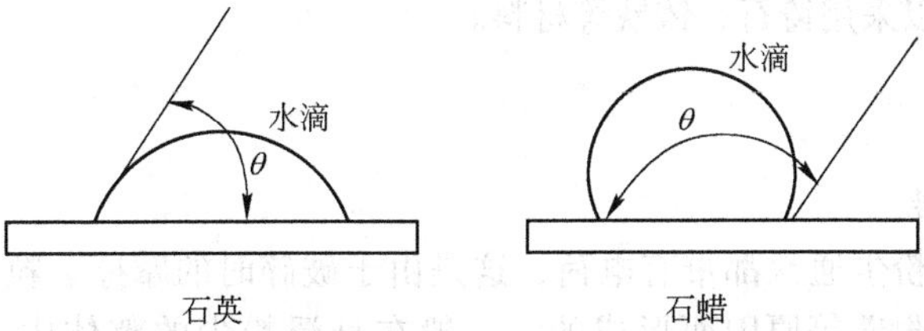

图4-1 湿润角表示示意图

湿润角小于60°的，表示湿润性好，为亲水性的；湿润角大于90°时，说明湿润性差，属憎水性的。几种矿物的粉尘湿润接触角如表4-3所示。粉尘的湿润性除决定于成分外，还与颗粒的大小、荷电状态、湿度、气压、接触时间等因素有关。

表 4-3　某些矿物的粉尘湿润接触角

名　称	接触角/(°)	名　称	接触角/(°)
黄铜矿	72	方解石	20
辉钼矿	60	石灰石	0~10
方铅矿	57	石　英	0~4
黄铁矿	52	云　母	0

粉尘的湿润性还可以用液体对试管中粉尘的浸润速度来表征。通常取浸润时间为 20min，测出此时的浸润高度 L_{20}(mm)，于是浸润速度 u_{20} 为：

$$u_{20} = \frac{L_{20}}{20},\ \text{mm/min} \tag{4-4}$$

按 u_{20} 作为评定粉尘湿润性指标，可将粉尘分为四类，如表 4-4 所示。

表 4-4　粉尘对水的湿润性

粉尘类型	Ⅰ	Ⅱ	Ⅲ	Ⅳ
湿润性	绝对憎水	憎　水	中等憎水	强亲水
u_{20}/mm · min^{-1}	<0.5	0.5~2.5	2.5~8.0	>8.0
粉尘举例	石蜡、沥青	石墨、煤、硫	玻璃微球	锅炉飞灰、钙

在除尘技术中，粉尘的湿润性是选用除尘设备的主要依据之一。对于湿润性好的亲水性粉尘（中等亲水、强亲水），可选用湿式除尘器。对于某些湿润性差（即湿润速度过慢）的憎水粉尘，在采用湿式除尘器时，为了加速液体（水）对粉尘的湿润，往往要加入某些湿润剂（如皂角素等）以减少固液之间的表面张力，增加粉尘的亲水性。

4.1.7　粉尘的磨损性

粉尘的磨损性是指粉尘在流动过程中对器壁的磨损程度。硬度大、密度高、粒径大、带有棱角的粉尘磨损性大。粉尘的磨损性与气流速度的 2~3 次方成正比。在高气流速度下，粉尘对管壁的磨损显得更为重要。

为减轻粉尘的磨损，需要适当地选取除尘管道中的气流速度和选择壁厚。对磨损性大的粉尘，最好在易磨损的部位，如管道的弯头、旋风除尘器的内壁采用耐磨材料作内衬，除了一般的耐磨材料外，还可以采用铸石、铸铁等材料。

4.1.8　电性质

4.1.8.1　荷电性

悬浮于空气中的粉尘通常都带有电荷，这是由于破碎时的摩擦、粒子间的撞击、天然辐射、外界离子或电子附着等原因而形成的。一般在悬浮粉尘的整体中，所带正电荷与负电荷几乎相等，因而近于中性。粉尘的荷电量与它的大小、质量、湿度、温度及成分等因素有关。

4.1.8.2　导电性

粉尘的导电性通常用比电阻表示，是指面积为 1cm^2、厚度为 1cm 的粉尘层所具有的电阻值，单位为 Ω · cm。粉尘比电阻由实验方法确定。几种粉尘的比电阻如表 4-5 所示。

表 4-5 某些粉尘的比电阻

粉尘种类	比电阻	备 注	粉尘种类	比电阻	备 注
贫氧化铁矿	3.89×10^{10}	未烘干	白云石砂	4.0×10^{12}	
中贫氧化铁矿	8.50×10^{10}	未烘干	石 灰	5.0×10^{12}	
富氧化铁矿	7.20×10^{10}	未烘干	黏 土	2.0×10^{12}	
镁 砂	3.00×10^{13}		盐湖镁砂	3.0×10^{12}	

对电除尘器的工作影响很大，过低过高都会使除尘效率下降，最适宜的范围是 $10^4\sim5\times10^{11}\Omega\cdot cm$。

4.1.9 黏性

黏性是粉尘之间或粉尘与物体表面之间力的表现。由于黏性力的存在，粉尘的相互碰撞会导致尘粒的凝合，这种作用在各种除尘器中都有助于粉尘的捕集。在电除尘器和袋式除尘器中，黏性力的影响更为突出，因为除尘效率在很大程度上取决于从收尘极或滤料上清除粉尘（清灰）的能力。粉尘的黏性对除尘管道及除尘器的运行维护也有很大的影响。

尘粒之间的各种黏附力归根结底与电性能有关，但从微观上看可将黏性力分为三种（不包括化学黏合力）：分子力、毛细力和静电力，这三种力的作用形成尘粒之间或尘粒与物体表面之间的黏性力。

4.1.10 光学特性

粉尘的光学特性包括粉尘对光的反射、吸收和透明度等。由于含尘气流的光强减弱程度与粉尘的透明度、形状、粒径的大小和浓度有关，尘粒大于光的波长和小于光的波长对光的反射的作用是不相同的，所以，在通风除尘中可以利用粉尘的光学特性来测定粉尘的浓度和分散度。

4.1.11 爆炸性

许多固体物质，在一般条件下是不易引燃或不能燃烧的，但成为粉尘时，在空气中达到一定浓度，并在外界高温热源作用下，有可能发生爆炸。能发生爆炸的粉尘称为可爆粉尘。爆炸是急剧的氧化燃烧现象，产生高温、高压，同时产生大量的有毒有害气体，对安全生产有极大的危害，特别是对矿井，危害更严重，应特别注意预防。

有爆炸性的矿尘主要是硫化矿尘和煤尘，尤其是煤尘的爆炸性很强。影响煤尘爆炸的因素很多，如煤中挥发分的含量、尘中水分的含量、灰分、粒度、沼气的存在等。

粉尘爆炸必须具备三个条件是粉尘本身具有爆炸性、粉尘必须悬浮于空气中并达到一定浓度和有一个能引起粉尘爆炸的热源。

4.2 粉尘的粒径和粒径分布

粉尘颗粒的大小（粒径）是粉尘重要的物理性质之一，许多性质都与其有关。如粉尘对人体的危害在很大程度上取决于粒径的大小；对粉尘的捕集、从空气中清除粉尘等都要考虑粉尘粒径的大小。因此，粉尘的粒径是通风除尘技术的基础特性。

粉尘的粒径对大小均匀的球形颗粒来说是指球形的直径，但在实际中的大多数尘粒，不但大小不同，而且形状各不一样，只能根据实际情况进行定义，即对粉尘大小的意义及其表示方法要有明确的概念。

4.2.1　粉尘的形状

粉尘由于产生的方式不同而具有不同的形状，在很少情况下是球形（植物花粉、苞子等）或其他规则形状。对于不规则形状的尘粒，可以根据其三个方向（长、宽、高）的比例分成三类：

（1）各向同长的粒子。尘粒在三个方向上的总长度都大致相同。

（2）平板状粒子。两个方向上的长度比第三个方向上的要长得多。

（3）针状粒子。一个方向上的长度比另两个方向上的要长得多。

在实际中，大多数粉尘属于第一类。对于不规则粉尘，为了评价其对球形的偏离程度，采用球形系数的概念。所谓球形系数（ψ_s）就是指同样体积的球形粒子的表面积与尘粒实际表面积之比。对于球形尘粒 $\psi_s=1$；而对于其他形状的尘粒 $\psi_s<1$，愈接近于球形 ψ_s 愈接近于 1。如正八面体 $\psi_s=0.846$，立方体为 0.806，四面体为 0.670。对于圆柱体 $\psi_s=2.62(l/d)2/3(1+2l/d)$，当 $l/d=10$ 时，$\psi_s=0.597$。不同物料的球形系数是不一样的，可查有关参考书。表 4-6 是某些物料的球形系数的试验数据。

表 4-6　某些物料的球形系数

物　料	ψ_s	物　料	ψ_s
砂	0.600～0.681	碎　石	0.63
铁催化剂	0.578	砂	0.534～0.628
烟　煤	0.625	硅　石	0.554～0.628
次乙酰塑料圆柱体	0.861	粉　煤	0.696

4.2.2　单一粉尘粒径的定义

粉尘颗粒形状很不规则，为了有统计上的相似意义，需采用适当的代表尺寸来表示各个粒子的粒径。一般有三种形式的粒径表示，即投影径、几何当量径和物理当量径。

4.2.2.1　投影径

投影径是指尘粒在显微镜下所观察到的尘粒，尘粒投影径的表示如图 4-2 所示。

（1）面积等分径。它指将粉尘的投影面积二等分的直线长度，通常采用等分线与底边平行。

（2）定向径。它指尘粒投影面上两平行切线之间的距离，它可取任意方向，通常取其与底边平行。

（3）长径。不考虑方向的最长径。

（4）短径。不考虑方向的最短径。

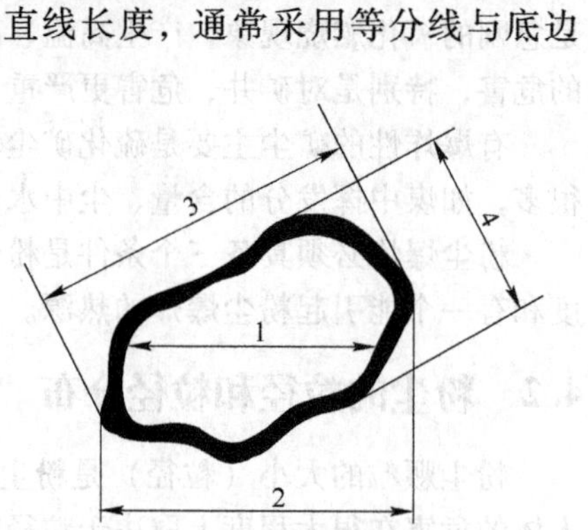

图 4-2　尘粒的投影径

1—面积等分径；2—定向径；3—长径；4—短径

4.2.2.2　几何当量径

取尘粒的某一几何量（面积、体积等）相同时的球形粒子的直径。如：

（1）等投影面积径 d_A。它指与尘粒的投影面积相同的某一圆面积的直径。

$$d_A=\sqrt{\frac{4A_p}{\pi}}=1.128\sqrt{A_p},\ \mathrm{m} \qquad (4\text{-}5)$$

式中 A_p——尘粒的投影面积，m^2。

（2）等体积径 d_u。它指与粉尘体积相同的某一圆球体积的直径：

$$d_u = \sqrt[3]{\frac{6V_p}{\pi}} = 1.24\sqrt[3]{V_p}, \text{ m} \tag{4-6}$$

式中 V_p——尘粒的体积，m^3。

（3）等面积径 d_s。它指与尘粒外表面积相同的某一圆球的直径：

$$d_s = \sqrt{\frac{S}{\pi}} = 0.564\sqrt{S}, \text{ m} \tag{4-7}$$

式中 S——尘粒的外表面积，m^2。

（4）体面积径 d_{su}。尘粒的外表面积与体积之比相同的圆球的直径：

$$d_{su} = \frac{d_u^3}{d_s^2}, \text{ m} \tag{4-8}$$

4.2.2.3 物理当量径

取尘粒的某一物理量相同时的球形粒子的直径。如：

（1）阻力径 d_d。它指在相同黏性的气体中，速度 u 相同时，粉尘所受到的阻力 F_d 与圆球所受的阻力相同时的圆球直径：

$$F_d = C_d A_p \rho_g \frac{u^2}{2}, \text{ m} \tag{4-9}$$

式中 C_d——阻力系数；

ρ_g——气体密度，kg/m^3；

A_p——垂直于气流方向的粉尘断面积，m^2。

而 C_d、A_p 为尘粒直径 d_p 的函数，由此可得出尘粒的阻力径 d_d。

（2）自由沉降径 d_f。它指在特定气体中，密度相同的尘粒，在重力作用下自由沉降所达到的末速度与圆球所达到的末速度相同时的球体直径。

（3）空气动力径 d_a。它指在静止的空气中尘粒的沉降速度与密度为1000kg/m^3 的圆球的沉降速度相同时的圆球直径。

（4）斯托克斯径 d_{st}。它指在层流区内（对尘粒的雷诺数 $Re_p < 1$）的空气动力径。即

$$d_{st} = \left[\frac{18\mu_g u}{(\rho_p - \rho_g)g}\right]^{\frac{1}{2}}, \text{ m} \tag{4-10}$$

式中 μ_g——空气动力黏性系数，Pa · s；

ρ_p——尘粒的密度，kg/m^3；

ρ_g——气体的密度，kg/m^3；

u——沉降速度，m/s；

g——重力加速度，m/s^2。

斯托克斯径与阻力径和等体积径的关系为：

$$d_{st}^2 = \frac{d_u^3}{d_d}, \text{ m} \tag{4-11}$$

还可以根据尘粒的其他几何、物理量来定义粉尘的粒径。同一尘粒按不同定义所得到的粒径在数值上是不同的，因此在使用粉尘的粒径时，必须清楚了解所采用的粒径的含义。不同的粒径测试方法，得出不同概念下的粒径，如用显微镜法测得的是投影径；用沉降管法测得的是斯托克斯径；用光散射法测定时为等体积径，过滤除尘常应用几何径等等。除尘器分级效率为50%的尘粒直径称分割粒径（临界粒径）d_{c50}。

4.2.3　粉尘平均粒径

在自然界或工业生产过程产生的粉尘，不仅形状不规则，而且其粒度分布范围也广。当这些尘粒都具有同一粒径时称为均一性粉尘或单分散性粉尘，而粒径各不相同时则称为非均一性粉尘或多分散性粉尘。在实际中遇到的粉尘大多数为多分散性粉尘，对于这种粉尘由于“平均”的方法不同，其平均粒径也有不同的定义。

（1）数目平均径 $\bar{d}_{10}$（算术平均径）。它指粉尘直径的总和除以粉尘的颗粒数，即

$$\bar{d}_{10} = \frac{1}{N}\Sigma d_i n_i \tag{4-12}$$

式中　N——粉尘的颗粒总数，即 $N = \Sigma n_i$；

d_i——第 i 种粉尘的直径；

n_i——粒径为 d_i 的粉尘颗粒数。

（2）平均表面积径 $\bar{d}_{20}$。它指粉尘表面积的总和除以粉尘的颗粒数，即

$$\bar{d}_{20} = \left(\frac{1}{N}\Sigma d_i^2 n_i\right)^{\frac{1}{2}} \tag{4-13}$$

平均表面积径特别适用于研究粉尘的表面特性。

（3）体积（或重量）平均径 $\bar{d}_{30}$。它指各粉尘的体积（或重量）的总和除以粉尘的颗粒数，即

$$\bar{d}_{30} = \left(\frac{1}{N}\Sigma d_i^3 n_i\right)^{\frac{1}{3}} \tag{4-14}$$

一般情况下 $\bar{d}_{10} < \bar{d}_{20} < \bar{d}_{30}$。

（4）线性平均径 d_{21}（面积长度平均径）为：

$$\bar{d}_{21} = \frac{\Sigma d_i^2 n_i}{\Sigma d_i n_i} \tag{4-15}$$

（5）体积表面平均径 $\bar{d}_{32}$ 为：

$$\bar{d}_{32} = \frac{\Sigma d_i^3 n_i}{\Sigma d_i^2 n_i} \tag{4-16}$$

（6）重量平均径 $\bar{d}_{43}$ 为：

$$\bar{d}_{43} = \frac{\Sigma d_i^4 n_i}{\Sigma d_i^3 n_i} \tag{4-17}$$

（7）几何平均径 $\bar{d}_g$。它是指几个粉尘粒径连乘积的 n 次方，即

$$\bar{d}_g = \sqrt[N]{d_1^{n1} d_2^{n2} d_3^{n3}} \tag{4-18a}$$

可以根据不同的要求选择不同平均径的表达式。如为了表示粉尘的密度与在重力场和惯性

力场下的沉降速度，应取平均表面径，在通风除尘中几何平均径、中位径具有重要意义。中位直径指累计分布曲线中1/2处的粒径；数目中位直径（NMD）位于数量累计分布0.5处；质量中位径（MMD）位于质量累计分布0.5处。

4.2.4 粉尘的粒度分布（分散度）

粉尘是各种不同粒径的粒子组成的集合体，显然，单纯用平均粒径来表征这种集合体是不够的，它不能充分反映粒子群的组成特征。在气溶胶力学中经常用“分散度”这一概念。

4.2.4.1 分散度

分散度是指粉尘整体组成中各种粒度的尘粒所占的百分比。分散度又称粒度分布，有两种表示方法：

（1）数量分散度（粒度分布）。它是以粉尘颗粒数为基准计量的，用各粒级区间的颗粒数占总颗粒数的百分数表示，即

$$P_{n_i} = \frac{n_i}{\sum n_i} \times 100\% \tag{4-18b}$$

式中 P_{n_i}——i 粒级区间尘粒的数量百分比，%；

n_i——i 粒级区间尘粒的颗粒数。

（2）质量分散度（粒径分布）。它是以粉尘的质量为基准计量的，用各粒级区间粉尘的质量占总质量的百分数表示，即

$$P_{m_i} = \frac{m_i}{\sum m_i} \times 100\% \tag{4-19}$$

式中 P_{m_i}——i 粒级区间尘粒的质量百分比，%；

m_i——i 粒级区间尘粒的质量。

4.2.4.2 数量分散度与质量分散度之间的关系

如果粉尘是均质球形颗粒，可用下式表示两者关系，即

$$P_{m_i} = \frac{n_i d_i^3}{\sum n_i d_i^3} \times 100\% \tag{4-20}$$

式中 d_i——i 粒级尘粒的代表粒径。

在计量粉尘粒径分布时，需划分为若干个粒级区间进行测量，粒级区间的划分要根据粉尘组成状况、研究目的和测定方法等确定。

利用显微镜观察粉尘粒径时，得出的是各粒径区间的粉尘颗数，可根据此计算出粉尘数量粒径分布。用沉降、筛分等方法测定粉尘粒径时，得出的是各粒级区间的粉尘质量，可根据此计算出粉尘的质量粒径分布。

4.2.5 粒径的频谱分布

4.2.5.1 表示粒径分布的方法

A 列表法

粒径分布可以用表格或图形来表示。最简单的是列表法，即将粒径分成若干个区段，然后分别列出每个区段的粉尘个数或质量（用绝对百分数表示）。表4-7是用列表法表示粒径分布的例子。

表 4-7　粉尘的粒径分布

区　间	1	2	3	4	5	6
粒径区间 $d_{pi}/\mu m$	0.6 ~ 1.4	1.4 ~ 2.2	2.2 ~ 3.0	3.0 ~ 3.8	3.8 ~ 4.6	4.6 ~ 5.4
平均粒径 $d_{pi}/\mu m$	1.0	1.8	2.6	3.4	4.2	5.0
颗粒数 n_i	1480	3170	1966	657	200	48
数量百分比 $P_{ni}/\%$	19.68	42.15	26.14	8.74	2.66	0.64
等效质量 $n_i d_i$	1480	18487	34554	25823	14818	6000
质量百分数 $P_{mi}/\%$	1.46	18.27	34.16	25.53	14.65	5.93
相对频率 $\frac{P_{mI}}{d_{pI}}/\% \cdot \mu m^{-1}$	1.83	22.84	42.70	31.91	18.31	7.41
筛上累计 $R_j/\%$	100	98.54	80.27	46.11	20.58	5.93
筛下累计 $D_j/\%$	0	1.46	19.73	53.89	79.42	94.07

B　图示法

(1) 频率分布图。除列表法外，还可以用图形明确表示粒径分布，通常是作出各种粒径的直方图。以横坐标为粒径，纵坐标为粒子数（或频率），如图 4-3 所示。在直方图中，每一级的高度与在该级中的粒子数成正比，如果所计算的粒子数足够多时，通过每级直方图的中心可连接成光滑曲线，称频率曲线。

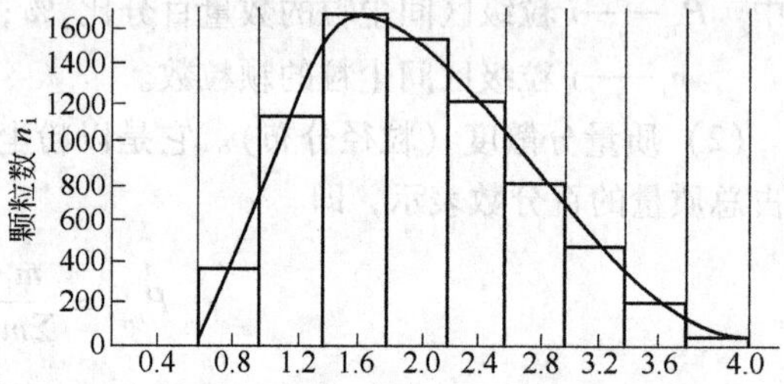

图 4-3　直方图

(2) 相对频率（或频率密度）分布。它指粒径由 d_p 至 $d_p + \Delta d_p$ 之间的尘粒质量占粉尘试样总质量的百分数，即

$$\Delta D = \frac{P_m}{\Delta d} \times 100\% \tag{4-21}$$

用图示法表示粒径分布时，横坐标代表粒径、纵坐标代表该粒径范围内的粒子百分比或称频率。通过每级直方图连接成的光滑曲线称为频率曲线，该曲线可用函数表示 $D = f(d_p)$，这种直方图称为频率分布图，如图 4-4 所示。

频率密度（简称频度）分布 $f(\%/\mu m)$：指粒径组距 1μm 时的相对频率分布，即

$$f = \frac{\Delta D}{\Delta d} \tag{4-22}$$

同样可画出频率密度分布的直方图或曲线。

当粒径分布的频率很宽时，可采用对数坐标，这时横坐标为 $\lg d_p$、而纵坐标为 $dD_j/d(\lg d_p)$，如图 4-5 所示。

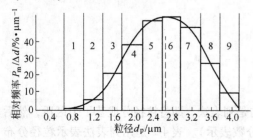

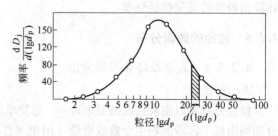

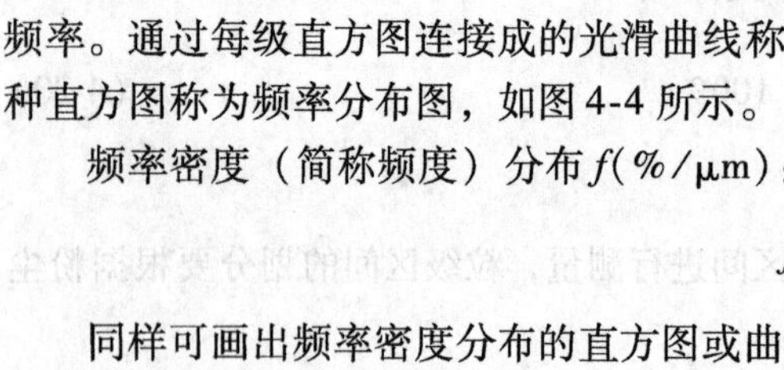

图 4-4　相对频率分布图

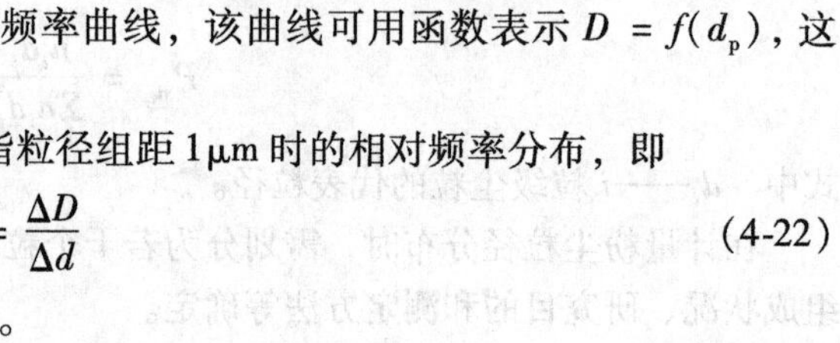

图 4-5　粒径对数正态分布

(3) 累计频率分布。除此之外，粒径分布可用累计频率曲线来表示。当纵坐标为大于该粒径的累积百分数时，称为筛上累计频率分布曲线 R_j；当纵坐标为小于该粒径的累积百分数时，称为筛下累计频率分布曲线 D_j；即

$$R_j = \int_{d_p}^{d_{max}} dD = 100 - \int_{d_{min}}^{d_p} dD \tag{4-23}$$

由于

$$D_j = \int_{d_{min}}^{d_p} dD \tag{4-24}$$

故

$$R_j + D_j = 100 \tag{4-25}$$

图4-6为表4-7累计分布曲线的例子。

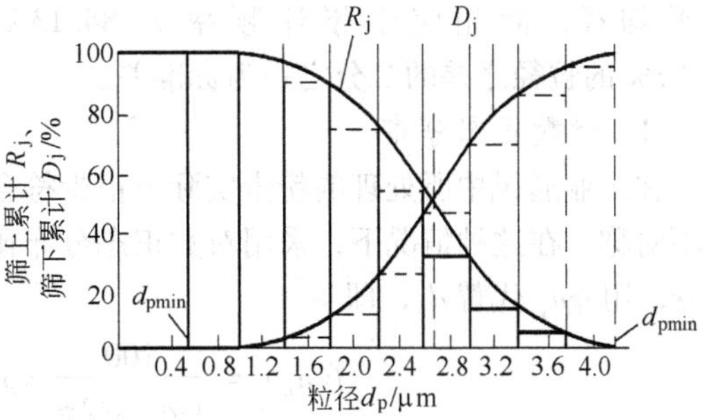

图 4-6 累积分布曲线

4.2.5.2 粒径分布函数

尽管粉尘的粒径分布可以用表格和图形表示，然而在某些场合下用函数形式表示要方便得多。一般来说粒径的分布是随意的，但它近似地符合于某些规律，因而可用一些分布函数来表示。目前已得到一些半经验方程用来描述粉尘的粒径分布特征，如：

(1) 正态分布函数。包括两个常数，符合正态分布的粉尘粒径是极少见的，但它是各种分布函数的基础。

(2) 对数正态分布函数。包括两个常数，是广泛而经常应用的分布函数，可用来描述大气中或生产过程中的粉尘粒径分布。

(3) 韦布尔分布函数。具有三个常数，可用来描述生产过程中的粉尘，特别是具有一极限最小粒径的粉尘分布。

(4) 洛森—莱姆莱尔函数。具有两个常数，用来描述比较粗的粉尘和雾，它是韦布尔分布的特殊情况。

(5) 洛莱尔分布。包括两个常数，用来描述粉尘工业材料。

下列对上述几种分布函数进行描述和分析。

A 正态分布（高斯分布）

正态分布是最简单的形式，相对于频率最大的粒径成对称分布，其函数形式为：

$$f(d_p) = \frac{100}{\sigma\sqrt{2\pi}}\exp\left[-\frac{1}{2}\left(\frac{d_p - \overline{d_p}}{\sigma}\right)^2\right] \tag{4-26}$$

或

$$R_j = \frac{100}{\sigma\sqrt{2\pi}}\int_0^{d_p}\exp\left[-\frac{1}{2}\left(\frac{d_p - \overline{d_p}}{\sigma}\right)^2\right]d(d_p) \tag{4-27}$$

式中 d_p——尘粒直径的算术平均值，μm；

σ——标准偏差，其定义为：

$$\sigma^2 = \frac{\Sigma(d_p - \overline{d_p})^2}{N - 1} \tag{4-28}$$

式中 N——粉尘粒子的个数。

正态分布的特点是对称于粒径的算术平均直径，因而算术平均直径与中位径是吻合的。只要已知算术平均直径（d_p）和标准差（σ），就可确定函数。在（$d_p-\sigma$）到（$d_p+\sigma$）的区间内包括了68.3%的粉尘粒子，而在（$d_p-2\sigma$）到（$d_p+2\sigma$）的区间内则包括了95.5%的粒子。

正态分布在正态概率纸上可以表示成一条直线，如图4-7所示。从图中直线可以得出，在相应于累计频率为50%的粒子直径（中位径）即为算术平均径，而相应于累计频率为84.13%与15.87%的粒径之差的二分之一为标准差。

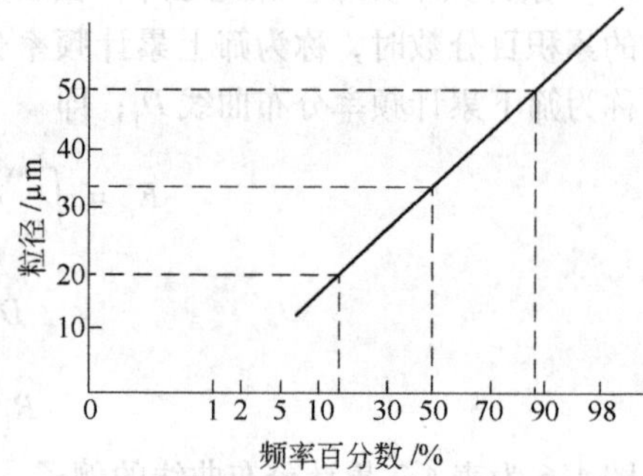

图4-7　粒径的正态概率分布

B　对数正态分布

在工业通风中所处理的粉尘实际上很少符合于正态分布，往往小直径的尘粒偏多，分布曲线不对称。在这种情况下，采用对数正态分布函数比较适宜。也就是正态分布函数中用σ_g代替σ，用$\lg d_p$代替d_p，即

$$f(d_p)=\frac{100}{\lg\sigma_g\sqrt{2\pi}}\exp\left[-\frac{1}{2}\left(\frac{\lg d_p-\lg\overline{d_g}}{\lg\sigma_g}\right)^2\right] \tag{4-29}$$

式中　d_g——尘粒直径的几何平均值，μm，即

$$\overline{d_g^n}=d_1^{n_1}\cdot d_2^{n_2}\cdot d_3^{n_3} \tag{4-30}$$

σ_g——几何标准偏差，其定义为

$$\sigma_g^2=\frac{\Sigma(\lg d_p-\lg\overline{d_g})^2}{N-1} \tag{4-31}$$

与正态分布曲线相类似，将粒径分布绘于对数正态概率纸上，可以得出一条直线，如图4-8所示。在图上相对应筛下累计50%的粒径为中位径，而几何标准差为：

$$\lg\sigma_g=\lg d_{84.13}-\lg d_{50}$$

或

$$\lg\sigma_g=\lg d_{50}-\lg d_{15.87}$$

即

$$2\lg\sigma_g=\lg d_{84.13}-\lg d_{15.87}=\lg\frac{d_{84.13}}{d_{15.87}} \tag{4-32}$$

对数正态分布为具有两个常数（σ_g、d_g）的分布函数，是最常用的分布函数，大气中的气溶胶及多数生产粉尘都符合这种分布。

C　韦布尔分布

可用来描述各种粉尘类型的气溶胶粒子的粒径分布。韦布尔函数是一个累计形式的有三个常数的方程，即

$$F(d_p)=1-\exp\left[-\frac{(d_p-r)^\beta}{\alpha}\right] \tag{4-33}$$

而相对频率（密度）函数为：

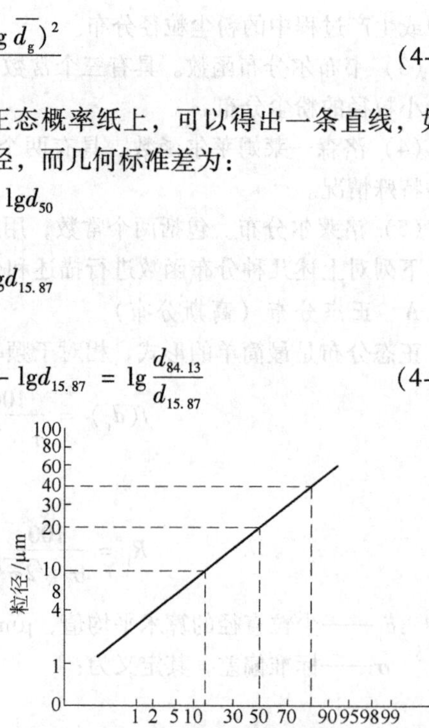

图4-8　粒径的对数正态概率分布

$$f(d_p) = \frac{\beta}{\alpha}(d_p - r)^{\beta-1}\exp\left[\frac{(d_p - r)^{\beta}}{\alpha}\right] \tag{4-34}$$

式中 r——粉尘的最小粒径；

β——粒径发散程度的量度；

α——描述一特殊粒径 d_s，此粒径在实际中并不存在。

这样，式（4-33）可改写为：

$$F(d_p) = 1 - \exp\left[-\left(\frac{d_p - d_{pmin}}{d_s}\right)^{\beta}\right] = 1 - \exp(-x^{\beta}) \tag{4-35}$$

韦布尔分布如图 4-9 所示，斯台格尔认为当 $\beta = 3.25$ 时，大多数韦布尔函数等同于正态分布函数，一般常数 β 处于 1 ~ 3 之间。

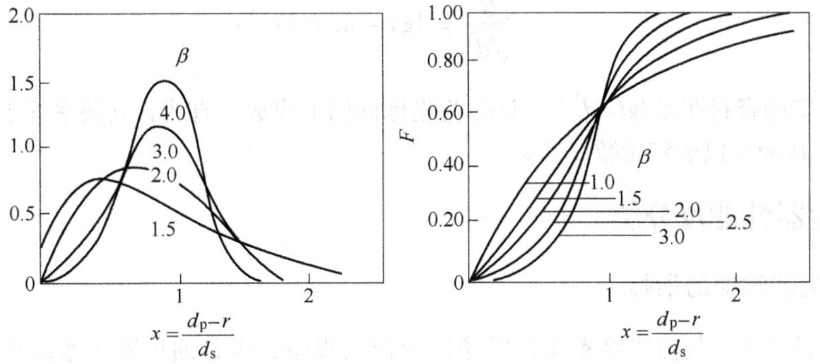

图 4-9 韦布尔分布

常数 α、β 和 r 可以认为从双对数坐标图上发现，因为由式（4-33）可得：

$$\lg\ln\frac{1}{1-F} = \beta\lg(d_p - r) - \lg\alpha \tag{4-36}$$

所以，按 $\ln\frac{1}{1-F}$ 与 $d_p - r$ 整理资料绘制到双对数纸上就得到一直线，如果不成直线，那么说明韦布尔分布不适于该资料。

D 洛森—莱姆莱尔分布

洛森—莱姆莱尔分布是韦布尔的特殊形式，可用来表示磨碎的固体粗粉尘的粒径分布，即

$$G = 1 - \exp[-ad_p^s] \tag{4-37}$$

其中 a 和 s 为二常数，与韦布尔分布比较，$\beta = s$，$\alpha = 1/a$，而 $r = 0$。

把式（4-37）重新整理并取对数得

$$\lg\ln\frac{1}{1-G} = s\lg d_p + \lg\alpha \tag{4-38a}$$

所以把实验资料按粒径 d_p 与 $\ln\frac{1}{1-G}$ 为坐标画到双对数纸上成一条直线，从而可以确定常数 a，s（图 4-10）。实验资料说明：在洛森—莱姆莱尔分布函数中的

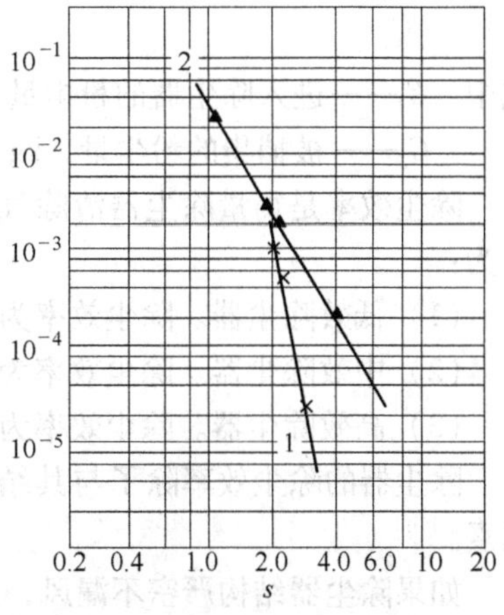

图 4-10 常数 a 与 s 之间的关系

1—显微镜法；2—沉降法

常数 a，s 之间有一定的内在联系。当 s 较大时，常数 a 较小。这种相关关系不论是沉降法还是显微镜法都存在的。指出这一点对于解决投影径与沉降径之间的换算关系是十分重要的。常数 s 越小，则粉尘的粒径分布越发散；a 越大，说明粉尘粒径越细。

E　洛莱尔分布

这种分布是一个具有两个常数的经验公式，可用来描述粉尘粒径分布较宽的工业粉尘，其表达式为：

$$G = a d_p^{1/2} \exp\left(-\frac{s}{d_p}\right) \tag{4-38b}$$

该式有一明显的缺点，当 $d_p \to \infty$ 时，G 不趋于 1，而是 $d_p \to \infty$，且 $G/d_p^{1/2} \to a$，所以在应用该函数时必须很小心，在 G 接近于 1 时不能采用。由式（4-38b）得：

$$\lg \frac{G}{\sqrt{d_p}} = \lg a - 0.4343 \frac{s}{d_p} \tag{4-39}$$

所以，实测资料在以 $\lg G/d_p^{1/2}$ 与 $1/d_p$ 为坐标的图上应成一直线，其斜率等于 $-0.4343s$，其截距为 $\lg a$，从而可以确定常数 a 和 s。

4.3　除尘器性能及分类

4.3.1　除尘器性能的指标

除尘器是从含尘气流中将粉尘颗粒予以分离的设备，也是通风除尘系统中的主要设备之一，它的工作好坏将直接影响到排往大气中粉尘浓度，从而影响周围环境的卫生条件。

除尘器的类型众多，在选择除尘器时，必须从各类除尘器的除尘效率、阻力、处理风量、漏风量、耗钢量、一次投资、运行费用等指标加以综合评价后才确定。

4.3.1.1　除尘效率

除尘器的总除尘效率系指含尘气流在通过除尘器时，所捕集下来的粉尘量（包括各种粒径的粉尘）占进入除尘器的粉尘量的比例，即

$$\eta = \frac{G_c}{G_i} \times 100\% \tag{4-40}$$

式中　G_i——进入除尘器的粉尘量，kg/s；

G_c——被捕集的粉尘量，kg/s。

除尘效率是衡量除尘器清除气流中粉尘的能力，一般根据总除尘效率的不同，除尘器可分为：

（1）低效除尘器。除尘效率为 50% ~80%，如重力沉降式、惯性除尘器等。

（2）中效除尘器。除尘效率为 80% ~95%，如低能湿式除尘器、颗粒层除尘器等。

（3）高效除尘器。除尘效率为 95% 以上，如电除尘器、袋式除尘器、文丘里除尘器等。

除尘器的除尘效率除了与其结构有关，还取决于粉尘的性质、气体的性质、运行条件等因素。

如果除尘器结构严密不漏风，式（4-40）可写成：

$$\eta = \frac{Q_1 C_1 - Q_2 C_2}{Q_1 C_1} \times 100\% = \frac{C_1 - C_2}{C_1} \times 100\% \tag{4-41}$$

式中 Q_1、Q_2——除尘器进口和出口的风量，m^3/s；

C_1、C_2——除尘器进口和出口空气中粉尘浓度，mg/m^3。

式（4-40）要通过称重求得除尘器的除尘效率，称质量法，这种方法得到的结果比较准确，多用于实验室或产品的鉴定。由于生产过程的连续性，质量法在生产现场往往难以进行，因此，在生产现场一般采用浓度法，也就是先同时测出除尘器进出口的风量和含尘浓度，然后再按式（4-41）计算除尘效率。

4.3.1.2 分级除尘效率

分级除尘效率是指某一粒径（或粒径范围）下的除尘效率 η_d，可用下式表示

$$\eta_d = \frac{G_{cd}}{G_{id}} \times 100\% \tag{4-42}$$

式中 G_{id}——除尘器出口气流中，粒径 d 的粉尘量，kg/s；

G_{cd}——除尘器入口气流中，粒径 d 的粉尘量，kg/s。

分级效率与总除尘效率的关系如下式表示：

$$\eta = \sum_{i}^{n} \eta_i \varphi_i \tag{4-43a}$$

式中 φ_i——除尘器进口气流中粒径为 d 的粉尘的质量分数,%。

4.3.1.3 穿透率

除尘效率是从除尘器所捕集的粉尘的角度来评价除尘器性能，而穿透率是从除尘器未被捕集的粉尘的角度来评价除尘器性能，这是一个问题的两方面。穿透率（P）是指气流中未被捕集的粉尘占进入除尘器粉尘量的比例，可用下式表示

$$P = (1 - \eta) \times 100\% \tag{4-43b}$$

穿透率反映了排入大气中粉尘量的概念，根据穿透率可以直接计算出排入大气的总尘量。

4.3.1.4 多级除尘器的总除尘效率

如果两台或两台以上除尘器串联运行时，假定第一级除尘器的总除尘效率为 η_1，第二级除尘器的总除尘效率为 η_2，其他依次类推，第 n 级除尘器的总除尘效率为 η_n，则 n 台除尘器串联运行时，其总除尘效率 η 为：

$$\eta = 1 - (1 - \eta_1)(1 - \eta_2)\cdots(1 - \eta_n) \tag{4-44}$$

4.3.1.5 除尘器的阻力

除尘器阻力是评定除尘器性能的重要指标，它也是衡量除尘设备的能耗和运行费用的一个指标。根据除尘器的阻力可分为：

（1）低阻力除尘器。$\Delta P < 500$Pa，一般指重力除尘器、电除尘器等。

（2）中阻力除尘器。$500\text{Pa} < \Delta P < 2000$Pa，如旋风除尘器、袋式除尘器、低能耗湿式除尘器等。

（3）高阻力除尘器。$\Delta P > 2000$Pa，主要有高能耗文丘里除尘器。

除尘器的阻力 ΔP 是以除尘器前后管道中气流的平均全压差来表示：

$$\Delta P = P_{ti} - P_{to} + P_H \tag{4-45}$$

$$P_H = (\rho_a - \rho_g) gH \tag{4-46}$$

式中 P_{ti}、P_{to}——分别为除尘器前后管道内的平均全压，Pa；

P_H——高温气体在大气中的浮力校正值，Pa；

ρ_g——管道内气体的密度，kg/m³；

ρ_a——大气密度，kg/m³；

g——重力加速度，m/s²；

H——除尘器前后管道测点的高差，m。

当除尘器前后管道的测点在同一高度或相差不大时，可忽略高度的影响。式（4-45）可写成：

$$\Delta P = P_{ti} - P_{to},\ \mathrm{Pa} \tag{4-47}$$

当除尘器出入口管道的直径相同时，阻力即可直接用静压表示：

$$\Delta P = P_i - P_o,\ \mathrm{Pa} \tag{4-48}$$

式中　P_i、P_o——分别为除尘器前后管道内的平均静压，Pa。

在通风除尘中经常采用阻力系数ζ来评定除尘器的性能，即

$$\zeta = \frac{\Delta P}{\frac{1}{2}\rho_g u^2} \quad 或 \quad \Delta P = \zeta\left(\frac{1}{2}\rho_g u^2\right) \tag{4-49}$$

式中　u——除尘器进口气流速度，m/s。

从式（4-49）可以看出，阻力系数与速度平方成正比，因此用阻力系数ζ来比较各种除尘器的性能是比较方便。

4.3.1.6　除尘器的经济性

除尘器的经济性包括除尘器的设备费和运行维护费两部分，它是评定除尘器的重要指标之一。设备费主要指除尘器的材料消耗费（如耗钢量、滤袋、耐磨材料）、加工制作费、安装费以及除尘器的各种辅助设备（如反吹风机、电控装置、水处理设备、压缩空气等）的费用。

运行维护费主要有气流通过除尘器所做的功、清灰时所消耗的能量以及易损件的更换、维修材料等。

除尘器的运行费主要是指除尘器的耗电量，取决于除尘器的阻力和处理风量，可按下式计算。

$$N = \frac{Q\Delta P}{1000 \times \eta}\tau \tag{4-50}$$

式中　N——耗电量，kW/h；

Q——除尘器的处理风量，m³/s；

ΔP——除尘器的阻力，Pa；

η——运行效率（包括风机、电动机和传动效率），%；

τ——运行时间，h。

4.3.2　除尘机理及除尘器的分类

由于生产和环境保护的需要，在实践中采用了各种各样的除尘器，但各种除尘器的除尘机理各不相同，习惯上将除尘器分为机械式除尘器、过滤式除尘器、湿式除尘器和静电式除尘器四大类。

4.3.2.1　机械式除尘器

机械式除尘器是利用质量力（重力、惯性力和离心力等）的作用使粉尘从气流中分离出来的。

具有结构简单，造价低，维护方便，但除尘效率不高。如重力沉降室、惯性除尘器、旋风除尘器。

4.3.2.2 过滤式除尘器

过滤式除尘器是利用织物或多孔填料层的过滤作用使粉尘从气流中分离出来的。

具有除尘效率高，对呼吸性粉尘也可保持较高的除尘效率，经济性好，便于回收有价值的颗粒。一次性投资高，附属部件多，滤料容易堵塞，损坏，工作性能不稳定。如袋式除尘器、颗粒层除尘器等。

4.3.2.3 湿式除尘器

湿式除尘器是利用液滴或液膜洗涤含尘气流，使粉尘从气流中分离出来。

具有设备简单，造价低，除尘效率高。有时会消耗较高的能量，需要进行污水处理，处理风量受脱水器性能的限制。如低能湿式除尘器、高能文丘里除尘器等。

4.3.2.4 静电式除尘器

静电式除尘器是利用高压电场使尘粒荷电，在库仑力的作用下使粉尘从气流中分离出来的。

具有除尘效率高（特别对呼吸性粉尘），消耗动力少。设备复杂，投资大，维护要求严，不宜应用于有爆炸性的粉尘。如：干式电除尘器、湿式电除尘器。

理论和实验已证明各种除尘器都具有一定的除尘效率，不同类型的除尘器对不同粒径的除尘效率是不一样的，如表4-8所示，从表中可以看出，对于大于50μm的粗尘，各种类型的除尘器都有一定效果；对于小于5μm的呼吸性粉尘，使用文丘里除尘器、袋式过滤除尘器、自激式湿式除尘器和静电除尘器等高效除尘器能得到满意的效果。因此，要根据粉尘产生的实际条件，选择合理的除尘器类型。

表4-8 各种除尘器对不同粒径粉尘的除尘效率

类 别	除尘器名称	除尘效率/%		
		$d=50\mu m$	$d=5\mu m$	$d=1\mu m$
机械式除尘机	惯性除尘器	95	16	3
	中效旋风除尘器	94	27	8
	高效旋风除尘器（多管除尘器）	96	73	
	重力除尘器	40		27
过滤式除尘器	振打袋式除尘器	>99	>99	99
	逆喷袋式除尘器	100	>99	99
湿式除尘器	冲击式除尘器	98	85	38
	自激式除尘器	100	93	40
	空心喷淋塔	99	94	55
	中能文丘里除尘器	100	>99	97
	高能文丘里除尘器	100	>99	99
	泡沫除尘器	95	80	
	旋风除尘器	100	87	42
静电式除尘器	干式除尘器	>99	99	86
	湿式除尘器	>99	98	92

4.3.3 选择除尘器时应注意事项

4.3.3.1 除尘器必须满足所要求的净化程度

除尘器需要达到的除尘效率可根据除尘器入口含尘浓度与生产技术上的要求、限制烟尘排放浓度的标准按式（4-41）求得。1996 年国家环保总局在 1973 年发的工业“三废”排放试行标准（GBJ 4—73）废气部分和有关其他行业性国家大气污染物排放标准的基础上制定了中华人民共和国大气污染物综合排放标准，该标准中限定了 33 种大气污染物的排放限值，其指标体系为最高允许排放浓度、最高允许排放速率和无组织排放监测浓度限值。

4.3.3.2　除尘设备的运行条件

选择除尘器时必须考虑除尘系统中所处理烟气、烟尘的性质，使除尘器能正常运行，达到预期效果。

烟气性质：如温度、压力、黏度、密度、湿度、成分等对除尘器的选择有直接关系。

烟尘性质：如烟尘的粒度、密度、吸湿性和水硬性、磨损性对除尘器的选择及其正常运行都具有直接影响。

4.3.3.3　其他因素

选择除尘器时应考虑的其他因素主要有除尘设备的经济性、占地面积、维护条件以及安全因素等，因此，在除尘器的选择时，必须在满足所处理烟尘达到排放标准的基础上，确保除尘器运行中的技术、经济合理性。

4.4 机械式除尘器

机械式除尘器是利用重力、惯性力及离心力等机械作用，使含尘气流中的粉尘被分离捕集的除尘装置，包括重力沉降室、惯性除尘器和旋风除尘器。

4.4.1 重力沉降室

4.4.1.1　沉降速度

尘粒在静止空气中靠重力沉降如图 4-11 所示，则尘粒的运动方程为：

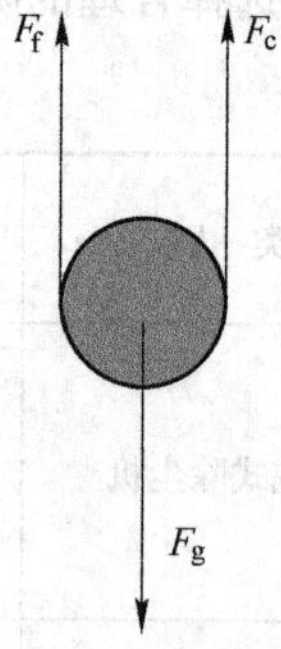

图 4-11　单个颗粒的沉降

F_g—重力；F_f—浮力；F_c—阻力

$$m_p \frac{du_p}{dt} = F_g + F_c + F_f \qquad (4\text{-}51)$$

式中　m_p——尘粒的质量，kg；

u_p——尘粒的速度，m/s；

F_g——尘粒所受的重力，N；

F_c——气体对尘粒的阻力，N；

F_f——气体对尘粒的浮力，N。

尘粒在静止空气中从静止或某一速度开始沉降，沉降过程中尘粒的速度不断变化，阻力也随之变化，当阻力 F_c、浮力 F_f 和重力 F_g 平衡时，尘粒以恒定速度沉降，此速度称为最终沉降速度 u_{ps}，在式（4-51）中，令 $du_p/dt=0$，$u_g=0$，则得：

$$u_{ps} = \sqrt{\frac{4(\rho_p - \rho_g) g d_p}{3 C_p \rho_g}},\ \text{m/s} \qquad (4\text{-}52)$$

式中　ρ_p、ρ_g——分别为尘粒和空气的密度，kg/m^3；

d_p——尘粒的直径，m；

C_p——阻力系数。

根据分析和实验，球形尘粒的阻力系数 C_p 是尘粒雷诺数 Re_p 的函数，当 $Re_p \leqslant 1$，尘粒周围的流体大致呈层流状态，C_p 与 Re_p 呈直线关系，即

$$C_p = \frac{24}{Re_p} = \frac{24\mu_g}{u_p d_p \rho_g} \tag{4-53}$$

式中　μ_g——气体的动力黏度，Pa · s。

将式（4-53）代入式（4-52）得：

$$u_{ps} = \frac{(\rho_p - \rho_g) g d_p^2}{18\mu_g},\ \text{m/s} \tag{4-54}$$

由于ρ_p、ρ_g，则由式（4-54）得：

$$u_{ps} = \frac{\rho_p g d_p^2}{18\mu_g},\ \text{m/s} \tag{4-55}$$

4.4.1.2　沉降式的工作原理

重力沉降室是利用粉尘本身的重量使粉尘从空气中分离的一种除尘设备，如图 4-12 所示。含尘气流从风管进入一间比风管截面大得多的空气室后，流速大大降低，在层流或接近层流的状态下运动，其中的粉尘在重力作用下缓慢下降，落入灰斗。

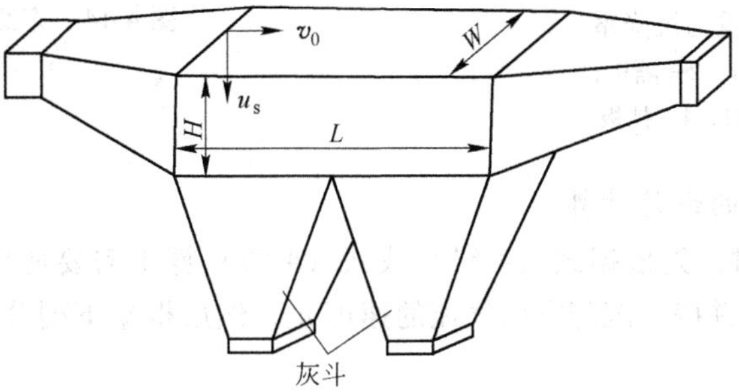

图 4-12　重力沉降室

在沉降室内，尘粒一方面以沉降速度 u_{ps} 下降，另一方面以气流在沉降室的流速 u_g 继续前进，要使沉降速度 u_{ps} 的尘粒在重力沉降室内全部除掉，含尘气流在沉降室的停留时间应大于或等于尘粒从沉降室顶部沉降到灰斗所需时间，即

$$\frac{l}{u_g} \geqslant \frac{H}{u_{ps}} \tag{4-56}$$

式中　l——沉降室长度，m；

u_g——沉降室内气流的速度，m/s；

u_{ps}——尘粒的沉降速度，m/s；

H——沉降室的高度，m。

沉降室内气流速度，可根据尘粒的比重和粒径确定，一般取 $u_g = 0.5\text{m/s}$。当尘粒沉降速度 $u_{ps} = hu_g/l$ 时，对各种尘粒直径的分级效率 η_i 为；

$$\eta_i = \frac{l u_{psi}}{u_g H} \tag{4-57}$$

式中　u_{psi}——各种尘粒直径的沉降速度，m/s。

将式（4-55）代入式（4-56）可求得重力沉降室能够分离出来的尘粒最小粒径 d_{min}，即

$$d_{min} = \sqrt{\frac{18\mu_g H u_g}{\rho_p l g}},\ \text{m} \tag{4-58}$$

由式（4-58）可以看出，尘粒的最小分离直径 d_{min} 与尘粒的下降高度 h 和水平气流速度 u_g 成正比。因此，在处理微细粉尘时，为提高除尘效率就要降低尘粒的下降高度 H 或进入沉降室的水平气流速度 u_g。欲使 H 减小可在沉降室内沿高度上加隔板，即把单层沉降室改为多层沉降室，如图 4-13 所示。另外可用不同大小的垂直重力沉降室组合起来，用作粉尘的分级处理，如图 4-14 所示。

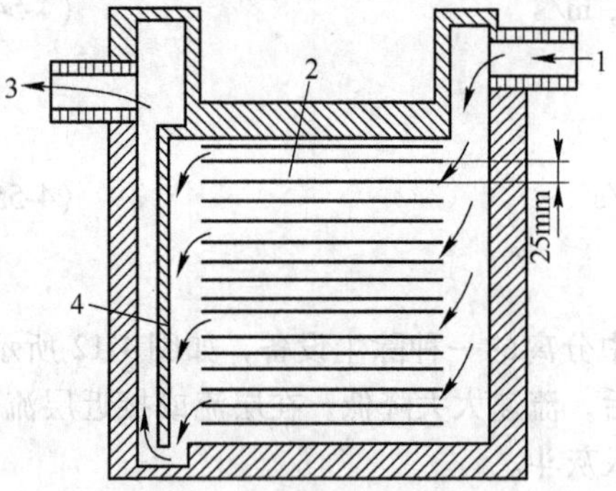

图 4-13　多层重力沉降室

1—含尘空气进口；2—隔板；
3—清洁空气出口；4—挡板

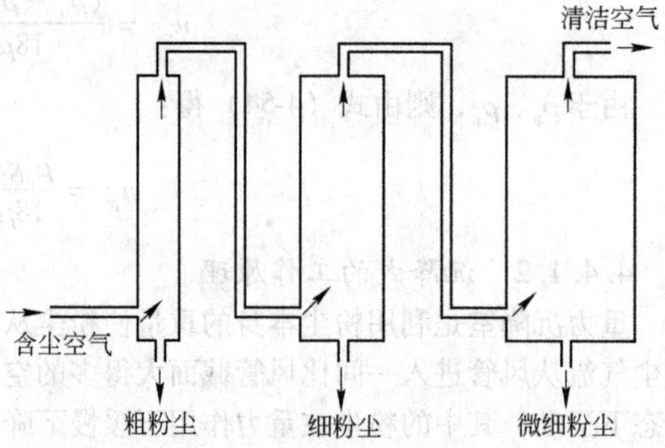

图 4-14　多级沉降室

4.4.1.3　沉降室的设计计算

设计重力沉降室时，先根据式（4-54）或式（4-55）算出需要捕集尘粒的沉降速度 u_{ps}，再假定沉降室高度 H，并确定沉降室内气流的速度 u_g，然后根据下列公式计算沉降室的长度 l 和宽度 B。

沉降室的长度为：

$$l \geqslant u_g \frac{H}{u_{ps}},\ \mathrm{m} \tag{4-59}$$

沉降室的宽度为：

$$B = \frac{Q}{Hu_g},\ \mathrm{m} \tag{4-60}$$

式中　Q——沉降室处理的空气量，$\mathrm{m^3/s}$。

沉降室内气流最好是层流，风速不宜太高，否则因紊流脉动将影响粉尘的沉降，且容易产生二次扬尘现象。

重力沉降室仅适用于除去 50μm 以上粉尘，沉降室的压力损失约为 50 ~ 100Pa，气流速度 u_g 通常取 1 ~ 2m/s，除尘效率约为 40% ~ 60%。

重力除尘器构造简单，施工方便，投资少，收效快，但体积庞大，占地多，效率低，不适于除去细小尘粒。故工程上应用不广泛，仅作多级除尘系统的第一级除尘装置（即前置除尘器）。

4.4.2　惯性除尘器

惯性除尘器是含尘气流在运动过程中，遇到障碍物（如挡板、水滴、纤维等）时，气流的运动方向将发生急剧变化，如图 4-15 所示。由于尘粒的质量比较大，仍保持向前运动的趋势，故有部分粉尘撞击到障碍物上而被沉降分离。

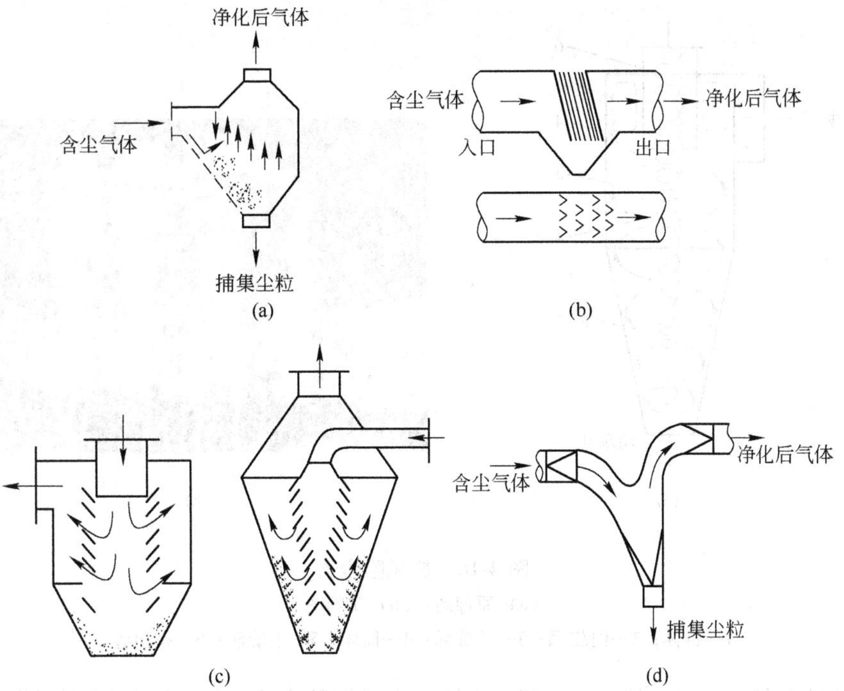

图 4-15 惯性除尘器

(a) 单级冲击式；(b) 多级冲压式；(c) 百叶窗式；(d) 反转式

惯性除尘器较重力除尘器占地面积小些，能除掉粒径 20～30μm 以上尘粒，除尘效率为 50%～70%，多作为高性能除尘器的前一级除尘器，用它先除去较粗的尘粒或炽热状态的粒子。而气流速度及其压力损失随除尘器的形式不同而不同。

4.4.3 旋风除尘器

4.4.3.1 旋风除尘器的工作原理

旋风除尘器是利用离心力从含尘气体中将尘粒分离的设备。其除尘原理与反转式惯性力除尘器相类似。但惯性力除尘器中的含尘气流只是受设备的形状或挡板的影响，简单地改变了流线方向，尘粒只作半圈或一圈旋转，故尘粒所受到的离心力不大。而在旋风除尘器中，由于含尘气流作高速多圈旋转运动，因此旋转气流中的尘粒所受到离心力比较大。对于小直径，高阻力的旋风除尘器，离心力比重力大 2500 倍；对大直径，低阻力旋风除尘器，离心力比重力约大 5 倍。因此，用旋风除尘器从含尘气体中除下的粒子比用沉降室或惯性力除尘器除下的粒子要小得多。

旋风除尘器由筒体、锥体、排出管三部分组成，如图 4-16 所示。含尘气体由除尘器进口沿切线方向进入除尘器后，沿外壁由上而下作旋转运动，这股向下旋转的气体称为外旋涡。外旋涡随圆锥体的收缩而转向除尘器轴心，受底部所阻而返回，沿轴心向上转，最后经排出管排出，这股向上旋转的气流称为内旋涡。向下的外旋涡和向上的内旋涡旋转方向是相同的。气流作旋转运动时，尘粒在离心力作用下向外壁移动，到达外壁的尘粒在重力和向下气流带动下，沿壁面落入灰斗内。

4.4.3.2 旋风除尘器的临界粒径

旋风除尘器所能捕集的最小粉尘直径，称临界粒径 d_c。一般情况下临界直径越小，旋风除

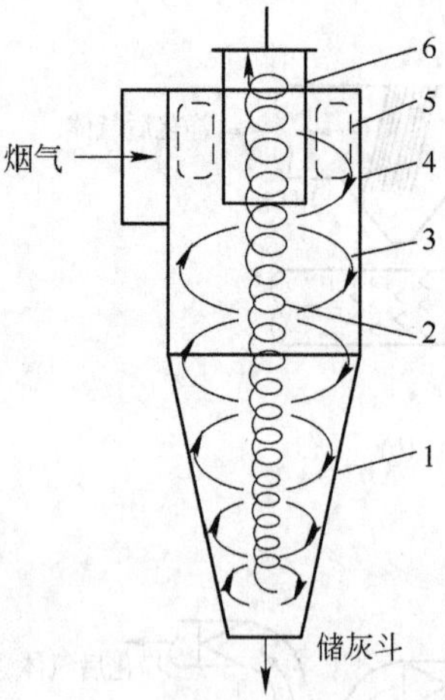

(a)

(b)

图 4-16　旋风除尘器
（a）原理图；（b）实物图
1—锥体；2—内旋涡；3—外旋涡；4—筒体；5—上旋涡；6—排出管

尘器的除尘性能越好，反之越差。从理论上说，小于临界粒径的尘粒是完全不能被捕集的。实际上，尘粒进入除尘器后，由于颗粒间的相互碰撞，细小微粒的凝聚，以及夹带、静电和分子引力作用等因素，使一部分小于临界粒径的细粉尘也被捕集。

在旋风除尘器内，外旋涡中尘粒所受的力有：惯性离心力 F_1(N) 和径向受到的气流对尘粒的阻力 P(N)，在不考虑其他力的作用时，尘粒在径向所受的合力 F(N) 为：

$$F = F_1 - P \tag{4-61}$$

尘粒所受的离心力 F_1 为：

$$F_1 = m\frac{u_t^2}{R} = \frac{\pi}{6}d_p^3\rho_p\frac{u_t^2}{R} \tag{4-62}$$

式中　m——尘粒的质量，kg；

u_t——尘粒的切向速度，m/s；可以近似等于该点气流的切向速度；

R——尘粒的旋转半径，m。

当尘粒雷诺数 $Re_p \leqslant 1$ 时，尘粒受到的径向阻力 P 为：

$$P = 3\pi\mu_g u_r d_p \tag{4-63}$$

式中　u_r——外旋涡中气流的径向平均速度，m/s。

在假想的正圆柱面上的尘粒，在离心力作用的同时还受有相反方向的阻力。在交界面上，如果 $F_1 > P$ 时，尘粒向外运动；当 $F_1 < P$ 时，则尘粒向内运动流入内旋涡，排出除尘器外；当 $F_1 = P$ 时，尘粒进入内外旋涡机会相等，此时的除尘效率为 50%。除尘器的分级效率等于 50% 所对应的尘粒粒径称作分割粒径，以 d_{50} 表示，它是旋风除尘器的一个重要指标。d_{50} 愈小说明除尘器的除尘效率愈高。

当 $F_1 = P$ 时，将式（4-62）和式（4-63）代入式（4-61）得：

$$\frac{\pi}{6}d_{50}^3\rho_p\frac{u_t^2}{R} = 3\pi\mu_g u_r d_{50} \tag{4-64}$$

由上式得分割粒径为：

$$d_{50}=\sqrt{\frac{18\mu_g u_r R_0}{\rho_p u_{t0}^2}} \tag{4-65}$$

式中 u_{t0}——交界面上气流的切向速度，m/s；

R_0——内、外旋涡交界面上的半径，约等于0.6倍排出管的半径，m。

由式（4-65）可知，随交界面上气流的切向速度 u_t 和粉尘密度 ρ_p 的增加，以及随外旋涡径向速度 u_r 及排气管半径的减小，都会使 d_{50} 减小，有利于提高除尘效率。

当除尘器的结构尺寸及进口风速确定后，即可按式（4-65）求得分割粒径，这样可按下列实验式近似地求得旋风除尘器的分级效率：

$$\eta_p = 1 - \exp\left(-0.693\left(\frac{d_p}{d_{50}}\right)\right) \tag{4-66}$$

应当指出的是，尘粒在旋风除尘器内的分离过程是很复杂的现象，难以用一个公式来表达。因此，根据某种假设条件得出的理论公式还不能进行较精确的计算。目前旋风除尘器的效率一般是通过实验确定。

4.4.3.3 影响旋风除尘器性能的因素

影响旋风除尘器性能的因素很多，使用条件和结构形式对旋风除尘器的性能都有不同程度的影响。

在使用方面，影响旋风除尘器性能的因素有进口风速、含尘气体的性质、除尘器底部的严密性等。

在结构方面，影响旋风除尘器性能的因素有入口形式、筒体直径、排出管直径、筒体和锥体高度和排尘口直径等。

现将旋风除尘器各组成部分的尺寸对除尘器性能的影响，列于表4-9中。需要指出的是，这些尺寸的增加或减少不是无限的，达到一定程度后，其影响显著减少，甚至有可能因其他因素的影响，而由有利因素转化为不利因素，这是设计中要引起注意的。有的因素对阻力有利，但对效率不利，因此在设计时必须加以兼顾。

表4-9 旋风除尘器结构尺寸对性能的影响

增 加	阻 力	效 率	造 价
筒体直径	降 低	降 低	增 加
进口面积（风量不变）	降 低	降 低	—
进口面积（风速不变）	增 加	增 加	—
筒体高度	略 降	增 加	增 加
锥体高度	略 降	增 加	增 加
圆锥开口	略 降	增加或降低	—
排出管插入长度	增 加	增加或降低	增 加
排出管直径	降 低	降 低	增 加
相似尺寸比例	几乎无影响	降 低	—
圆锥角	降 低	20°~30°为宜	增 加

4.4.3.4 多管旋风除尘器

旋风除尘器具有设备结构简单，造价低；没有传动机构及运动部件，维护修理方便而被广泛采用。可用于净化高温热烟气，能捕集粒径 10μm 以上的尘粒，效率达 80% 以上。

旋风除尘器的结构形式很多，如组合式、旁路式、扩散式、直流式、平旋式、旋流式等。到目前为止，其结构形式方面的研究工作一直在进行，新的结构形式仍在不断出现。这里仅介绍一种常用的旋风除尘器。

由于旋风除尘器的效率是随筒体直径的减小而增加的，但直径减小，处理风量也减小。当要处理风量大时，如将几台旋风除尘器并联起来使用，占地面积太大，管理也不方便，因此就产生了多管组合形式。多管旋风除尘器是把许多小直径（100 ~ 250mm）的旋风子并联组合在一个箱体内，合用一个进气口、排气口和灰斗，进气和排气空间用一倾斜隔板分开，使各个旋风子之间的风量分配均匀，如图 4-17 所示。为了使除尘器结构紧凑，含尘气体由轴向经螺旋导流片进入旋风子，并依靠螺旋导流片的作用作旋转运动。

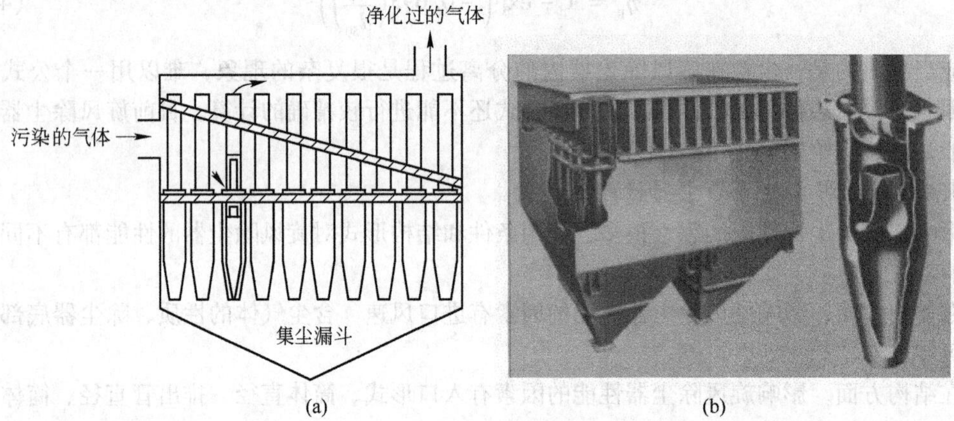

图 4-17　多管旋风除尘器

（a）原理图；（b）实物图

4.5　湿式除尘器

4.5.1　湿式除尘器的工作原理

湿式除尘器也称洗涤器，它是利用液体来净化气体的装置。湿式除尘的机理可概括为两个方面：一是尘粒与水接触时直接被水捕获；二是尘粒在水的作用下凝聚性增加。这两种作用而使粉尘从空气中分离出来。

水与含尘气流的接触主要有水滴、水膜和气泡三种形式，在实际应用的湿式除尘器中，可能兼有二种，甚至三种方式。具体表现如：

（1）通过惯性碰撞、接触阻留，尘粒与液滴、液膜发生接触，使尘粒加湿、增重、凝聚。

（2）细小尘粒通过扩散与液滴、液膜接触。

（3）由于烟气增湿，尘粒的凝聚性增加。

（4）高温烟气中的水蒸气冷却凝结时，要以尘粒为凝结核，形成一层液膜包围在尘粒表面，增强了粉尘的凝聚性。对疏水性粉尘能改善其可湿性。

依靠液滴捕集尘粒的机理，主要有惯性碰撞、截留、布朗扩散等，这种方法简单有效，因而在实际中得到广泛应用。下面仅介绍几种常用的湿式除尘器的结构和除尘原理。

4.5.2 湿式除尘器的分类及其特性

湿式除尘器按其结构形式分类，大致可以分为贮水式、加压水喷淋式和强制旋转喷淋式三类。

4.5.2.1 贮水式

贮水式除尘器内有一定量的水，由于高速含尘气体进入后，冲击贮水槽的水，形成水滴、水膜和气泡，对含尘气体进行洗涤。这类除尘器具有一个共同的特点是：一般都使用循环水，耗水量少，只消耗于蒸发和排除泥浆时的损失。另外，它们都不使用具有细小喷孔的喷嘴喷水，除尘器的各部分没有很小的间缝，不容易发生堵塞，可以处理含尘浓度高，大流量的含尘气体。如冲击式除尘器、水浴除尘器、卧式旋风水膜除尘器等

4.5.2.2 加压水喷淋式

加压水喷淋式是向除尘器内供给加压水，利用喷淋或喷雾产生水滴，对含尘气体进行洗涤。如文丘里除尘器、旋风水膜除尘器、泡沫除尘器、填料塔、湍球塔等。

4.5.2.3 强制旋转喷淋式

强制旋转喷淋式除尘器，是借助机械力强制旋转喷淋，或转动叶片，使供水形成水膜、水滴、气泡、对含尘气体进行洗涤，由于这类除尘器因有机械旋转雾化器，因此气量的变化对雾化影响不大，小型设备也能处理较大气量，占地面积小，但其结构复杂，动力消耗比较大。如旋转喷雾式除尘器。

4.5.3 重力喷淋塔

湿式除尘器中结构最简单的是重力喷淋塔。它的结构是一个里面设置喷嘴的圆形或方形截面空塔体，依靠喷嘴产生的分布在整个截面上的大量液滴来清洗通过塔体的含尘空气。喷嘴可以安装在同一个截面上，也可以分几层安装在几个截面上。有的在一个截面上设置十多个喷嘴，有的只沿中心轴线安装喷嘴。

喷淋塔中的含尘气流流动形式有顺流、逆流和错流三种。顺流是气体和水滴以相同的方向流动；逆流是液体逆着气流喷射；错流是垂直于气流方向喷淋液体，喷淋塔典型结构如图 4-18 所示。在喷淋塔中往往设置空气分配格栅或多孔板，使空气在塔的截面上分布均匀。

喷淋塔除尘的主要机理是将水滴作为捕集体，在惯性、截留、扩散等作用下将粉尘捕集，其中以惯性作用为主。除尘效率取决于液滴大小和气体与液滴之间的相对运动。为了提高捕尘效率，就需要提高水滴与气流的相对速度，同时要减少水滴的大小。然而在重力喷淋塔中，这二者是相互矛盾的，即小水滴的末速度较小，因此对给定的尘粒大小有一个最优的水滴直径，使惯性碰撞的效率最高。

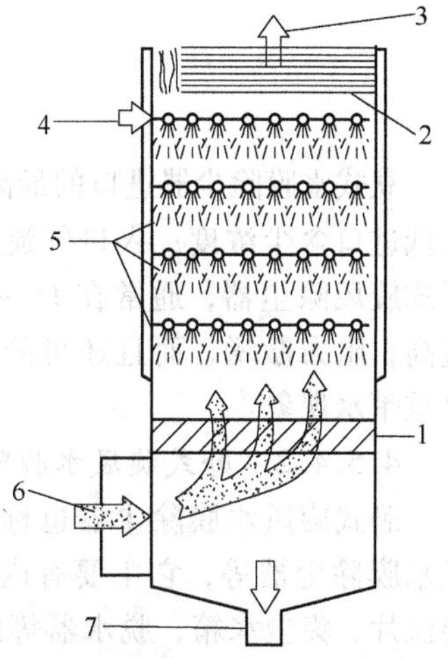

图 4-18 喷淋塔

1—气流分布板；2—除雾器；3—清洁气体出口；4—供水口；5—喷嘴；6—含尘气体进口；7—污水出口

4.5.4 离心式洗涤器

离心式洗涤器是利用离心力的湿式除尘器。一种是借离心力来加强液滴与尘粒的碰撞作用，另一种是用固定的导流叶片使气流旋转。其中应用得比较多的除尘器是旋风水膜除尘器。

4.5.4.1　立式旋风水膜除尘器

立式旋风水膜除尘器的入口位于筒体下方，含尘气体切向进入除尘器，旋转上升，最后由上部出口排出。旋转气流所产生的离心力将尘粒甩向器壁，这与干式旋风除尘器的工作原理相同。但是水膜除尘器上部设有供水设施，使除尘器筒体内表面形成一层均匀的水膜，粉尘一旦到达器壁，即进入水膜中，以防止粉尘从器壁弹回气流中去。因此，水膜除尘器的净化效率高于干式旋风除尘器，一般在90%以上，管理得好可达到95%以上。立式旋风水膜除尘器结构，如图4-19所示。

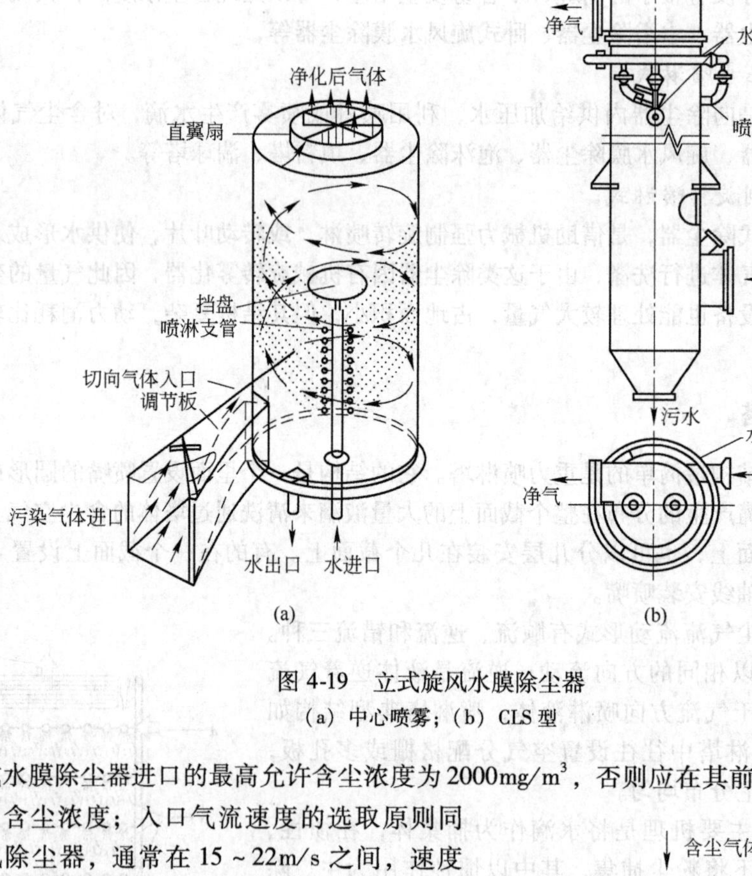

图4-19　立式旋风水膜除尘器
(a) 中心喷雾；(b) CLS型

立式水膜除尘器进口的最高允许含尘浓度为2000mg/m^3，否则应在其前加一级除尘器，以降低进口含尘浓度；入口气流速度的选取原则同干式旋风除尘器，通常在15～22m/s之间，速度过高，阻力激增，而且还可能破坏水膜层，造成严重带水现象。

4.5.4.2　卧式旋风水膜除尘器

卧式旋风水膜除尘器也称水鼓除尘器、旋筒式水膜除尘器等，它主要有内筒、外筒、螺旋形导流片、集尘水箱、脱水器等组成，如图4-20所示。内、外筒之间的导流叶片将除尘器内部分成若干个螺旋形通道。含尘气流沿器壁以切线方向导入，沿螺旋通道流动，当气流以较高速度冲击集尘水箱的水面时，部分尘粒被水吸收，同时激

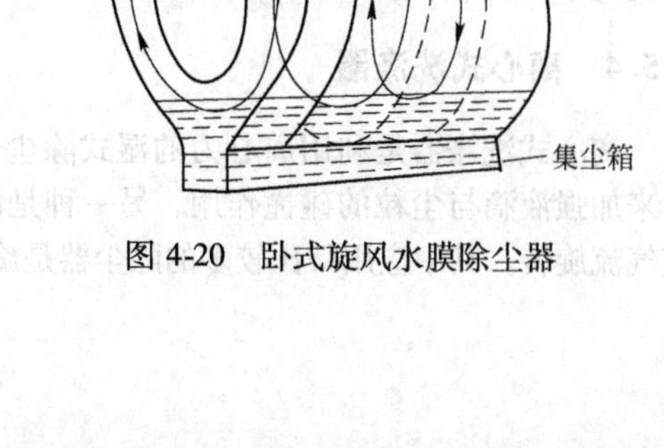

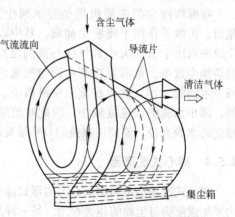

图4-20　卧式旋风水膜除尘器

起水花；气流夹带着水滴继续向前旋转，在离心力的作用下，把水滴和尘粒甩向外筒内壁，并在其上形成一层厚度为3～5mm的水膜，甩至器壁的尘粒则被水膜所捕集。含尘气体连续流经几个螺旋形通道，得到多次净化，使绝大部分尘粒被分离。净化后的气体经脱水器脱除水滴后，排出器外。该种除尘器的除尘机理具有旋风、水膜和水浴三种，从而达到较高的除尘效率。其外筒内壁的水膜不是由喷嘴或溢流槽所形成的，而是靠气流冲击水面激起的水花形成的。

卧式旋风水膜除尘器在国内已普遍应用，形式也各不相同。断面几何形状有倒卵形和倒梨形；螺距可以有等螺距和不等螺距的；供水方式有连续和间断的；而水槽也有隔开和不隔开的等等。

卧式旋风水膜除尘器的净化效果直接取决于除尘器内部水位高低、水膜形成和气流旋转圈数等因素。

影响卧式水膜除尘器性能的关键因素是除尘器内的水位，水位的高低又关系到水膜的形成。当水位过高时，气流通过水面到内管的底面之间的通道缩小，形成的水膜过分强烈，除尘阻力过大，风量降低；反之，若水位过低，气流通过水面到内管的底面之间的通道扩大，水膜不能形成或形成不全，除尘器得不到应有的除尘效率。

这种除尘器设备阻力小、效率高、结构简单。在运行时将水面调整到适当位置时，风量在20%的范围内变化，对除尘效率的影响不大。它的运行费用低，耗水量少（0.05～0.09L/m^3），对所处理空气的冷却和增湿程度很小。适合于处理各种粉尘的气体。

据国外介绍的数据，对各种粉尘的粒径小到0.1μm以上，除尘效率几乎全部在90%～100%之间，除尘器阻力在300～1000Pa左右。

4.5.5 冲击（自激）式除尘器

冲击式除尘器最简单的形式，如图4-21所示。含尘气流以一定的流速从喷头（或散流器）冲入水中，然后折转180°改变其流动方向。在惯性作用下，部分尘粒被分离。由于气流冲击溅起水花、水雾，可使气流得到进一步的净化。净化后的气流经挡水板脱水后排出。

冲击式除尘器的效率与阻力取决于气流的冲击速度和喷头的插入深度。当冲击速度一定时，除尘效率和阻力随喷头插入深度的增加而增加。当插入深度一定时，除尘效率和阻力随冲击速度的增加而增加。但在同一条件下，当冲击速度和插入深度增大到一定值后，如继续增加，其除尘效率几乎不变化，而阻力却急剧增加。这种除尘器结构简单，可在现场因地制宜用砖或混凝土砌筑，耗水量少只有0.1～0.3L/m^3，但对细小粉尘的除尘效率不高，泥浆较难清理。此外当气流通过喷头冲击入水中时，引起水面频繁地剧烈波动，使除尘器工作不稳定，不能保证必需的除尘效率。

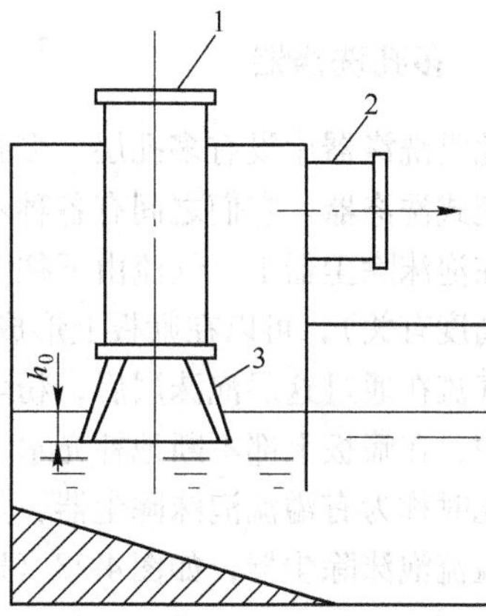

图4-21 简易冲击式除尘器

1—含尘气体进口；2—清洁气体出口；3—喷头

如图4-22所示是罗托克伦型冲击式除尘器，含尘气体进入除尘器后，先撞击在洗涤液的表面上，有一部分粗尘粒沉降下来，然后被迫通过一个或两个并联的S形固定通道，使其速度增加到15m/s左右。S形通道系由两块弯曲的叶片组成，其下部浸没在水里。因为通道中气流速度比较高，激起一片混乱的水幕，然后破裂成许多水滴，尘粒与水滴相碰撞而被获。设计成S形的目的，是使气流迅速转变方向而增加离心力，提高液体的混乱程度。当气流离开S形通道时，由于上叶片的限制而向下拐弯，然后再上升。这时一部分水滴和灰尘因惯性的缘故就和气体分离而落入水中。上升的气流再经檐板脱水器脱除其中剩余的水滴和灰尘，便流出除尘器，达到高效除尘的目的。

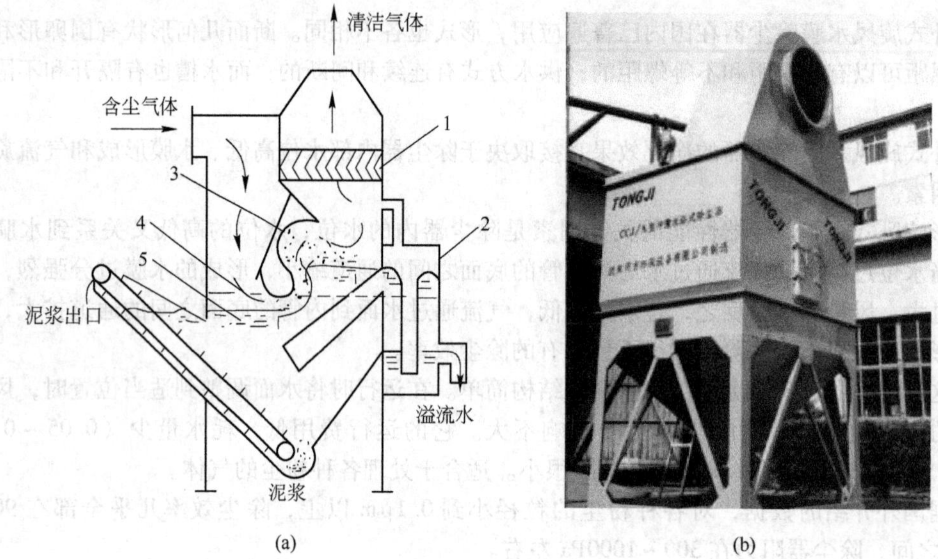

图 4-22　冲击式除尘机组结构示意图

（a）原理图；（b）实物图

1—除雾器；2—溢流箱；3—“S”形通道；4—静水位；5—工作水位

4.5.6　多孔洗涤器

此类洗涤器中设有多孔层。多孔层有用板构成的，称板式洗涤器；也有用填充物构成的，称填充式洗涤器。它们之间有各种不同的构造，下面仅介绍泡沫除尘器的结构原理。

在泡沫除尘器中，气流由下往上通过筛板上的水层。当气流速度控制在一定范围内时（与水层高度有关），可以在筛板上形成泡沫层，在泡沫层中的气泡不断地破裂、合并，又重新生成。气流在通过这层泡沫层后，粉尘被捕集，气体得到净化。水通过筛板漏泄至除尘器下部的水槽中，在筛板上部不断地补充水，当补充的水量与漏泄的水量相等时，泡沫层保持稳定的高度，此时称为有溢流泡沫除尘器，如图4-23（a）所示。当采用溢流以保持泡沫层高度时，称为无溢流泡沫除尘器，如图4-23（b）所示。

4.5.7　文丘里除尘器

文丘里除尘器是由收缩管、喉管、扩散管和喷水装置构成，它与旋风分离器一起构成文丘里除尘器。文丘里除尘器的结构如图4-24所示。含尘气体以60～120m/s的高速通过喉管，这股高速气流冲击从喷水装置（喷嘴）喷出的液体使之雾化成无数微细的液滴，液滴冲破尘粒周围的气膜，使其加湿，增重。在运动过程中，通过碰撞，尘粒还会凝聚增大，增大（或增重）后的尘粒随气流一起进入旋风分离器，尘粒从气流中分离出来，净化后的气体从分离器排

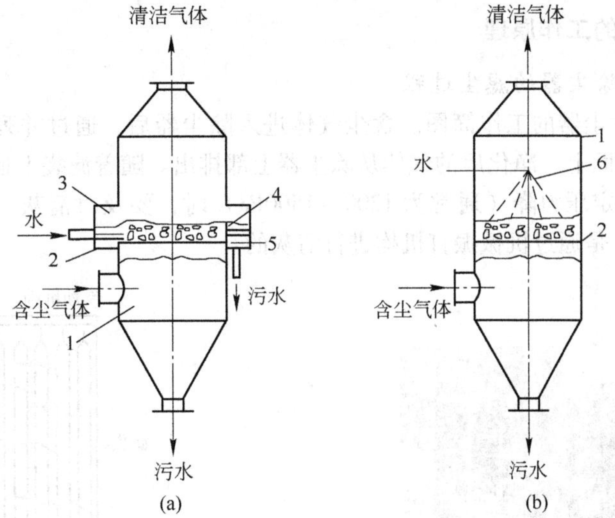

图 4-23 泡沫除尘器
（a）有溢流；（b）无溢流
1—外壳；2—筛板；3—接水槽；4—水堰；5—溢流槽；6—喷嘴

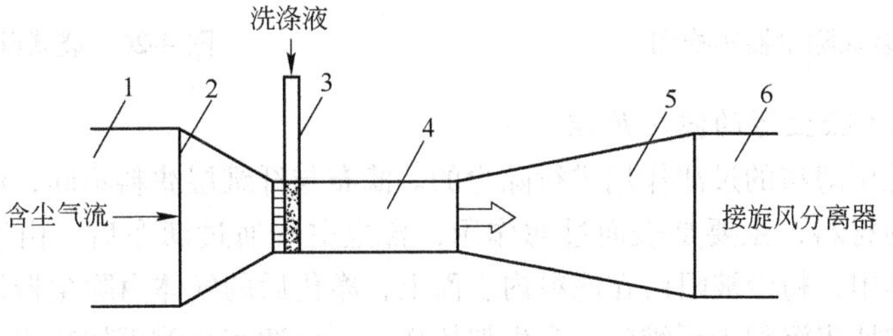

图 4-24 文丘里除尘器
1—进气管；2—收缩管；3—喷嘴；4—喉管；5—扩散管；6—连接管

出管排出。

文丘里除尘器的除尘效率，主要取决于喉管的高速气流将水雾化，并促使水滴和尘粒之间的碰撞，因此，在设计合理高效文丘里除尘器时，必须根据尘粒的粒径，掌握好喉管速度以及雾化后水滴大小的相互关系。

文丘里除尘器是一种效率较高的除尘器，具有体积小，结构简单，布置灵活等特点。该种除尘器对粒径为 1μm 的粉尘除尘效率达 99%。它的缺点是阻力大，一般为 6000 ~ 7000Pa。目前，在化工和冶金企业中得到广泛的应用。如烟气温度高，含湿量大或比电阻过大等原因不宜采用电除尘器或袋式除尘器时，可用于文丘里除尘器。

4.6 袋式除尘器

过滤式除尘器是使含尘气流通过过滤材料，粉尘被滤料分离出来的一种装置。袋式除尘器是过滤式除尘器的一种。从 19 世纪中叶开始用于工业生产以来，不断发展，特别是 20 世纪 50 年代，脉冲喷吹的清灰方式以及合成纤维滤料的应用，为袋式除尘器的进一步发展提供了有利条件。袋式除尘器是一种高效除尘器，对微细粉尘有较高的效率，一般可达99%以上。目前广泛应用的是袋式除尘器，实物照片如图 4-25 所示。

4.6.1　袋式除尘器的工作原理

4.6.1.1　袋式除尘器的滤尘过程

图 4-26 是袋式除尘器的工作简图。含尘气体进入除尘器后，通过并列安装的滤袋，粉尘被阻留在滤袋的内表面上，净化后的气体从除尘器上部排出。随着滤袋上捕集的粉尘增厚，阻力渐渐加大，达到规定压力降（通常为 1200 ~ 1500Pa）时，要及时清灰，以免阻力过高，处理风量减少。图 4-26 是通过机械振打机构进行清灰的。

图 4-25　袋式除尘器实物图

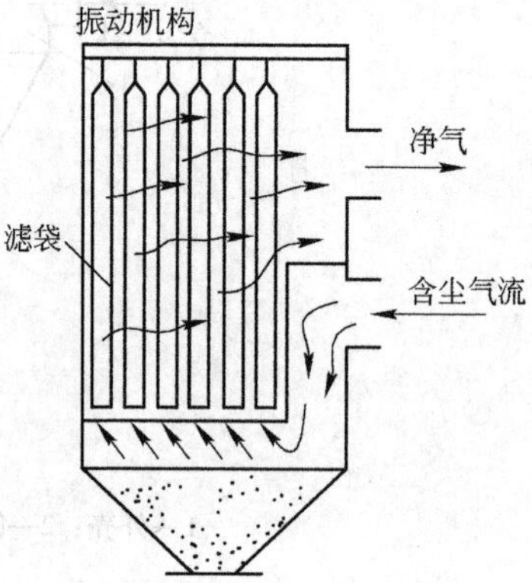

图 4-26　袋式除尘器的工作简图

4.6.1.2　袋式除尘器的滤尘原理

袋式除尘器是用滤布的过滤作用进行除尘的。滤布与纤维层滤料不同，滤布是用纤维织成的比较薄而致密的材料，主要是表面过滤作用，含尘空气通过滤布后，由于过滤、碰撞、拦截、扩散、静电作用，粉尘被阻留在滤料内表面上，净化后的气体由除尘器风机口排出。新滤布在开始时粉尘被捕集沉积于纤维间，产生架桥作用，使滤布孔隙更加缩小并均匀化，逐渐在滤布表面形成一层初始粉尘层。在过滤的过程中，初始粉尘层起着重要的作用，由于初始粉尘层的孔隙小而均匀，捕集效率增强，对粗细粉尘都有很好的捕集效果。图 4-27 表示初始粉尘层的形成及过滤作用；而图 4-28 表示滤布在不同条件下的分级除尘效率。

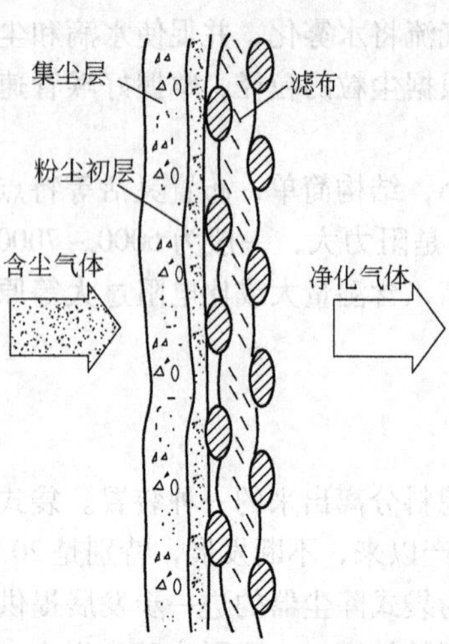

图 4-27　滤布过滤作用示意图

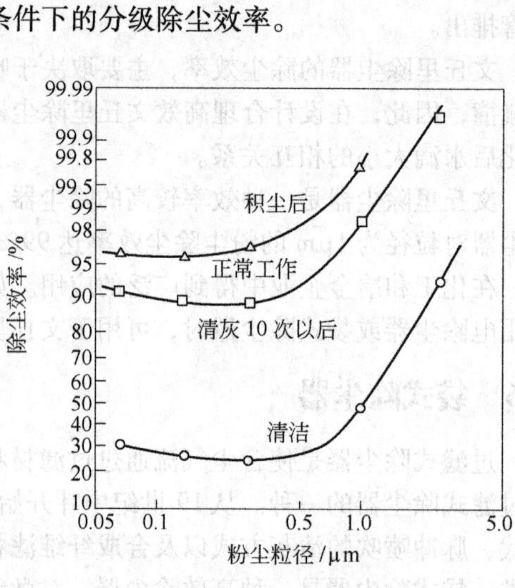

图 4-28　滤布分级除尘效率

从图4-28中可以看出，新滤布或清洗后的清洁滤布的捕尘效率是很低的。但在形成初始粉尘层后，效率有很大提高，继续沉积粉尘，效率仍有增加，振打清灰后，仍需保持着初始粉尘层，并能在较高效率下运转。另外，对亚微米粉尘也有较高捕尘效率，而对0.2～0.4μm粉尘的捕集效率却很低，这是由于惯性和扩散作用都较弱的原因；对1μm以上粉尘，效率可达99%以上。而随着沉积粉尘的加厚，阻力将增高，阻力过高将使风机工作风量减少，并且能把滤布空隙处沉积粉尘吹走而使除尘效率降低，所以，要把阻力控制在一定数值之内。一般为1000～2000Pa。为此，需要采取清落积尘的措施，称为清灰。清灰的目的：一是清落沉积的粉尘层，使过滤阻力大大降低；二是不致破坏初始粉尘层，使滤布仍保持较高的捕集效率。清灰是袋式除尘器工作过程中的一项主要工序，对过滤效率、阻力、滤布寿命、维护管理等都有直接影响，采用这样的清灰方法是设计和研究袋式除尘器的一个重要问题。

4.6.2 袋式除尘器性能的计算

4.6.2.1 袋式除尘器的过滤速度

袋式除尘器的过滤速度系指气体通过滤料的平均速度。若以 Q 表示通过滤料的气体流量（m^3/h），A 表示滤料面积（m^2），则过滤速度 u_f（m/min）为：

$$u_f = \frac{Q}{60A} \tag{4-67}$$

在工程应用中还常用每单位过滤面积、单位时间内过滤气体的量（m^3），其关系为：

$$q_f = \frac{Q}{A} \tag{4-68}$$

式中　q_f——每小时平方米滤料的气量，称比负荷，$m^3/m^2 \cdot h$。

从式（4-67）、式（4-68）可知：

$$q_f = 60u_f \tag{4-69}$$

过滤速度 u_f（或比负荷 q_f）是表征袋式除尘器处理气体能力的重要技术经济指标。过滤速度的选择要考虑经济性和对滤尘效率的要求等各方面因素。一般对纺织滤布滤料的过滤速度取0.5～2m/min，毛毡滤料取1～5m/min。

4.6.2.2 袋式除尘器的阻力

袋式除尘器阻力是袋式除尘器的一项重要性能指标，一方面它决定了除尘器的能量消耗；另一方面决定了除尘效率和清灰时间间隔。

袋式除尘器的总阻力 P 为：

$$P = \Delta P_c + \Delta P_f + \Delta P_d \tag{4-70}$$

式中　ΔP_c——机械设计阻力，Pa；

ΔP_f——滤袋本身的阻力，Pa；

ΔP_d——滤袋上粉尘层的阻力，Pa。

机械设计阻力 ΔP_c 是气流通过袋式除尘器进、出口、除尘器箱体及清灰机构等所造成的流动阻力，在正常过滤风速下，此项阻力为200～500Pa。清洁滤料本身的阻力 ΔP_f 可按下式计算：

$$\Delta P_f = \frac{\zeta_f \mu_g u_f}{60}, \text{Pa} \tag{4-71}$$

式中　ζ_f——清洁滤料的阻力系数，m^{-1}，涤纶为$7.2\times10^7m^{-1}$，呢料为$3.6\times10^7m^{-1}$。

μ_g——空气的动力黏度，Pa·s。

除尘器的结构、滤料和处理风量确定后，阻力ΔP_c、ΔP_f是一个定值。滤袋上粉尘层的阻力ΔP_d可按下式计算：

$$\Delta P_d = \alpha\mu_g\left(\frac{\mu_f}{60}\right)^2 C_1\tau \tag{4-72}$$

式中　C_1——除尘器进口粉尘浓度，kg/m^3；

τ——过滤时间，s；

α——粉尘层的平均比阻力，m/kg，可按下式计算：

$$\alpha = \frac{180(1-\xi)}{\rho_d d^2 \varepsilon^3} \tag{4-73}$$

式中　ε——粉尘的孔隙率，一般长纤维滤料约为0.6～0.8，短纤维滤料约为0.7～0.9；

ρ_d——尘粒的密度，kg/m^3；

d——球形粉尘的体面积平均径，m。

除尘器处理的粉尘和气体确定后，α、μ_g都是定值。从式（4-34）可以看出：粉尘层的阻力取决于过滤风速、气体的含尘浓度和连续运行的时间。当处理含尘浓度低的气体时，清灰时间间隔（即滤料连续的过滤时间）可适当加长；当处理含尘浓度较高的气体时，清灰时间间隔应尽量缩短。含尘浓度低、清灰时间间隔短、清灰效果好的除尘器，可选用较高的过滤风速；相反，则应选用较低的过滤风速。滤袋上粉尘层的阻力决定了袋式除尘器总阻力的变化，当该值达到一定值后，必须进行清灰。

4.6.2.3　除尘效率

（1）清洁滤布的除尘效率η。可按下式计算：

$$\eta = \eta_e(1-\varepsilon) \tag{4-74}$$

式中　η_e——单一纤维的除尘效率，%；

ε——滤布的孔隙率，%。

（2）有粉尘负荷时的除尘效率。滤布经常是在粉尘负荷情况下工作的，其经验公式如下：

$$\eta_m = \eta_e\left(1+\frac{\Delta\eta_e}{\eta_e}\right)(1-\varepsilon) \tag{4-75}$$

式中　$\Delta\eta_e$——单一纤维由于捕集粉尘效率后的增加量。

4.6.3　影响袋式除尘器除尘效率的因素

（1）滤料上沉积粉尘的厚度。要保证使滤料达到一定阻力后及时清灰，清灰后还能保持初始粉尘层，最理想的阻力是控制在1000～2000Pa左右。

（2）滤料种类。滤料是袋式除尘器主要组成部分之一。常用的滤料按所用的材质可分为天然滤料（如棉毛织物）、合成纤维滤料（如尼龙、涤纶等）、无机纤维滤料（如玻璃纤维、耐热金属纤维等）和毛毡滤料四类。一般要根据处理烟尘的性质选用不同的滤料，达到高效除尘的目的。目前广泛应用的滤料是涤纶绒布，它是国内性能较好的一种滤布，滤尘效率高，阻力较小而又容易清灰，其滤料编织方式如图4-29所示。

图 4-29 滤料编织方式

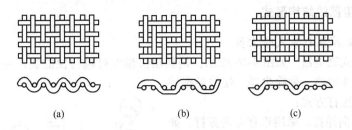

(a) 平纹编织; (b) 斜纹编织; (c) 缎纹编织

(3) 滤速的选取。滤布过滤风速的大小取决于滤料的种类和清灰方式。一般取作用于滤布全表面的平均风速，实际上多采用0.5～2m/min 过滤风速，风速过高时，不仅使阻力增高，也能吹掉滤布空隙中沉积的粉尘而使除尘效率降低，亦可采用气布比表示过滤风速，即单位面积滤布单位时间通过的风量[$m^3/(s \cdot m^2)$]。

4.6.4 袋式除尘器的分类和清灰过程

4.6.4.1 袋式除尘器的分类

袋式除尘器的形式、种类很多，可以根据它的不同特点进行分类：

(1) 按清灰方式分。机械清灰、逆气流清灰、脉冲喷吹清灰和声波清灰除尘器。

(2) 按除尘器内的压力分。负压式和正压式除尘器。

(3) 按滤袋形状分。圆袋和扁袋除尘器。

(4) 按含尘气流进入滤袋的方向分。内滤式和外滤式除尘器。

(5) 按进气口的位置分。下进风式和上进风式除尘器。

4.6.4.2 袋式除尘器的清灰过程

袋式除尘器的清灰方式和清灰效果的好坏是影响除尘效率、阻力、滤袋寿命及工作状况的重要环节，清灰的基本要求是能从滤布上迅速地、均匀地清落适量的沉积粉尘，并仍能保持一定的初始粉尘，而不损坏滤袋和消耗较少的动力。

袋式除尘器过滤过程中阻力逐渐升高，当达到一定值（约 2000Pa）开始清灰，阻力降低到规定的残留阻力（约 700～1000Pa）清灰终止，清灰周期和阻力随工作时间的变化如图 4-30 所示。清灰工作可分为：

(1) 连续工作。袋式除尘器正常工作，清灰时不切断过滤风流。脉冲喷吹，气环喷吹中清灰方式常用这种工作制度。清灰时，只是喷吹的滤袋气流暂时停止，可保持整个滤袋器工作状态和风流比较稳定，但清灰时可使排出粉尘浓度增加。

(2) 间歇工作。清灰时整个袋式除尘器停止过滤，间歇循环工作，以避免透过的灰尘被风流带走而不能连续抽尘过滤。

(3) 分隔室工作。将袋式除尘器分成若干个互相隔开的分隔室，顺序切断风流进行清灰，其余各室正常进行。

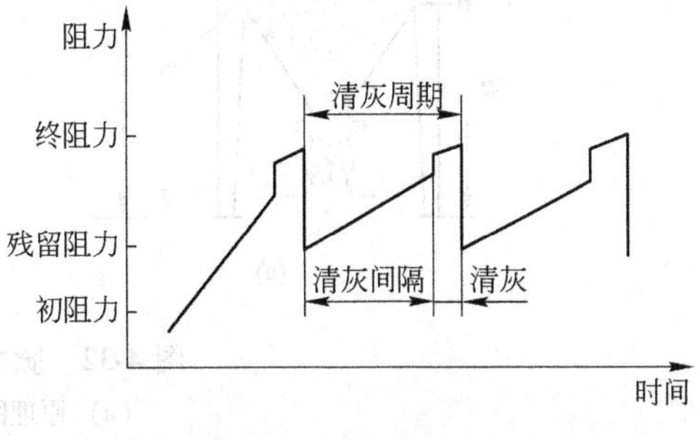

图 4-30 袋式除尘器清灰周期和阻力随工作时间的变化

4.6.5　袋式除尘器的结构形式

4.6.5.1　机械振打袋式除尘器

机械振打袋式除尘器，如图 4-26 所示，是利用机械振打机构使滤袋产生振动，将滤袋上的积尘抖落到灰斗中的一种除尘器。使滤袋振动一般有以下两种振打方式：

（1）垂直方向振打。采用垂直方向振打，如图 4-31（a）所示，清灰效果好，但对滤袋的损伤较大，特别是在滤袋下部。

（2）水平方向振打。水平方向振打可分为上部水平方向振打如图 4-31（b）所示和腰部水平方向振打如图 4-31（c）所示。水平方向振打虽然对滤袋损伤较小，但在滤袋全长上的振打强度分布不均匀。采用腰部水平振打可减少振打强度分布不均匀性。在高温烟气净化中，如果用抗弯折强度较差的玻璃纤维作滤料时，应采用腰部水平振打方式。

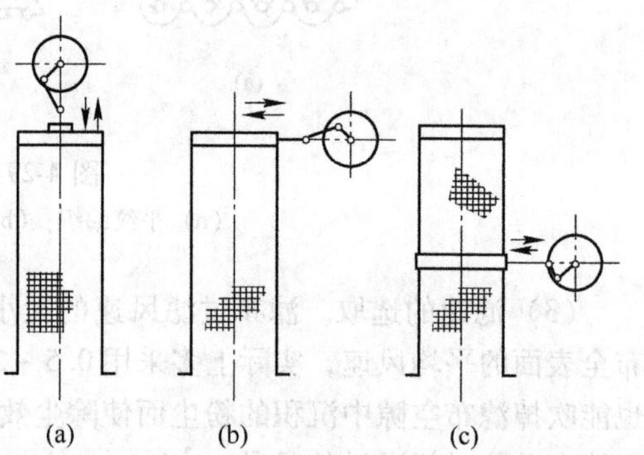

图 4-31　机械振打清灰方式
（a）垂直方向振打；（b）上部水平方向振打；
（c）腰部水平方向振打

机械振打袋式除尘器的过滤风速一般取 0.6 ~ 1.6m/min，阻力约为 800 ~ 120Pa。

4.6.5.2　脉冲喷吹袋式除尘器

脉冲喷吹袋式除尘器是目前国内生产量最大、使用最广的一种带有脉冲机构的袋式除尘器，它有多种结构形式，如中心喷吹、环隙喷吹、顺喷和对喷等。

图 4-32 是脉冲喷吹袋式除尘器的工作示意图。含尘空气通过滤袋时，粉尘阻留在滤袋外

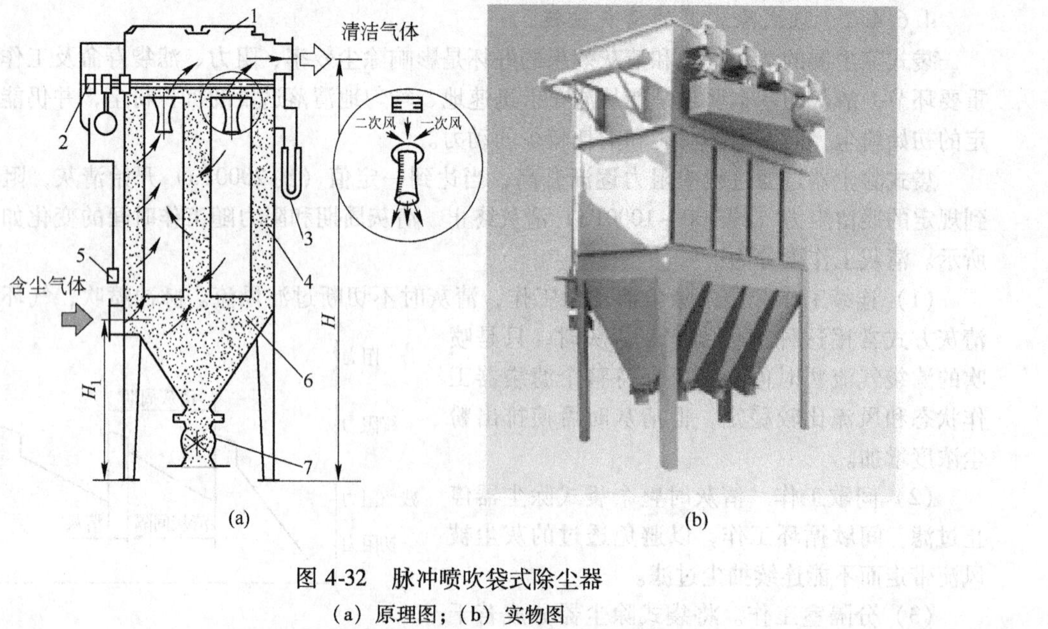

图 4-32　脉冲喷吹袋式除尘器
（a）原理图；（b）实物图
1—上箱体；2—喷吹清灰系统；3—U 形压力计；4—中箱体；
5—控制仪；6—下箱体；7—排灰系统

表面，净化后的气体经文丘里管从上部排出。每排滤袋上方设一根喷吹管，喷吹管上设有与每个滤袋相对应的喷嘴，喷吹管前端装设脉冲阀，通过程序控制机构控制脉冲阀的启闭。脉冲阀开启时，压缩空气从喷嘴高速喷出。带着比自身体积大 5 ~ 7 倍的诱导空气一起经文丘里管进入滤袋。滤袋急剧膨胀引起冲击振动，使附在滤袋外的粉尘脱落。

压缩空气的喷吹压力为 500 ~ 600kPa，脉冲周期（喷吹的时间间隔）为 60s 左右，脉冲宽度（喷吹一次的时间）为 0.1 ~ 0.2s。采用脉冲袋式除尘器必须要有压缩空气源，因此使用上有一定局限性。目前常用的脉冲控制仪有无触点脉冲控制仪（采用晶体管逻辑电路和可控硅无触点开关组成）、气动脉冲控制仪和机械脉冲控制仪三种。

这种清灰方式清灰强度高，清灰效果好。由于清灰时间短，除尘器可以不间断连续工作。压缩空气的喷吹压力是一个重要的运行参数，在早期喷吹压力为 $(5 \sim 6) \times 10^5$Pa。经研究改进，目前已将喷吹压力降至 $(2 \sim 3) \times 10^5$Pa，仍可达到良好的清灰效果。它的过滤风速，可达 2 ~ 4m/min。阻力采用定时控制或定压差控制，一般为 1000 ~ 1500Pa。

脉冲袋式除尘器已有多种形式，如图 4-32（b）所示为 LHZ 型脉冲袋式除尘器实物图，如采用环喷文氏管的环隙式，喷吹气流与含尘气流方向一致的顺喷式，在滤袋上、下同时喷吹的对喷式和脉冲扁袋除尘器等。

4.6.5.3 逆气流反吹（吸）风袋式除尘器

它是利用与过滤气流反向的气流进行清灰。由于反向气流的直接冲击和滤袋在反向气流作用下产生胀缩振动（滤袋变形），导致粉尘层崩落。

清灰的逆气流可以由系统主风机供给，也可设置专门的反吸（吹）风机。反吹（吸）空气可取自系统外或采用已净化的气体。采用逆气流清灰时气流在整个滤袋上的分布较均匀，但清灰强度小。过滤风速小于 1m/min，通常采用分室间歇清灰。

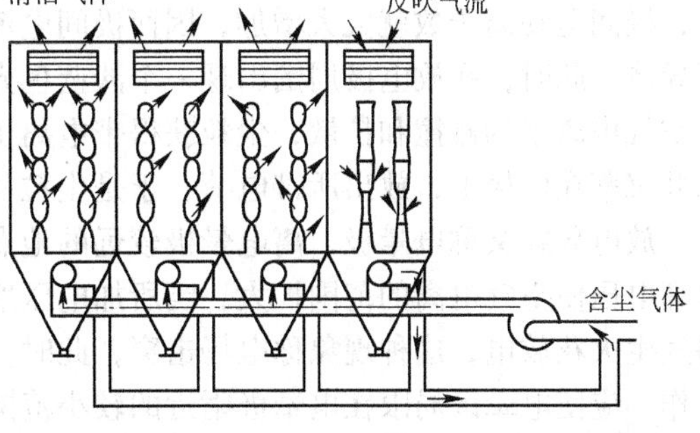

图 4-33 反吹（吸）风袋式除尘器的示意图

图 4-33 是反吹（吸）风清灰大型袋式除尘器的示意图。它有三个室在工作，一个室在清灰。通过主风机吸入端的负压作用，对滤袋进行反吸清灰。这种除尘器的特点是处理风量大，可达 $10^5 m^3/h$ 以上。常分成 3 ~ 20 个室，采用分室清灰。

反吸风量通常为滤袋过滤风量的 0.25 ~ 0.5 倍。反吸风压要大于滤袋阻力的两倍，或大于 4000Pa。滤料常采用经过处理的玻璃纤维滤布或涤纶 729，过滤风速为 0.6 ~ 1.0m/min，阻力 1800 ~ 2000Pa。

4.7 静电除尘器

静电除尘器是利用高压电场产生的静电力使粉尘从气流中分离出来的除尘设备。由于粉尘从气流中分离的能量直接供给粉尘，所以电除尘器比其他类型的除尘器消耗的能量小，压力损失仅为 200 ~ 500Pa，目前在冶金、火力发电厂、水泥等工业部门获得广泛应用。

4.7.1 静电除尘器的工作原理

静电除尘器是利用直流高压电源和一对电极——放电极与集尘极，造成一不均匀电场，以分离捕集通过气流中的粉尘。放电极一般用金属线悬吊于集尘极中心。集尘极用金属板作成圆筒形（管式电除尘器）或平行平板形（板式电除尘器）。一般放电极为阴极、集尘极为阳极并接地，如图4-34 所示。

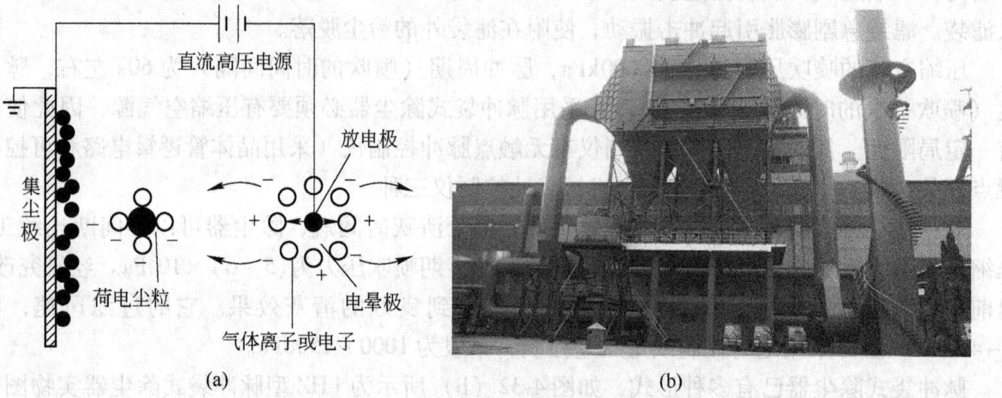

图 4-34　静电除尘器

（a）工作原理图；（b）实物图

高压直流电源在集尘极和放电极间造成不均匀电场。在电场力的作用下，空气中的自由离子向两极运动，形成电流，当电压升高，电场强度增大时，自由电子运动速度增高，高速运动的离子碰撞着空气中的中性原子，并使后者电离为正、负离子，称为空气电离。空气被电离后，极间运动离子数就大大增加，因而极间电流急剧增大（这个电流称为电晕电流），空气成了导体。此时，在放电极周围出现一个淡蓝色光环，称为电晕。含尘空气通过电极空间时，由于空气中离子的碰撞和扩散，尘粒获得带电离子的电荷，在库仑力作用下，荷电尘粒向电极运动并沉落在电极上，放出所带电荷，于是尘粒从气体中分离出来。

放电导线又称电晕极，离电晕极较远的地点，电场强度低，空气没有被全部电离。进一步提高电压使空气电离的范围扩大，当所加电压增至一定数值时，极间空气被全部电离，电路短路发生火花放电，这种现象称电场击穿，此时，电除尘器就不能工作了，为了保证除尘器正常工作，应使电晕区局限在电晕极附近的较小范围内。

电除尘器中各点的电场强度是不均匀的，这种现象叫不均匀电场。只有保证不均匀电场，才能使电除尘器正常工作。

由上可知，电除尘器工作过程是：电晕放电，气体电离，尘粒荷电，尘粒捕集，振打清灰。

在工业上采用大型电除尘器时，一般采用负电晕。因为负电晕起晕电压低，击穿电压高，负离子运动速度大，所以负电晕除尘效率高。而正电晕产生臭氧等副产物较少，所以在生活和空调净化用的电除尘器中多被采用。

4.7.2　电除尘器的结构形式

4.7.2.1　按集尘极的形式可分为板式和管式电除尘器

（1）板式电除尘器是由许多压成各种有利于积尘的表面形状的钢板连接而成。同极间距约200～400mm，高达2～10m 的两列平行钢板中间设置电晕线。板式电除尘器结构较灵活，根据需要可以组成横断面从几平方米到几百平方米的规格，如图4-35（a）所示。

（2）管式电除尘器的集尘极为直径150～300mm，长2～3mm 的钢管，沿管轴线处处悬挂电晕线，通常采用多管并联工作，也有采用多管同心布置的方式，圆圈间隙中布置电晕线，这样可节约钢材，如图4-35（b）所示。

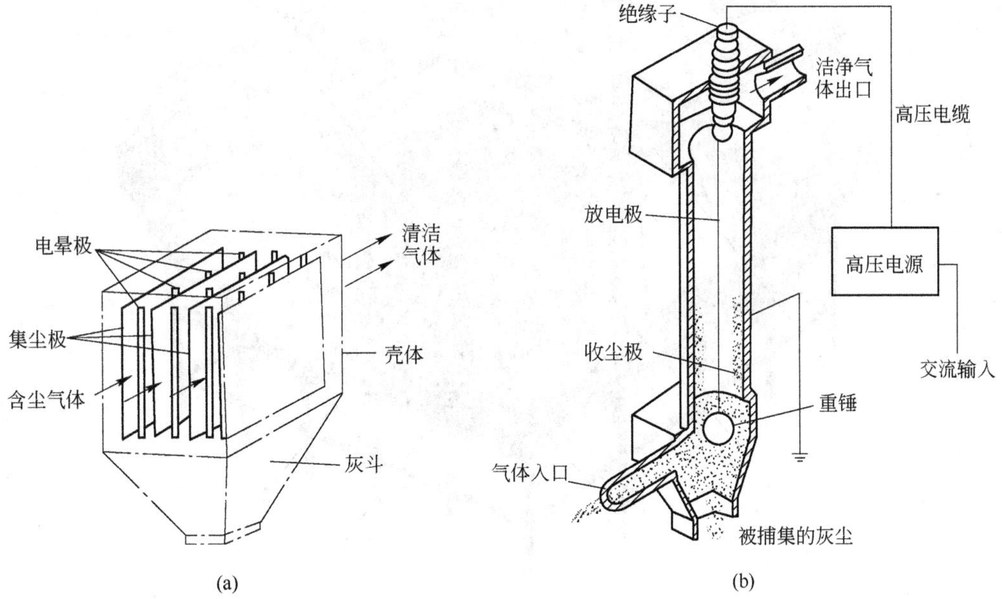

图4-35 板式和管式电除尘器
（a）板式；（b）管式

4.7.2.2 按气体流动方向可分立式和卧式电除尘器

在立式电除尘器中气流由下向上运动，管式电除尘器为立式的；在卧式电除尘器中气流沿水平方向运动，板式电除尘器为卧式。根据结构和供电要求，可将卧式除尘器全长分为2～3个单独电场，每个电场有效长度约3m。

4.7.2.3 根据清灰方式可分干式和湿式电除尘器

干式电除尘器是通过振打或者利用刷子清扫使电极上沉积的粉尘落入灰斗中；这种粉尘后处理简单，便于综合利用，因而最为常用；但这种清灰方式易使沉积于收尘极上的粉尘再次扬起而进入气流中，造成二次扬尘，致使除尘效率降低。湿式电除尘器是采用溢流或均匀喷雾等方式使收尘极表面经常保持一层水膜，当粉尘到达水膜时，顺着水流走，从而达到清灰的目的；湿法清灰完全避免了二次扬尘，故除尘效率很高，同时没有振打设备，工作也比较稳定，但是产生大量泥浆，如不加适当处理，将会造成二次污染。

4.7.3 电除尘器的主要部件

电除尘器的结构形式，如图4-36所示。电除尘器由除尘器本体和供电装置两大部分组成。除尘器本体包括电晕极、收尘极、清灰装置、气流分布装置和外壳等。

4.7.3.1 电晕极

电晕极是产生电晕放电的电极，应有良好的放电性能（起晕电压低、击穿电压要高、放电强度强、电晕电流大），较高的机械强度和耐腐蚀性能。电晕极的形状对它的放电性能和机械强度都有较大的影响。

电晕极有多种形式，如芒刺形、锯齿形、星形和圆形等，每一种形式都有其优缺点，应根

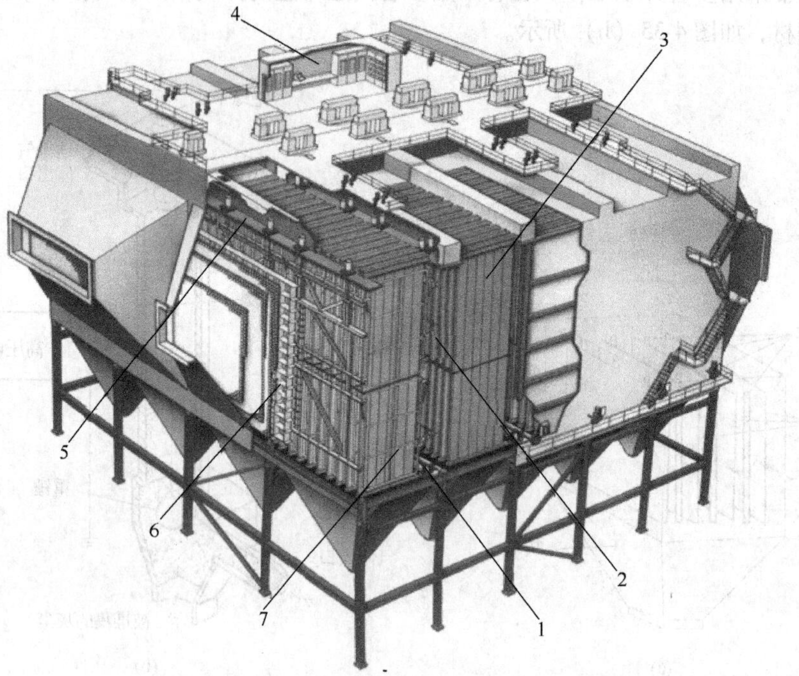

图 4-36　静电除尘器结构图

1—集尘极振打处；2—放电极振打处；3—集尘极；4—除尘器控制；
5—四点支撑系统；6—进口风流分布装置；7—刚性放电极框架

据实际使用要求选择电晕极的形式。

4.7.3.2　收尘极

收尘极的结构形式直接影响到电除尘器的除尘效率、金属消耗量和造价，所以应精心设计。对收尘极的一般要求是：易于荷电粉尘的沉积，振打清灰时，沉积在极板上的粉尘易于振落，产生二次扬尘要小；金属消耗量要小；气流通过极板空间的阻力要小；极板高度较大时，应有一定的刚性，不易变形。

4.7.3.3　清灰装置

沉积在电晕极和收尘极上的粉尘必须通过振打或其他方式及时清除。电晕极上积灰过多，会影响电晕放电，收尘极上积灰过多，会影响荷电尘粒向电极运动的速度，对于高比电阻粉尘还会引起反电晕。因此，及时清灰是维持电除尘器高效运行的重要条件。

4.7.3.4　气流分布装置

电除尘器内气流分布的均匀程度对除尘效率有很大影响，气流分布不均匀，在流速低处所增加的除尘效率，远不足以弥补流速高处的效率的降低，因此总效率就降低了。据国外资料介绍，有的电除尘器由于改善了气流分布，使除尘效率由原来的80%提高到99%。

4.7.3.5　除尘器外壳

除尘器外壳必须保证严密，减少漏风。国外一般漏风率控制在2%～3%以内。漏风将使进入电除尘器的风量增加和风机负荷增大，由此造成电场内风速过高，使除尘效率降低，而且在处理高温时，冷空气漏入会使局部地点的烟气温度降到露点温度以下，导致除尘器内构件粘灰和腐蚀。

4.7.3.6 供电装置

供电装置包括升压变压器、整流器和控制装置三个部分。电除尘器只有得到良好供电的情况下，才能获得高效率。随着供电电压的升高，电晕电流和电晕功率皆急剧增大，有效驱进速度和除尘效率也迅速提高。因此，为了充分发挥电除尘器的作用，供电装置应能提供足够的高电压并具有足够的功率。

4.7.4 影响电除尘器性能的主要因素

（1）静电除尘过程主要取决于电场强度的大小，它与除尘器所需的外加电压和电流的大小有关。在保证电极间电压不击穿的前提下，工作电压愈高，电场强度愈大，则除尘效果愈好。

（2）粉尘的比电阻是评价粉尘导电性能的一个指标。表面积为1cm^2，高为1cm粉尘层的电阻称比电阻R_b，经实测并按下式计算：

$$R_b = \frac{U}{I} \times \frac{F}{\delta} \tag{4-76}$$

式中 U——通过粉尘层的电压降，V；

I——通过粉尘层的电流，A；

F——粉尘层的横截面，cm^2；

δ——粉尘层厚度，cm。

比电阻$R_b \leqslant 10^4 \Omega \cdot cm$的粉尘，导电性好，在集尘极上容易释放电荷，失去极板吸力，以致发生二次扬尘，降低除尘效果；$R_b = 10^4 \sim 10^{11} \Omega \cdot cm$的粉尘是电除尘器能正常工作的粉尘，它以适当速度释放电荷，不致发生二次飞扬；$R_b \geqslant 10^{11} \Omega \cdot cm$的粉尘在集尘极能长久地保持其电荷，形成能带负电的粉尘层（负电晕时），它使粉尘的驱进速度降低，除尘效率也随之降低。

（3）电场中风速过大容易扬起积尘。

（4）电场中气流速度不均匀对除尘效率影响较大。

（5）除尘器主要部件的结构形式亦会影响除尘效果。电晕线、集尘极和振打清灰装置是电除尘器的主要部件。

4.7.5 电除尘器的设计计算

4.7.5.1 尘粒的驱进速度

荷电粒子在电场内受到的库仑力F_e为：

$$F_e = E \cdot q \tag{4-77}$$

式中 q——尘粒所带荷电量；

E——平均电场强度，V/m。

荷电粒子沿电场方向运动时要受到气流的阻力。气流阻力F_d为：

$$F_d = 3\pi\mu_g d_p \cdot \omega \tag{4-78}$$

式中 μ_g——空气的动力黏度，Pa · s；

d_p——尘粒直径，m；

ω——尘粒与气流在横向的相对运动，m/s。

当库仑力等于气流阻力时，尘粒在电场方向作等速运动，这时的尘粒运动速度为驱进速度。可用下式表示：

$$\omega = \frac{gE}{3\pi\mu_g d_p},\ \mathrm{m/s} \tag{4-79}$$

由此可见，尘粒驱进速度的大小与粒子荷电量、粒径、电场强度及气体黏度有关。特别值得提出的是，在不发生电场击穿的前提下，应尽量采用较高的工作电压，这样电场强度大，尘粒驱进速度也大。

4.7.5.2　除尘效率方程式

电除尘器的捕集效率与许多因素有关。多依奇在推导捕集效率方程时作了一系列基本的假设，主要有：

（1）电除尘器中的气流为紊流状态，通过除尘器任一横断面的尘粒浓度是均匀的。

（2）进入除尘器的尘粒立即达到饱和荷电。

（3）忽略气流分布不均匀和二次扬尘等影响。

在这些假设条件下多依奇提出通用的静电除尘效率 η 计算式为：

$$\eta = 1 - \frac{C_e}{C_i} = 1 - \exp\left(-\frac{A}{Q}\omega\right) \tag{4-80}$$

式中　C_e——电除尘器进口粉尘浓度，$\mathrm{mg/m^3}$；

C_i——电除尘器出口粉尘浓度，$\mathrm{mg/m^3}$；

A——集尘极面积，$\mathrm{m^2}$；

Q——气体流量，$\mathrm{m^3/s}$；

ω——尘粒的驱进速度，m/s。

从上式可知，除尘效率随极板面积和驱动速度的增加而增加，随流量的增加而降低。这一公式形式简单，应用比较广泛，可用此式计算除尘效率，亦可根据要求的效率计算除尘器的尺寸。重要的是确定正确的驱进速度，采用理论计算的驱进速度，计算的效率偏高，故多选用经验的有效驱进速度。

4.7.5.3　收尘极和电场断面积的确定

由于理想假定与实际的偏离，使得理论方程式计算的捕集效率要比实际高得多。但是理论方程式概括地说明了捕集效率与几个主要因素间的关系。为了能够在实际中应用这一方程进行计算，引入有效驱进速度 ω_p 的概念，它是根据在一定的除尘器结构形式和运行条件下测得的捕集效率值，代入多依奇方程反算出的驱进速度值。对于不同类型的粒子，可以求得相应的 ω_p。在工业电除尘器中，有效驱进速度值的大致范围为 0.02 ~ 0.2m/s，而理论计算的驱进速度值一般要比实测得到的有效驱进速度增大 2 ~ 10 倍。设计和选用类似电除尘器时，以 ω_p 为依据，将式（4-80）中的 ω 用 ω_p 来代替，即采用下列方程：

$$\eta = 1 - \frac{C_e}{C_i} = 1 - \exp\left(-\frac{A}{Q}\omega_p\right) \tag{4-81}$$

已知有效驱进速度后，可以根据设计对象所要求达到的除尘效率和处理风量，按下式算出必须的收尘面积，然后对除尘器进行布置和设计（或选型）。

电场断面积可按下式计算：

$$F = \frac{Q}{u},\ \mathrm{m^2} \tag{4-82}$$

$$A = \frac{Q}{\omega_p}\ln(1 - \eta) \tag{4-83}$$

式中 u——电场风速，m/s。

电场风速（电除尘器内气体的运动速度）的大小对电除尘器的造价和效率都有很大影响。风速低，除尘效率高，但除尘器体积大，造价增加；风速过大容易产生二次扬尘，使除尘效率低。根据经验，电场风速最高不宜超过 1.5 ~ 2.0m/s。除尘效率要求高的电除尘器不宜超过 1.0 ~ 1.5m/s。

4.8 颗粒层除尘器

颗粒层除尘器具有高温、耐磨损、耐腐蚀、不燃不爆、除尘能力不受粉尘比电阻影响等特点，克服了袋式除尘器和电除尘器的一些缺点，被认为是一种很有发展前途的工业高温除尘器。目前，颗粒层除尘器的不足之处是它的压力损失较大和清灰装置较复杂。

4.8.1 颗粒层除尘器的工作原理

颗粒层除尘器是利用颗粒状物料（如硅石、砾石等）作为填料层的一种内部过滤式除尘装置。其滤尘机理与袋式除尘器相似，主要靠惯性、拦截及扩散作用等，使粉尘附着于颗粒状滤料及其他粉尘表面上。因此，过滤效率随颗粒层厚度及其上沉积的粉尘层厚度的增加而提高，但压力损失也随之提高。

图 4-37 为一种塔式多层重迭式颗粒层除尘器。含尘气体由进口进入，大尘粒经沉降室沉降，细尘粒经颗粒层过滤，净化后的气体排至大气。当颗粒层容尘量较大时，用电动推杆阀门（或气缸阀门）开启反吹气进口，关闭排气口。反吹气进入后，经下筛网，使颗粒层均匀沸腾，以达到反吹清灰的目的。聚集的大尘粒沉积于灰斗，定期排放。余下的细尘粒通过其余的颗粒层过滤。两水平层之间用隔板隔开。除尘器的过滤层数可根据处理烟气量而定。烟气量大时，可以将多台除尘器并联使用。

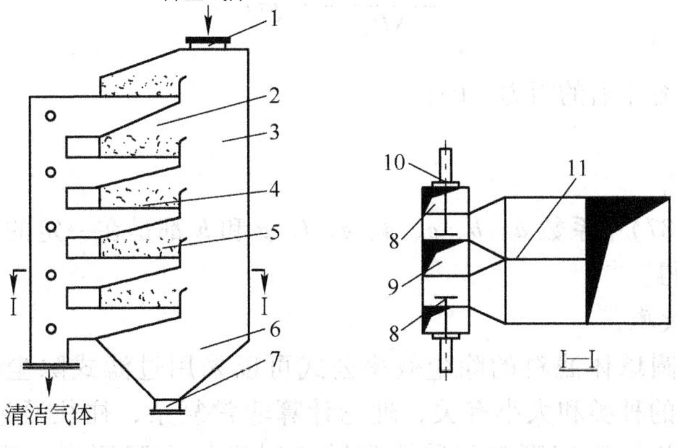

图 4-37 塔式多层重迭式颗粒层除尘器示意图

1—进气口；2—沉降室；3—过滤空间；4—颗粒层；5—下筛网；6—灰斗；7—排灰斗；8—反吹风口；9—净气口；10—阀门；11—隔板

4.8.2 颗粒层除尘器的性能

4.8.2.1 过滤阻力

砂层过滤阻力随过滤风速的增大、层厚增加、粒径变小和容尘量的增加而增大。为了保证所需净化效率而使过滤阻力较低，从而降低设备运行费用，应注意选用适宜的参数。

（1）空载颗粒层过滤阻力与流速的关系。随着过滤流速的增大，过滤阻力也增大，呈线性关系，即

$$\Delta P_0 = 9.8au^b \tag{4-84}$$

式中　ΔP_0——空载颗粒过滤阻力，Pa；

a、b——常数；

u——过滤风速，m/s。

（2）空载颗粒层过滤阻力与砂层厚度的关系。在一定的过滤风速及颗粒层粒径情况下，颗粒层过滤阻力随着砂层厚度的增加而增大，呈线性关系，即

$$\Delta P_0 = c + dL \tag{4-85}$$

式中　c——截距；

d——斜率；

L——颗粒层厚度，mm。

（3）空载颗粒层过滤阻力与砂子粒径的关系。在一定过滤风速和砂层厚度下，颗粒层过滤阻力与砂子粒径的关系为：

$$\Delta P_0 = ed_s^f \tag{4-86}$$

式中　e、f——常数；

d_s——砂子粒径，mm。

（4）空载颗粒层过滤阻力与容尘量的关系：

$$\frac{\Delta P - \Delta P_0}{\Delta P_0} = gm^h \tag{4-87}$$

式中　ΔP——颗粒层容尘后的阻力，Pa；

g、h——常数；

m——容尘量。

式(4-84)～式(4-87)中系数 a、b、c、d、e、f、g 和 h 都是在一定的条件下，测定有关数据，用回归分析法求得。

4.8.2.2　除尘效率

计算理想的均匀圆球体滤料的除尘效率公式可以采用过滤式除尘器的有关公式计算。然后除尘效率与滤料的种类和大小有关，理论计算非常复杂，往往通过实际测量的方法求得。有关单位对烧结机尾采用颗粒层除尘器除尘时进行实际测定，测定时取进口浓度为 40g/(m^3·N)，过滤时间为 3min，选取砂子粒径为 0.9～1.25mm，层厚为 50 和 100mm，过滤风速为 15～20m/min 情况下，其除尘效率均可达 99.8% 以上，排出口粉尘浓度低于 100mg/(m^3·N)。

4.8.3　影响颗粒层除尘器性能的因素

颗粒滤料的种类、粒径、厚度及过滤风速的选取，是直接影响颗粒层除尘器的净化效率和阻力的主要参数。

4.8.3.1 滤料

从原则上说各种颗粒材料都可以作为颗粒层除尘器的滤料，但要结合具体条件加以选择。根据测定理想的球体，特别是表面光滑的球体的除尘效率要比形状不规则的物料低，因此在实际应用中，可选用形状不规则、表面粗糙的滤料。

根据实际应用条件，滤料应具有相应的耐高温和耐腐蚀性能，颗粒滤料的耐温性能也决定了颗粒层除尘器可净化高温烟气的温度值。同时要具有一定的机械强度，避免在清灰过程中被破碎，造成滤料的损失，影响除尘效果。

可用作颗粒层除尘器的滤料很多，如硅石、卵石、煤块、炉渣、金属屑、玻璃屑、塑料等。目前，常采用硅石作滤料，硅石的耐磨性、耐腐蚀性和耐热性都很强。并且来源广，价格也便宜。

4.8.3.2 滤料粒径

滤料颗粒的大小对除尘效率有很大影响。颗粒愈细，除尘效率愈高，但气流阻力也愈大，而且滤层的容尘能力也较差。相反，随着滤料颗粒直径的增加，颗粒间间隙也大，粉尘穿透性能增强，滤层的容尘能力随之增加，但过粗的滤料将使除尘效率下降。

实际使用的硅石颗粒度是不均匀的。为此采用“颗粒平均当量直径”概念来描述整个颗粒层粒度状况，即

$$\frac{1}{D}=\sum_{i=1}^{n}\frac{x_i}{d_i}=\frac{x_1}{d_1}+\frac{x_2}{d_2}+\cdots+\frac{x_n}{d_n} \tag{4-88}$$

式中 D——颗粒的平均当量直径，mm；

x_1、x_2、…、x_n——分别是通过 d_1、d_2、…、d_n 筛孔的颗粒重量百分数。一般取硅石平均当量直径为1～2.5mm。

4.8.3.3 滤料层厚度

较厚的滤料层可以获得较高的除尘效率，但阻力也相应增加，因此在某些情况下，在风机风压允许范围内，可以通过增加滤料层厚度来提高除尘效率。一般来说滤料层愈厚，除尘效率愈高，但气流阻力也愈大，而且反洗时需要的风压也愈高。硅石颗粒层厚度一般取100～200mm。

4.8.3.4 过滤风速

过滤风速的变化对各种捕尘机理的影响不完全一样。一般来说，风速越高，扩散、重力、截留等效应都有所降低，而惯性效应提高。惯性效应仅对大尘粒有效，而在高风速的情况下，大尘粒的反弹和二次冲刷也加剧，使效率降低，故风速的增加会导致效率的降低、阻力的增加。在目前采用的阻力范围内（1000～1500Pa），风速可取0.3～0.8m/s。

4.8.4 颗粒层除尘器的分类

随着颗粒层除尘器的发展，出现了许多新的形式。根据颗粒层除尘器的不同特点，可以按如下分类。

4.8.4.1 按颗粒床层的位置分

可以分为垂直床层和水平床层两种。垂直床层颗粒层除尘器是将颗粒滤料垂直放置，两侧用滤网和百叶片夹持，以防粒料飞出，而气流则水平通过。水平床层颗粒层除尘器是将颗粒滤料置于水平的筛网或筛板上，铺设均匀，保证一定料层厚度，气流一般都由上而下，使床层处

于固定状态，有利于提高除尘效率。

4.8.4.2　按颗粒床层的性质分

可以分为固定床、移动床和流化床。固定床为过滤过程中床层固定不动的床层。通常的颗粒层除尘器中均采用固定床。移动床为过滤过程中床层不断移动的床层，已黏附粉尘的滤料不断排出，代之以新滤料。垂直床层的颗粒尘除尘器，一般都采用移动床。移动床又可分为间歇移动床和连续移动床两种。流化床为在过滤过程中床层呈流化状态的床层，采用较少。

4.8.4.3　按清灰方式分

可以分为不再生（或器外再生）、振动加反吹风清灰、耙子加反吹风清灰、沸腾反吹风清灰等。不再生的滤料用于移动床，将已黏附粉尘的滤料从除尘器内排出后，用作其他用途或废弃。在有些情况下滤料排出后在除尘器外进行清灰，然后重新装入到过滤器中使用。

4.8.4.4　按层床的数量分

可以分为单层和多层颗粒层除尘器。国外一般都为单层结构，最多也只是两层床层的，而我国的颗粒层除尘器已发展到十多层，从而可大大节约占地面积，为推广采用这种除尘器创造了条件。

4.8.5　颗粒层除尘器的结构形式

颗粒层除尘器的结构形式很多，下面介绍几种常用的典型形式。

4.8.5.1　移动床颗粒层除尘器

移动床颗粒层除尘器主要是利用滤料颗粒在重力作用下向下移动以达到更换滤料的目的。因此这种除尘器一般都采用垂直床层。根据气流的方向与颗粒移动的方向可分为平行流式（两者的方向平行）以及交叉流式（气流为水平方向，与颗粒层垂直交叉）。目前采用较多的是交叉流式，但平行流式也开始用于工业除尘。

交叉流颗粒层除尘器是移动床的最简单和最早的一种形式，在两层筛网或百叶的夹持下保持一定的床层厚度，颗粒因重力作用而向下移动。当含尘气流通过颗粒层时，气体得到净化。过滤的颗粒层可以作成板式，例如将其设在扩大的管道中，也可以作成筒状，气流由筒内通过过滤层向筒外流，或以相反的方向由筒外进入筒内。这种形式的颗粒层除尘器的优点是结构简单、层厚均匀。

图 4-38 为交叉流碎石颗粒层除尘器的一种形式。干净的滤料装入上部料斗 1 中，通过回转给料器 2 送入到过滤层 3 及 4 中。含尘气流水平通过过滤层 3、4，使气体得到净化。黏附有粉尘的滤料在重力作用下向下移动，通过下部回转给料器 5 排出。

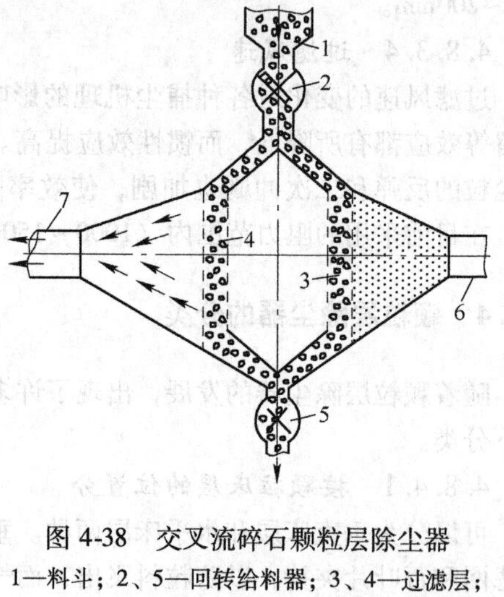

图 4-38　交叉流碎石颗粒层除尘器

1—料斗；2、5—回转给料器；3、4—过滤层；6—进气管；7—排气管

4.8.5.2　耙式颗粒层除尘器

颗粒层除尘器（振动层过滤器）的结构形式如图 4-39 所示。该除尘器由多个并列的除尘器组成，并由进气管和排气管将其相互连接。

含尘气体进入除尘器底部，自下而上流过过滤层，使粉尘阻留在过滤层中，净气经截止阀后由排气管道排出。当颗粒层反吹清灰时，将排气阀门关闭，开启反吹空气阀及振动电动机，过滤箱即处于振动状态，使黏附于石英颗粒上的粉尘随反吹气流由上而下落入集尘室内，并经排尘机构排出。

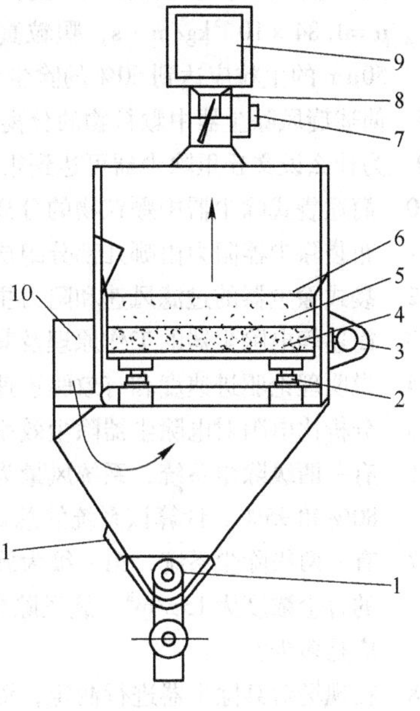

图 4-39 颗粒层除尘器

1—排尘机构；2—弹簧；3—振动电动机；4—钢销层；5—砂砾层；6—过滤箱；7—控制机构；8—吸气管；9—排气管道；10—含尘进气管；11—观察孔

4.8.5.3 沸腾式颗粒层除尘器

在耙式颗粒层除尘器中，由于有传动部件使结构复杂，增加了设备的维修工作。采用沸腾清灰可大大简化颗粒层除尘器的清灰机构。这种清灰的基本原理是从颗粒床层下部以足够流速的反吹空气经分布板鼓入过滤层中，使颗粒层呈流态化，颗粒间互相搓动，上下翻腾，使积于颗粒层中的灰尘从颗粒中离析和夹带出去，达到清灰的目的。反吹停止，料层的表面应保持平整均匀，以保证过滤效率。

由此可见，影响沸腾清灰的主要因素是反吹风速。风速过低，达不到沸腾目的，太高则可能把颗粒吹出。因此，存在一个使颗粒层达到流化的最低反吹风速，此速度称临界流化风速，可通过实际测量得到。

为克服颗粒层除尘器所存在的问题和根据流态化鼓泡原理，研制了沸腾式颗粒层除尘器，其结构和除尘过程如图 4-37 所示。

复 习 题

4-1 粉尘有哪些物理化学性质？

4-2 单一粉尘粒径定义有几种方法？

4-3 什么是粒子的粒径分布，其表示方法有几种？并写出常用的粒径分布函数。

4-4 某矿物产生的粉尘粒径分布如下表所示，请在表中计算粉尘的质量百分数、相对频率、筛上累计和筛下累计百分数，并绘制相应的分布图（其中粉尘密度取 2000kg/m^3）。

区 间	1	2	3	4	5	6	7	8
粒径/μm	0.6~1.2	1.2~1.8	1.8~2.6	2.6~3.0	3.0~3.4	3.4~3.8	3.8~4.4	4.4~5.0
平均粒径/μm	1.0	1.5	2.2	2.8	3.2	3.6	4.1	4.7
颗粒数/个	370	1110	3001	1800	770	399	108	48
质量/g								
质量百分数/%								
相对频率/%								
筛上累计/%								
筛下累计/%								

4-5 评价除尘器性能指标有哪些，它们之间有何关系？

4-6 什么是尘粒的最小分离直径和分割粒径？并写出相应的计算公式。

4-7　用一单层沉降室处理含尘气流，已知含尘气体流量 $Q=1.5m^3/s$，气体密度 $\rho=1.2kg/m^3$，气体黏度 $\mu=1.84\times10^{-5}kg/m\cdot s$，颗粒真密度 $\rho_p=2101.2kg/m^3$，沉降室宽度 $w=1.5m$，要求对粒径 $d_p=50\mu m$ 的尘粒应达到60%的除尘效率。试求沉降室的长度。

4-8　简述旋风除尘器中颗粒物的分离过程及其影响粉尘除尘效率的因素。

4-9　为什么说文丘里除尘器可达到很高的除尘效率？

4-10　简述袋式除尘器中颗粒物的分离过程及其影响粉尘除尘效率的因素。

4-11　布袋除尘器阻力由哪几部分组成，过滤风速与阻力的关系如何？绘出阻力与时间的关系曲线。

4-12　袋式除尘器的过滤风速和阻力主要受哪些因素影响？

4-13　简述静电除尘器的工作原理及其影响粉尘除尘效率的因素。

4-14　说明理论驱进速度和有效驱进速度的物理意义。

4-15　分析比电阻对电除尘器除尘效率的影响方式。

4-16　有一两级除尘系统，系统风量为 $2.22m^3/s$，工艺设备产尘量为 $22.2g/s$，除尘器的除尘效率分别为80%和95%，计算该系统的总效率和排放浓度。

4-17　有一两级除尘系统，第一级为旋风除尘器，第二级为电除尘器，处理一般的工业粉尘，已知起始的含尘浓度为 $15g/m^3$，旋风除尘器效率为85%，为了达到排放标准的要求，电除尘器的效率最少应是多少？

4-18　在现场对某除尘器进行测定，测得数据如下：除尘器进口含尘浓度为 $2800mg/m^3$、除尘器出口含尘浓度为 $200mg/m^3$，除尘器进口和出口的管道内粉尘的粒径频度分布为如下表所示。

粒径范围/μm	0～5	5～10	10～20	20～40	>40
除尘器前/%	20	10	15	20	35
除尘器后/%	78	14	7.4	0.6	0

计算该除尘器的全效率和分级效率。

4-19　有一重力沉降室长6m、高3m，在常温常压下工作，已知含尘气流的流速为0.5m/s，尘粒的真密度为 $2000kg/m^3$，计算除尘效率为100%时的最小捕集粒径。如果除尘器处风量不变，高度改为2m，除尘器的最小捕集粒径是否发生变化，为什么？

4-20　某脉冲袋式除尘器用于耐火材料厂破碎机除尘，耐火黏土粉尘的粒径大多在5μm左右，气体温度为常温，除尘器进口处空气含尘浓度低于 $20g/m^3$，确定该除尘器的过滤风速。

4-21　已知某电除尘器处理风量为 $12.2\times10^4m^3/h$，集尘极板集尘面积为 $648m^2$，除尘器进口处粒径分布如下表。

粒径范围/μm	0～5	5～10	10～20	20～30	30～40	>44
粒径分布/%	3	10	30	35	15	7

根据计算和测定：理论驱进速度 $\omega=3.95\times10^4d_c$（d_c 为粒径，m），有效驱进速度 $\omega_c=0.5\omega$，计算该电除尘器的除尘效率。

5 有害气体净化原理及装置

5.1 概述

为防治大气环境质量恶化，降低大气环境中气态污染物的浓度，达到环境空气质量标准，必须对排入大气中的气体状态污染物进行净化处理。在可能条件下，还应考虑回收利用，变害为宝。在对某些有害气体暂时还缺乏经济有效的处理方法情况下，要采用高烟窗排放，利用大气进行稀释，使地面附近有害气体浓度不超过《居住区大气中有害物质最高容许浓度》标准。但大气扩散稀释法是利用自然界大气本身所具有的扩散稀释能力，降低排向大气中气态污染物的浓度方法，这种控制方法是不能减少从污染源排向大气污染物的总量的。排入大气的有害气体净化方法主要有燃烧法、冷凝法、吸收法和吸附法；室内空气污染物的净化方法主要有吸附法、光催化法、非平衡等离子体法。

5.1.1 吸收法

吸收法是利用废气中不同组分在液体中具有不同溶解度的性质来分离分子状态污染物的一种净化方法。吸收法常用于净化含量为百万分之几百到几千的无机污染物，吸收法净化效率高，应用范围广，是气态污染物净化的常用方法。

5.1.2 吸附法

吸附法是利用多孔性固体吸附剂对废气中各组分的吸附能力不同，选择性地吸附一种或几种组分，从而达到分离净化目的。吸附法适用范围很广，可以分离回收绝大多数有机气体和大多数无机气体，尤其在净化有机溶剂蒸汽时，具有较高的效率。吸附法也是气态污染物净化的常用方法。

5.1.3 燃烧法

燃烧法是利用废气中某些污染物可以氧化燃烧的特性，将其燃烧变成无害物的方法。燃烧净化仅能处理那些可燃的或在高温下能分解的气态污染物，其化学作用主要是燃烧氧化，个别情况下是热分解。燃烧法只是将气态污染物烧掉，一般不能回收原有物质，但有时可回收利用燃烧产物。燃烧法可分为直接燃烧和催化燃烧两种。直接燃烧就是利用可燃的气态污染物作燃料来燃烧的方式；催化燃烧则是利用催化剂的作用，使可燃的气态污染物在一定温度下氧化分解的净化方法。

燃烧法的工艺简单，操作方便，现已广泛应用于石油工业、化工、食品、喷漆、绝缘材料等主要含有碳氢化合物（HC）废气的净化。燃烧法还可以用于CO、恶臭、沥青烟等可燃有害组分的净化。

5.1.4 冷凝法

冷凝法是利用物质在不同温度下具有不同的饱和蒸气压的性质，采用降低系统的温度或提高系统的压力，使处于蒸气状态的污染物冷凝并从废气中分离出来的过程。适用于净化浓度大的有机溶剂蒸气。还可以作为吸附、燃烧等净化高浓度废气时的预处理，以便减轻这些方法的负荷。

根据所使用的设备不同，可以将冷凝法流程分为直接冷凝和间接冷凝两种。冷凝法所用的设备主要分为表面冷凝器和接触冷凝器两大类。

5.1.5 催化转化法

催化转化法是利用催化剂的催化作用将废气中的气态污染物转化成无害的或比原状态更易去除的化合物，以达到分离净化气体的目的。根据在催化转化过程中所发生的反应，催化转化法可分为催化氧化法和催化还原法两类。催化氧化法是在催化剂的作用下，使废气中的气态污染物被氧化为无害的或更易去除的其他物质。催化还原法则是在催化剂的作用下，利用一些还原性气体，将废气中的气态污染物还原为无害物质。催化转化法常在各类催化反应器中进行。

5.1.6 非平衡等离子体法

非平衡等离子体法是采用气体放电法形成非平衡等离子体，可以分解气态污染物，并从气流中分离出微粒。净化过程分为预荷电集尘、催化净化和负离子发生等作用。其催化净化机理包括两个方面：一是在产生等离子体过程中，放电产生的瞬间，高能量打开某些有害气体分子化学键，使其分解成单质原子或无害分子；二是离子体中包含大量的高能电子、离子、激发态粒子和具有强氧化性的自由基，这些活性粒子的平均能量高于气体分子的键能，它们和有害气体分子发生频繁碰撞，打开气体分子的化学键，同时还产生大量 OH、HO_2、O 等自由基和氧化性极强的 O_3。它们与有害气体分子发生化学反应生成无害产物。

5.1.7 光催化转化法

光催化转化是基于光催化剂在紫外线照射下具有的氧化还原能力而净化污染物。由于光催化剂氧化分解挥发性有机物可利用空气中的 O_2 作氧化剂，而且反应能在常温、常压下进行，在分解有机物的同时还能杀菌和除臭，特别适合于室内挥发性有机物的净化。

本章主要介绍吸收和吸附的机理以及有关的设备。

5.2 吸收与吸附原理

5.2.1 吸收过程的理论基础

5.2.1.1 物理吸收和化学吸收

物理吸收一般没有明显的化学反应，可以看做是单纯的物理溶解过程，例如用水吸收氨。物理吸收是可逆的，解吸时不改变被吸收气体的性质。化学吸收则伴有明显的化学反应，例如，用碱溶液吸收二氧化硫。

$$SO_2 + 2NaOH = Na_2SO_3 + H_2O$$

化学吸收的效率要比物理吸收高，特别是处理低浓度气体时。要使有害气体浓度达到排放标准要求，一般情况下，简单的物理吸收是难以满足要求的，常采用化学吸收。由于化学吸收的机理较为复杂，本章主要分析物理吸收的某些机理，有关化学吸收的机理可参考有关资料。

5.2.1.2 浓度的表示方法

A 摩尔分数

摩尔分数是指气相或液相中某一组分物质的量与该混合气体或溶液的总物质的量之比：

液相
$$x_A = \frac{n_A}{n_A + n_B} \tag{5-1}$$
$$x_B = \frac{n_B}{n_A + n_B} \tag{5-2}$$

气相
$$y_A = \frac{n_A}{n_A + n_B} \tag{5-3}$$
$$y_B = \frac{n_B}{n_A + n_B} \tag{5-4}$$
$$n_A = \frac{G_A}{M_A} \tag{5-5}$$
$$n_B = \frac{G_B}{M_B} \tag{5-6}$$

式中 x_A、x_B——液相中组分 A、B 的摩尔分数；

y_A、y_B——气相中组分 A、B 的摩尔分数；

G_A、G_B——组分 A、B 的质量，kg；

M_A、M_B——组分 A、B 的相对分子质量；

n_A、n_B——组分 A、B 的物质的量。

B 摩尔比

在吸收操作中，被吸收气体称为吸收质，气相中不参与吸收的气体称为惰气，吸收用的液体称为吸收剂。由于惰气量和吸收剂量在吸收过程中基本上是不变的，以它们为基准表示浓度，对今后的计算比较方便。

液相
$$X_A = \frac{n_A}{n_B} = \frac{\text{液相中某一组分的物质的量}}{\text{吸收剂的物质的量}} \tag{5-7}$$
$$X_A = \frac{x_A}{1 - x_A} \tag{5-8}$$

气相
$$Y_A = \frac{n_A}{n_B} = \frac{\text{气相中某一组分的物质的量}}{\text{惰气的物质的量}} \tag{5-9}$$
$$Y_A = \frac{y_A}{1 - y_A} \tag{5-10}$$

式中 X_A——液相中组分 A 的比物质的量；

Y_B——气相中组分 B 的比物质的量。

[例 5-1] 已知氨水中氨的质量分数为 25%，求氨的摩尔分数和摩尔比。

[解] 氨的相对分子质量为 17，水的相对分子质量为 18

摩尔分数
$$x_{NH_3} = \frac{n_A}{n_A + n_B} = \frac{\frac{0.25}{17}}{\frac{0.25}{17} + \frac{0.75}{18}} = 0.26$$

摩尔比
$$X_{NH_3} = \frac{n_A}{n_B} = \frac{\frac{0.25}{17}}{\frac{0.75}{18}} = 0.352$$

5.2.1.3　吸收的气液平衡关系

在一定的温度、压力下，吸收剂和混合气体接触时，由于分子扩散，气相中的吸收质要向液体吸收剂转移，被吸收剂所吸收。同时溶液中已被吸收的吸收质也会通过分子扩散向气相转移，进行解吸。开始时吸收是主要的，随着吸收剂中吸收质浓度的增高，吸收质从气相向液相的吸收速度逐渐减慢，而液相向气相的解吸速度却逐渐加快。经过足够长时间接触，吸收速度与解吸速度达到相等，气相和液相中的组分就不再变化，此时气液两相达到相际动平衡，简称相平衡或平衡。在平衡状态下，吸收剂中的吸收质浓度达到最大，称为平衡浓度，或吸收质在溶液中的溶解度。某一种气体的溶解度除了与吸收质和吸收剂的性质有关外，还与吸收剂温度、气相中吸收质分压力有关。

溶液中吸收了某种气体后，由于分子扩散会在溶液表面形成一定的分压力，该分压力的大小与溶液中吸收质浓度（简称液相浓度）有关。该分压力的大小表示吸收质返回气相的能力，也可以说是反抗吸收的能力。当气相中吸收质分压力等于液面上的吸收质分压力时，气液达到平衡，把这时气相中吸收质的分压力称为该液相浓度（即溶解度）下的平衡分压力。试验结果表明，在一定的温度、压力下，气液两相处于平衡状态时，液相吸收质浓度与气相的平衡分压力之间存在着一定的函数关系，即每一个液相浓度都有一个气相平衡分压力与之对应。

图5-1是用水吸收氨时的气液平衡关系。从该图可以看出，$t=20℃$、气相中氨的分压力为10kPa时，每100g水中最大可以吸收10.4g氨。或者说，$t=20℃$，水中氨的溶解度为10.4g NH_3/100g H_2O时，其对应的气相平衡分压力为10kPa。从该图还可以看出，在气相吸收质分压力相同的情况下，吸收剂温度愈高，液相平衡浓度（溶解度）愈低。

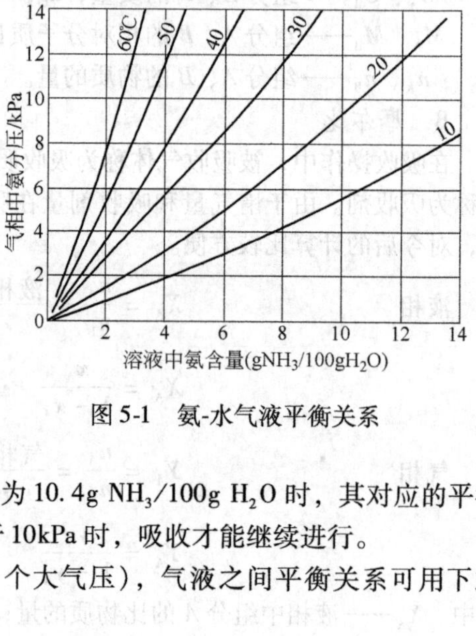

图5-1　氨-水气液平衡关系

综上所述，气体能否被液体所吸收，关键在于气相中吸收质分压力和与液体中吸收质浓度相对应的平衡分压力之间的相对大小。气相中吸收质分压力高于该液体对应的平衡分压力，吸收就能进行。例如$t=20℃$时用水吸收氨，水中氨的含量为10.4g NH_3/100g H_2O时，其对应的平衡分压力为10kPa，因此只有当气体中氨的分压力大于10kPa时，吸收才能继续进行。

对于稀溶液，气体总压力不高的情况（低于5个大气压），气液之间平衡关系可用下式表示：

$$P^* = Ex \tag{5-11}$$

式中　P^*——气相吸收质平衡分压力，atm或kPa；

x——液相中吸收质浓度（用摩尔分数表示）；

E——亨利常数，atm/mol或kPa/mol。

上式称为亨利定律。因通风排气中有害气体浓度较低，亨利定律完全适用。

某些工业上常见气体被水吸收时的亨利常数列于表5-1中。E值的大小反映了该气体吸收的难易程度。E值大，对应的气相平衡分压力P^*高（如CO、O_2等），难以吸收；反之，如SO_2、H_2S等则易于吸收。

在实际应用时，亨利定律还有其他的表达形式。

(1) 液相中吸收质浓度用 C ($kmol/m^3$) 表示：

$$P^* = \frac{C}{H} \quad 或 \quad C = HP^* \tag{5-12}$$

式中 C——平衡状态下液相中吸收质浓度（即气体溶解度），$kmol/m^3$；

H——溶解度系数，$kmol/(m^3 \cdot atm)$ 或 $kmol/(m^3 \cdot kPa)$。

H 值是随温度的上升而下降的。

表 5-1 某些气体在不同温度下被水吸收时的亨利常数 E (atm/mol)

温度/℃	10	20	30	40	50
CO	44000	53600	62000	69000	75000
O_2	33000	40000	47500	52000	58000
NO	22000	26400	31000	36000	39000
CO_2	1000	1450	1900	2300	2900
Cl_2	394	530	660	790	890
H_2S	370	480	610	730	890
SO_2	27	38	50	65	80

(2) 气液两相吸收质浓度用摩尔分数和摩尔比表示。平衡分压力 P^* 就是平衡状态下气相中吸收质分压力，根据道尔顿气体分压力定律，即

$$P = P_z y \tag{5-13}$$

式中 P——混合气体中吸收质分压力，atm 或 kPa；

P_z——混合气体总压力，atm 或 kPa；

y——混合气体中吸收质摩尔分数。

将式 (5-13) 代入式 (5-11) 得：

$$P_z y^* = Ex \quad 得 \quad y^* = \frac{E}{P_z}x \tag{5-14}$$

$$m = \frac{E}{P_z} \tag{5-15}$$

将式 (5-15) 代入式 (5-14) 得：

$$y^* = mx \tag{5-16}$$

式中 y^*——平衡状态下气相中吸收质的摩尔分数；

m——相平衡系数。

在通风工程中 P_z 近似等于当地大气压力。对于稀溶液，m 近似为常数。

根据式 (5-8) 和式 (5-10) 得：

$$x = \frac{X}{1-X} \tag{5-17}$$

$$y = \frac{Y}{1-Y} \tag{5-18}$$

将式 (5-17) 和式 (5-18) 代入式 (5-16)，转换后得：

$$Y^* = \frac{mX}{1+(1-m)X} \tag{5-19}$$

式中　Y^*——与液相浓度相对应的气相中吸收质相对惰气的平衡摩尔分数，%；

X——液相中吸收质相对吸收剂的摩尔分数，%。

对于稀溶液，液相中吸收质浓度很低（即 X 值相当小），公式（5-19）可以简化为：

$$Y^* = mX \tag{5-20}$$

如果将式（5-20）用图 5-2 表示，这条直（曲）线称为平衡线。已知气相中吸收质浓度 Y_A，可以利用该图查得对应的液相中吸收质平衡浓度 X_A^*；已知液相中吸收质浓度 X_A，可以由该图查得对应的气相吸收质平衡浓度 Y_A^*。m 值愈小，说明该组分的溶解度大，易于吸收，吸收平衡线较为平坦。

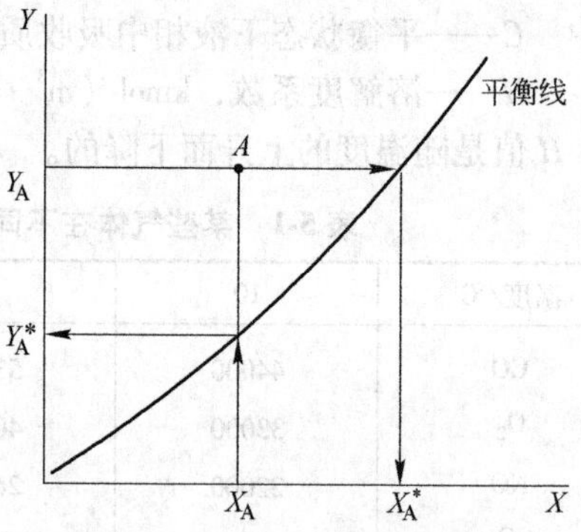

图 5-2　气液平衡关系

m 值是随温度的升高而增大的。掌握了气液平衡关系，可以帮助解决以下两方面的问题：

（1）在设计过程中判断吸收的难易程度。吸收剂选定以后，液相中吸收质起始浓度 X 是已知的，从平衡线可以查得与 X 相对应的气相平衡浓度 Y^*，如果气相中吸收质浓度（即被吸收气体的起始浓度）$Y > Y^*$，说明吸收可以进行，$\Delta Y = (Y - Y^*)$ 愈大，吸收愈容易进行。把 ΔY 称为吸收推动力，吸收推动力小，吸收难以进行，必须重新选定吸收剂。

（2）在运行过程中判断吸收已进行到什么程度。在吸收过程中，随液相中吸收质浓度的增加，气相平衡浓度 Y^* 也会不断增加，如果发现 Y^* 已接近气相中吸收质浓度 Y，说明吸收推动力 ΔY 已很小，吸收难以继续进行，必须更换吸收剂，降低 Y^*，吸收才能继续进行。

[例 5-2]　求 $P^* = 1\text{atm} = 101325\text{Pa}$、$t = 20℃$ 时二氧化硫和水的气液平衡关系。

[解]　由表 5-1 查得 $t = 20℃$ 时，$E = 38\text{atm} = 38 \times 101325\text{Pa}$

相平衡系数　$$m = \frac{E}{P_z} = 38$$

气液平衡关系为　$$P^* = 38x \quad 或\ Y = 38X$$

[例 5-3]　某排气系统中 SO_2 的浓度 $y_{SO_2} = 50\text{g/m}^3$，用水吸收 SO_2，吸收塔在 $t = 20℃$、$P_z = 1\text{atm}$ 的工况下工作，求水中可能达到的最大 SO_2 浓度。

[解]　SO_2 的相对分子质量为：

$$M_{SO_2} = 64$$

每立方米混合气体中 SO_2 所占体积：

$$V_{SO_2} = \left(50 \times 10^{-3} \times \frac{22.4}{64}\right) = 0.0175 \quad \text{m}^3$$

SO_2 摩尔比：

$$Y_{SO_2} = \frac{0.0175}{1 - 0.0175} = 0.0178$$

平衡状态下的液相浓度即为最大浓度。查表 5-1 得，$m = 38$

液相中 SO_2 最大浓度（摩尔比）：

$$X_{SO_2}^* = \frac{Y_{SO_2}}{m} = \frac{0.0178}{38} = 0.00047$$

5.2.2 吸收过程的机理

研究吸收过程的机理是为了掌握吸收过程的规律，并运用这些规律去强化和改进吸收操作。由于吸收过程涉及的因素较为复杂，目前尚缺乏统一的理论足以完善地反映相间传质的内在规律。下面对目前应用较广的双膜理论作一简要介绍。双膜理论适用于一般的吸收操作和具有固定界面的吸收设备（如填料塔等）。

5.2.2.1 双膜理论的基本点

（1）气液两相接触时，它们的分界面叫做相界面。在相界面两侧分别存在一层很薄的气膜和液膜，如图5-3所示，膜层中的流体均处于滞流（层流）状态，膜层的厚度是随气液两相流速的增加而减小的。吸收质以分子扩散方式通过这两个膜层，从气相扩散到液相。

（2）两膜以外的气液两相叫做气相主体和液相主体。主体中的流体都处于紊流状态，由于对流传质，吸收质浓度是均匀分布的，因此传质阻力很小，可以略而不计。吸收过程的阻力主要是吸收质通过气膜和液膜时的分子扩散阻力，对不同的吸收过程气膜和液膜的阻力是不同的。

（3）不论气液两相主体中吸收质浓度是否达到平衡，在相界面上气液两相总是处于平衡状态，吸收质通过相界面时的传质阻力可以略而不计，这种情况叫做界面平衡。界面平衡并不意味着气液两相主体已达到平衡。

图5-4是双膜理论的吸收过程示意图，Y_A、X_A分别表示气相和液相主体的浓度，Y_i^*、X_i^*分别表示相界面上气相和液相的浓度。因为在相界面上气液两相处于平衡状态，Y_i^*、X_i^*都是平衡浓度，即$Y_i^* = mX_i^*$。当气相主体浓度$Y_A > Y_i^*$时，以$Y_A - Y_i^*$为吸收推动力克服气膜阻力，从a到b，在相界面上气液两相达到平衡，然后以$X_i^* - X_A$为吸收推动力克服液膜阻力，从b'到c，最后扩散到液相主体，完成了整个吸收过程。

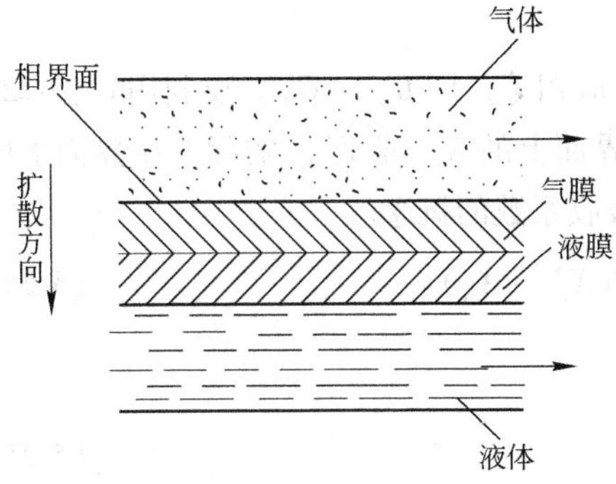

图5-3 双膜理论示意图

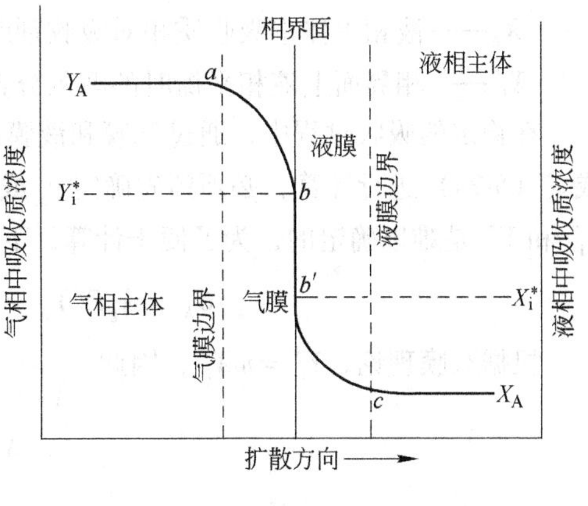

图5-4 双膜理论的吸收过程

根据以上假设，复杂的吸收过程被简化为吸收质以分子扩散方式通过气液两膜层的过程。通过两膜层时的分子扩散阻力就是吸收过程的基本阻力，吸收质必须要有一定的浓度差，才能克服这个阻力进行传质。

根据流体力学原理，流速越大，膜层厚度越薄，因此增大流速可减小扩散阻力、增大吸收速率。实践证明，在流速不太高时，上述论点是符合实际的。当流体的流速较高时，气、液两相的相界面处在不断更新的过程中，即已形成的界面不断破灭，新的界面不断产生。界面更新对改善吸收过程有着重要意义，但双膜理论却未考虑。因此，双膜理论在实际应用时，有一定的局限性。

5.2.2.2　吸收速率方程式

前面所述的气液平衡关系，是指气液两相长时间接触后，吸收剂所能吸收的最大气体量。在实际的吸收设备中，气液的接触时间是有限的，因此，必须确定单位时间内吸收剂所吸收的气体量，我们把这个量称为吸收速率。吸收速率方程式是计算吸收设备的基本方程式。

与对流传热相类似，单位时间从气相主体转移到界面的吸收质量用下式表示：

$$G_A = k'_g F(P_A - P_i^*) \tag{5-21}$$

式中　G_A——单位时间通过气膜转移到界面的吸收质量，kmol/s；

F——气液两相的接触面积，m^2；

P_A——气相主体中吸收质分压力，kPa；

P_i^*——相界面上吸收质的分压力，kPa；

k'_g——以（$P_A - P_i^*$）为吸收推动力的气膜吸收系数，kmol/(m² · kPa · s)。

为便于计算，式（5-21）中的吸收推动力以摩尔比表示时，该式可写为：

$$G_A = k_g F(Y_A - Y_i^*) \tag{5-22}$$

式中　Y_A——气相主体中吸收质相对惰气的摩尔分数，%；

Y_i^*——相界面上的气相平衡时的摩尔分数，%；

k_g——以 ΔY 为吸收推动力的气膜吸收系数，kmol/(m² · s)。

同理，单位时间通过液膜的吸收质量（kmol/s）：

$$G'_A = k_l F(X_i^* - X_A) \tag{5-23}$$

式中　k_l——以 ΔX 为吸收推动力的液膜吸收系数，kmol/(m² · s)；

X_A——液相主体中吸收质相对吸收剂摩尔分数，%；

X_i^*——相界面上液相平衡时的摩尔分数，%。

在稳定的吸收过程中，通过气膜和液膜的吸收质量应相等，即 $G_A = G'_A$。要利用式(5-22)或式（5-23）进行计算，必须预先确定 k_g 或 k_l 以及相界面上的 X_i^* 或 Y_i^*。实际上相界面上的 X_i^* 和 Y_i^* 是难以确定的，为了便于计算，下面提出总吸收系数的概念。

$$G_A = k_g F(Y_A - Y_i^*) = k_l F(X_i^* - X_A) \tag{5-24}$$

根据双膜理论，$Y_i^* = mX_i^*$，因此

$$X_i^* = \frac{Y_i^*}{m} \tag{5-25}$$

由于 $Y_A^* = mX_A$，所以

$$X_A = \frac{Y_A^*}{m} \tag{5-26}$$

式中　Y_A^*——与液相主体浓度 X_A 相对应的气相吸收质与惰气平衡的摩尔分数，%。

将式（5-25）和式（5-26）代入式（5-24）得：

$$G_A = k_g F(Y_A - Y_i^*) = k_l F\left(\frac{Y_i^*}{m} - \frac{Y_A^*}{m}\right) \tag{5-27}$$

所以 $$Y_A - Y_i^* = \frac{G_A}{k_g F} \tag{5-28}$$

$$Y_i^* - Y_A^* = \frac{G_A}{\frac{k_l}{m}F} \tag{5-29}$$

将上面两式相加：

$$Y_A - Y_A^* = \frac{G_A}{F}\left(\frac{1}{k_g} + \frac{m}{k_l}\right)$$

$$\frac{G_A}{F} = \frac{1}{\left(\frac{1}{k_g} + \frac{m}{k_l}\right)}(Y_A - Y_A^*) \tag{5-30}$$

令 $$\frac{1}{\left(\frac{1}{k_g} + \frac{m}{k_l}\right)} = K_g \tag{5-31}$$

将式（5-31）代入式（5-30）得：

$$G_A = K_g(Y_A - Y_A^*)F \tag{5-32}$$

式中 K_g——以 $(Y_A - Y_A^*)$ 为吸收推动力的气相总吸收系数，$kmol/(m^2 \cdot s)$。

同理，可以推导出以下公式：

$$K_l = \frac{1}{\left(\frac{1}{mk_g} + \frac{1}{k_l}\right)} \tag{5-33}$$

$$G_A = K_l(X_A^* - X_A)F \tag{5-34}$$

式中 X_A^*——与气相主体浓度 Y_A 相对应的液相吸收质与吸收剂平衡的摩尔分数,%；

K_l——以 $(X_A^* - X_A)$ 为吸收推动力的液相总吸收系数，$kmol/(m^2 \cdot s)$。

式（5-32）和式（5-34）就是吸收速率方程式，这两个公式算出的结果是一样的。类似于传热过程的热阻，把吸收系数的倒数称为吸收阻力。

$$\frac{1}{K_g} = \frac{1}{k_g} + \frac{m}{k_l} \tag{5-35}$$

$$\frac{1}{K_l} = \frac{1}{mk_g} + \frac{1}{k_l} \tag{5-36}$$

式中的 $\frac{1}{K_g}\left(或\frac{1}{K_l}\right)$ 称为总吸收阻力，$\frac{1}{k_g}$ 称为气膜吸收阻力，$\frac{1}{k_l}$ 称为液膜吸收阻力。通过上式可以看出，气体的相平衡系数 m 较小时，$\frac{m}{k_l}$ 很小可以忽略而不计，此时 $K_g \approx k_g$，这说明吸收过程的阻力主要是气膜阻力，计算时用式（5-32）较为方便。m 值较大时，$\frac{1}{mk_g}$ 很小可以忽略而不计，此时 $K_l \approx k_l$，说明吸收过程的阻力主要是液膜阻力，计算时用式（5-34）较为方便。

在设计和运行过程中，如能判别吸收过程的阻力主要在哪一方面，会给设备的选型、设计和改进带来很多方便。某些吸收过程的经验判别，如表5-2所示。

表5-2　部分吸收过程中膜控制情况

气膜控制	液膜控制	气、液膜控制
1. 水或氨水吸收氨	1. 水或弱碱吸收二氧化碳	1. 水吸收二氧化硫
2. 浓硫酸吸收三氧化硫	2. 水吸收氧气	2. 水吸收丙酮
3. 水或稀盐酸吸收氯化氢	3. 水吸收氯气	3. 浓硫酸吸收二氧化氮
4. 酸吸收5%氨		4. 水吸收氨①
5. 碱或氨水吸收二氧化硫		5. 碱吸收硫化氢
6. 氢氧化钠溶液吸收硫化氢		
7. 液体的蒸发或冷凝		

①用水吸收氨，过去认为是气膜控制，经实验测知液膜阻力占总阻力的20%。

从上面的分析可以看出，要强化吸收过程可以通过以下途径实现：

（1）增加气液的接触面积；

（2）增加气液的运动速度，减小气膜和液膜的厚度，降低吸收阻力；

（3）采用相平衡系数小的吸收剂；

（4）增大供液量，降低液相主体浓度 X_A，增大吸收推动力。

5.2.3　吸附原理和特性

在日常生活中，经常利用某些固体物质去吸附气体，例如，在精密天平或其他的精密仪表中放上一袋硅胶可以去除空气中的水蒸气，这种现象称为吸附。具有较大吸附能力的固体物质称为吸附剂，被吸附的气体称为吸附质。

5.2.3.1　吸附原理

吸附过程是通过吸附剂表面的分子进行的。单位质量吸附剂具有总表面积（m^2/kg）称为吸附剂的比表面积，比表面积愈大，吸附的气体量愈多。例如，工业上应用较多的吸附剂——活性炭，其比表面积为 $100m^2/kg$。吸附过程分为物理吸附和化学吸附两种，在吸附过程中，当吸附剂和吸附质之间的作用力是范德华力（或静电引力）时称为物理吸附；当吸附剂和吸附质之间的作用力是化学键时称为化学吸附。

物理吸附的特点是：

（1）吸附剂和吸附质之间不发生化学反应；

（2）吸附过程进行较快，参与吸附的各相之间迅速达到平衡；

（3）物理吸附是一种放热过程，其吸附热较小，相当于被吸附气体的升华热，一般为20kJ/mol左右；

（4）吸附过程可逆，无选择性。因此，采用物理吸附时，吸附剂的再生，吸附质的回收比较容易。

吸附剂的物理吸附量是随气体温度的下降，比表面积的增加而增加的。由于分子间的吸引力是普遍存在的，一种吸附剂可以同时吸附多种气体。活性炭对不同气体的吸附量如表5-3所示。

表 5-3 $t=15℃$, $p=101325Pa$ (1atm) 时活性炭对各种单一气体的吸附量

气 体	吸附量/$cm^3 \cdot g^{-1}$	沸点/℃	气 体	吸附量/$cm^3 \cdot g^{-1}$	沸点/℃
SO_2	380	-10	CO_2	48	-78
NH_3	181	-33	CH_4	16	-164
H_2S	99	-62	CO	9	-190
HCl	72	-83	O_2	8	-182
N_2O	54	-90	N_2	8	-195
C_2H_2	49	-84	H_2	5	-252

从表 5-3 可以看出，同一种吸附剂对不同气体的吸附量是与该气体的沸点成正比，即气体的沸点愈高愈容易吸附，掌握这一规律，有利于确定有害气体的吸附净化方案。

化学吸附的特点是：

(1) 吸附剂和吸附质之间发生化学反应，并在吸附剂表面生成一种化合物；

(2) 化学吸附过程一般进行缓慢，需要很长时间才能达到平衡；

(3) 化学吸附也是放热过程，但吸附热比物理吸附热大得多，相当于化学反应热，一般在 84 ~ 417kJ/mol；

(4) 具有选择性，常常是不可逆的。

在实际吸附过程中，物理吸附和化学吸附一般同时发生，低温时主要是物理吸附，高温时主要是化学吸附。

活性炭是目前应用较多的一种吸附剂，用于气体净化的活性炭是以煤粉等为原料，煤焦油作调和剂，成型后经干燥、炭化、活化等工序制成。活化后的活性炭经过筛就成了 $\phi=1.5mm$、$l=2 \sim 4mm$ 的圆柱形粒状炭。这种炭能有效吸附各种有害气体，例如苯、二甲苯、汽油、氯气以及二硫化碳等。

5.2.3.2 吸附特性

吸附剂吸附一定量的气体后，会达到饱和，达到饱和时单位质量吸附剂所吸附的气体量称为吸附剂的静活性。气体流过固定的吸附层时，从开始吸附，到气体出处出现吸附质时为止，单位质量吸附剂平均吸附的气体量称为吸附剂的动活性。

在固定的吸附器内，吸附质浓度沿吸附层的变化如图 5-5 所示。该图的纵坐标是气体中吸附质浓度，横坐标是吸附层厚度 l。开始时，吸附质浓度按曲线 A 变化，在 b 点吸附质浓度已降到零，只有 Ob 这一层吸附剂在进行工作。经过一段时间后，Oa 内的吸附剂已全部饱和，吸附质浓度曲线向前移动，按 B 变化。再经过一段时间，浓度曲线由 B 移到 C，在吸附器出口开始出现吸附质，这种现象称为穿透。从开始工作到出现穿透，每千克吸附剂平均吸附的气体量称为吸附剂的动活性。从图 5-5 可以看出，当吸附器出口处出现吸附质时，吸附剂内总会有部分吸附剂尚未达到饱和（如 cf 层），因此，吸附器内吸附剂的动活性总要比静活性小。

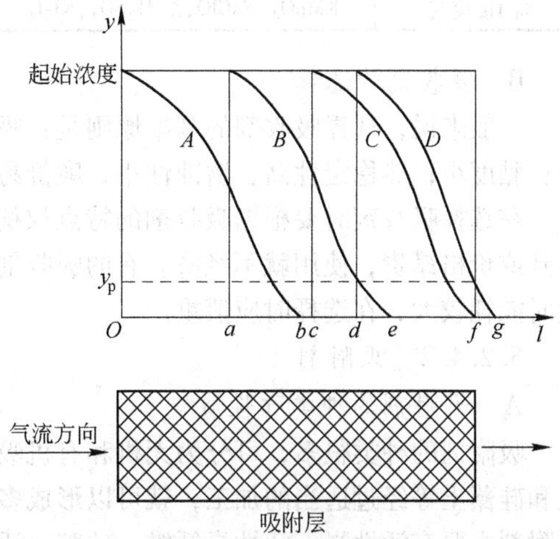

图 5-5 吸附器内吸附质浓度变化曲线

吸附器穿透后，出口处的吸附质浓度会迅速增加，但是，只要不超过排放标准，吸附剂仍可继续使用。当浓度曲线移到 D 时，出口处吸附质浓度已等于规定的容许排空浓度 y_p，这时吸附器应停止工作，吸附剂进行更换或再生。

吸附器内气体的平均流速以及吸附器断面上的速度分布对浓度曲线的变化有很大影响。气体的流速低，有害气体在吸附器内停留的时间长，吸附剂可以充分进行吸附，因此，吸附质浓度曲线比较陡直。气体的流速高，有害气体在吸附器内停留的时间短，吸附剂没有充分发挥作用，因此，浓度曲线比较平缓。如果吸附器断面上的流速分布不均匀，流速高的局部地点会很快出现穿透，影响整个吸附器的继续使用。浓度曲线平缓说明吸附器穿透时，还有较多的吸附剂没有达到饱和。设计吸附器时，希望浓度曲线尽量陡直，其动活性应不小于静活性75%～80%。

5.2.4　吸收剂和吸附剂的要求

5.2.4.1　吸收剂

A　常用的吸收剂

水是常用的吸收剂，用水吸收可以除去废气中的 SO_2、HF、NH_3、HCl 及煤气中的 CO_2 等。碱金属和碱土金属的盐类、铵盐等属于碱性吸收剂，由于它能与 SO_2、HF、HCl、NO_x 等气体发生化学反应，从而使吸收能力大大增强。硫酸、硝酸等属于酸性吸收剂，可以用来吸收 SO_3、NO_x 等。表5-4列出了工业上净化有害气体所用的吸收剂。

表5-4　常用气体的吸收剂

有害气体	吸收过程中所用的吸收剂
SO_2	H_2O, NH_3, NaOH, Na_2CO_3, Na_2SO_3, $Ca(OH)_2$, $CaCO_3/CaO$, 碱性硫酸铝, MgO, Zn, MnO
NO_x	H_2O, NH_3, NaOH, Na_2SO_3, $(NH_4)_2SO_3$, $FeSO_2$-EDTA
HF	H_2O, NH_3, Na_2CO_3
HCl	H_2O, NaOH, Na_2CO_3
Cl_2	NaOH, Na_2CO_3, $Ca(OH)_2$
H_2S	NH_3, Na_2CO_3, 乙醇胺, 环丁砜
含 Pb 废气	CH_3COOH, NaOH
含 Hg 废气	$KMnO_4$, NaClO, 浓 H_2SO_4, KI-I_2

B　吸收剂的选择

一般来说，选择吸收剂的基本原则是：吸收容量大；选择性高；饱和蒸气压低；适宜的沸点；黏度小，热稳定性高，腐蚀性小，廉价易得。

在选择吸收剂时要根据吸收剂的特点权衡利弊，有的吸收剂虽然具有很好的性能，但不易得到或价格昂贵，使用就不经济。有的吸收剂虽然吸收能力强，吸收容量大，但不易再生或再生时能耗较大，在选择时应慎重。

5.2.4.2　吸附剂

A　吸附剂的种类和性质

吸附剂的种类很多，可分为无机和有机吸附剂，天然和合成吸附剂。天然矿产品如活性白土和硅藻土等经过适当的加工，就可以形成多孔结构，可直接作为吸附剂使用。合成无机材料吸附剂主要有活性炭、活性炭纤维、硅胶、活性氧化铝及合成沸石分子筛等。近年来还研制出多种大孔吸附树脂，与活性炭相比，它具有选择性好、性能稳定、易于再生等优点。

B 吸附剂的选择

有大的比表面积和孔隙率；选择性要好，有利于混合气体的分离；具有一定的粒度、较高的机械强度、化学稳定性和热稳定性；大的吸附容量，易于再生；来源广泛，价格低廉。

5.3 吸收与吸附装置

5.3.1 吸收装置

为了强化吸收过程，提高吸收效率，降低设备的投资和运行费用，吸收设备必须达到以下基本要求：

(1) 气液之间有较大的接触面积和一定的接触时间。

(2) 气液之间扰动强烈，吸收阻力低，吸收速率高。

(3) 气液逆流操作，增大吸收推动力。

(4) 气体通过时阻力小。

(5) 耐磨、耐腐蚀、运行安全可靠。

(6) 构造简单，便于制作和检修。

用于气体净化的吸收设备种类很多，下面介绍几种常用的设备。

5.3.1.1 喷淋塔

喷淋塔的结构如图5-6所示，有害气体从下部进入，吸收剂从上向下分层喷淋。喷淋塔上部设有液滴分离器，喷淋的液滴应控制在一定范围内，液滴直径过小，容易被气流携走，液滴直径过大，气液的接触面积过小，接触时间短，使吸收速率降低。

气体在吸收塔横断面上的平均流速为空塔速度，喷淋塔的空塔速度一般为0.5~1.5m/s。喷淋塔的优点是阻力小，结构简单，塔体内无运动部件，但是它的吸收效率低，仅适用于有害气体浓度低，处理气体量不大的情况，近年来发展了大流量的高速喷淋塔，改善提高喷淋塔的吸收效率。

5.3.1.2 填料塔

填料塔的结构如图5-7所示，在喷淋塔内填充适当的填料就成了填料塔，放置填料后，主

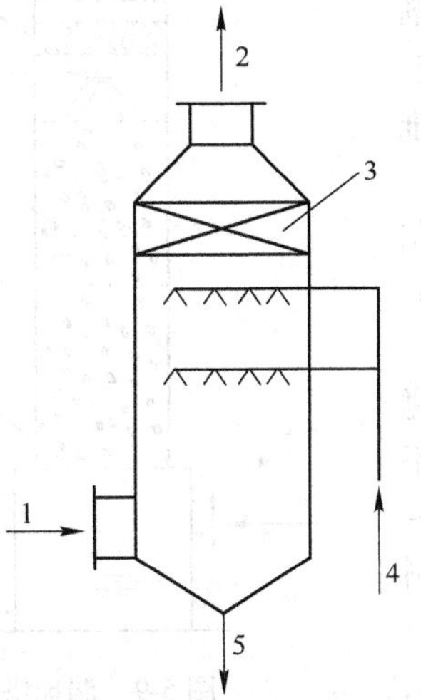

图5-6 喷淋塔

1—有害气体入口；2—净化气体出口；3—液滴分离器；4—吸收剂入口；5—吸收剂出口

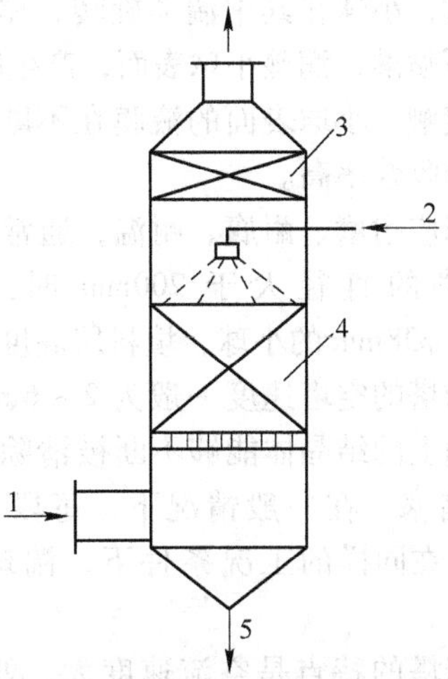

图5-7 填料塔

1—有害气体入口；2—吸收剂入口；3—液滴分离器；4—填料；5—吸收剂出口

要是增大气液接触面积。当吸收剂自塔顶向下喷淋，沿填料表面下降，润湿填料，气体沿填料的间隙向上运动，在填料表面产生气液接触吸收口。

常用填料有拉西环（普通的钢质或瓷质小环）、鲍尔环、鞍形和波纹填料等，如图 5-8 所示。对填料的基本要求是，单位体积填料所具有的表面积大，气体通过填料时的阻力低。

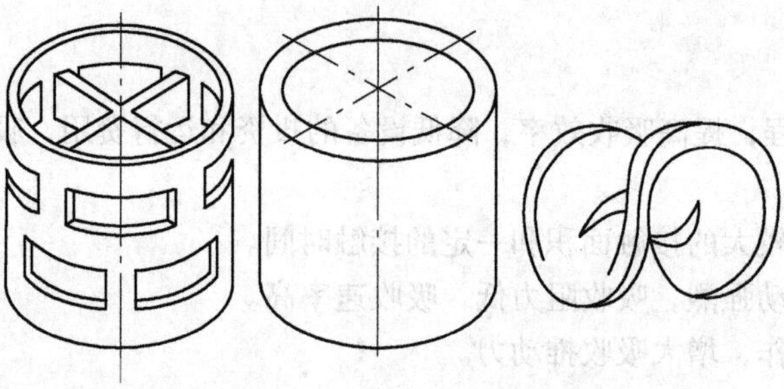

(a)　(b)　(c)

图 5-8　常用的几种填料

（a）鲍尔环；（b）拉西环；（c）鞍形

液体流过填料层时，有向塔壁汇集的倾向，中心的填料不能充分加湿。因此，当填料层的高度较大时，常将填料层分成若干层，使所有的填料都能充分加湿。填料塔的空塔速度一般为 0.5 ~ 1.5m/s，每米填料层的阻力 $\Delta p/z$ 一般为 400 ~ 600Pa/m。

填料塔结构简单，阻力小，是目前应用较多的一种气体净化设备。填料塔直径不宜超过 800mm，直径过大会使效率下降。

5.3.1.3　湍球塔

湍球塔是近年来新发展的一种吸收设备，它是填料塔的特殊情况，使塔内的填料处于运动状态中，以强化吸收过程。图 5-9 是湍球塔的结构示意图，塔内设有筛板，筛板上放置一定数量的轻质小球。气流通过筛板时，小球在其中湍动旋转，相互碰撞运动，吸收剂自上向下喷淋，润湿小球表面，产生吸收作用由于气、液、固三相接触，小球表面的液膜在不断更新，增大了吸收推动力，吸收效率高。

小球应耐磨、耐腐、耐温，通常用聚乙烯和聚丙烯制作，当塔的直径大于 200mm 时，可以选用 ϕ25mm、ϕ30mm、ϕ38mm 的小球，填料层高度为 0.2 ~ 0.3m。

湍球塔的空塔速度一般为 2 ~ 6m/s，小球之间不断碰撞，球面上的结晶体能够不断被清除，塔内的结晶作用不会造成堵塞，在一般情况下，每段塔的阻力约为 400 ~ 1200Pa，在同样的工况条件下，湍球塔的阻力要比填料塔小。

湍球塔的特点是空流速度大，处理能力大，体积小，吸收效率高。但是，随小球的运动，有一定程度的返混，段数多时阻力较高，塑料小球不能耐高温，使用寿命短，更换频繁。

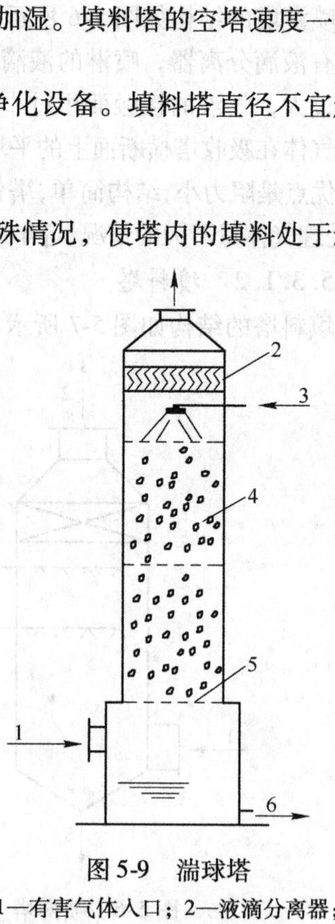

图 5-9　湍球塔

1—有害气体入口；2—液滴分离器；3—吸收剂入口；4—轻质小球；5—筛板；6—吸收剂出口

5.3.1.4 筛板塔

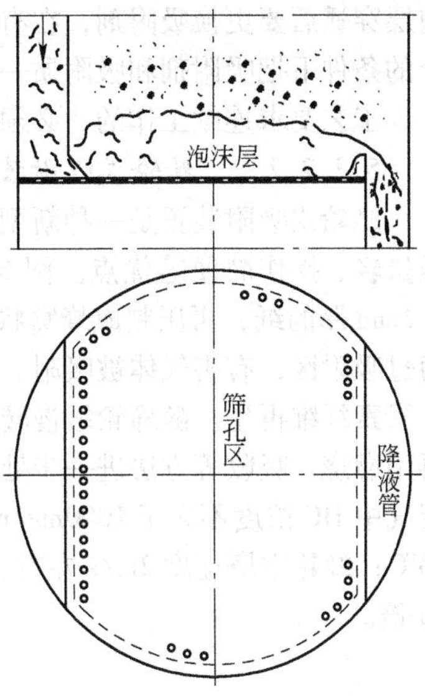

图 5-10 筛板塔示意图

筛板塔的结构如图 5-10 所示，塔内设有几层筛板，气体从下而上经筛孔进入筛板上的液层，通过气体的鼓泡进行吸收。气液在筛板上交叉流动，为了使筛板上的液层厚度保持均匀，提高吸收效率，筛板上设有溢流堰，筛板上液层厚度一般为 30mm 左右。

从图 5-10 可以看出，在泡沫层中气流和气泡激烈地搅动着液体，使气液充分接触，此层是传质的主要区域。操作时随气流速度的提高，泡沫层和雾沫层逐渐变厚，鼓泡层逐渐消失，而且由气流带到上层筛板的雾滴增多。把雾滴带到上层筛板的现象称为"雾沫夹带"。气流速度增大到一定程度后，雾沫夹带相当严重，使液体从下层筛板倒流到上层筛板，这种现象称为"液泛"。因此筛板塔的气流速度不能过高，但是流速也不能过小，以免大量液体从筛孔泄漏，影响吸收效率。筛板塔的空塔速度一般为 1.0 ~ 3.5m/s，筛板开孔率为 10% ~ 18%，每层筛板阻力约为 200 ~ 1000Pa。筛孔直径一般为 3 ~ 8mm，筛孔直径过小不便加工。近年来发展大孔径筛板，筛孔直径为 10 ~ 25mm。

筛板塔的优点是构造简单，吸收效率高，处理风量大，可使设备小型化。在筛板塔中液相是连续相、气相是分散相，适用于以液膜阻力为主的吸收过程。筛板塔不适用于负荷变动大的场合，操作时难以掌握。

5.3.1.5 文丘里管吸收器

第 4 章所述的文丘里除尘器也可应用于气体吸收。它能使气液两相在高速紊流中充分接触，使吸收过程大大强化。文丘里吸收器具有体积小、处理风量大、阻力大等特点。

5.3.2 吸附装置

目前使用的吸附净化设备主要有固定床吸附器、移动床吸附器和流化床吸附器三种类型。流化床吸附器中，吸附剂在气流中呈流态化；移动床吸附器中，吸附剂与气流一起移动；固定床吸附器由于结构简单、操作简便，因而被广泛采用。

5.3.2.1 固定床吸附装置

处理通风排气用的吸附装置大多采用固定的吸附层（固定床），其结构如图 5-11 所示，吸

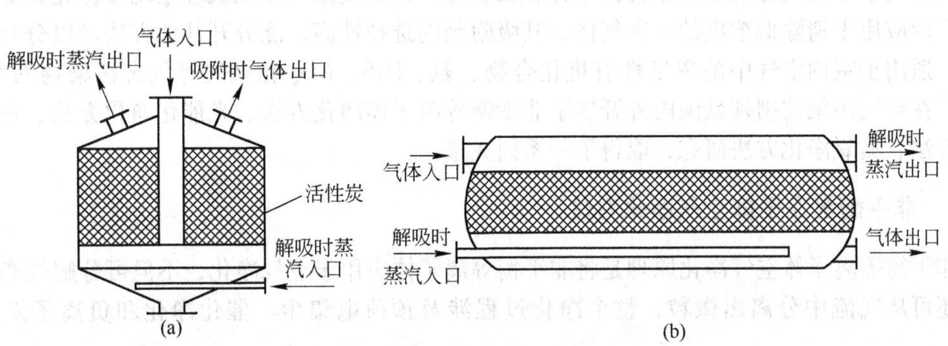

图 5-11 固定床吸附装置

(a) 立式；(b) 卧式

附层穿透后要更换吸附剂，在有害气体浓度较低的情况下，可以不考虑吸附剂再生，在保证安全的条件下把吸附剂和吸附质一起丢掉。

工艺要求连续工作的，必须设两台吸附器，1 台工作，1 台再生备用。

5.3.2.2 蜂轮式吸附装置

蜂轮式吸附装置是一种新型的有害气体净化装置，适用于低浓度、大风量、具有体积小、质量轻、操作简便等优点。图 5-12 是蜂轮式吸附装置示意图。蜂轮用活性炭素纤维加工成 0.2mm 厚的纸，再压制成蜂窝状卷绕而成。蜂轮的端面分隔为吸附区和解吸区，使用时，废气通过吸附区，有害气体被吸附。然后把 100～140℃的热空气通过解吸区，使有害气体解吸，活性炭素纤维再生。随蜂轮缓慢转动，吸附区和解吸区不断更新，可连续工作。浓缩的有害气体再用燃烧、吸收等方法进一步处理。图 5-13 是实际应用的工艺流程图，该装置的工艺参数为：废气中 HC 浓度不大于 1000mg/m^3；废气中油烟、粉尘含量不大于 0.5mg/m^3；吸附温度不大于 50℃；蜂轮空塔速度 2m/s 左右；蜂轮转速 1.6r/h；再生热风温度 100～140℃；浓缩倍数 10～30 倍。

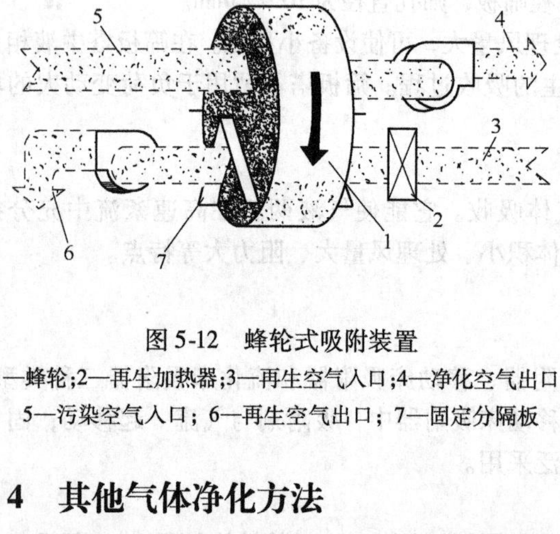

图 5-12 蜂轮式吸附装置

1—蜂轮；2—再生加热器；3—再生空气入口；4—净化空气出口；5—污染空气入口；6—再生空气出口；7—固定分隔板

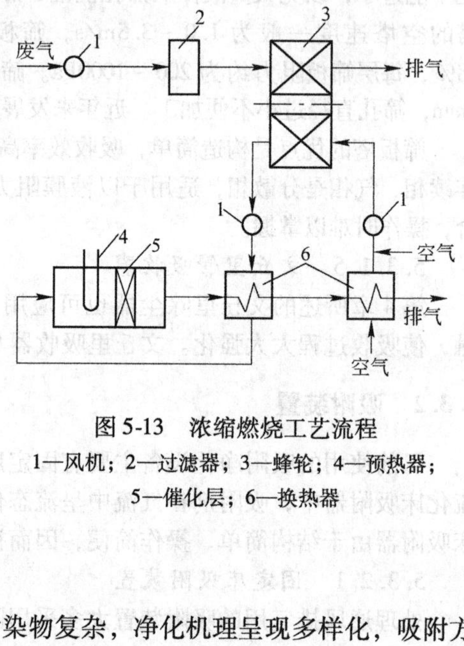

图 5-13 浓缩燃烧工艺流程

1—风机；2—过滤器；3—蜂轮；4—预热器；5—催化层；6—换热器

5.4 其他气体净化方法

在空气中净化气体状态污染物比净化颗粒状态污染物复杂，净化机理呈现多样化，吸附方法已广泛应用于清除低浓度的有害气体，其吸附剂的选择性高，能分开其他方法难以分开的化合物，适用于室内空气中的挥发性有机化合物、氨、H_2S、NO_x 和氡气等气态污染物的净化。另外，在空气污染控制领域国内外开展了非平衡等离子体净化方法、光催化净化方法、负离子净化方法、臭氧净化方法研究，取得了一系列成果。

5.4.1 非平衡等离子体空气净化方法

非平衡等离子体空气净化原理是将非平衡等离子体应用于空气净化，不但可分解气态污染物，还可从气流中分离出微粒，整个净化过程涉及预荷电集尘、催化净化和负离子发生等作用。

5.4.1.1 预荷电集尘

预荷电集尘是利用极不均匀的电场，形成电晕放电，产生等离子体，其中包含的大量电子和正负离子在电场梯度的作用下，与空气中的微粒发生非弹性碰撞，从而附着在上面，使之成为荷电粒子；在外加电场力作用下，荷电粒子向集尘极迁移，最终沉积在集尘极上。

5.4.1.2　催化净化

无论采用何种放电方法产生等离子体，它们的催化作用原理是一致的，都是以高能电子与气体分子碰撞反应为基础。其催化净化机理包括两个方面：

(1) 在产生等离子体的过程中，高频放电产生瞬间高能量，打开某些有害气体分子的化学键，使其分解成单质原子或无害分子。

(2) 等离子体中包含大量的高能电子、离子、激发态粒子和具有强氧化性的自由基，这些活性粒子的平均能量高于气体分子的键能，它们和有害气体分子发生频繁的碰撞，打开分子的化学键时还同时会产生大量的OH、HO_2、O等自由基和氧化性极强的O_3，它们与有害气体分子发生化学反应生成无害产物。在化学反应过程中，添加适当的催化剂，能使分子化学键松动或削弱，降低气体分子的活化能从而加速化学反应。

5.4.1.3　负离子发生

在产生等离子体的同时，也产生大量负离子，若将这些负离子释放到室内空间，则一方面能调节空气离子平衡；另一方面，还能有效地清除空气中的污染物。高浓度的负离子同空气中的有毒化学物质和病菌悬浮颗粒物相碰撞使其带负电。这些带负电的颗粒物会吸引其周围带正电的颗粒物（包括空气中的细菌、病毒、孢子等），从而积聚增大。这种积聚过程一直持续到颗粒物的质量足以使它降落到地面为止。

非平衡等离子体降解污染物是一个十分复杂的过程，而且影响这一过程的因素很多。虽然目前已有大量非平衡等离子体降解污染物机理的研究，但还未形成能指导实践的理论体系，因而深入研究非平衡等离子体降解污染物的机理是其应用研究方向之一。

5.4.2　光催化净化方法

光催化净化是基于光催化剂在紫外线照射下具有的氧化还原能力而净化污染物，自1972年Fuiishima和Honda发现在受辐照的TiO_2上可以持续发生小的氧化还原反应，并产生H_2以来，人们对这一催化反应过程进行了大量的研究，结果表明，这一技术不但在废水净化处理方面具有巨大潜能，在净化空气中存在的挥发性有机物方面也具有广阔的应用前景。由于光催化氧化分解挥发性有机物可利用空气中的O_2作氧化剂，而且反应能在常温常压下进行，在分解有机物的同时还能杀菌和除臭，所以特别适合于室内挥发性有机物的净化。

光催化剂属半导体材料，包括TiO_2、ZnO、Fe_2O_3，CdS和WO_3等。其中TiO_2具有良好的抗光腐蚀性和催化活性，而且性能稳定，价廉易得，无毒无害，是目前公认的最佳光催化剂。TiO_2作为一种半导体材料之所以能够作为催化剂，是由其自身的光电特性所决定的。

由于光催化空气净化技术具有反应条件温和、经济和对污染物全面净化的特点，因而有望广泛应用于家庭居室、宾馆客房、医院病房、学校、办公室、地下商场、购物大楼、饭店、室内娱乐场所、交通工具、隧道等场所空气净化。

5.4.3　负离子净化方法

空气离子是指浮游在空气中的带电细微粒子。其形成是由于处于中性状态的气体分子受到外力的作用，失去或得到了电子，失去电子的为正离子，得到电子的为负离子。自然界中空气离子的主要来源于放射性物质的作用、宇宙射线的照射作用和电荷分离结果。

自然界从各种来源不断产生离子，但空气中离子不会无限地增多，这是因为离子在产生的同时伴随着自行消失的过程，其主要表现为：

（1）离子互相结合，呈现不同电性的正、负离子相互吸引，结合成中性分子。

（2）离子被吸附，离子与固体或液体活性体表面相接触时被吸附而变成中性分子。

总之，自然界的空气离子形成是一个既不断产生，又不断消失的动态平衡过程，其浓度及其分布取决于周围环境条件。

空气负离子能降低空气污染物浓度，起到净化空气的作用。其原理是借助凝结和吸附作用，它能附着在固相或液相污染物微粒上，从而形成大离子并沉降下来。与此同时，空气中负离子数目也大量地损失。

在污染物浓度高的环境里，若清除污染物所损失的负离子得不到及时补偿，则会出现正负离子浓度不平衡状态，存在高浓度的空气正离子现象，结果使人产生不适感。正因为如此，在此类环境中，以人造负离子来补偿不断被污染物消耗掉的负离子，一方面能维持正负离子的平衡；另一方面可以不断地清除污染物，从而达到改善空气质量的目的。这就是空气负离子净化空气的机理。空气负离子的发生技术主要有电晕放电、水动力和放射发生三种。

空气负离子发生器作为净化室内空气的产品对人体的生理功能具有某些促进作用，但是单纯依靠发生器产生的负离子净化空气是片面的。因为空气中的负离子极易与空气中的尘埃结合，成为具有一定极性的污染粒子，即“重离子”。而悬浮的重离子在降落过程中，依然被附着在室内家具，电视机屏幕等物品上，人一活动又会使其再次飞扬到空气中，所以负离子发生器只是附着灰尘，并不能清除空气污染物，或将其排到室外。

当室内负离子浓度过高时，还会对人体产生不良影响，如引起头晕、心慌、恶心等。另外，长久使用高浓度负离子会导致墙壁、天花板等蒙上一层污垢。为避免出现这种情况，真正达到净化空气的目的，人们正在考虑将负离子功能与净化功能有机结合，使原先仅能调节室内负离子浓度的空气清新设备兼具分解污染物的功能。

5.4.4　臭氧净化方法

自从发现臭氧以来，科学家对其进行了大量的研究。作为已知的最强氧化剂之一，臭氧具有奇特的强氧化、高效消毒和催化作用。各国在开发和利用臭氧技术方面做了大量研究，臭氧已为保护人类健康作出了积极的贡献。

5.4.4.1　臭氧的性质

人类通过对臭氧的研究发现，臭氧具有不稳定特性和很强的氧化能力。臭氧是由一个氧分子（O_2）携带一个氧原子（O）组成，所以它是氧气的同素异形体。臭氧与氧性质存在显著的差异。与氧气相比，臭氧密度大、有味、有色、易溶于水、易分解，由于臭氧（O_3）是氧分子携带一个氧原子组成，决定了它只是一种暂存形态，携带的氧原子除氧化用掉外，剩余的又组合为氧气（O_2）进入稳定状态。

臭氧的应用主要是灭菌消毒。这主要是臭氧有很强的氧化能力，氧原子可以氧化细菌的细胞壁，直至穿透细胞壁与其体内的不饱和键化合而夺取细菌生命，它的作用是即刻完成的。

5.4.4.2　臭氧在室内空气中的应用

臭氧的应用基础是其极强的氧化能力与灭菌性能。臭氧在污染治理、消毒、灭菌过程中，还原成氧和水，故在环境中不存在残留物。臭氧对有害物质可进行分解，使其转化为无毒的副产物，有效地避免残留而造成的二次污染。对于臭氧产品的开发，已使其在众多领域中得到了广泛的应用，取得很好的效益。

臭氧应用型产品品种繁多，按用途可分为水处理、化学氧化、仪器加工和医疗领域。按应用场合，大致可分为两大类：一类是在空气中的应用；另一类是水中的应用。臭氧在室内空气中的应用是借助将臭氧直接与室内空气混合或将臭氧直接释放到空气中。

臭氧在室内空气中，利用臭氧极强的氧化作用，达到灭菌消毒的目的。由于将臭氧直接释放到空气中，整个室内空间及该空间的所有物品周围，都充满了臭氧气体，因而消毒灭菌范围广，其工作量也比消毒水喷洒和擦洗消毒小得多，因而应用非常方便。

臭氧除了具有灭菌消毒作用外，其强氧化性可快速分解带有臭味及其他气味的有机或无机物质，可以氧化分解果蔬生理代谢作用呼吸出的催熟剂——乙烯气体 C_2H_4，所以它还具有消除异味、防止老化和保鲜的作用。臭氧用于食品、果品、蔬菜等保鲜已是欧美、日本等国非常普及的事，已经渗透到生产、储存、运输的各个环节。

复 习 题

5-1 摩尔比的物理意义是什么，为什么在吸收操作计算中常用摩尔比？

5-2 画出吸收过程的操作线和平衡线，且利用该图简述吸收过程的特点。

5-3 为什么下列公式都是亨利定律表达式，它们之间有何联系？

$$\begin{cases} C = HP^* \\ P^* = Ex \\ Y^* = mx \end{cases}$$

5-4 什么是吸收推动力，吸收推动力有几种表示方法，如何计算吸收塔的吸收推动力？

5-5 在 $P = 101.3\text{kPa}$、$t = 20℃$ 时，氨在水中的溶解度如下表所示：

NH_3 的分压力/kPa	0	0.4	0.8	1.2	1.6	2.0
溶解浓度（$kgNH_3/100kgH_2O$）	0	0.5	1	1.5	2.0	2.5

把上述关系换算成 Y^* 和 X 的关系，并在 Y-X 图上绘出平衡图，求出相平衡系数 m。

5-6 双膜理论的基本点是什么，根据双膜理论分析提高吸收率及吸收速率的方法。

5-7 吸附层的静活性和动活性是什么，提高动活性有何意义？

5-8 某排气净化系统中含 SO_2，如果用大量的初始含量（摩尔比）为 2.63×10^5 的水去吸收气体，问排气中可达到的 SO_2 最低浓度是多少 mg/m^3（水吸收 SO_2 的相平衡系数 $m = 38$）？

5-9 吸收法和吸附法各有什么特点，它们各适用于什么场合？

5-10 SO_2 和空气混合体在 $P = 1\text{atm}$、$t = 20℃$ 时与水接触，当水溶液中 SO_2 含量达到 2.5%（质量分数），气液两相达到平衡，求这时气相中 SO_2 分压力（kPa）。

6 通风管道的设计计算

通风管道是通风净化和空调系统的重要组成部分。设计计算的目的是在保证要求的风量分配前提下，合理确定风管布置和尺寸，使系统的初投资和运行费用综合最优。通风管道的设计应与排风罩的设计、净化器和通风机的选型等一起进行全面考虑，它直接影响到通风净化和空调系统的使用效果和技术经济性能。

通风管道设计的主要内容包括风管的布置、管径的确定、管内气体流动时能量消耗的估算以及为保护通风除尘系统的正常运行所必须采用的风管附件的设置等。

本章主要阐述通风管道的设计原理和计算方法。

6.1 风管内空气流动的阻力

风管内空气流动的阻力有两种：一种是由于空气本身的黏滞性及其与管壁间的摩擦而产生的沿程能量损失，称为摩擦阻力或沿程阻力；另一种是空气流经风管中的管件及设备时，由于流速的大小和方向变化以及产生涡流造成比较集中的能量损失，称为局部阻力。

6.1.1 摩擦阻力

根据流体力学原理，空气在横断面形状不变的管道内流动时的摩擦阻力按下式计算：

$$p_{\rm m} = \frac{\lambda}{4R_{\rm s}} \cdot \frac{\rho u^2}{2} \cdot l,\ \text{Pa} \tag{6-1}$$

对于圆形风管，摩擦阻力计算公式可改写为：

$$p_{\rm m} = \frac{\lambda}{D} \cdot \frac{\rho u^2}{2} \cdot l,\ \text{Pa} \tag{6-2}$$

圆形风管单位长度的摩擦阻力（又称比摩阻）为：

$$R_{\rm m} = \frac{\lambda}{D} \cdot \frac{\rho u^2}{2},\ \text{Pa} \tag{6-3}$$

式(6-1)～式(6-3)中：

λ——摩擦阻力系数；

u——风管内空气的平均流速，m/s；

ρ——空气的密度，kg/m^3；

l——风管长度，m；

$R_{\rm s}$——风管的水力半径，m；按下式计算：

$$R_{\rm s} = \frac{f}{P}$$

f——管道中充满流体部分的横断面积，m^2；

P——湿周，在通风、空调系统中即为风管的周长，m；

D——圆形风管直径，m。

将式（6-3）代入式（6-2）得圆形风管的摩擦阻力为：

$$p_m = R_m \cdot l,\ \text{Pa} \tag{6-4}$$

摩擦阻力系数 λ 与空气在风管内的流动状态和风管管壁的相对粗糙度有关。在通风和空调系统中，薄钢板风管的空气流动状态大多数属于紊流光滑区到粗糙区之间的过渡区。通常，高速风管的流动状态也处于过渡区。只有流通很高表面粗糙的砖、混凝土风管流动状态才属于粗糙区。计算过渡区摩擦阻力系数的公式很多，式（6-5）适用范围较大，在目前得到较广泛的采用：

$$\frac{1}{\sqrt{\lambda}} = -2\lg\left(\frac{K}{3.71D} + \frac{2.51}{Re\sqrt{\lambda}}\right) \tag{6-5}$$

式中 K——风管内壁粗糙度，mm；

D——风管直径，mm。

进行通风管道设计时，为了避免繁琐的计算，可根据公式（6-3）和式（6-5）制成各种形式的计算表或线解图。如图 6-1 所示的线解图，可供计算管道阻力时使用。只要已知流量、管

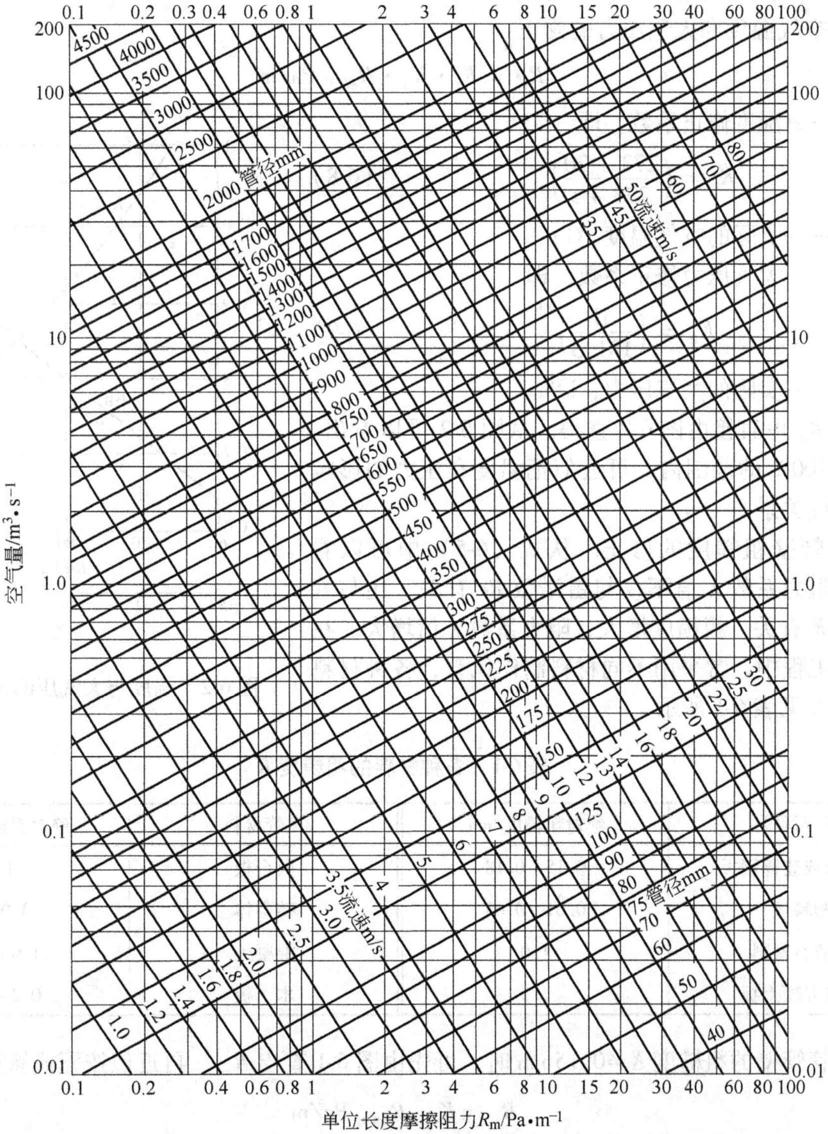

图 6-1 通风管道单位长度摩擦阻力线解图

径、流速、阻力四个参数中的任意两个，即可利用该图求得其余的两个参数。如图 6-1 所示的线解图是按过渡区的 λ 值，在大气压力 $B_0 = 101.3$kPa、温度 $t_0 = 20$℃、空气密度 $\rho_0 = 1.204$ kg/m^3、运动黏度 $\nu_0 = 16.06 \times 10^{-6}$ m^2/s、管壁粗糙度 $K = 0.15$mm、圆形风管等条件下得出的。当实际使用条件与上述条件不相符时，应进行修正。

（1）密度和黏度的修正：

$$R_m = R_{m0}\left(\frac{\rho}{\rho_0}\right)^{0.91} \cdot \left(\frac{\nu}{\nu_0}\right)^{0.1}, \text{Pa/m} \tag{6-6}$$

式中　R_m——实际的单位长度摩擦阻力（比摩阻），Pa/m；

R_{m0}——从图 6-1 查出的单位长度摩擦阻力，Pa/m；

ρ——实际的空气密度，kg/m^3；

ν——实际的空气运动黏度，m^2/s。

（2）空气温度和大气压力的修正：

$$R_m = K_t \cdot K_B \cdot R_{m0}, \text{Pa/m} \tag{6-7}$$

式中　K_t——温度修正系数，即

$$K_t = \left(\frac{273+20}{273+t}\right)^{0.825} \tag{6-8}$$

t——实际的空气温度，℃；

K_B——大气压力修正系数，即

$$K_B = \left(\frac{B}{101.3}\right)^{0.9} \tag{6-9}$$

B——实际的大气压力，kPa。

K_t 和 K_B 可直接由图 6-2 查得。从图 6-2 可以看出，在 $t = 0 \sim 100$℃ 的范围内，可近似把温度和压力的影响看做是直线关系。

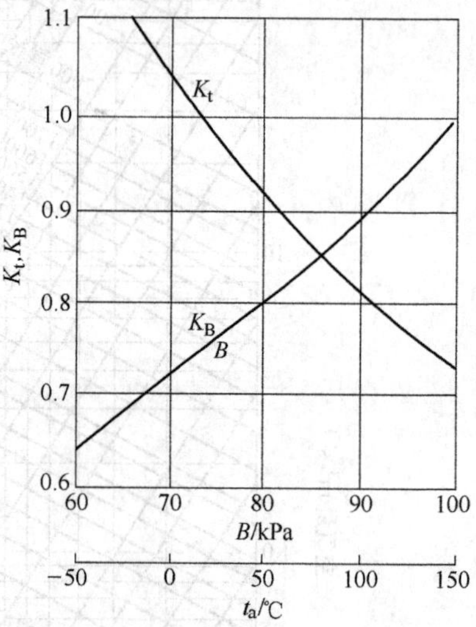

图 6-2　温度与大气压的修正系数

（3）管壁粗糙度的修正。从式（6-5）中可以看出，摩擦阻力系数 λ 值不仅与雷诺数 Re 有关，还与管壁粗糙度 K 有关。粗糙度增大，阻力系数 λ 值增大。在通风空调工程中，常采用不同材料制作风管，各种材料的粗糙度 K 见表 6-1 所示。

表 6-1　各种材料的粗糙度 K

风管材料	绝对粗糙度/mm	风管材料	绝对粗糙度/mm
薄钢板或镀锌钢板	0.15 ~ 0.18	胶合板	1.0
塑料板	0.01 ~ 0.05	砖砌体	3.0 ~ 0
矿渣石膏料	1.0	混凝土	1.0 ~ 3.0
矿渣混凝土板	1.5	木　板	0.2 ~ 1.0

当风管管壁的粗糙度 $K \neq 0.15$mm 时，可先由图 6-1 查出 R_{m0}，再近似按下式修正。

$$R_m = K_r \cdot R_{m0}, \text{Pa/m} \tag{6-10}$$

$$K_r = (Ku)^{0.25} \tag{6-11}$$

式中　K_r——管壁粗糙度修正系数，见表6-2；

K——管壁粗糙度，mm；

u——管内空气流通，m/s。

表6-2　风管内表面的粗糙度修正系数 K_r

粗糙程度	管壁材料	速度/$m \cdot s^{-1}$			
		5	10	15	20
特别粗糙	金属软管	1.7	1.8	1.85	1.9
中等粗糙	混凝土管	1.3	1.35	1.35	1.37
特别光	塑料管	0.92	0.85	0.83	0.80

[例6-1]　有一通风系统，采用薄钢板圆形风管（$K = 0.15$mm），已知风量 $Q_v = 3600m^3/h(1m^3/s)$。管径 $D = 300$mm，空气温度 $t = 30$℃。求风管管内空气流速和单位长度摩擦阻力。

[解]　查图6-1得 $u = 14m/s$，$R_{m0} = 7.68Pa/m$

查图6-2得，$K_t = 0.97$

$$R_m = K_t R_{m0} = 0.97 \times 7.68 = 7.45Pa/m$$

（4）矩形风管的摩擦阻力计算。为利用圆形风管的线解图或计算来计算矩形风管的摩擦阻力，需要把矩形风管断面尺寸折算成相当的圆形风管直径，即折算成当量直径，再据此求得矩形风管中的单位长度的摩擦阻力。

所谓“当量直径”，就是与矩形风管有相同单位长度摩擦阻力的圆形风管直径，它有流速当量直径和流量当量直径两种。

1）流速当量直径。设某一圆形风管中的空气流速与矩形风管中的空气流速相等，并且两者的单位长度摩擦阻力也相等，则该圆形风管的直径就称为此矩形风管的流速当量直径，以 D_u 表示。根据这一定义，从式（6-1）可以看出，圆形风管和矩形风管的水力半径必须相等。

圆形风管的水力半径为：

$$R_s = \frac{D}{4}$$

矩形风管的水力半径为：$R'_s = \dfrac{ab}{2(a+b)}$（$a$ 和 b 分别为矩形风管的边长）

由于 $R_s = R'_s$ 得

$$D = \frac{2ab}{(a+b)} = D_u \tag{6-12a}$$

D_u 称为边长为 $a \times b$ 的矩形风管的流速当量直径，如果矩形风管内的流速与管径为 D_u 的圆形风管内的流速相同，两者的单位长度摩擦阻力也相等。因此，根据矩形风管的流速当量直径 D_u 和实际流速 u，由图6-1所示查得的 R_m 值，即为矩形风管的单位长度摩擦阻力。

2）流量当量直径。设某一圆形风管中的气体流量与矩形风管的气体流量相等，并且单位长度摩擦阻力也相等，则该圆形风管的直径就称为此矩形风管的流量当量直径，以 D_L 表示。根据推导，流量当量直径可近似按式（6-12b）计算。在常用的矩形风管的宽、高比条件下，其误差在5%左右。

$$D_L = 1.3\frac{(ab)^{0.625}}{(a+b)^{0.25}} \tag{6-12b}$$

以流量当量直径 D_L 和矩形风管的流量 Q，查图 6-1 所得到单位长度摩擦阻力 R_m，即为矩形风管的单位长度摩擦阻力。

必须指出，利用当量直径求矩形风管的阻力，要注意其对应关系：采用流速当量直径时，必须用矩形风管中的空气流速去查出比摩阻；采用流量当量直径时，必须用矩形风管中的气体流量去查出比摩阻。用两种方法求得的矩形风管单位长度摩擦阻力是相等的。

[例 6-2]　有一薄钢板矩形风管，断面尺寸为 500mm × 320mm，流量 $Q_v = 2700m^3/h$ ($0.75m^3/s$)，求单位长度摩擦阻力。

[解]

(1) 用流速当量直径求矩形风管的单位长度摩擦阻力。矩形风管内空气流速：

$$u = \frac{0.75}{0.5 \times 0.32} = 4.69m/s$$

矩形风管的流速当量直径

$$D_u = \frac{2ab}{a+b} = \frac{2 \times 500 \times 320}{500 + 320} = 390mm$$

根据 $u = 4.69m/s$、$D_u = 444mm$，由图 6-1 查得矩形风管的单位长度摩擦阻力

$$R_m = 0.63Pa/m$$

(2) 用流量当量直径求矩形风管的单位长度摩擦阻力。

$$D_L = 1.3\frac{(ab)^{0.625}}{(a+b)^{0.25}} = 1.3 \times \frac{(0.5 \times 0.32)^{0.625}}{(0.5 + 0.32)^{0.25}} = 0.434m$$

根据 $Q_v = 0.75m^3/s$、$D_L = 434mm$，由图 6-1 查得矩形风管的单位长度摩擦阻力 $R_m = 0.63Pa/m$。

6.1.2 局部阻力

当空气流过断面变化的管件（如各种变径管、风管进出口、阀门）、流向变化的管件（弯头）和流量变化的管件（如三通、四通、侧面送、吸风等），由于管道边界形状的急剧改变，引起气流中出现涡流区和速度的重新分布，从而使流动的能耗增加，这种能耗称局部阻力。

6.1.2.1　*局部阻力计算*

局部阻力按下式计算

$$p_z = \zeta \cdot \frac{\rho u^2}{2},\ Pa \tag{6-13}$$

式中　ζ——局部阻力系数。

局部阻力系数一般通过实验方法来确定。实验时先测出管件前后的全压差，即局部阻力 p_z，再除以与速度 u 的动压 $\frac{\rho u^2}{2}$，求得局部阻力系数 ζ 值。有的还整理成经验公式。在附录 7 中列出了部分常见管件的局部阻力系数。计算局部阻力时，必须注意 ζ 值所对应于哪个断面的气流速度。

严格地说在管件处造成的能量损失仅仅占局部阻力损失的一部分，另一部分在管件下游一定长度的管段上消耗的，因此无法与摩擦阻力分开。为了计算方便，通常是假定局部阻力集中

在管件的某一断面上，并包含了它的摩擦阻力。

局部阻力在通风除尘管道和空调系统中占有较大的比例，往往占风管总阻力的 40% ~ 80%，因此，必须采取积极措施，把局部阻力减小到最低限度。

6.1.2.2 一些管件的设计

在通风除尘管道设计中，对管件的制作、连接、气流的进出口、风管与风机的接口等部分，都有一定的制作要求。

A 风管系统的进出口

风管系统的进口处是各种形式的排风罩。在机械通风除尘系统的设计中，在保证对尘源的控制效果的前提下，应尽可能考虑减少排风罩的阻力消耗。含尘气流从大气空间进入风道，在气流进口处不仅造成气流的压缩，而且产生涡流，因此会产生很大的局部阻力。几种罩口的局部阻力系数和流量系数，如表 6-3 所示。

表 6-3 几种罩口的局部阻力系数和流量系数

罩子名称	喇叭口	圆台或天圆地方	圆台或天圆地方	管道端头	有边管道端头
罩子形状	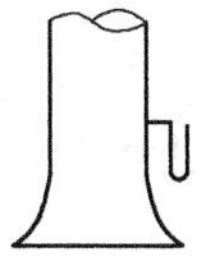	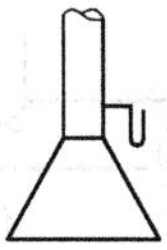	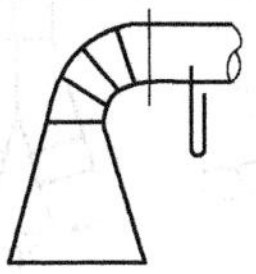	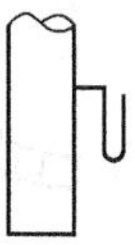	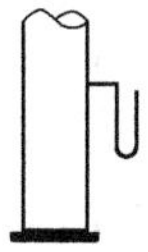
流量系数	0.98	0.90	0.82	0.72	0.82
局部阻力系数	0.01	0.235	0.49	0.93	0.49
罩子名称	喇叭口	圆台或天圆地方	圆台或天圆地方	管道端头	有边管道端头
罩子形状	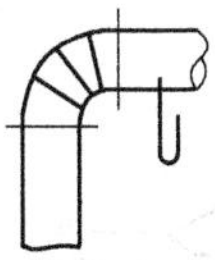	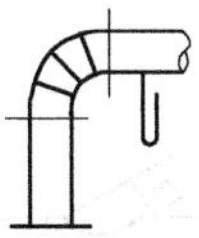	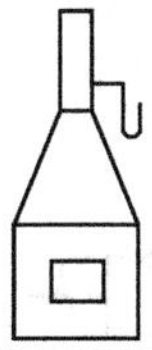	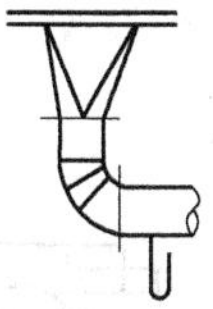	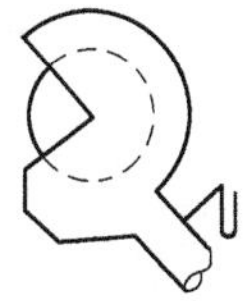
流量系数	0.62	0.74	0.9	0.82	0.80
局部阻力系数	1.61	0.825	0.235	0.49	0.56

风管系统的出口处，气流排入大气。当空气由风管出口排出时，气流在排出前具有的能量将全部损失掉。对于出口无阻挡的风管，这个能量消耗就等于动压，所以出口局部阻力系数 $\zeta=1$；若在出口处设有风帽或其他构件时，$\zeta>1$，风管出口的局部阻力大小等于 $\zeta>1$ 的部分的数值。为了降低出口动压，有时把风管系统的气流出口作成扩张角不大的渐扩管。

B 弯头

布置管道时，应尽量取直线，减少弯头。圆形风管弯头的曲率半径一般应大于 1 ~ 2 倍管径，如图 6-3 所示；矩形风管弯头断面的长宽比（B/A）愈大，阻力愈小，如图 6-4 所示；在

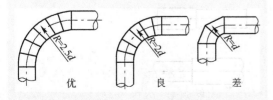

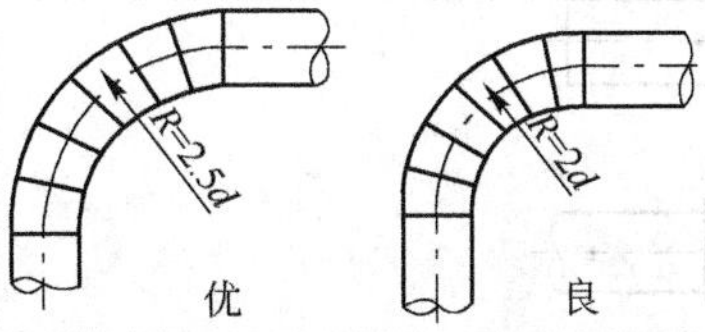

图 6-3 圆形风弯头

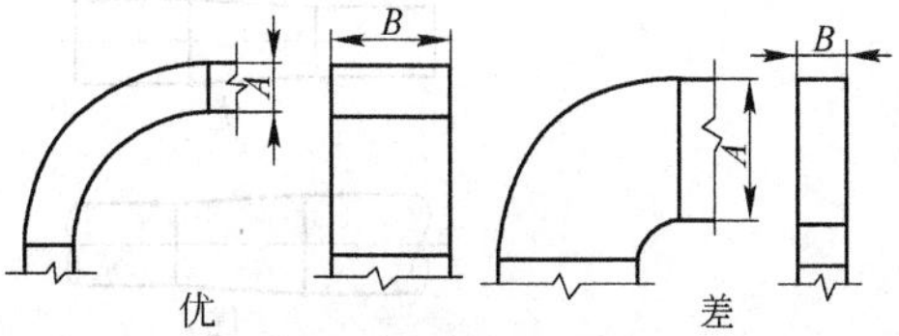

图 6-4 矩形风管弯头

民用建筑中，常采用矩形直角弯头，应在其中设导流片，如图6-5所示。

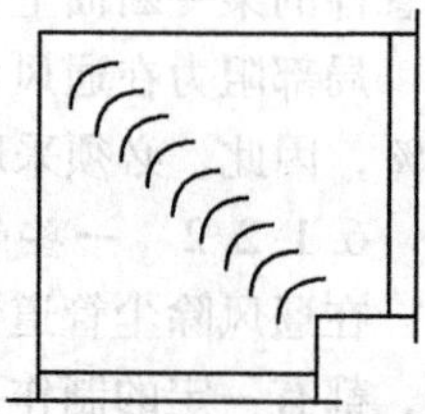

图6-5　设有导流片的直角弯头

C　三通

三通内流速不同的两股气流汇合时的碰撞，以及气流速度改变时形成涡流是造成局部阻力的原因。两股气流在汇合过程中的能量损失一般是不相同的，它们的局部阻力应分别计算。

合流三通内直管的气流速度大于支管的气流速度时，会发生直管气流引射支管气流的作用，即流速大的直管气流失去能量，流速小的支管气流得到能量，因而支管的局部阻力有时出现负值。同理，直管的局部阻力有时也会出现负值。但不可能同时为负值。

必须指出，引射过程会有能量损失，为减小三通的局部阻力，应避免出现引射现象、注意支管和干管的连接，减小其夹角，如图6-6所示。同时还应尽量使主管和干管内的流速保持相等。

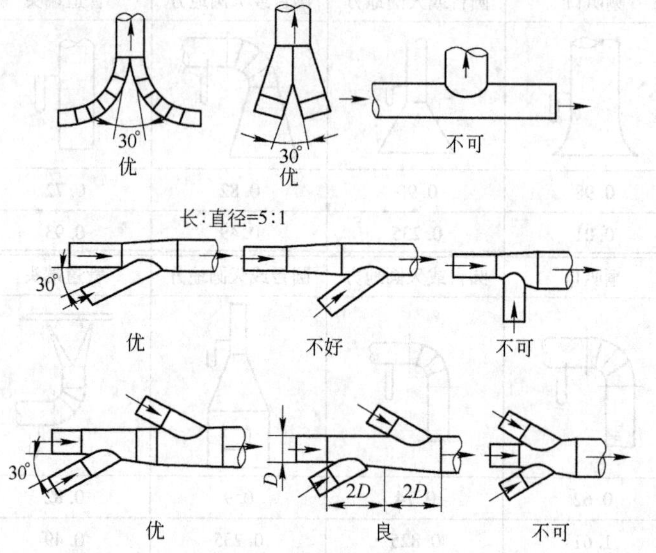

图6-6　三通支管和干管的连接

D　管道断面的突然变化

当气流流经断面积变化的管件（如渐缩管，渐扩管），或断面形状变化的管件（如圆形变矩形或矩形变圆形等异形管）时，由于管道断面的突然变化使气流产生冲击，周围出现涡流区，造成局部阻力。为了减少损失，当风管断面需要变化时，应尽量避免采用形状突然变化的管件，如图6-7所示，图中给出了渐扩和渐缩管件优劣比较。

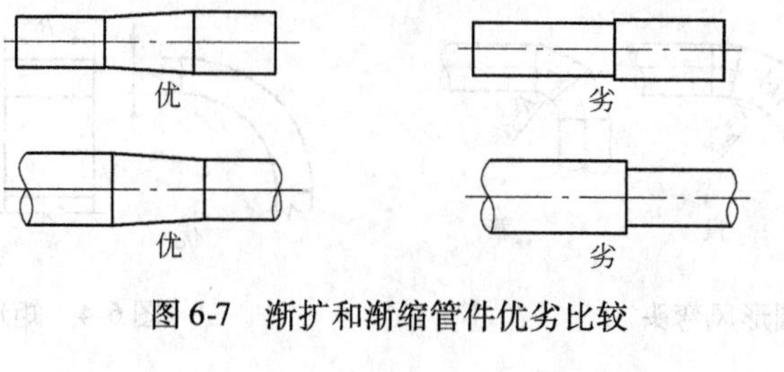

图6-7　渐扩和渐缩管件优劣比较

E 通风机的进口和出口

要尽量避免在接管处产生局部涡流，通风机的进口和出口风管布置方法可采用图 6-8 所示。

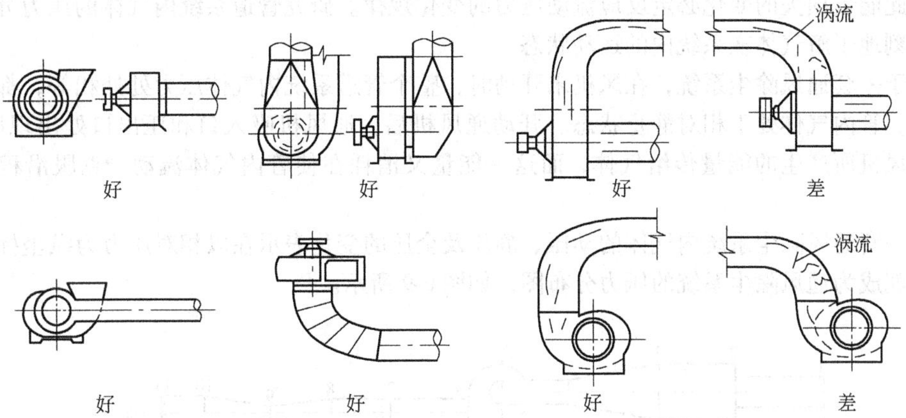

图 6-8 风机进出口的管道连接

为了使通风机运行正常，减少不必要的阻力，最好使连接通风机的风管管径与通风机的进、出口尺寸大致相同。如果在通风机的吸入口安装多叶形或插板式阀门时，最好将其设置在离通风机进口至少 5 倍于风管直径的地方，避免由于吸口处气流的涡流而影响通风机的效率，在通风机的出口处避免安装阀门，连接风机出口的风管最好用一段直管。如果受到安装位置的限制，需要在风机出口处直接安装弯管时，弯管的转向应与风机叶轮的旋转方向一致。

从以上对几种管件的局部阻力分析可以看出，减少管路系统中局部阻力损失的途径可归纳以下几点：

（1）管路布置得尽量顺直，减少弯管和断面尺寸的突然变化。弯管的曲率半径不要取得太小。

（2）在气流汇合部分（三通处）应尽量减少气流的撞击，两股汇合气流的速度最好相等，三通交角尽量减小。

（3）排风口气流速度尽量降低，以减少出口动压的损失。

6.1.3 管段阻力

对通风管道系统的阻力计算，往往以流量发生变化的管件或设备为分点，将整个系统分成若干管段分别计算阻力，在此基础上计算管道系统的总阻力。

系统中各管段的阻力为此段中的摩擦阻力和局部阻力之和，即

$$p_i = p_{mi} + p_{zi} \tag{6-14}$$

式中 p_i——各管段的阻力，Pa；

p_{mi}——各段内气流的摩擦阻力，Pa；

p_{zi}——各段内气流的局部阻力，Pa。

6.2 管道系统的压力分布

气体在风管内流动，是由风管两端气体的压力差引起的，它从高压端流向低压端。气体流

动的能量来自通风机，通风机产生的能量是风压。

气体在流动过程中，要不断克服由于气流内部质点相对运动出现的切应力而做功，将一部分压能转化为热能而形成能量损失，这就是管道的阻力。因为流动阻力是造成能量损失的原因，因此能量损失的变化必定反应流动压力的变化规律。研究管道系统内气体的压力分布，可以更深刻地了解气体在系统内的运动状态。

对于一套通风除尘系统，在风机未开动时，整个管道系统内气体压力处处相等，都等于大气压力，管内气体处于相对静止状态。开动通风机后，通风机吸入口和压出口处出现压力差，即把通风机所产生的能量传给气体，而这一能量又消耗在使管内气体流动，克服沿程的各种阻力。

把一套通风除尘系统内气体的动压、静压及全压的变化表示在以相对压力为纵坐标的坐标图上，就成为通风除尘系统的压力分布图，如图 6-9 所示。

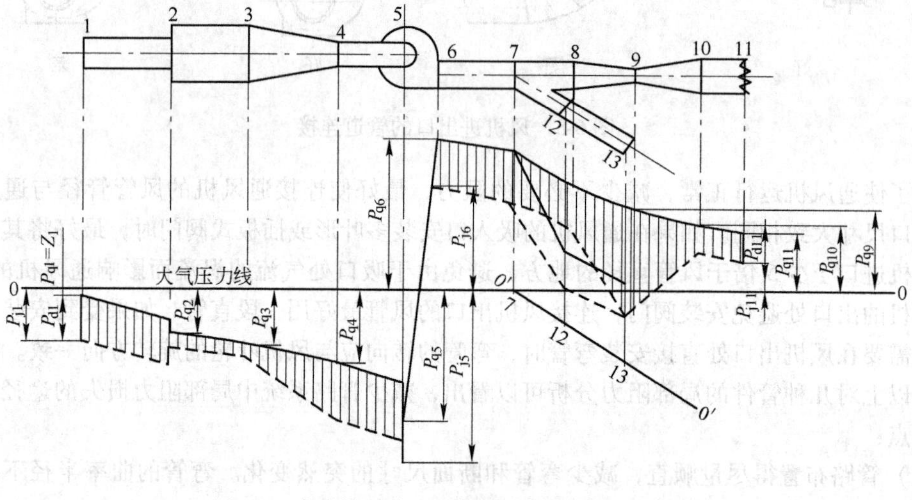

图 6-9　有摩擦阻力和局部阻力的风管压力分布

在通风除尘系统中，一般都用相对压力表示全压，即取大气压力为零，低于大气压力为负压，高于大气压力为正压。下面来确定图 6-9 所示各点的压力。

（1）点 1 压力。列出空气入口外和入口（点 1）断面的能量方程式：

$$P_{q0} = P_{q1} + p_1$$

因 P_{q0} = 大气压力 = 0，故

$$P_{q1} = -p_1$$

$$P_{d1-2} = \frac{u_{1-2}^2 \rho}{2}$$

$$P_{j1} = P_{q1} - P_{d1-2} = \frac{u_{1-2}^2 \rho}{2} - p_1 \qquad (6\text{-}15)$$

式中　p_1——空气入口处的局部阻力，Pa；

P_{d1-2}——管段 1—2 的动压，Pa。

上式表明，点 1 处的全压和静压均比大气压低。静压降 P_{j1} 的一部分转化为动压 P_{d1-2}，另一部分消耗在克服入口的局部阻力 p_1。

（2）点 2 压力：

$$P_{q2} = P_{q1} - (R_{m1-2}l_{1-2} + p_2)$$

$$P_{j2} = P_{q2} - P_{d1-2} = P_{j1} - (R_{m1-2}l_{1-2} + p_2)$$

则

$$P_{j1} - P_{j2} = R_{m1-2}l_{1-2} + p_2 \tag{6-16}$$

式中 R_{m1-2}——管段 1—2 的比摩阻，Pa/m；

p_2——突然扩大的局部阻力，Pa。

由式（6-16）看出，当管段 1—2 内空气流速不变时，风管的阻力是由降低空气的静压来克服的。从图 6-9 还可以看出，由于管段 2—3 的流速小于管段 1—2 的流速，空气流过点 2 后发生静压复得现象。

（3）点 3 压力：

$$P_{q3} = P_{q2} - R_{m2-3}l_{2-3}$$

（4）点 4 压力：

$$P_{q4} = P_{q3} - p_{3-4}$$

式中 p_{3-4}——渐缩管的局部阻力，Pa。

（5）点 5（风机进口）压力：

$$P_{q5} = P_{q4} - (R_{m4-5}l_{4-5} + p_5)$$

式中 p_5——风机进口处 90°弯头的阻力，Pa。

（6）点 11（风管出口）压力：

$$P_{q11} = \frac{u_{11}^2\rho}{2} + p'_{11} = \frac{u_{11}^2\rho}{2} + \zeta'_{11}\frac{u_{11}^2\rho}{2} = (1 + \zeta'_{11})\frac{u_{11}^2\rho}{2} = \zeta_{11}\frac{u_{11}^2\rho}{2} = p_{11}$$

式中 u_{11}——风管出口处空气流速，m/s；

p'_{11}——风管出口处局部阻力，Pa；

ζ'_{11}——风管出口处局部阻力系数；

ζ_{11}——包括动压损失在内的出口局部阻力系数，$\zeta_{11} = 1 + \zeta'_{11}$。

在实际工作中，为便于计算，设计手册中一般直接给出值 ζ 而不是 ζ' 值。

（7）点 10 压力：

$$P_{q10} = P_{q11} + R_{m10-11}l_{10-11}$$

（8）点 9 压力：

$$P_{q9} = P_{q10} + p_{9-10}$$

式中 p_{9-10}——渐扩管的局部阻力，Pa。

（9）点 8 压力：

$$P_{q8} = P_{q9} + p_{8-9}$$

式中 p_{8-9}——渐缩管的局部阻力，Pa。

（10）点 7 压力：

$$P_{q7} = P_{q8} + p_{7-8}$$

式中 p_{7-8}——三通直管的阻力，Pa。

（11）点 6（风机出口）压力：

$$P_{q6} = P_{q7} - R_{m6-7}l_{6-7}$$

自点7开始，有7—8及7—12两个支管。为了表示支管7—12的压力分布。过0′引平行于支管7—12轴线的0′—0′线作为基准线，用上述同样方法求出此支管的全压值。因为点7是两支管的共同点，它们的压力线必定要在此汇合，即压力的大小相等。

把以上各点的全压标在图上，并根据摩擦阻力与风管长度成直线关系，连接各个全压点可得到全压分布曲线。以各点的全压减去该点的动压，即为各点的静压，可绘出静压分布曲线。从图6-9可看出空气在管内的流动规律为：

（1）风机的风压 P_f 等于风机进、出口的全压差，或者说等于风管的阻力及出口动压损失之和，即等于风管总阻力。

（2）风机吸入段的全压和静压均为负值，在风机入口处负压最大；风机压出段的全压和静压一般情况下均是正值，在风机出口正压最大。因此，风管连接处不严密，会有空气漏入或逸出，以致影响风量分配或造成粉尘和有害气体向外泄漏。

（3）各并联支管的阻力总是相等。如果设计时各支管阻力不相等，在实际运行时，各支管会按其阻力特性自动平衡，同时改变预定的风量分配，使排风罩抽出风量达不到设计要求，因此，必须改变风管的直径或安装风量调节装置来达到设计风量的要求。

（4）压出段上点9的静压出现负值是由于断面9收缩得很小，使流通大大增加，当动压大于全压时，该处的静压出现负值。若在断面9开孔，将会吸入空气而不是压出空气。有些压送式气力输送系统的受料器进料和诱导式通风就是这一原理的运用。

6.3　通风除尘管道系统的设计计算

在进行通风管道系统的设计计算前，必须首先确定各排风点的位置和排风量、管道系统和净化设备的布置、风管材料等。设计计算的目的是，确定各管段的管径（或断面尺寸）和阻力，保证系统内达到要求的风量分配，并为选择风机和绘制施工图提供依据。

6.3.1　风管布置的一般原则

（1）净化系统的风道布置要力求简单。风管应尽可能垂直或倾斜敷设。倾斜风管的倾斜角度（与水平面的夹角）应不小于粉尘的安息角。排除一般粉尘宜采用40°～60°。当管道水平敷设时，要注意风管内风速的选取，防止粉尘在风管内沉积。

（2）连接吸尘用排风罩的风管宜采用竖直方向敷设。分支管与水平管或主干管连接时，一般从风管的上面或侧面接入，三通夹角宜小于30°。

（3）通风管道一般应明设，尽量避免在地下敷设。当必须敷设在地下时，应将风管敷设在地沟里。

（4）通风管道一般采用圆形断面。管径设计宜选用《全国通用通风管道计算表》中推荐的统一标准，标准中圆管直径指的是外径。

（5）为减轻含尘气体对风机的磨损，一般应将除尘器置于通风机的吸入段。风管与通风机的连接宜采用柔性连接以减少振动，如图6-8所示。

6.3.2　通风管道的设计计算

风管的设计计算是在系统输送的风量已定，风管布置已基本确定的基础上进行的，其目的主要是设计管道断面尺寸和系统阻力消耗，进而确定需配用风机的型号和动力消耗。

风管管道设计计算方法有假定流速法、压损平均法和静压复得法等几种，目前常用的是假定流速法。

压损平均法的特点是，将已知总作用压头按干管长度平均分配给每一管段，再根据每一管段的风量确定风管断面尺寸。如果风管系统所用的风机压头已定，或对分支管路进行阻力平衡计算，此法较为方便。

静压复得法的特点是，利用风管分支处复得的静压来克服该管段的阻力，根据这一原则确定风管的断面尺寸。此法常用于高速空调系统的水力计算。

假定流速法的特点是，先按技术经济要求选定风管的流速，再根据风管的风量确定风管的断面尺寸和阻力。假定流速法的计算步骤和方法如下：

（1）绘制通风系统轴侧图。首先绘制通风系统轴侧图，如图6-10所示，并对各管段进行编号，标注各管段的长度和风量，以风量和风速不变的风管为一管段。一般从距风机最远的一段开始，由远而近顺序编号。管段长度按两个管件中心线的长度计算，不扣除管件（如弯头、三通）本身的长度。

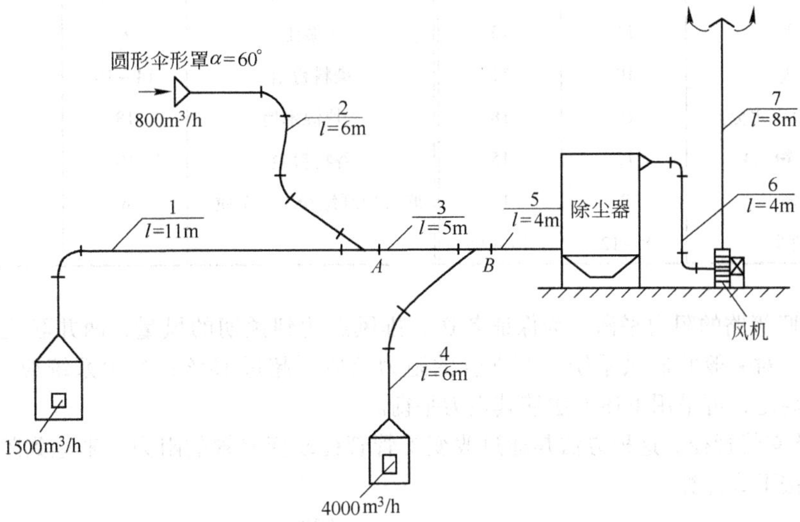

图6-10　通风系统轴侧图

（2）选择合理的空气流速。风管内的风速对系统的经济性有较大影响。流速高、风管断面小，材料消耗少，建造费用小；但是，系统阻力增大，动力消耗增加，有时还可能加速管道的磨损。流速低、阻力小，动力消耗少；但是风管断面大，材料和建造费用增加。对通风除尘系统，流速过低会造成粉尘沉积，堵塞管道。因此，必须进行全面的技术经济比较，确定适当的经济流速。根据经验，对于一般的工业通风除尘系统，其风速可按表6-4确定。对于除尘系统，为防止粉尘在管道内沉积所需的最低风速可按表6-5确定。对于除尘后的风管，风速可适当减小。

表6-4　一般通风系统风管内的风速　　(m/s)

风管部位	生产厂房机械通风		民用及辅助建筑物	
	钢板及塑料风管	砖及混凝土风道	自然通风	机械通风
干　管	6～14	4～12	0.5～1.0	5～8
支　管	2～3	2～6	0.5～0.7	2～5

（3）确定管段直径（断面尺寸）和阻力损失。根据各管段的风量和选定的流速确定各管段的管径（或断面尺寸），计算各管段的摩擦阻力和局部阻力。

确定管径时，应尽可能先用标准规格的通风管道直径，以利于工业化加工制作。

阻力计算应从最不利的环路（距风机最远的排风点）开始，即以最大管路为主线进行计算。各管段的阻力为摩擦阻力和局部阻力之和。

袋式除尘器和静电除尘器后风管内的风量应把漏风量和反吹风量计入。在正常运行条件下，除尘器的漏风率应不大于5%。

表 6-5　通风除尘管道内最低空气流速（m/s）

粉尘种类	垂直管	水平管	粉尘种类	垂直管	水平管
粉状的黏土和砂	11	13	铁和钢（屑）	19	23
耐火泥	14	17	灰土、砂尘	16	18
重矿物粉尘	14	16	锯屑、刨屑	12	14
轻矿物粉尘	12	14	大块干木屑	14	15
干型砂	11	13	干微尘	8	10
煤　灰	10	12	染料粉尘	14~16	16~18
湿土（2%以下水分）	15	18	大块湿木屑	18	20
铁和钢（粉尘）	13	15	谷物粉尘	10	12
棉　絮	8	10	麻（短纤维粉尘、杂质）	8	12
水泥粉尘	8~12	18~22			

（4）并联管路的阻力平衡。为保证各送、排风点达到预期的风量，两并联支管的阻力必须保持平衡。对一般的通风系统，两支管的阻力差应不超过15%；除尘系统应不超过10%。若超过上述规定，可采用下述方法使其阻力平衡。

1）调整支管管径。这种方法是通过改变支管管径改变支管的阻力，来达到阻力平衡。调整后的管径按下式计算

$$D_1' = D_1 \cdot \left(\frac{p_1}{p_1'}\right)^{0.225} \tag{6-17}$$

式中　D_1——调整前的管径，mm；

D_1'——调整后的管径，mm；

p_1——调整前支管的气流阻力，Pa；

p_1'——要求达到支管的气流阻力，Pa。

应当指出，采用本方法时，不宜改变三通的支管直径，可在三通支管上先增设一节渐扩（缩）管，以免引起三通局部阻力的变化。

2）增大风量。当两支管的阻力相差不大时（如在20%以内），可不改变支管管径，将阻力小的那段支管的流量适当加大，达到阻力平衡。增大后的风量按下式计算：

$$Q_1' = Q_1 \cdot \left(\frac{p_1}{p_1'}\right)^{0.5} \tag{6-18}$$

式中　Q_1——调整前的支管的风量，m^3/s；

Q_1'——调整后的支管的风量，m^3/s。

采用本方法会引起后面干管的流量相应增大，阻力也随之增大；同时风机的风量和风压也会相应增大。

3）阀门调节。通过改变阀门的开启度，调节管道阻力，从理论上讲是一种简单易行的方法。必须指出，对一个支管的通风除尘系统进行实际调试，是一项复杂的技术工作。必须进行反复调整、测试才能完成，达到预期的流量分配。

（5）计算系统的总阻力。通风除尘管道系统总的阻力损失 p_t，它是阻力最大的串联管线各段阻力 p_i 之和，即

$$p_t = \sum_{i=1}^{n} p_i,\ \text{Pa} \tag{6-19}$$

式中　p_i——串联管路中某一段的阻力，Pa。

（6）选择通风机和所配用的电动机。排风罩处所需要的排风量以及输送这些气体所产生的压力消耗均由通风机提供。通过管道系统的设计计算，提出本系统应配通风机的性能参数。

通风机应提供的风量 Q 由下式计算：

$$Q = K_1 Q_t,\ \text{m}^3/\text{s} \tag{6-20}$$

式中　Q_t——通风除尘系统中各排风罩处所需的抽风量之和，m^3/s；

K_1——通风除尘系统中风管漏风附加系数，按《工业企业采暖通风和空气调节设计规范》中的规定，对除尘和烟气净化系统，$K_1=1.10\sim1.15$。

通风机应提供的风压 p 可由下式求得：

$$p = (K_2 p_t + p_s)K_3,\ \text{Pa} \tag{6-21}$$

式中　p_t——风管系统的总阻力，由管线阻力计算得到，Pa；

p_s——除尘器的阻力，Pa；

K_2——风管阻力附加系数，按《工业企业采暖通风和空气调节设计规范》中的规定，通风除尘系统 $K_2=1.15\sim1.20$；

K_3——由于通风机产品的技术条件和质量标准允许比产品样本提供的数据低而应考虑的附加系数，一般采用 $K_3=1.08$。

通风机所配用的电动机的选择，见本书第7章内容。

现通过一例来说明通风除尘管道的设计计算过程。

［例6-3］　有一通风除尘系统的管道布置、长度，吸风罩的位置、吸风量，如图6-10所示。风管用钢板制作，输送含有轻矿物粉尘的空气，气体温度为常温。该系统采用布袋式除尘器，除尘器阻力 $p_s=1200\text{Pa}$。对该系统进行设计计算，并选择风机。

［解］

（1）对各管段进行编号，标出管段长度和各排风点的排风量。

（2）确定阻力最大的管线。本系统选择1—3—5—除尘器—6—风机—7为最大阻力管线。

（3）选择风管风速。根据各管段的风量及选定的流量，确定阻力最大的管线上各管段的断面尺寸和单位长度摩擦阻力。

根据表6-5，输送含有轻矿物粉尘的空气时，风管内最小风速为垂直风管12m/s、水平风管14m/s。

考虑到除尘器及风管漏风，管段6及7的计算风量为 $6300\times1.05=6615\text{m}^3/\text{h}$。

管段1。根据 $Q_1=1500\text{m}^3/\text{h}=0.42\text{m}^3/\text{s}$、$u_1=14\text{m/s}$，求出管径。所选管径应尽量符合通风管道的统一规格。

$$D_1 = \sqrt{\frac{Q_1}{\frac{\pi}{4}\times14}} = \sqrt{\frac{0.42}{\frac{\pi}{4}\times14}} = 0.195\text{m} = 195\text{mm}$$

管径取整，即选 $D_1=190\text{mm}$，得管内实际流速为 14.82m/s，由图 6-1 查出单位长度摩擦阻力 $R_{m1}=14.0\text{Pa/m}$

同理确定管段 3、5、6、7、2、4 的管径及比摩阻，具体结果见表 6-6 所示。

表 6-6　管道系统设计计算

管段编号	流量 $/\text{m}^3\cdot\text{h}^{-1}$ $(\text{m}^3\cdot\text{s}^{-1})$	长度 L /m	管径 D /mm	管内流速 v $/\text{m}\cdot\text{s}^{-1}$	动压 P_d /Pa	局部阻力系数 $\Sigma\zeta$	局部阻力 Z /Pa	单位长度摩擦阻力 R_m $/\text{Pa}\cdot\text{m}^{-1}$	摩擦阻力 R_mL /Pa	管段阻力 R_mL+Z /Pa	备注
1	1500(0.42)	11	190	14.82	131.79	1.37	180.55	14.0	154.0	334.55	
3	2300(0.64)	5	240	14.15	120.13	−0.05	−6.01	10.0	50.0	43.99	
5	6300(1.75)	5	380	15.44	143.04	0.61	87.25	6.8	34.0	121.25	
6	6615(1.84)	4	420	13.29	105.97	0.47	49.81	4.8	19.2	69.01	
7	6615(1.84)	8	420	13.29	105.97	0.60	63.58	4.8	38.4	101.98	
2	800(0.22)	6	140	14.30	122.69	0.61	74.84	20.0	120.0	194.84	不平衡
4	4000(1.11)	6	300	15.71	148.08	1.81	268.02	9.5	57.0	325.02	不平衡
2	800(0.22)	6	130	16.58						270.84	
4	4000(1.11)	6	290	16.81						377.87	
	除尘器									1200	

（4）各段风管内局部阻力系数的计算：

1）管段 1：

设备密闭罩　$\zeta=1.0$（对应接管动压）

90°弯头（$R/D=1.5$）1 个，　$\zeta=0.17$

直流三通（1→3）1 个，$\alpha=30°$，　$\zeta=0.20$

合计：　$\Sigma\zeta=1.0+0.17+0.20=1.37$

2）管段 2：

圆形吸气伞形罩，$\alpha=60°$，　$\zeta=0.09$

90°弯头（$R/D=1.5$）1 个，　$\zeta=0.17$

60°弯头（$R/D=1.5$）1 个，　$\zeta=0.15$

合流三通（2→3）1 个，　$\zeta_{23}=0.20$

合计：　$\Sigma\zeta=0.09+0.17+0.15+0.20=0.61$

3）管段 3：

直流三通（3→5）1 个，　$\zeta_{35}=-0.05$

4）管段 4：

设备密闭罩 1 个，　$\zeta=1.0$

90°弯头（$R/D=1.5$）1 个，　$\zeta=0.17$

合流三通（4→5）1 个，　$\zeta_{45}=0.64$

合计：　$\Sigma\zeta=1.0+0.17+0.64=1.81$

5）管段 5：

除尘器进口变径管（渐扩管）

除尘器进口尺寸 300mm×800mm，变径管长度 500mm，$\tan\alpha=\dfrac{1}{2}\cdot\dfrac{(800-380)}{500}=0.42$

$\alpha=22.7°$，$\zeta=0.61$

6）管段6：

除尘器出口变径管（渐缩管）

除尘器出口尺寸300mm×800mm变径管长度400mm，$\tan\alpha = \frac{1}{2}\cdot\frac{(800-420)}{400} = 0.475$

$\alpha = 26.4°$，$\zeta = 0.10$

90°弯头（$R/D = 1.5$）2个，　　$\zeta = 0.17\times 2 = 0.34$

风机进口渐扩管

先近似选出一台风机，风机进口直径 $D_1 = 500\text{mm}$，变径管长度300mm，

$$\tan\alpha = \frac{1}{2}\cdot\frac{(500-420)}{300} = 0.13\text{ , }\alpha = 7.6°\text{，}\zeta = 0.03$$

合计：　　$\Sigma\zeta = 0.10 + 0.34 + 0.03 = 0.47$

7）管段7：

风机出口渐扩管

风机出口尺寸410mm×315mm $D_7 = 420\text{mm}$，$\zeta\approx 0$

带扩散管的伞形风帽（$h/D_0 = 0.5$）1个，　$\zeta = 0.60$

合计：　　$\Sigma\zeta = 0.60$

（5）计算各管段的沿程摩擦阻力和局部阻力，计算结果如表6-6所示。

（6）对并联管路进行阻力平衡：

1）汇合点A：

$$p_1 = 334.55\text{Pa},\ p_2 = 194.84\text{Pa}\quad \frac{p_1 - p_2}{p_1} = \frac{334.55 - 194.84}{334.55} = 41.76\% > 10\%$$

为使管段1、2达到阻力平衡，改变管段2的管径，增大其阻力。

根据式（6-17）：

$$D_2' = D_2\cdot\left(\frac{p_2}{p_2'}\right)^{0.225} = 140\left(\frac{194.84}{334.55}\right)^{0.225} = 123.97\text{mm}$$

根据通风管道统一规格，取 $D_2'' = 130\text{mm}$。其对应的阻力为：

$$p_2'' = 194.84\left(\frac{140}{130}\right)^{\frac{1}{0.225}} = 270.84\text{Pa}$$

$$\frac{p_1 - p_2''}{p_1} = \frac{334.55 - 270.84}{334.55} = 19.04\% > 10\%$$

此时仍处于不平衡状态。如继续减小管径，取 $D_2 = 120\text{mm}$，其对应的阻力为386.56Pa，同样处于不平衡状态。因此决定取 $D_2 = 130\text{mm}$，在运行时再辅以阀门调节，消除不平衡。

2）汇合点B：

$$p_1 + p_3 = 334.55 + 43.99 = 378.54\text{Pa}$$

$$p_4 = 325.02\text{Pa}$$

$$\frac{(p_1 + p_3) - p_4}{p_1 + p_3} = \frac{378.54 - 325.02}{378.54} = 14.14\% > 10\%$$

为使管段1、3、4达到阻力平衡，改变管段4的管径，增大其阻力。

根据式（6-17）：

$$D_4' = D_4\cdot\left(\frac{p_4}{p_4'}\right)^{0.225} = 300\left(\frac{325.02}{378.54}\right)^{0.225} = 289.89\text{mm}$$

根据通风管道统一规格，取 $D''_2 = 280\text{mm}$，通过计算其对应的阻力为 441.56Pa，仍处于不平衡状态。为此取管径 290mm（需特别制作），其对应的阻力为

$$p''_4 = 325.02\left(\frac{300}{290}\right)^{\frac{1}{0.225}} = 377.87\text{Pa}$$

$$\frac{p_1 - p''_2}{p_1} = \frac{378.54 - 377.87}{378.54} = 0.18\% < 10\%\text{（符合要求）}$$

（7）计算系统的总阻力：

$$p_t = \Sigma(R_m l + p_z) = 334.55 + 43.99 + 121.25 + 69.01 + 101.98 = 670.78\text{Pa}$$

（8）选择风机：

风机风量：$Q = K_1 Q_t = 1.15 \times 6615 = 7607\text{m}^3/\text{h} = 2.11\text{m}^3/\text{s}$

风机风压：$p = (K_2 p_t + p_s)K_3 = (1.20 \times 670.78 + 1200) \times 1.08 = 2165.33\text{Pa}$

根据风机的风量和风压，选用 C4-68No.3 风机，风机转速为 1600r/min 皮带传动；配用 Y132S2-Z 型电动机，电动机功率为 $N = 7.5\text{kW}$。

6.4　通风系统的布置及部件

6.4.1　风管材料和连接

通风管道的断面形状有圆形和矩形两种。在同样断面积下，圆形风管周长最短，最为经济。由于矩形风管四角存在局部涡流，在同样风量下，矩形风管的阻力要比圆形风管大。因此，在一般情况下（特别是除尘风管）都采用圆形风管，只是有时为了便于加工和建筑配合才采用矩形断面。

风管可以采用薄钢板、塑料板、混凝土等材料制作，需要经常移动的风管则用柔性材料制作，如金属软管、橡胶管等。

薄钢板是最常用的风管材料，一般的通风系统采用厚度为 0.5～1.5mm 的钢板制作。除尘系统因管壁磨损大，采用厚度为 1.5～3.0mm 钢板。对于气力输送系统或输送高浓度磨损性粉尘时，则应采取耐磨措施，特别是弯头外侧的管壁。

通风管道大都采用焊接或法兰连接。为保证法兰连接的密封性，法兰间应放入衬垫，衬垫厚度为 3～5mm。衬垫材料随输送气体性质和温度而不同。

（1）输送气体温度不超过 70℃ 的风管，采用浸过干性油的厚纸垫或浸过铅油的麻辫。

（2）除尘风管应采用橡皮垫或在干性油内煮过并涂了铅油的厚纸垫。

（3）输送气体温度超过 70℃ 的风管，必须采用石棉厚纸垫或石棉绳。

（4）风管内外表面应涂油漆，油漆的类别及涂刷次数可参考有关资料。

6.4.2　通风系统的布置

6.4.2.1　除尘系统形式和除尘器布置

根据生产工艺、设备布置、排风量大小和生产厂房条件，通风除尘系统可分为就地式、分散式和集中式除尘系统三种形式。

（1）就地式除尘系统。它是把除尘器直接安放在生产设备附近，就地捕集和回收粉尘，基本上不需敷设或只设较短的除尘管道。如铸造车间混砂机的插入式袋式除尘器、直接坐落在送风料仓上的除尘机组和目前应用较多的各种小型除尘机组。这种系统布置紧凑、简单、维护管理方便。

（2）分散式除尘系统。当车间内排风点比较分散时，可对各排风点进行适当的组合，根据输送气体的性质及工作班次，把几个排风点合成一个系统。分散式除尘系统的除尘器和风机应尽量靠近产尘设备。这种系统风管较短，布置简单，系统阻力容易平衡。由于除尘器分散布置，除尘器回收粉尘的处理较为麻烦。但这种系统目前应用较多。

（3）集中式除尘系统。集中式除尘系统适用于扬尘点比较集中，有条件采用大型除尘设施的车间。它可以把排风点全部集中于一个除尘系统，或者把几个除尘系统的除尘设备集中布置在一起。由于除尘设备集中维护管理，粉尘容易收集，实现机械化处理。但是，这种系统管道长、复杂，阻力平衡困难，初投资大，因此，这种系统仅适用于少数大型工厂。

在布置除尘器时还应注意以下问题：

（1）当除尘器捕集的粉尘需返回工艺流程时，要注意不要回到破碎设备的进料端或斗式提升机的底部，以免粉尘在除尘系统内循环。最好直接回到所在设备的终料仓或者回到向终料仓送料的皮带运输机或螺旋运输机上。为了合理处理回料问题，有时宁可加长管道，把除尘器布置在符合要求的位置。

（2）干法除尘系统回收的粉料只能返回到不会再次造成悬浮飞扬的工艺设备，如严格密闭的料仓和运输设备（螺旋运输机或埋刮板运输机等）。

6.4.2.2 系统划分

划分系统时应注意以下几点：

（1）划分系统时要考虑输送气体的性质、工作班次、相互距离等因素。设备同时运转，而粉尘性质不同时，只要允许不同的粉尘混合或者粉尘无回收价值，可合为一个系统。

（2）应把同一生产工序中同时操作的产尘设备排风点合为一个系统。

（3）不同的排气混合后会有燃烧或爆炸危险或会形成毒害更大的混合物或化合物时，不能合为一个系统。

（4）排除水蒸气的排风点不能和产尘的排风点合成一个系统，以免堵塞管道。

（5）温湿度不同的含尘气体，当混合后可能导致管道内结露时，不宜合为一个系统。

（6）如果排风量大的排风点位于风机附近，不宜和远处的排风量小的排风点合为一个系统。因为增加这个排风点，会使整个系统阻力增大，增加运行费用。

6.4.2.3 风管布置

（1）除尘系统的风管布置应力求简单，一个系统上的排风点数量不宜过多（最好不超过 5～6 个）。排风点过多，各支管阻力不易平衡。一个除尘系统的排风点较多时，为便于阻力平衡，宜采用大断面的集合管连接各支管。集合管有水平（见图6-11）和垂直（见图6-12）两种。

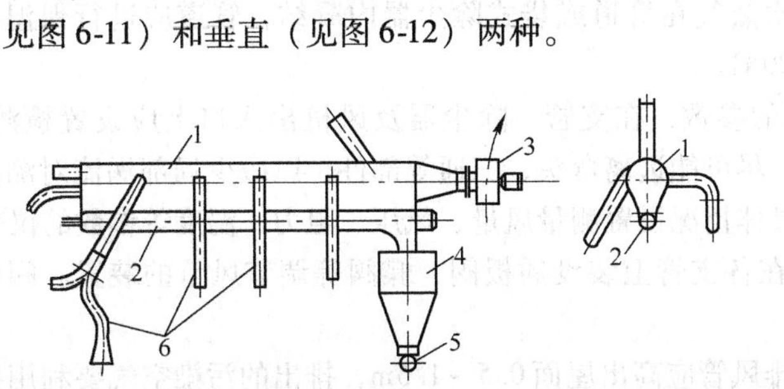

图 6-11 水平安装的集合管

1—集合管；2—螺旋运输机；3—风机；4—集尘箱；5—卸尘阀；6—排风管

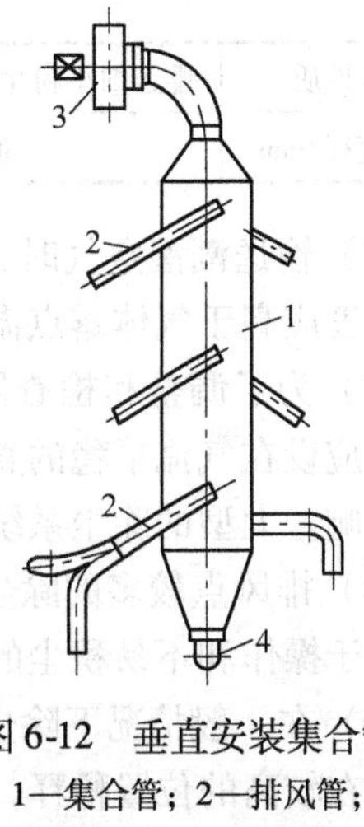

图 6-12 垂直安装集合管

1—集合管；2—排风管；3—风机；4—卸尘阀

水平集合管上连接的风管由上面或侧面接入，集合管的断面风速为 3 ~ 4m/s。它适用于产尘点分布在同一层平台上，并且水平距离相距较远的场合。

垂直集合管上的风管从切线方向接入，集合管断面风速为 6 ~ 10m/s，适用于产尘点分布在多层平台上，并且水平距离不大的场合。集合管还起着沉降室的作用，在其下部应设卸尘阀和粉尘输送设备。

（2）除尘风管应尽可能垂直或倾斜敷设，倾斜敷设与水平面的夹角最好大于 45°，如图 6-13所示。如果由于某种原因，风管必须水平敷设或与水平面的夹角小于 30°时，应该采取措施。如加大管内风速、在适当位置设置清扫孔等。

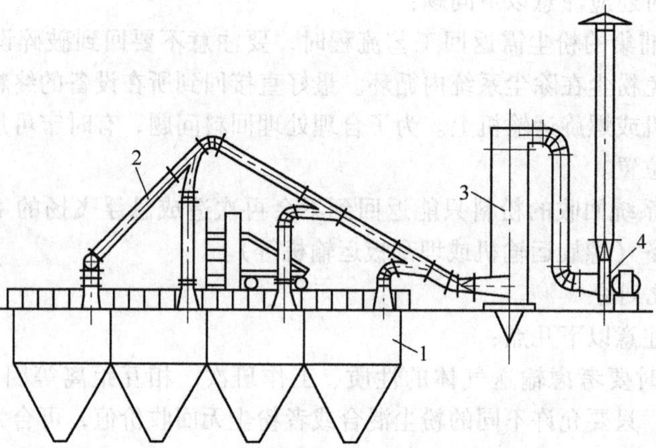

图 6-13　通风除尘管道的敷设

1—料仓；2—风管；3—除尘器；4—风机

（3）排除含有剧毒、易燃，易爆物质的排风管，其正压管段一般不应穿过其他房间。穿过其他房间时，该段管道上不应设法兰或阀门。

（4）除尘器宜布置在除尘系统的风机吸入段，如布置在风机的压出段，应选用排尘风机。

（5）为了防止风管堵塞，风管的直径不宜小于表 6-7 中数值。

表 6-7　输送粉尘最小风管的直径

粉尘性质	排送细小粉尘（矿物粉尘）	排送较粗粉尘（如木屑）	排送粗粉尘（如刨花）	排送木片
风管直径/mm	80	100	130	150

（6）输送潮湿空气时，需防止水蒸气在管道或袋式除尘器内凝结，管道应进行保温。管内壁温度应高于气体露点温度 10 ~ 20℃。

（7）为了调整和检查除尘系统的参数，在支管、除尘器及风机出入口上应设置检测孔。检测孔应设在气流平稳的直管段上，尽可能远离弯头、三通等部件，以减少局部涡流对测定结果的影响。大型的除尘系统可根据具体情况设置测量风量、风压、阻力、温度等参数的仪表。

（8）排风点较多的除尘系统应在各支管上装设插板阀、蝶阀等调节风量的装置。阀门应设在易于操作和不易积尘的位置。

（9）在一般情况下除尘系统的排风管应高出屋面 0.5 ~ 1.5m，排出的污染空气要利用射流使其能在较高的位置稀释，排风主管顶部不设风帽。为防止雨水进入排风主管，排风立管可按图 6-14 所示的方式制作安装。

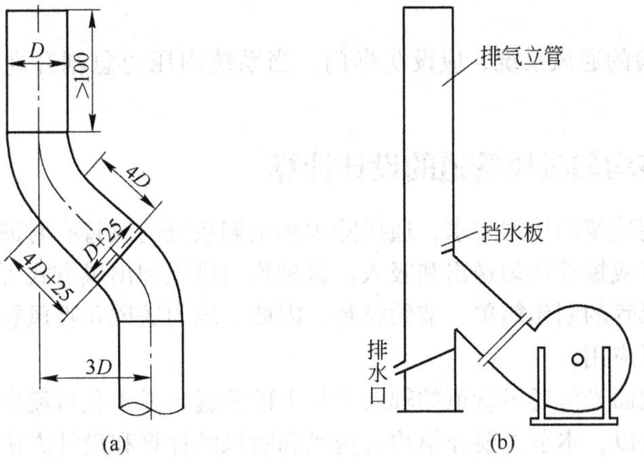

图 6-14 排风立管排水装置

（a）偏心弯头；（b）立管上设排水口

6.4.3 风管部件

在通风除尘系统中含尘气流流速较高，局部阻力在系统总阻力中所占比重较大（有时可能达到80%以上）。因此，风管部件的制作和安装应尽量减少系统的局部阻力损失。

6.4.4 除尘系统的防爆

当输送空气中含有可燃性粉尘或气体，同时又具备爆炸的条件时，就会产生爆炸。因此，当排除有爆炸危险的含尘气体时，要考虑把管内气体的含尘浓度稀释到爆炸极限以下，同时要消除一切引爆因素。主要措施有：

（1）系统的风量除了满足一般的要求外，还应校核其中可燃物的浓度。

（2）防止可燃物在通风系统的局部地点（死角）积聚。

（3）选用防爆风机，并采用直联或联轴器传动方式。

（4）对管路系统的布置，必须将有可能蓄积静电的风管和设备可靠的接地，以消除系统中的静电。接地的方法，可利用电气设备的地线或埋在地中的金属导管和构件作为地线。当风管借法兰盘连接时，应以3~5mm的金属线绕过法兰盘，使两管接通，图6-15为设备和管道的

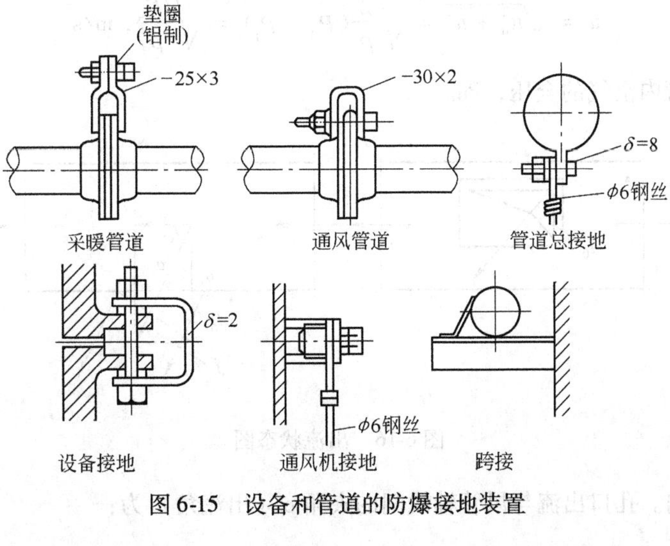

图 6-15 设备和管道的防爆接地装置

防爆接地装置。

(5) 有爆炸危险的通风系统，应设防爆门。当系统内压力急剧升高时，靠防爆门自动开启泄压。

6.5　均匀送风与均匀吸风管道的设计计算

根据工业与民用建筑的使用要求，通风除尘和空调系统的风管有时需要把等量的空气，沿风管侧壁的成排孔口或短管均匀送出和吸入。这种均匀进风和出风方式可使送风房间得到均匀的空气分布，而且风管的制作简单、节约材料，因此，均匀送风和吸风管道在车间、会堂、冷库和气幕装置中广泛应用。

但当气体从等截面光滑通风管道的轴向全长上的条缝口或小孔口流出或吸入时，其速度分布是很不均匀的。所以，本节主要介绍均匀送风和吸风的计算和设计方法。

6.5.1　均匀送风管道的设计原理

空气在风管内流动时，其静压垂直作用于管壁。如果在风管的侧壁开孔，由于孔口内外存在静压差，空气会按垂直于管壁的方向从孔口流出。静压差产生的流速为：

$$u_j = \sqrt{\frac{2P_j}{\rho}},\ \mathrm{m/s} \tag{6-22}$$

空气在风管内的流速为：

$$u_d = \sqrt{\frac{2P_d}{\rho}},\mathrm{m/s} \tag{6-23}$$

式中　P_j——风管内空气的静压，Pa；

P_d——风管内空气的动压，Pa。

因此，空气从孔口流出时，它的实际流速和出流方向不只取决于静压产生的流速和方向，还受管内流速的影响，如图 6-16 所示。在管内流速的影响下，孔口出流方向要发生偏斜，实际流速为合成速度，可用下列各式计算有关数值：

空气通过侧孔时的实际速度是 u_j 和 u_d 这两个分速度的合速度 u，其速度大小为：

$$u = \sqrt{u_d^2 + u_j^2} = \sqrt{\frac{2}{\rho}(P_d + P_j)} = \sqrt{\frac{2P_q}{\rho}},\ \mathrm{m/s} \tag{6-24}$$

式中　P_q——风管内空气的全压，Pa。

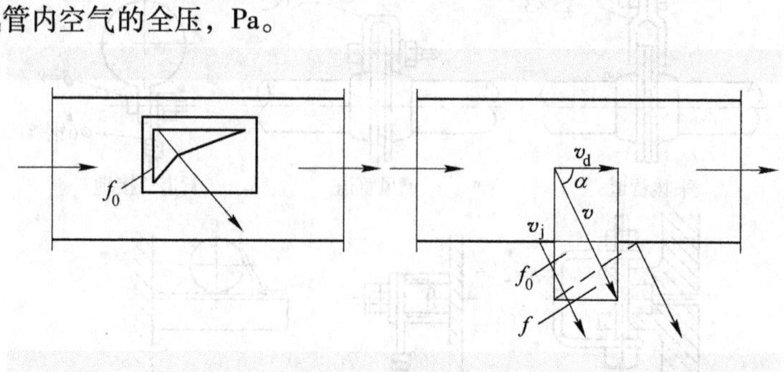

图 6-16　出流状态图

孔口出流方向。孔口出流与风管轴线间的夹角 α（出流角）为：

$$\tan\alpha = \frac{u_j}{u_d} = \sqrt{\frac{P_j}{P_d}} \tag{6-25}$$

孔口实际流速：

$$u = \frac{u_j}{\sin\alpha},\ \mathrm{m/s} \tag{6-26}$$

孔口流出风量：

$$Q_0 = \mu \cdot f \cdot u,\ \mathrm{m^3/s} \tag{6-27}$$

式中 μ——孔口流量系数；

f——孔口在气流垂直方向上的投影面积，$\mathrm{m^2}$；由图6-16可知：

$$f = f_0\sin\alpha = f_0 \cdot \frac{u_j}{u},\ \mathrm{m^2}$$

f_0——孔口面积，$\mathrm{m^2}$。

式（6-27）可改写为：

$$Q_0 = \mu \cdot f_0 \cdot \sin\alpha \cdot u = \mu \cdot f_0 \cdot u_j = \mu \cdot f_0 \cdot \sqrt{\frac{2P_j}{\rho}},\ \mathrm{m^3/s} \tag{6-28}$$

空气在孔口面积 f_0 上的平均流速 u_0，按定义和式（6-28）得：

$$u_0 = \frac{Q_0}{f_0} = \mu \cdot u_i,\ \mathrm{m/s} \tag{6-29}$$

对于断面不变的矩形送（排）风管，采用条缝形风口送（排）风时，风口上的速度分布如图6-17所示。在送风管上，从始端到末端管内流量不断减小，动压相应下降，静压增大，使条缝口出口流速不断增大；在排风管上，则是相反，因管内静压不断下降，管内外压差增大，条缝口入口流速不断增大。

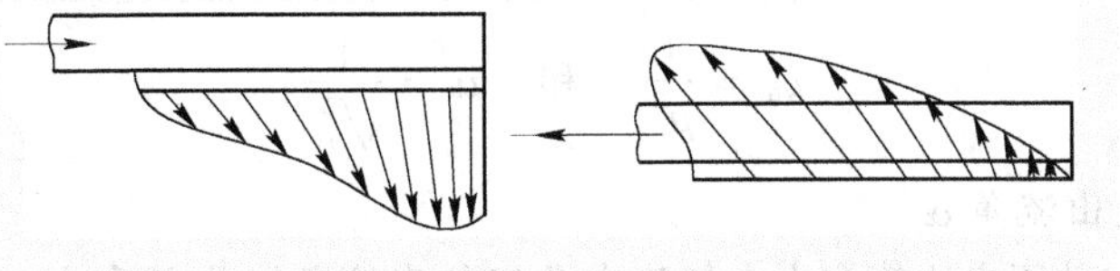

图6-17 从条缝口吹出和吸入风的速度分布

6.5.2 实现均匀送风的基本条件

从式（6-28）可以看出，对侧孔面积 f_0 保持不变的均匀送风管，要使各侧孔的送风量保持相等，必须保证各侧孔的静压 P_j 和流量系数 μ 相等；要使出口气流尽量保持垂直，要求出流角 α 接近90°。下面分析如何实现上述条件。

6.5.2.1 保持各侧孔静压相等

设一等截面送风风道，侧面上开有 n 个侧孔，如图6-18所示。根据流体力学理论，可列出截面1—1及 n—n 的能量方程式：

$$P_{j1}+P_{d1} = P_{jn}+P_{dn} + \sum_{i=1}^{n-1}(R_{mi}l_i + p_{zi}) \tag{6-30}$$

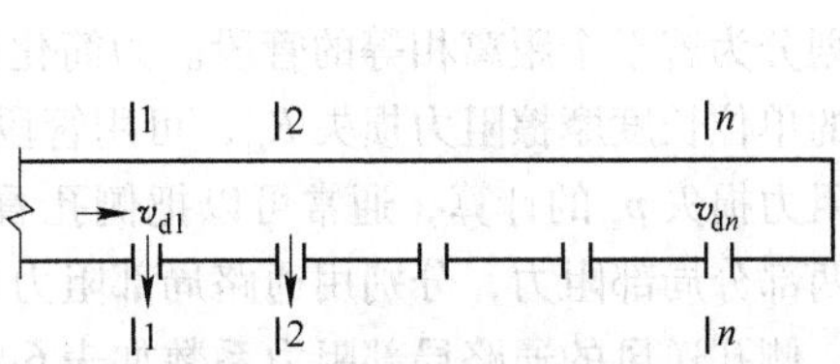

图6-18 各侧孔静压相等条件

式中　P_{j1}、P_{jn}——分别表示 1—1 截面和 n—n 截面上的静压，Pa；

P_{d1}、P_{dn}——分别表示 1—1 截面和 n—n 截面上的动压，Pa；

R_{mi}——第 i 个侧孔与 $i-1$ 个侧孔之间风道的比摩阻，Pa/m；

l_i——第 i 个侧孔与 $i-1$ 个侧孔之间的风道的长度，m；

p_{zi}——第 i 个侧孔的局部阻力，Pa。

由于要保持各侧孔处的静压相等，即

$$P_{j1} = P_{j2} = \cdots = P_{jn}$$

由式（6-30）可得

$$P_{d1} - P_{dn} = \sum_{i=1}^{n-1}(R_{mi}l_i + p_{zi}) \tag{6-31}$$

即在设计均匀送风管道时，为保持各侧孔处的静压相等，必须使首端和末端的动压差（或两侧孔间的动压差）等于风道全长上（或两侧孔间）的压力损失。

6.5.2.2　保持各侧孔流量系数相等

侧孔的流量系数 μ 与孔口形状、出流角 α 及孔口的相对流量 Q' 有关，孔口的相对流量为

$$Q' = \frac{Q_0}{Q} \tag{6-32}$$

式中　Q_0——侧孔流出流量，m^3/s；

Q——侧孔前风道内的流量，m^3/s。

如图 6-19 所示，在 $\alpha \geqslant 60°$、$Q' = 0.1 \sim 0.5$ 范围内，对于锐边的孔口可近似认为 $\mu \approx 0.6 \approx$ 常数。

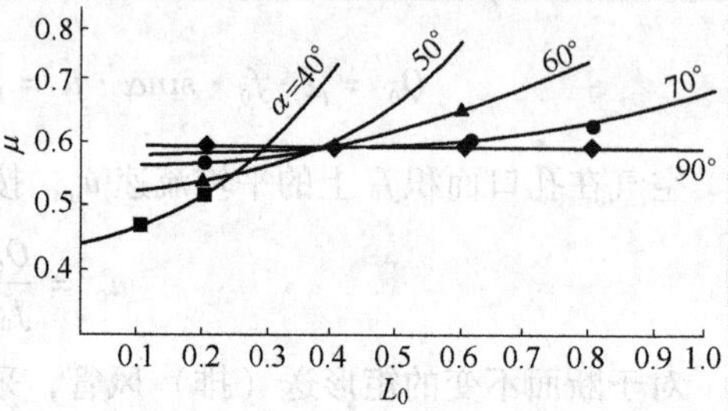

图 6-19　锐边孔口的 μ 值

在计算中，有时要用侧孔（或短管）的局部阻力系数 ζ_0 来代替流量系数 μ，它们之间的关系是

$$\zeta_0 = \frac{1}{\mu^2} \quad 和 \quad \mu = \frac{1}{\sqrt{\zeta_0}} \tag{6-33}$$

6.5.2.3　增大出流角 α

风管中的静压与动压之比值愈大，气流在孔口的出流角 α 也就愈大，出流方向接近垂直；比值减小，气流会向一个方向偏斜，这时即使各侧孔风量相等，也达不到均匀送风的目的。

要保持 $\alpha \geqslant 60°$，必须使 $P_j/P_d \geqslant 3.0(u_j/u_d \geqslant 1.73)$。在要求高的工程中，为了使空气出流方向垂直管道侧壁，可在孔口处装置垂直于侧壁的挡板，或把孔口改成短管。

6.5.3　均匀送风风道的设计

设计均匀送风风道时，常把侧孔（或短管）按需要均匀地布置在风道的长度上，并将风道划分为若干个距离相等的管段。为简化计算，假定各侧孔的流量系数 μ 为常数；两侧孔间管段的单位长度摩擦阻力损失 R_m，可用管段首端上求得的 R_m 来代替；对于风道上送风口处的局部阻力损失 p_z 的计算，通常可以把侧孔看做是支管长度为零的三通。当空气从侧孔送出时产生两部分局部阻力，分别用通路局部阻力系数 ζ_t 和侧孔局部阻力系数 ζ_0 来表示。

侧孔送风的通路局部阻力系数如表 6-8 所示，表中数据由实验求得，表中 ζ_t 值对应孔前的管内动压。

从侧孔或条缝口出流时，孔口的流量系数可近似取$\mu=0.6\sim0.65$。

表 6-8 空气流过侧孔直通部分的局部阻力系数

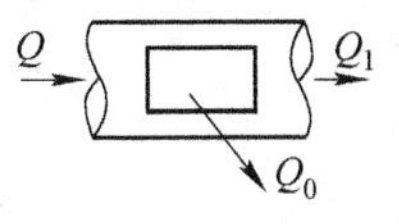	Q_0/Q	0	0.1	0.2	0.3	0.4	0.5	0.6	0.7	0.8	0.9	~1
	ζ_t	0.15	0.05	0.02	0.01	0.03	0.07	0.12	0.17	0.23	0.29	0.35

然后，按两侧孔之间管段首末两端的动压差等于两侧孔间管段压力损失的原则，来确定风道的截面尺寸。

6.5.4 均匀送风风道的常见形式

常用的均匀送风管道形式很多，按其设计原理大致可分为两大类，即沿风道全长静压力不变的等静压均匀送风风道和风道全长上静压变化的送风风道。

6.5.4.1 风道全长静压不变

这类送风风道，沿长度方向风道的截面积是变化的，而侧孔或多缝口的面积不变，所以其出风口的速度是相同的，如图6-20（a）所示。

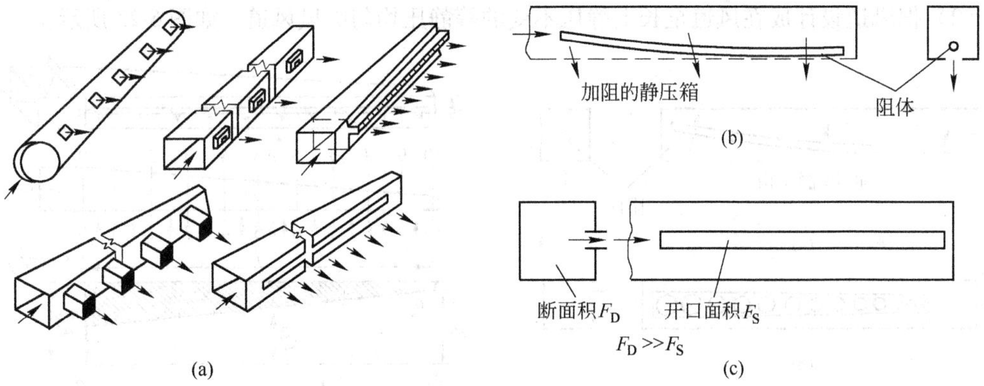

图6-20 静压不变的均匀送风风道的结构形式

如图6-20（b）所示的送风风道是等截面的，即沿风道全长截面积不变，在静压箱内放入适当的阻力体，用增加管内气流流动阻力的办法，抵消由于管内动压降低而复得的静压，以达到均匀送风的目的。

如图6-20（c）所示的作法是使送风管道的截面积远远大于送风口的面积，把送风管道做成静压箱，使管内气流流动阻力小到忽略不计的程度，以达到稳定静压均匀送风的目的。

6.5.4.2 风道全长上静压变化

这类送风管道是等截面的，即沿风道全长截面积不变。由于送风口气流的流出使风道内气流流速降低而静压力沿长度方向逐渐增大，因此，把其送风侧孔或条缝口的面积做成变化的，即沿长度方向逐渐变小，如图6-21所

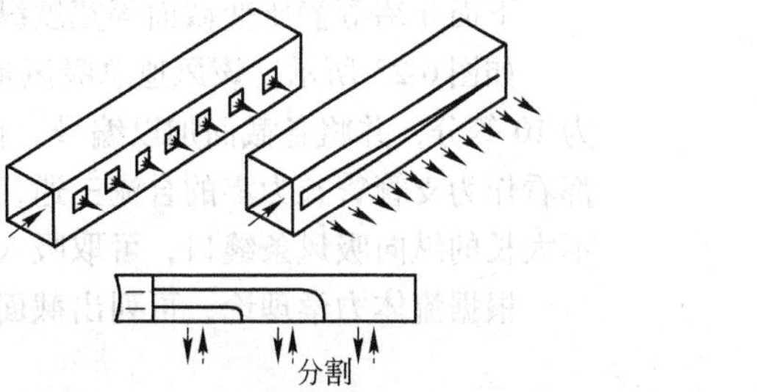

图6-21 静压变化的均匀送风风道的结构形式

示。此时侧孔或条缝口的出风速度是不同的，气流的出流角也是变化的。严格地说，这类送风风道只能进行等量送风，无法保证出风口气流速度相等，其均匀送风的效果会差一些。另外，在送风风道或吸风风道中按需要加设适当的导流片，把风道分割成几部分，以调节送、吸风量，如图 6-21 所示。

6.5.5　均匀吸风

均匀吸风是指通过在风道侧壁上开设的孔口或条缝口，吸走等量的空气，或者通过带有分支管的排风罩排走等量的空气。

均匀吸风风道的设计方法，可分为两大类：

(1) 通过调节吸风口阻力或调节气流吸入口面积来调节吸气流量，做到均匀吸风。如图 6-22 所示。

侧孔面积相等，内壁光滑的等截面吸风风道，气流吸入速度如图 6-17 所示，气流速度沿气流方向逐渐加大。因此可以在吸风口上加设适当的阻力体，调节吸入口气流的速度，如图 6-22（a)所示。也可以采用如图 6-22（b）所示的作法，将吸风口做成楔型条缝口或做成沿气流吸入方向吸口面积逐渐缩小的一系列孔口，调节气流入口面积以调节吸入流量。还有一些其他作法，如图 6-20（c）所示的把吸风风道截面积加大做成静压箱，或如图 6-21 中所示的，在风管内加设导流片调节，做到均匀吸风。

(2) 把风道设计成在风道全长上静压不变的等静压均匀吸风风道，如图 6-23 所示。

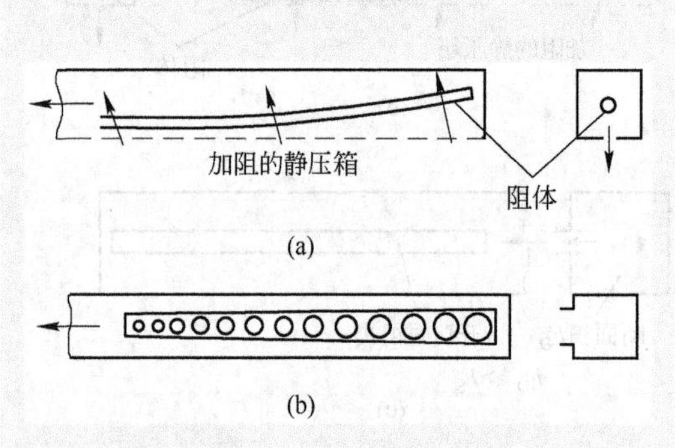

图 6-22　均匀吸风风道

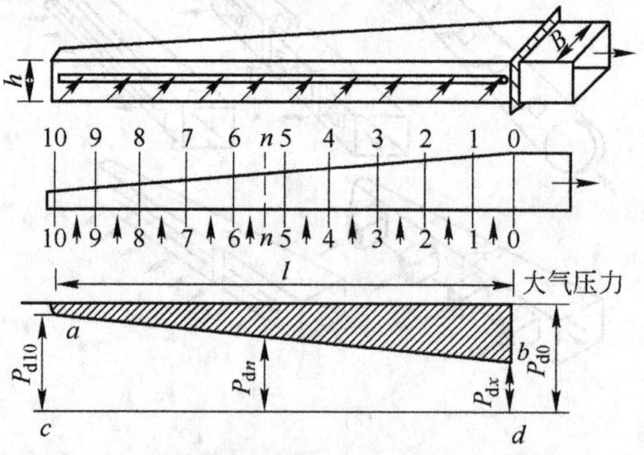

图 6-23　矩形变截面带等宽度条缝的均匀吸风风道

在通风机运转的情况下，风道内的全压损失沿长度方向逐渐增大，如图 6-23 所示 ab 线。如果要使风道全长上真空度保持不变，如图 6-23 所示 cd 线，必须使管内气流的动压沿气流前进方向逐渐降低，也就是使管内风速逐渐降低，风道的截面积沿气流方向逐渐加大。

下面介绍等静压变截面等宽度纵向条缝的均匀吸风风道的设计方法。

如图 6-23 所示，该风道总吸风量为 $Q_0(\mathrm{m^3/s})$，风道长度为 $l(\mathrm{m})$，为方便计算，将风道分为 10 等分，并将各截面加以编号。在计算带纵向条缝的均匀吸风风道时，可以把每段主风道都看作为支管管长为零的合流三通，假定主风道合流三通直通部分的局部阻力损失为零；对于不太长的纵向吸风条缝口，可取吸入口流量系数 $\mu=1$，即局部阻力系数 ζ 为 1。

根据流体力学理论，可列出截面 0—0 及 10—10 的能量方程式为

$$P_{d0} = P_{d10} - \sum_{i=1}^{10} R_{mi} l_i \tag{6-34}$$

式中　R_{mi}——每段管道上的比摩阻，Pa/m；

l_i——每段管道的长度，m。

由式（6-34）可得到末端截面上的动压：

$$P_{d10} = P_{d0} - \sum_{i=1}^{10} R_{mi} l_i \tag{6-35}$$

而任一截面 n—n 上的动压为：

$$P_{dn} = P_{d0} - \sum_{i=1}^{n} R_{mi} l_i \tag{6-36}$$

式中 $\sum_{i=1}^{n} R_{mi} l_i$——截面 n—n 与截面 0—0 之间风道的压力损失，Pa。

由式（6-35）和式（6-36）可得：

$$P_{d10} - P_{dn} = \sum_{i=1}^{10} R_{mi} l_i - \sum_{i=1}^{n} R_{mi} l_i = \sum_{i=n}^{10} R_{mi} l_i$$

即变截面带等宽度纵向条缝口的等静压均匀吸风风道，两截面间动压差等于这两个截面间的阻力损失。

任意截面 n—n 上管内气体的流速为：

$$u_n = \sqrt{\frac{2P_{dn}}{\rho}},\ \mathrm{m/s} \tag{6-37}$$

截面 n—n 上气流的流量为：

$$Q_n = (1 - 0.1n) \cdot Q_0,\ \mathrm{m^3/s} \tag{6-38}$$

截面 n—n 处风道的截面积为：

$$F_n = B_n \cdot h = \frac{Q_n}{u_n},\ \mathrm{m^2} \tag{6-39}$$

式中 B_n——任意截面的宽度，m。

设空气通过条缝口的吸入速度为 u_x(m/s)，则条缝口的面积 f 为：

$$f = b \cdot l = \frac{Q_0}{u_x},\ \mathrm{m^2} \tag{6-40}$$

式中 b——条缝口高度，m；

l——条缝口长度，m。

从条缝口吸入的气流的动压为

$$P_{dx} = \frac{1}{2}\rho u_x^2,\ \mathrm{Pa} \tag{6-41}$$

气流从条缝口吸入时的局部阻力损失 p_z 为：

$$p_z = \zeta \cdot P_{dx} = \zeta \cdot \frac{1}{2}\rho u_x^2,\ \mathrm{Pa} \tag{6-42}$$

吸风风道上的真空度，即 0—0 截面上的真空度为：

$$p_{j0} = p_{j10} + \sum_{i=1}^{10} R_{mi} l_i + p_z,\ \mathrm{Pa} \tag{6-43}$$

吸风风道总的压力损失：

$$p = p_{j0} - p_{j10} = \sum_{i=1}^{10} R_{mi} l_i + p_z = \sum_{i=1}^{10} R_{mi} l_i + \zeta \cdot \frac{1}{2}\rho u_x^2,\ \mathrm{Pa} \tag{6-44}$$

复　习　题

6-1　有一矿渣混凝土板通风管道，宽 1.2m，高 0.6m，管内风速 8m/s，空气温度 20℃，计算其单位长度摩擦阻力 R_m。

6-2　有一矩形镀锌薄钢板风管（$K=0.15$mm），断面尺寸 500mm × 400mm，流量 $Q_v=3000\text{m}^3/\text{h}$（$0.833\text{m}^3/\text{s}$），空气温度 $t=20$℃，分别用流速当量直径和流量当量直径法，求该风管的单位长度摩擦阻力。如果采用矿渣混凝土板（$K=1.5$mm），再求该风管的单位长度摩擦阻力。如果空气温度 $t=60$℃，其单位长度摩擦阻力有何变化？

6-3　有一圆截面吸气三通如图 6-24 所示，$d_1=d_2=210$mm，$d_3=280$mm，$q_{V_1}=q_{V_2}=1900\text{m}^3/\text{h}$，$q_{V_3}=3800\text{m}^3/\text{h}$。试计算其局部阻力损失。

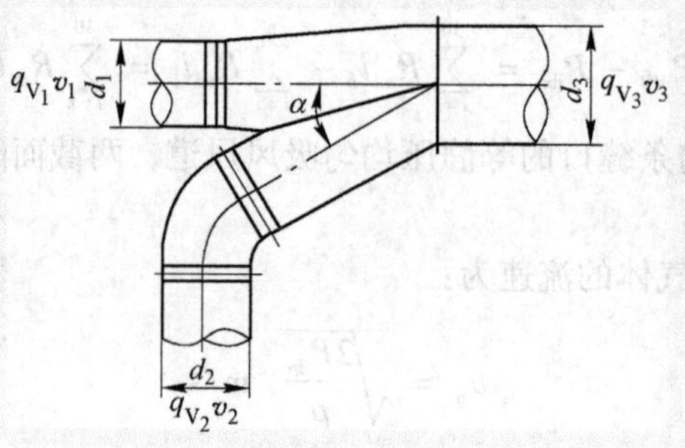

图 6-24　吸气三通

6-4　绘出如图 6-25 所示的通风除尘系统压力分布图。

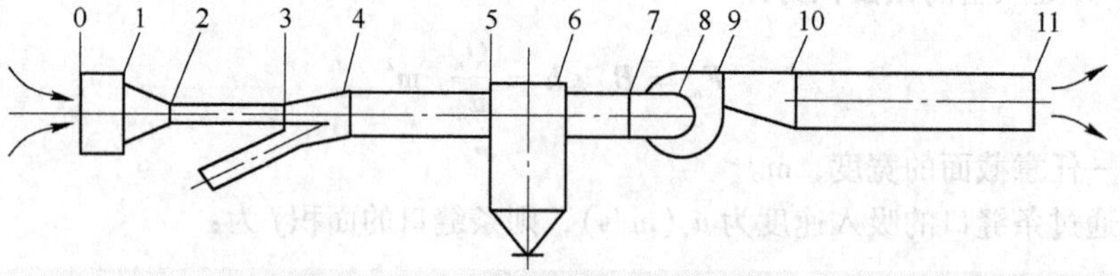

图 6-25　某通风除尘系统示意图

0—空气进口；1—密闭罩；2—抽风罩；3、5、7—吸入段；4—三通管；6—除尘器；8—弯管；9—风机；10—渐扩管；11—空气出口

6-5　有一如图 6-26 所示的直流式空调系统，已知每个风口的风量为 $1500\text{m}^3/\text{h}$，空气处理装置的阻力

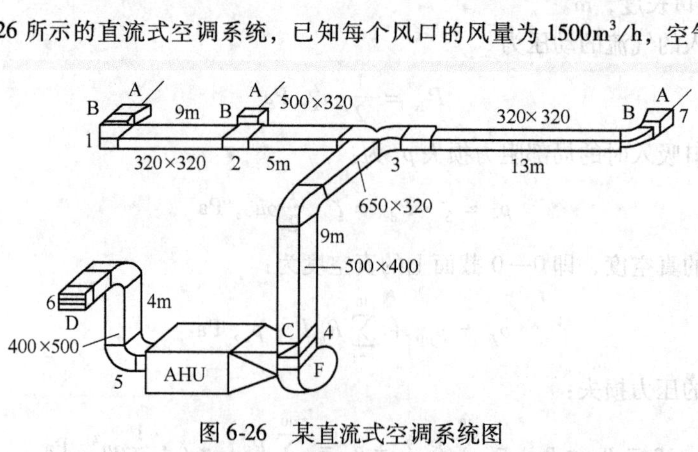

图 6-26　某直流式空调系统图

A、D—百叶风口；B、C—多叶调节阀；F—风机；AHU—空气处理箱

（过滤器 50Pa，表冷器 150Pa，加热器 70Pa，空气进出口及箱体内附加阻力 35Pa）为 305Pa；空调房间内的正压为 10Pa，管道材料为镀锌钢板。设计风道尺寸并计算风机所需的风压。

6-6　如图 6-27 所示为某车间的振动筛除尘系统。采用矩形伞形排风罩排尘，风管用钢板制作（粗糙度 $K=0.15\text{mm}$），输送含有铁矿粉尘的含尘气体，气体温度为 20℃。该系统采用 CLS800 型水膜除尘器，除尘器含尘气流进口尺寸为 318mm × 552mm，除尘器阻力 $\Delta p_c=900\text{Pa}$。对该系统进行计算，确定该系统的风管断面尺寸和阻力，并选择风机。

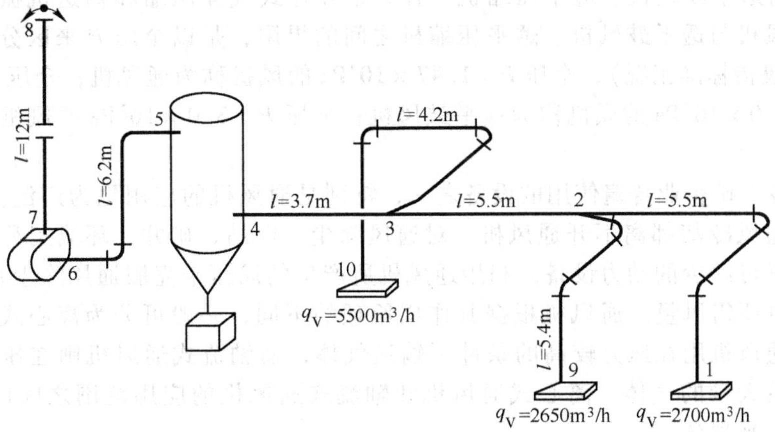

图 6-27　某通风除尘系统的系统图

6-7　为什么在进行通风管道设计时，并联支管汇合点上的压力必须保持平衡（即阻力平衡），如果设计时不平衡，运行时是否会保持平衡，对系统运行有何影响，要使其达到平衡应采取什么措施？

6-8　根据均匀送风管道的设计原理，说明下列三种结构形式为什么能达到均匀送风，在设计原理上有何不同？

（1）风管断面尺寸改变，送风口面积保持不变。

（2）风管断面尺寸不变，送风口面积改变。

（3）风管断面尺寸和送风口面积都不变。

6-9　一矩形变截面钢板制成的均匀送风风道，送风量为 $2400\text{m}^3/\text{h}$，风道长度为 3m，要求气流以 $u=4.5\text{m/s}$ 的速度从侧壁上开设的等宽度纵向条缝送出，如图 6-28 所示，试设计该均匀送风风道，并确定风道的总压力损失。

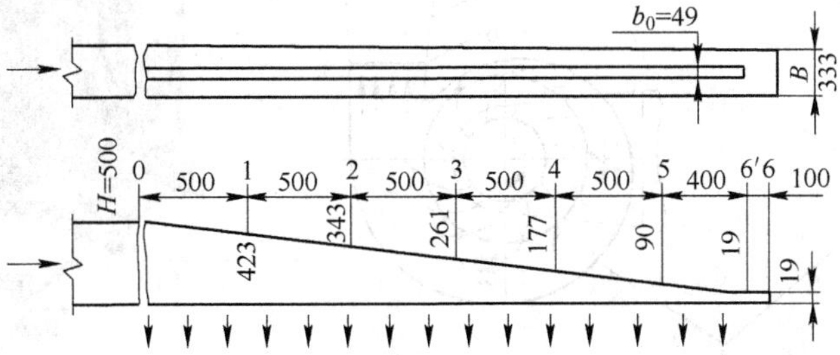

图 6-28　矩形变截面均匀送风系统

7 通 风 机

通风机与透平鼓风机、透平压缩机一样，是叶片式气体压缩和输送机械，它们统称为风机。通风机与透平鼓风机、透平压缩机之间的界限，是以全压 P 来区分的。在设计条件下（一般指标准工况），全压 $P<1.47\times10^5$Pa 的风机称为通风机；全压 P 为 $1.47\times10^5\text{Pa}\leqslant P\leqslant3.0\times10^5$Pa 的风机称为透平鼓风机；全压 $P>3.0\times10^5$Pa 的风机称为透平压缩机。

风机是各工矿企业普遍使用的设备之一，特别是通风机的应用更为广泛。锅炉鼓风、消烟除尘、通风冷却都离不开通风机。对通风除尘、电站、矿井、环境工程等来说，通风机是一种不可缺少的动力设备。利用通风机所产生的风压来克服通风除尘系统的阻力，并为系统提供所需风量。通风机根据其作用原理的不同，一般可分为离心式、轴流式两类。离心式通风机用在压力较高的条件下输送气体，而轴流式通风机则在压力较小的条件下输送比较大量的气体。离心式通风机和轴流式通风机的应用范围之间的大体界限，可依据比转数来划分。

7.1 通风机的工作原理和分类

7.1.1 离心式通风机的工作原理

离心式通风机的主要结构部件为叶轮、机壳、进气口、出气口，如图 7-1 所示。叶轮安装在蜗壳 4 内，当叶轮旋转时，气体经过进气口 2 轴向吸入，然后气体约转 90°流经叶轮叶片构成的流道间（简称叶道），而蜗壳将叶轮甩出的气体集中、导流，从通风机出气口 6 或出口扩散筒 7 排出。

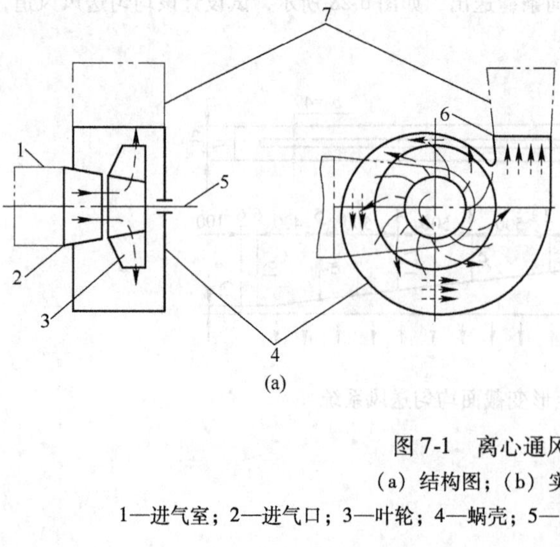

(a)

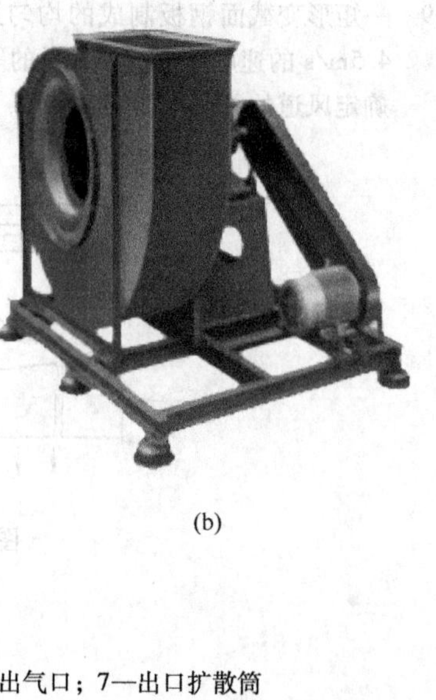
(b)

图 7-1 离心通风机

（a）结构图；（b）实物图

1—进气室；2—进气口；3—叶轮；4—蜗壳；5—主轴；6—出气口；7—出口扩散筒

离心通风机的工作原理：气体在离心通风机中的流动先为轴向，后转变为垂直于通风机轴的径向运动，当气体通过旋转叶轮的叶道间，由于叶片的作用，气体获得能量，即气体压力提高和动能增加。当气体获得的能量足以克服其阻力时，则可将气体输送到高处或远处。

离心式通风机按其叶片出口角（叶片出口速度方向与叶轮圆周速度反方向之夹角）不同，分为前向式（$\beta_2>90°$）、径向式（$\beta_2=90°$）、后向式（$\beta_2<90°$）三种，如图 7-2 所示。

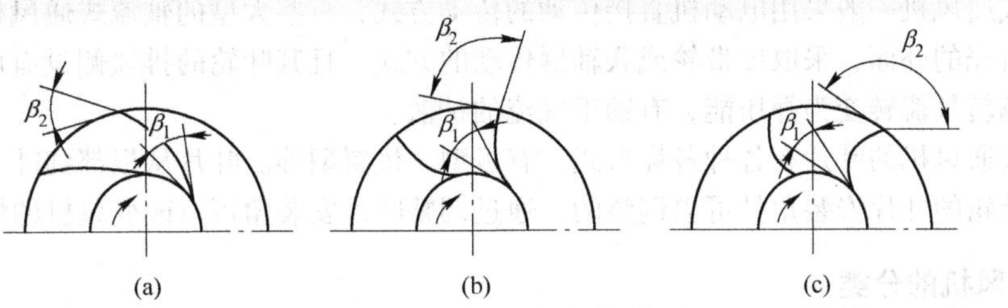

图 7-2　叶轮叶型与出口安装角

（a）后向叶轮；（b）径向叶轮；（c）前向叶轮

几种不同叶片形式的叶轮性能比较：

（1）从气体获得压力看，前向式叶轮最大，径向式叶轮稍次，后向式叶轮最小。

（2）从效率观点看，后向式叶轮效率最大，径向式叶轮居中，前向式叶轮效率最低。

（3）从结构尺寸看，当风量和转速一定时，在达到相同的风压前提下，前向式叶轮直径最小，径向式叶轮直径次之，后向式叶轮直径最大。

（4）从风机噪声看，前向式叶轮噪声最大，径向式叶轮适中，后向式叶轮的噪声较小。

因此，在目前风机生产中，大型的离心式通风机，为了增加效率和降低噪声，几乎都采用后向式叶轮。而一些中小型风机，特别对风压要求较高时，则采用前向式叶轮；从防磨损和减少积尘角度看，选用径向式叶轮较为有利。

7.1.2　轴流式通风机的工作原理

空气沿轴向流动的通风机称为轴流式通风机。一般通风机的结构如图 7-3 所示，主要由集

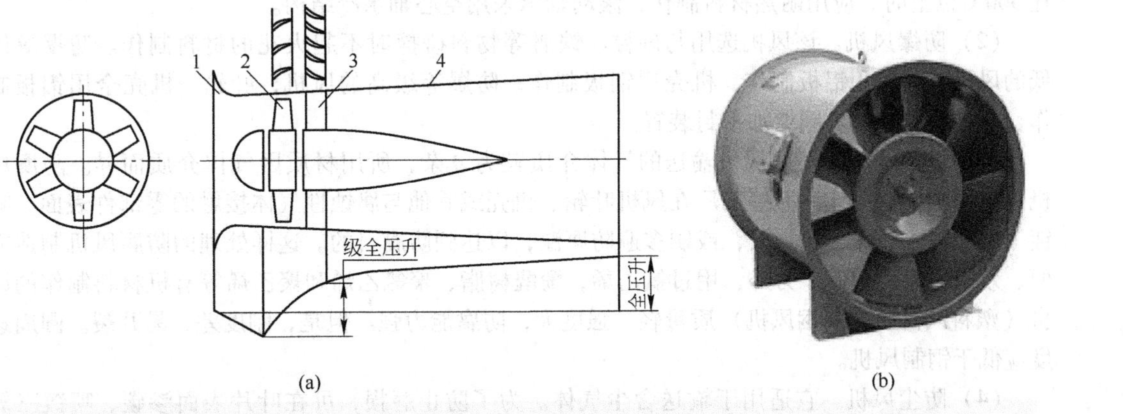

图 7-3　轴流通风机

（a）结构图；（b）实物图

1—集风器；2—叶轮；3—导叶；4—扩散筒

风器、叶轮、导叶和扩散器等组成。叶轮安装在圆筒形机壳中，电动机与叶轮直接连接。

轴流式通风机的工作原理：由于风机叶轮的叶片具有一定的斜面形状，当叶轮在机壳中高速转动时，使叶轮周围气体一面随叶轮旋转；一面沿轴向推进，气体在通过叶轮时获得能量，压力升高，进入扩散管后一部分轴向气流的动能转变为静压能，最后以一定的压力从扩散管流出。

轴流式通风机一般采用电动机直接传动的传动方式，有些大型的轴流式通风机也可将电动机安装在机壳的外面，采取皮带轮或联轴器传动的方式，且其叶轮的排风侧设有固定导叶，可将一部分偏转气流转变为静压能，有助于气流的扩散。

轴流式通风机的叶片有各种各样形式，有板型、机翼型等。叶片从根部到叶梢常采用扭曲形。有些叶轮的叶片安装角是可以调整的，通过调整叶片安装角可以改变风机的性能参数。

7.1.3 通风机的分类

7.1.3.1 按通风机压力高低分类

根据通风机的压力，可将通风机分为低压通风机、中压通风机和高压通风机，其压力范围如下：

（1）离心式通风机。低压风机：风压 $p \leqslant 1000\text{Pa}$；中压风机：风压 $1000\text{Pa} < p \leqslant 3000\text{Pa}$；高压风机：风压 $p > 3000\text{Pa}$。

（2）轴流式通风机。低压风机：风压 $p < 500\text{Pa}$；高压风机：风压 $p \geqslant 500\text{Pa}$。

风机的风压取决于叶轮的圆周速度。低压风机的圆周速度不超过 35 ~ 40m/s，中压风机为 45 ~ 65m/s，高压风机为 75 ~ 80m/s。

7.1.3.2 按不同用途分类

风机广泛应用于隧道、地下车库、高级民用建筑、冶金、厂矿等场所的通风换气及消防高温排烟。根据用途不同，将常用风机分为离心压缩机、电站风机、一般离心通风机、一般轴流通风机、罗茨鼓风机、污水处理风机、高温风机、空调风机、消防风机、矿井风机、烟草风机、粮食风机、船用风机、排尘风机、屋顶风机、锅炉引风机等类型。主要类型有：

（1）高温风机。锅炉引风机输送的烟气温度一般在 200 ~ 250℃，在该温度下碳素钢材的物理性能与常温下相差不大。所以一般锅炉引风机的材料与一般用途风机是相同的。输送温度在 300℃以上时，应用耐热材料制作，滚动轴承采用空心轴水冷结构。

（2）防爆风机。该风机选用与砂粒、铁屑等物料碰撞时不起火花的材料制作。防爆等级低的风机，叶轮用铝板制作，机壳用钢板制作；防爆等级高的风机，叶轮、机壳全用铝板制作，并在机壳和轴之间增加密封装置。

（3）防腐风机。防腐风机输送的气体介质较为复杂，所用材质因气体介质而异。防腐风机可采用不锈钢制作。有些工厂在风机叶轮、机壳或其他与腐蚀性气体接触的零部件表面，喷镀一层塑料，或涂一层橡胶，或刷多遍防腐漆，以达到防腐目的。这样处理的防腐风机制造方便、效果好应用较广。另外，用过氯乙烯，酚醛树脂、聚氯乙烯和聚乙烯等有机材料制作的风机（塑料风机、玻璃钢风机）质量轻、强度大，防腐能力强。但是，刚度差、易开裂。圆周速度应低于钢制风机。

（4）防尘风机。它适用于输送含尘气体。为了防止磨损，可在叶片表面渗碳、喷镀三氧化铝、硬质合金钢等，或焊上一层耐磨焊层如碳化钨等。C4-73 型防尘风机的叶轮采用 16 号锰钢制作。

（5）一般用途风机。这种风机只适宜输送温度低于 80℃，含尘浓度低于 150mg/m^3 的清洁空气。

不同用途风机的简要分类详见表7-1。

表7-1 不同用途风机的分类

用 途	代 号			用 途	代 号		
	汉 字	汉语拼音	简 写		汉 字	汉语拼音	简 写
排尘风机	排 尘	CHEN	C	矿井通风	矿 井	KUANG	K
输送煤粉	煤 粉	MEI	M	电站锅炉引风	引 风	YIN	Y
防腐蚀	防 腐	FU	F	电站通风	锅 炉	GUO	G
工业炉吹风	工业炉	LU	L	冷却塔通风	冷 却	LENG	L
耐高温	耐 温	WEN	W	一般通风换气	通 风	TONG	T
防爆炸	防 爆	BAO	B	特殊风机	特 殊	TE	E

7.2 通风机的性能参数与曲线

7.2.1 通风机的性能参数

风量 Q、风压 P、转速 n、功率 N 及效率 η 是表示通风机性能的主要参数，称做通风机的性能参数。这里简单地说明它们的概念。

(1) 风量。通风机在单位时间内所输送的气体体积称为风量，又称流量。通常指的是工作状态下的气体量（m^3/h 或 m^3/s），而在风机铭牌上有时标出的是标准状态下的风量（m^3/h 或 m^3/s）。

(2) 风压。通风机出口气体全压与进口气体全压之差（或进、出口全压绝对值之和）称为风机的风压，也就是气体进入风机后所升高的压力，其单位为 Pa。

(3) 功率。通风机在单位时间内传递给气体的能量称为风机的有效功率 N_e，可用下式表示：

$$N_e = \frac{QP}{1000}, \text{ kW} \tag{7-1}$$

式中 Q——通风机的风量，m^3/s；

P——通风机的风压，Pa。

实际上，由于通风机运转时轴承内部有摩擦损失以及气体在风机内流动时产生的涡流撞击和流动损失，使通风机消耗在风机轴上的功率（轴功率）N 要大于有效功率 N_e。风机轴功率可用下式表示：

$$N = \frac{QP}{1000 \cdot \eta}, \text{ kW} \tag{7-2}$$

式中 η——通风机效率。

通风机所消耗的能量是由带动它工作的电动机提供的，当选择通风机所配用电动机功率时，在轴功率的基础上，还应考虑通风机机械传动的能量损失以及电动机工作的安全系数。配用电动机功率 N_D 可按下式计算：

$$N_D = \frac{QP}{1000 \cdot \eta \cdot \eta_j} \cdot m, \text{ kW} \tag{7-3}$$

式中 η_j——通风机机械传动效率，取决于通风机的传动方式，一般按表7-2采用；

m——电动机容量安全系数，取决于电动机本身的容量，一般按表7-3采用。

表 7-2 通风机的机械传动效率

传动方式	机械传动效率 η_j	传动方式	机械传动效率 η_j
电动机直接传动	1.0	减速器传动	0.95
联轴器直接传动	0.98	皮带传动	0.92

表 7-3 电动机容量安全系数

电动机功率/kW	电动机容量安全系数 m	电动机功率/kW	电动机容量安全系数 m
<0.5	1.5	2~5	1.2
0.5~1	1.4	>5	1.15
1~2	1.3		

（4）效率。通风机的效率 η 就是风机的有效功率与消耗在风机轴上的功率之比，即

$$\eta = \frac{N_e}{N} \times 100\% \tag{7-4}$$

通风机效率的高低反映了风机工作的经济性。

（5）转速。转速指通风机叶轮每分钟旋转的次数，其值通常由转数表直接测得。转速的快慢将直接影响通风机的风量、压力、效率。

7.2.2 通风机的特性曲线

将通风机的主要性能参数，如风压 p、功率 N 和效率 η 与其风量 Q 的相互关系绘制成曲线，称为通风机的特性曲线（或称为性能曲线、个体特性曲线等）。风机特性曲线是较直观反映风机各参数之间关系的一种表达方法，此方法在工程上应用极其广泛。

通风机的特性曲线一般有三条，即风压与风量（P-Q）特性曲线、功率与风量（N-Q）特性曲线以及效率与风量（η-Q）特性曲线。从理论上分析，风机特性曲线是利用风机的基本方程式计算而得到，但由于计算方法比较复杂和风流在每台通风机内部的能量损失无法计算，故不易得到切合实际的特性曲线，因此，在实际应用中，都采取实验方法测得数据，经整理后绘制特性曲线。

一般特性曲线的具体绘制方法为：在通风机入口处设一风量调节阀，用阀门调节，以获得某一型号的风机在一定转数下不同工况点的风量和风压值。然后在横坐标表示风量，纵坐标表示风压的坐标系中，依次找到各工况点，最后用平滑的曲线将各点连接起来，即得到该通风机在一定转速下的 P-Q 特性曲线（如果风压用全压表示称做全压特性曲线，风压用静压表示称做静压特性曲线）。图7-4表示叶片为后向式、径向式、前向式的离心式通风机和轴流式通风机的一般形状的风压特性曲线，从图7-4中可知：曲线 a、b、c、d 的形状不同，各有特点，它们分别和速度特性曲线 e、f、g、i 之间的影线表示不同风量下所损失的风压。图7-4中 a 曲线比较稳定，即风量变化时风压变化比较均匀，可使效率提高，故离心式通风机使用后倾式叶片；径向式叶片容易制作，多用于离心式小型通风机；c 曲线表示风量变化时风压变化不均匀，但在某一风量下风压较高，故非矿用高压鼓风机多用前倾式叶片；d 曲线为轴流式通风机风压

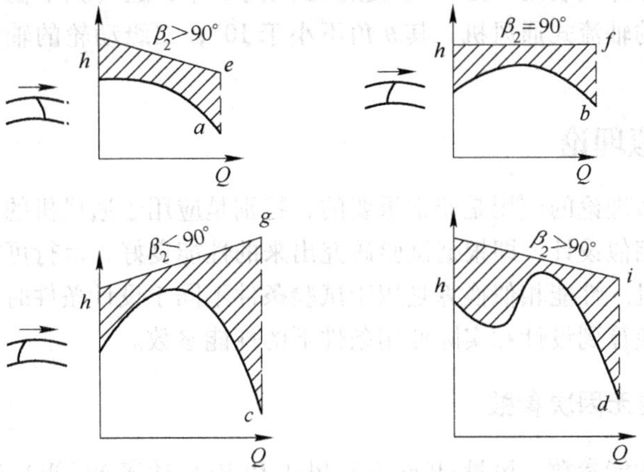

图 7-4 通风机的风压特性曲线

特性曲线的一般形式，具有一段马鞍形（又叫驼峰）曲线的特点。

通风机的功率和效率特性曲线也要通过实验求得。即在测量风压和风量同时，用有关公式测算出轴功率和效率而描绘的曲线。图 7-5 和图 7-6 分别表示离心式通风机特性曲线和轴流式通风机特性曲线。

从图 7-5 所示的离心式通风机的风压特性曲线 P-Q 可以看出，风压随着风量的增加而下降较慢，功率特性曲线 N-Q 随风量的增加而增加，即离心式通风机的功率特性曲线是逐渐上升的，因此在启动离心式通风机时，为避免电流过大而烧毁电机，应关闭阀门在风量最小时启动。从图 7-6 所示的轴流式通风机的风压特性曲线 P-Q（驼峰点后）可以看出，风压随着风量的增加而较快下降，功率特性曲线 N-Q 随风量的增加而减少，即轴流式通风机的功率特性曲线是逐渐下降的，因此在启动轴流式通风机时，为避免电流过大而烧毁电机，应打开阀门在风量最大时启动。

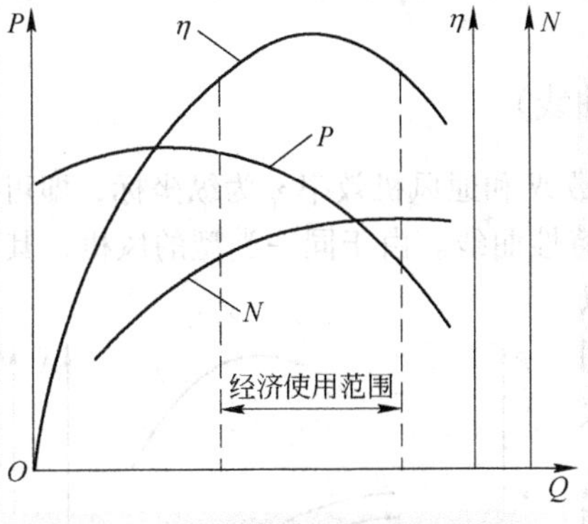

图 7-5 离心式通风机特性曲线

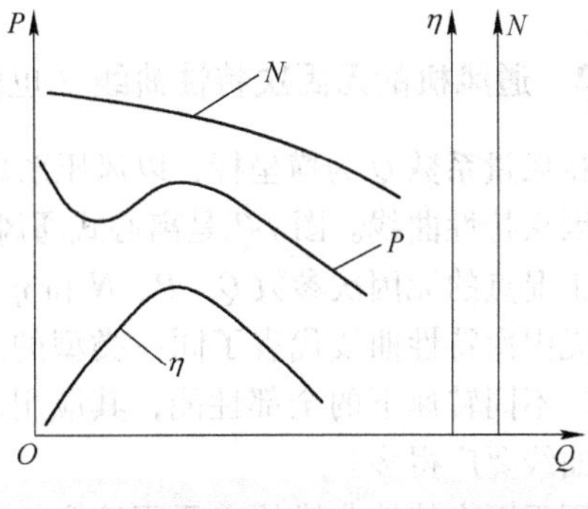

图 7-6 轴流式通风机特性曲线

7.2.3 通风机特性曲线的合理工况范围

为使通风机运转稳定，实际应用的风压不能超过最大风压的 0.9 倍；对轴流式通风机不允许工况点落在马鞍形区域内，为了运转经济，通风机的静压效率不应低于 0.6。由于受到动轮和叶片等部件的结构强度所限，通风机动轮的转数不能超过它的额定转数。轴流式通风机除转数有限制外，最大的叶片安装角 θ 为45°。超过最大的 θ 角，运转就不稳定。为了通风机的工作经济性，一级动轮的轴流式通风机，其 θ 角不小于10°；二级动轮的轴流式通风机，其 θ 值不小于15°。

7.3 通风机的相似理论

对于通风机，相似理论的应用是非常重要的，特别是应用于通风机的相似设计和其性能参数的相似换算。所谓相似设计，即根据试验研究出来的性能良好、运行可靠的模型风机来设计与模型相似的新通风机。性能相似换算是用于试验条件不同于设计条件时，将试验条件下的性能参数利用相似原理换算到设计和实际使用条件下的性能参数。

7.3.1 通风机的主要无因次参数

将通风机的主要性能参数：风量 $Q(\mathrm{m^3/s})$、风压 $P(\mathrm{Pa})$、功率 $N(\mathrm{kW})$、转速 $n(\mathrm{r/min})$ 与通风机的特性值：叶轮外径 D_2（m）、叶轮外缘的圆周速度 $u_2(\mathrm{m/s})$ 以及气体密度 $\rho_g(\mathrm{kg/m^3})$ 之间的关系用无因次参数来表示，它们分别是：

压力系数 P

$$\overline{P} = \frac{P}{\rho_g u_2^2} \tag{7-5}$$

风量系数 Q

$$\overline{Q} = \frac{Q}{\frac{\pi}{4} D_2^2 u_2} \tag{7-6}$$

功率系数 N

$$\overline{N} = \frac{1000N}{\frac{\pi}{4} D_2^2 \rho_g u_2^2} \tag{7-7}$$

7.3.2 通风机的无因次特性曲线（也称类型特性曲线）

将风量系数 Q 为横坐标，以风压系数 P、功率系数 N 和通风机效率 η 为纵坐标，即可作一组无因次特性曲线。图7-7是离心式通风机的无因次特性曲线。由于同一类型的风机，其相对应的工况点的无因次参数 Q、P、N 和 η 都相同，所以一组无因次特性曲线代表了同一类型的通风机在不同机号、不同转速下的全部性能，其应用范围比有因次特性曲线要广得多。

用无因次特性曲线的主要用途之一就是选择不同机号的通风机。在选择通风机时先要根据通风机所需风压的最大值 $P(\mathrm{Pa})$，用式（7-7）计算动轮的圆周速度，即

$$u_2 = \sqrt{\frac{P}{\rho_g \overline{P}}},\ \mathrm{m/s} \tag{7-8}$$

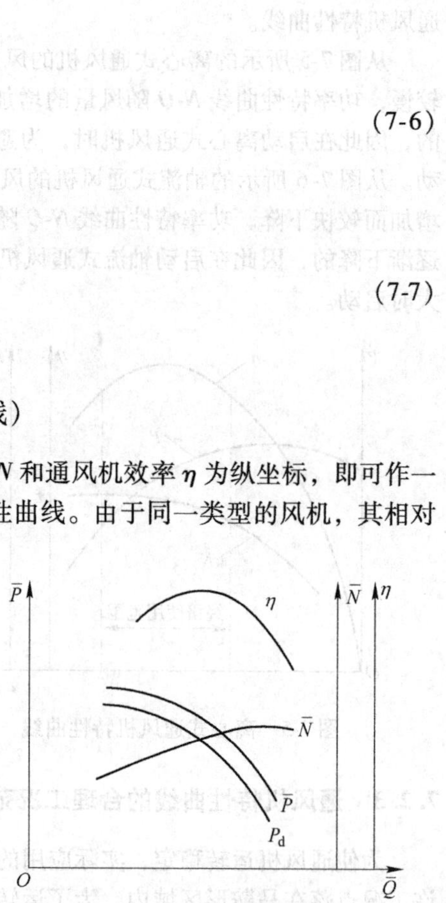

图7-7 通风机无因次特性曲线

式中　P——风压系数，用无因次特性曲线中效率最高点所对应的数值。

再根据通风机所需风量 $Q(m^3/s)$，用式（7-8）计算出动轮的直径。即

$$D_2 = \sqrt{\frac{4Q}{\pi u_2 \overline{Q}}}\text{，m} \tag{7-9}$$

式中　$\overline{Q}$——风量系数，用无因次特性曲线中效率最高点所对应的数值。

根据计算得到的 D_2 值，在通风机产品目录中选择接近此值的动轮直径 D(m)或型号。

再根据算得的 D_2 和 u_2 值，用下式计算所需转数 n。即

$$n = \frac{60u_2}{\pi D_2}\text{，r/min} \tag{7-10}$$

最后，根据 D 和 n 的数值选定合理的通风机。

7.3.3　通风机性能的相似换算

通风机性能的相似换算，是利用相似原理（即几何相似、运动相似和动力相似）来解决相似风机的性能问题。两台相似风机，在转速（n）、尺寸（D）及气体密度（ρ）发生变化时，压力（P）、风量（Q）和功率（N）等性能参数的性能相似换算。

（1）风压相似换算。通风机风压与转速（n）、尺寸（D）和气体密度 ρ 的关系为：

$$\frac{P_1}{P_2} = \frac{\rho_1}{\rho_2}\left(\frac{D_1}{D_2}\right)^2\left(\frac{n_1}{n_2}\right)^2 \tag{7-11}$$

（2）风量相似换算。通风机风量与转速（n）和尺寸（D）的关系为：

$$\frac{Q_1}{Q_2} = \left(\frac{D_1}{D_2}\right)^3\frac{n_1}{n_2} \tag{7-12}$$

（3）功率相似换算。通风机功率与转速（n）、尺寸（D）和气体密度 ρ 的关系为：

$$\frac{N_1}{N_2} = \frac{\rho_1}{\rho_2}\left(\frac{D_1}{D_2}\right)^5\left(\frac{n_1}{n_2}\right)^3 \tag{7-13}$$

在特殊情况下，如同一台风机（即 $D_1 = D_2$），仅转速或气体密度发生变化时，或者同一系列的风机其机号不同（$D_1 \neq D_2$），而输送相同性质的气体（$\rho_1 = \rho_2$）时，上述换算公式，即式（7-11）、式（7-12）和式（7-13）就可简化。表7-4是相似通风机或某一台通风机在不同条件下的性能换算公式表。

对于同一种气体密度 ρ，根据气体状态方程可得出：

$$\frac{\rho_1}{\rho_2} = \frac{B_1}{B_2}\cdot\frac{T_2}{T_1} \tag{7-14}$$

式中　ρ_1、ρ_2——实际状态下和标准状态下气体的密度，kg/m^3；

B_1、B_2——实际状态下和标准状态下大气压力，Pa；

T_1、T_2——实际状态下和标准状态下气体的绝对温度，K。

表 7-4　通风机性能换算公式综合表

换算条件	$D_1 \neq D_2$ $n_1 \neq n_2$ $\rho_1 \neq \rho_2$	$D_1 = D_2$ $n_1 = n_2$ $\rho_1 \neq \rho_2$	$D_1 = D_2$ $n_1 \neq n_2$ $\rho_1 = \rho_2$	$D_1 \neq D_2$ $n_1 = n_2$ $\rho_1 = \rho_2$
风压换算	$\frac{P_1}{P_2} = \frac{\rho_1}{\rho_2}\left(\frac{D_1}{D_2}\right)^2\left(\frac{n_1}{n_2}\right)^2$	$\frac{P_1}{P_2} = \frac{\rho_1}{\rho_2}$	$\frac{P_1}{P_2} = \left(\frac{n_1}{n_2}\right)^2$	$\frac{P_1}{P_2} = \left(\frac{D_1}{D_2}\right)^2$
风量换算	$\frac{Q_1}{Q_2} = \left(\frac{D_1}{D_2}\right)^3 \frac{n_1}{n_2}$	$\frac{Q_1}{Q_2} = 1$	$\frac{Q_1}{Q_2} = \frac{n_1}{n_2}$	$\frac{Q_1}{Q_2} = \left(\frac{D_1}{D_2}\right)^3$
功率换算	$\frac{N_1}{N_2} = \frac{\rho_1}{\rho_2}\left(\frac{D_1}{D_2}\right)^5\left(\frac{n_1}{n_2}\right)^3$	$\frac{N_1}{N_2} = \frac{\rho_1}{\rho_2}$	$\frac{N_1}{N_2} = \left(\frac{n_1}{n_2}\right)^3$	$\frac{N_1}{N_2} = \left(\frac{D_1}{D_2}\right)^5$
效　率	$\eta_1 = \eta_2$			

7.3.4　比转数

前面所介绍的相似原理只说明同一系列相似风机在相应的工况点性能参数间的关系，它并没有涉及不同系列风机之间的比较问题。为了对不同系列风机其主要的性能参数，如风压、风量、转速之间的关系进行比较，提出一个综合性能参数，这就是比转数，用符号 n_s 表示，其计算式为：

$$n_s = n\frac{Q^{\frac{1}{2}}}{P^{\frac{3}{4}}} \tag{7-15}$$

n_s 称为通风机的比转数。在计算比转数时，由于采用不同的单位，尽管是同系列的风机，仍可以得出不同的比转数值，这里列出的 n_s 值，是采用国际单位制。

对于同一台通风机，在不同的工况点（P、Q）对应有不同的比转数，为了表达各种类型的通风机特性，便于进行分析比较，一般是把通风机全压效率最高点的比转数作为该通风机的比转数值。特别要指出的是，在相似条件下，两台通风机的比转数是相等的；但是，反过来，比转数相等的两台通风机不一定相似。比转数在以下几方面得到应用：

（1）用比转数划分通风机的类型。比转数 n_s 与通风机的风量的平方根成正比，与全压的 3/4 次方成反比，即比转数 n_s 大，反映通风机的风量大、压力低；反之，比转数小，则风量小、压力高。显然前者适合轴流式通风机，后者适合离心式通风机，故一般用比转数的大小来划分通风机的类型。如：

$n_s = 2.7 \sim 12$ 前向式叶片离心通风机；$n_s = 3.6 \sim 17.6$ 后向式叶片离心通风机；

$n_s > 17.6$ 单级双进气或并联离心通风机；$n_s = 18 \sim 36$ 轴流式通风机。

若 $n_s < 1.8 \sim 2.7$ 可采用罗茨风机和其他回转式风机。

（2）比转数的大小可以反映叶轮的几何形状。比转数也可以用无因次参数 P、Q 来表示。将式（7-4）和式（7-5）代入式（7-15），并取标准进口状态 $\rho_g = 1.2\text{kg/m}^3$，得比转数 n_s 为：

$$n_s = 14.8\frac{\overline{Q}^{\frac{1}{2}}}{\overline{P}^{\frac{3}{4}}} \tag{7-16}$$

从上式可知比转数是压力系数 P 和风量系数 Q 的函数，一般说在同一类型的通风机中比转 n_s 越大，风量系数越大，叶轮的出口宽度 b_2 与其直径 D_2 之比就越大；比转数越小，风量系数越小，则相应叶轮的出口宽度 b_2 与其直径 D_2 之比就越小。

（3）比转数可用于通风机的相似设计。在设计通风机参数时，可先计算比转数，再根据比转数的大小决定采用哪种类型的通风机（离心式、轴流式或回转式等）。

7.4 通风机在管网中的工作及调节

通风机在某一个特定的通风管网中工作时，其风机的实际工作特性（即实际运行时的风量、风压、功率、效率等参数）不仅取决于风机本身的特性，而且还与所在管网的特性有关。

7.4.1 通风管网的特性

通风机在使用中，常与通风管道、管道中的组合件（即管网）连在一起工作。而管网的结构又与通风机的性能有密切关系，因此，首先应了解管网的特性。

7.4.1.1 管网的概念

管网就是指通风机所工作的系统，包括通风管道及附件，如除尘设备、调节阀、三通、接头等的总称。如图 7-8 所示，从吸气管道的进口截面 1—1 至吸气管道的出口（即通风机的进口）截面 2—2；以及通风机的出口（即排气管道的进口）截面 3—3 到排气管道的出口截面 4—4 统称管网。根据使用的需要，通风机的管网有三种形式，即

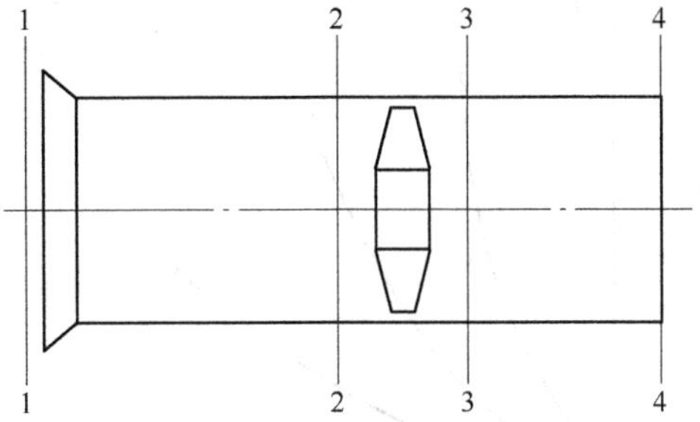

图 7-8 通风机的管网

（1）吸入方式。只有 1—1 截面至 2—2 截面的吸气管道，而无排气管道。

（2）压出方式。只有 3—3 截面至 4—4 截面的排气管道，而无吸气管道。

（3）既有吸气管又有排气管。

7.4.1.2 管网的阻力

管网的阻力是指管网在一定的气体流量下所消耗的压力，它与管网的结构、尺寸、气流速度有关。管网的阻力是由摩擦阻力和局部阻力（包括除尘设备的阻力）之和组成，可用下式表示：

$$P = KQ^2 \tag{7-17}$$

式中 P——系统的总阻力，Pa；

Q——系统风量，m^3/s；

K——系统总阻力系数，其值与气体的性质、风管材料、长度、管径、摩擦阻力系统和局部阻力系统等因素有关。

7.4.1.3 管网的特性曲线

管网的特性是指气体流过管网时，其风量与管网阻力之间的关系式［即式（7-17）］称管网特性方程。根据此方程绘制的曲线称为管网的特性曲线。对于一套已经确定好的通风管网来说，其总阻力系数 K 是一个常数，所以管网特性曲线是一条通过坐标原点的抛物线，

如图 7-9 中曲线 1 所示。当系统中与阻力系数 K 有关的一些因素发生变化时，其总阻力系数 K 也会随之变化，K 值变化对于管道特性曲线也产生影响。当 K 值增大时，其管道特性曲线变陡，如图 7-9 曲线 2 所示。反之，当 K 值减小时，其管道特性曲线变得平缓，如图 7-9 中曲线 3 所示。

7.4.2　通风机与管网联合工作

根据风机的 P-Q 特性曲线可知，在一定的转速下，风机可在许多不同的工况下（即不同风量、风压条件下）工作。但将风机安装在某一具体的系统中后，其风机的风量和风压关系又要遵循管道特性曲线，风机就会在一个固定的工况下工作。当系统严密不漏风时，通过系统的风量就等于风机的实际风量，而通风机的实际风压就等于系统的总阻力（包括系统出口的动压损失）。为了风机特性与管道特性之间的统一点，可将通风机的 P-Q 特性曲线与该风机所在系统的管道特性曲线同作在一张坐标图中，如图 7-10 所示，这两条曲线的交点 A，就是该通风机在该系统中运行的实际工况点。在 A 点，风机产生的风量和流过系统的风量相等，都是 Q_A；风机产生的风压和系统阻力相等，都是 P_A。

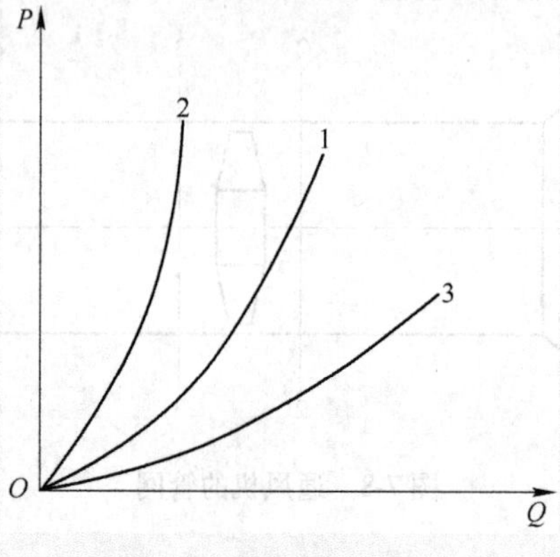

图 7-9　管道阻力性曲线

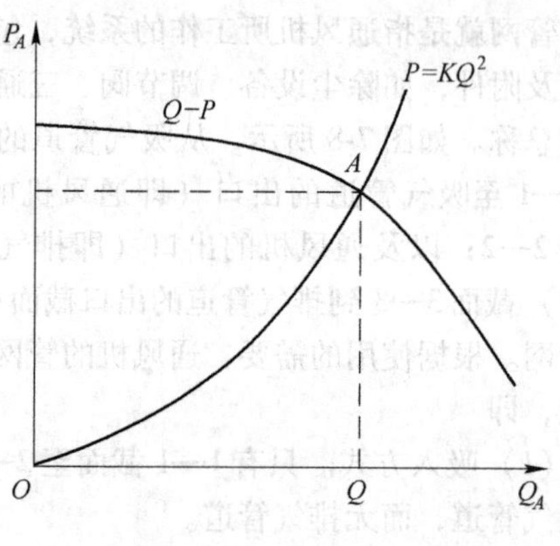

图 7-10　通风机在管网中运行的实际工况点

7.4.3　通风机的联合运行

所谓通风机的联合运行，就是把两台或两台以上的风机并联或串联在一起运行。在设计中由于某种原因，用单台风机其参数不能达到设计要求时，可以将两台或两台以上的风机并联或串联后运行以满足用户要求。实际上，双进气的离心通风机是并联装置的一种形式，多级通风机则是串联工作的一种形式。

无论是并联或串联运行，都要十分注意分析在使用状态下的管网性能曲线，否则联合运行就没有效果。并且在几台通风机联合运行时，不允许出现下列情况。

（1）叶轮中有倒流。

（2）联合运行时的总流量比单台通风机运行的流量小。

（3）流量波动时，出现不稳定现象。

下面分别叙述并联运行、串联运行的情况。

7.4.3.1　并联运行

A　并联运行风机性能曲线

图7-11是两台通风机在管网中并联运行的示意图。可以根据实际需要只用吸气管或排气管道，显然，在并联运行时，吸气管或排气管中的风量是两台通风机的风量之和，管网阻力是两台通风机的压力共同克服的。即通风机并联时压力相等，风量叠加。根据此原理可以绘制并联运行时的性能曲线，如图7-12中的虚线所示。图7-12（a）为性能相同的两台通风机的并联压力曲线，其性能关系是 $P=P_{Ⅰ}=P_{Ⅱ}$，$Q=2Q_{Ⅰ}=2Q_{Ⅱ}$；图7-12（b）为性能不同的两台通风机并联时的压力曲线，其性能关系是 $P=P_{Ⅰ}=P_{Ⅱ}$，$Q=Q_{Ⅰ}+Q_{Ⅱ}$。并联运行时的功率等于每台风机所消耗功率之和，即 $N=N_{Ⅰ}+N_{Ⅱ}$，效率 η 可按求得的全压、风量及功率算出。

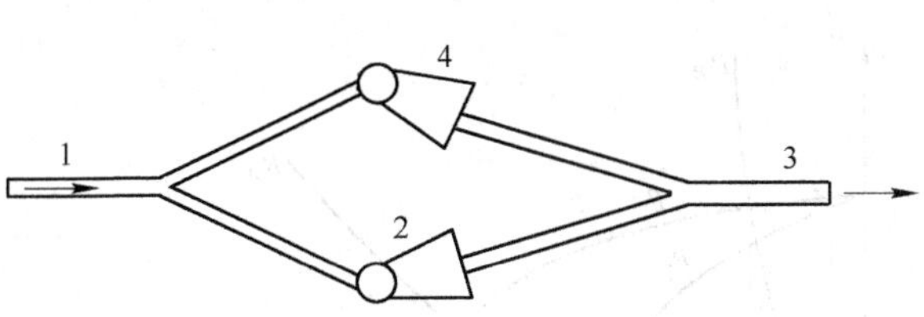

图7-11 通风机并联装置示意图

1—吸气管；2—连接支管；3—排气管；4—通风机

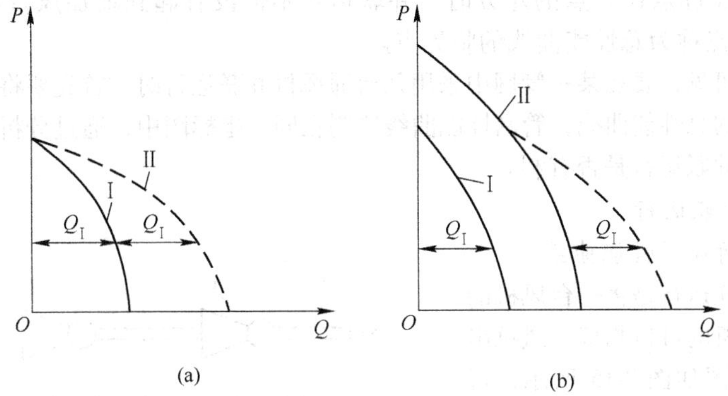

图7-12 通风机并联运行的总性能曲线

（a）性能相同；（b）性能不同

B 两台性能相同的风机并联运行

两台性能相同的通风机并联工作时，根据其风压相同，风量叠加的原则，合成后并联风机的性能曲线如图7-13所示。从图中可以看出，风机并联运行后，在阻力较小的管网中工作时（即较平滑的管网特性曲线 R_A），可获得较大的风量增值（Q_3-Q_4）；而在阻力较大的管网中工作时（即较陡的管网特性曲线 R_B），其风量增加较少（Q_2-Q_1），效果不明显。总之，两台风机并联运行后，其风量总是增加，其增加量的大小与其所在管网特性曲线有关，但永远不可能提高到一台风机单独工作时的两倍。

C 两台性能不同的风机并联运行

图7-14为两台不同性能通风机并联运行的总性能曲线与管网的联合工作情况。当管网性能为 R_A 时，它与总性能曲线交于 A 点，即 A 为工况点。显然，A 点的风量 Q_A 及压力 P_A 比单台通风机运行时的风量 $Q_{AⅠ}$、$Q_{AⅡ}$ 及压力 $P_{AⅠ}$、$P_{AⅡ}$ 都大；管网阻力增加到 R_B 时，并联运行的工况点为 B 点，这时 R_B 与通风机Ⅱ压力曲线也交于 B 点，即并联运行与通风机Ⅱ单独使用的效果是一样的，通风机Ⅰ没有起作用，还要额外消耗功率；管网阻力再增大到 R_C 时，C 点为并联运行的工况点，而 $C_Ⅱ$ 为 R_C 与通风机Ⅱ单独使用的工况点，很明显，$Q_C<Q_{CⅡ}$，并联运行不但没有达到增大风量的目的，反而比单独使用通风机Ⅱ的风量还小，通风机Ⅰ起了阻碍通风机Ⅱ工作的效果。B 点为并联运行总性能曲线与通风机 $P_Ⅱ$ 性能曲线的交

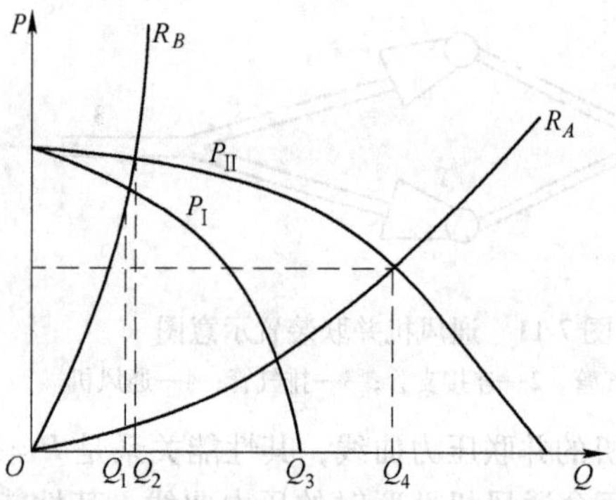

图 7-13　性能相同的风机并联运行工况点

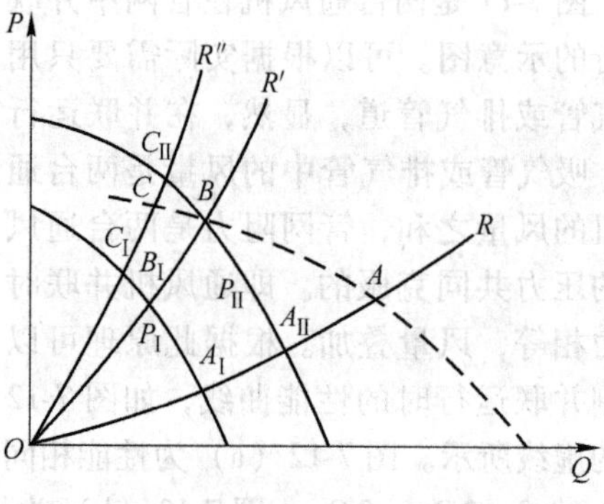

图 7-14　性能不同的风机并联运行工况点

点，当工况点在 B 点的右方，并联运行可以达到增加风量的目的，离 B 点越远，风量增加得越多；相反，工况点在 B 点的左方时，并联运行不但没有起到增加风量的效果，反而减小了风量，故 B 点称为总性能曲线的临界点。

由上述分析可见，要在某一管网中采用几台通风机并联运行时，首先要将几台通风机的性能曲线、并联时的总性能曲线，管网性能曲线绘制在同一坐标图中，通过分析比较工况点的情况后来判断采用并联运行是否有利。

7.4.3.2　串联运行

A　串联运行风机性能曲线

通风机的串联运行是将一台风机的出口与另一台风机的进口相接，风机串联运行的安装简图如图 7-15 所示，可根据实际需要只用吸气管或排气管。串联运行时，两台通风机吸、排气中的风量是相同的，管网阻力是由两台通风机的压力之和共同克服的，即两台通风机串联运行时，应满足下列条件：

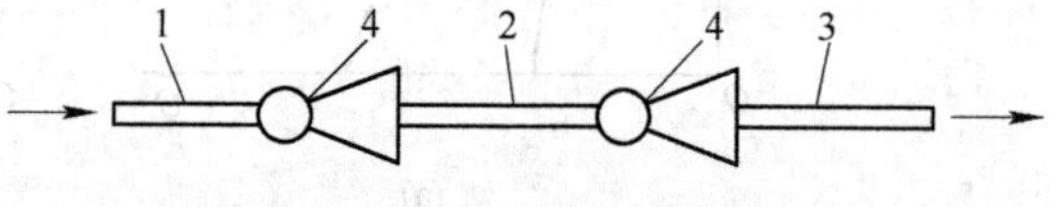

图 7-15　通风机串联装置示意图

1—吸气管；2—连接支管；3—排气管；4—通风机

$$Q = Q_{\mathrm{I}} = Q_{\mathrm{II}}, P = P_{\mathrm{I}} + P_{\mathrm{II}}$$

风机串联运行的目的主要是为了提高风机的风压。图 7-16 为两台性能相同（a）和性能不

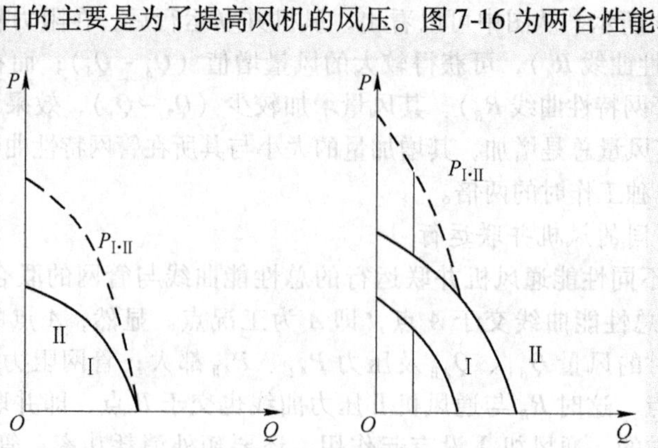

图 7-16　通风机串联运行的总性能曲线

（a）性能相同；（b）性能不同

同（b）的通风机串联运行的总性能曲线（压力曲线），图中用虚线表示。

B 两台性能相同的风机串联运行

两台性能相同的风机串联工作时，根据其风量相同，风压叠加的原则，合成后串联风机的特性曲线如图 7-17 所示。从图中可以看出，两台风机串联后，当在阻力较大的管网中工作（即管网特性曲线为 R_B）时，能获得较大的风压增值（P_2-P_1）；然而当在阻力较小的管网中工作（即管网特性曲线为 R_A）时，其风压增值（P_4-P_3）较小，效果不明显。总之，两台性能相同的风机串联后，其风压均可增加，而风压增量的大小与风机所在管网的特性有关，但串联运行后的风压决不会提高到一台风机单独运行时风压的两倍。

C 两台性能不同的风机串联运行

图 7-18 是两台性能不同的风机串联运行时的风机特性曲线与三种不同阻力的管网特性曲线的联合工作情况。图中曲线 P_{I}、P_{II} 分别为两台性能不同风机的 P-Q 特性曲线，$P_{\text{I+II}}$ 为串联

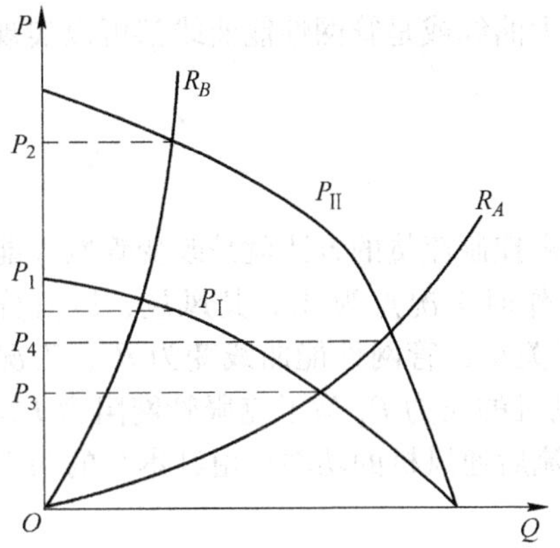

图 7-17 性能相同的风机串联运行工况点

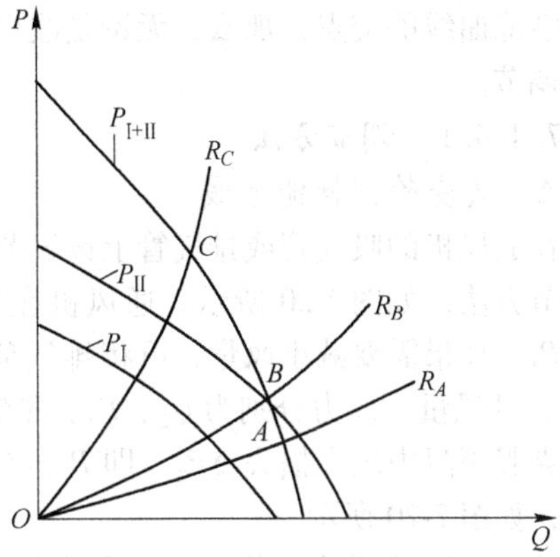

图 7-18 性能不同的风机串联运行工况点

运行后的 P-Q 特性曲线。当串联后的风机在一定阻力的系统中（即管网特性曲线 R_B）运行时，其实际工作点为 B，此时正好与Ⅰ号风机单独运行时的工作点相同，B 称为临界点。当串联风机在管网阻力较大的管网中（管网特性曲线为 R_C）工作时，其实际工作点 C 在临界点左边，串联后获得的风压大于单台风机工作时的风压。当串联风机在管网阻力较小的管网中（管网特性曲线为 R_A）运行时，其实际工作点 A 在临界点的右边，这时串联后风机的风压还不如Ⅱ号风机单独运行时所产生的风压，这说明Ⅰ号风机参与串联运行后，不但没有出力，还阻碍了Ⅱ号风机性能的正常发挥，使总风压降低。应尽量避免这种情况的出现。

7.4.3.3 并联与串联运行的比较

图 7-19 为两台性能相同的通风机串联、并联时的总性能曲线。N 为单台通风机的功率曲线，R_1、R_2、R_3 是管网阻力曲线。当阻力为 R_2 时，无论哪种方式并联或串联都可以达到增加流量，提高压力的目的，其工况点是 B，B 是串联与并联总性能曲线的交点，因此，在 B 点串联与并联的工作效果是相同的。但是，从所消耗的功率来看，并联时每台风机的工作点在 j，其功率为 N_K，总功率 $N=2N_K$；而串

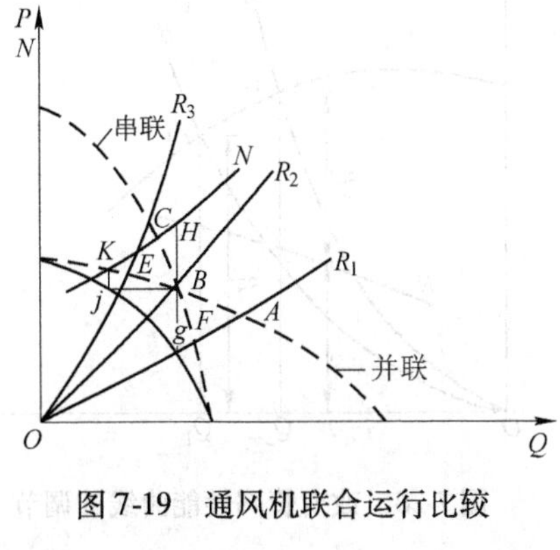

图 7-19 通风机联合运行比较

联时，每台通风机的工作点在 g，功率为 N_H，总功率 $N=2N_H$。由于 $N_H>N_K$，故采用并联运行是合理的。阻力曲线变为 R_1 时，串联运行工况点 F 的压力、流量均比并联运行工况点 A 小，相应串联运行耗功反而大，这时，采用串联运行显然是极不合理的。当阻力曲线为 R_3 时，串联运行的工况点为 C，并联运行工况点为 E，很明显，在这种情况下应当选择串联运行。

选择联合运行方案时不仅要分析管网性能曲线的变化，还要考虑运转效率及轴功率的大小，进行全面的分析比较后，再决定选择串联或并联方式。必须指出的是：应当尽可能避免采用几台通风机联合运行，因为几台通风机联合运行不仅经济上不合算，而且可靠性差。

7.4.4　通风机的调节

通风机的调节是为了改变通风机的风量，以满足实际工作的需要，故通风机的调节又称风量调节。改变通风机的风量，即要改变工况点，由前面分析可知，工况点是通风机性能曲线与管网性能曲线的交点，那么，无论是改变通风机的压力曲线或是管网性能曲线都可以实现通风机的调节。

7.4.4.1　调节方法

A　改变管网性能曲线

在通风机的吸气管或排气管上设置节流阀或风门来控制流量的方法就是改变管网性能曲线的调节方法，如图 7-20 所示。通风机在管网 R_1 中工作时工况点为 A_1，其风量、压力分别为 Q_1、P_1。如果需要减小风量，可将排气节流阀或风门关小，管网性能曲线变为 R_2，工况点移至 A_2，其风量、压力分别为 Q_2、P_2。显然，这时通风机的压力 P_2 除了克服管网阻力 P_2'以外，还要克服阀门中压力损失 ΔP_2，即 $P_2=P_2'+\Delta P_2$，节流后通风机的功率可由其本身的功率曲线查得，如图 7-20 所示。

从图 7-20 中看出，排气节流阀是人为增加管网的阻力，由 R_1 变为 R_2，通风机的性能曲线不变，工况点沿通风机的性能曲线变化，由 A_1 到 A_2。这种调节方法的优点是结构简单，操作方便，但是由于人为增加管网阻力，多消耗了一部分功，故不经济。在调节范围不大时，尤其在小型通风机常采用这种调节方法。

B　改变通风机特性曲线

当管网性能曲线不变时，可以改变通风机的特性曲线，实际工况点会沿着管道特性曲线移动，以达到调节风量的目的。在工业生产中常用的风机调节的方法有：

(1) 调节通风机的转速。图 7-21 为通风机转速改变时，其性能曲线的变化。转速为 n_1

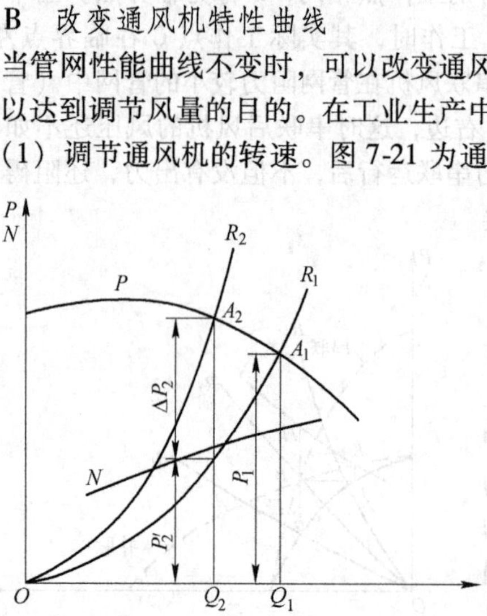

图 7-20　改变管网性能曲线的调节

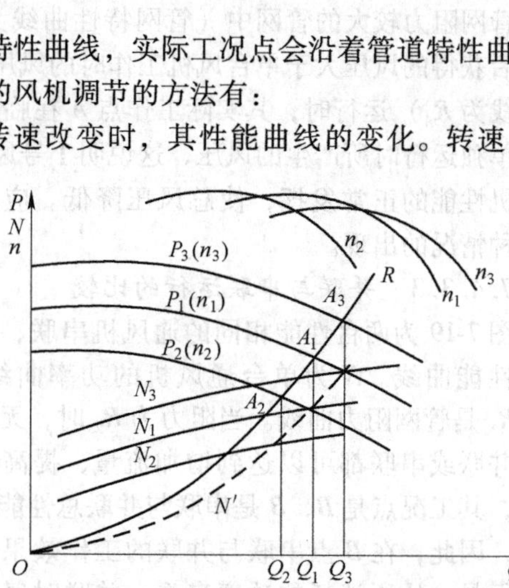

图 7-21　改变通风机转速的调节

时，压力曲线与管网性能曲线交点为A_1，即工况点是A_1，其相应的风量为Q_1。若需要减小风量时，可将通风机的转速降到n_2，这时工况点沿管网性能曲线移至A_2点，相应的风量为Q_2。相反，若需要增加风量，可将通风机的转速升至n_3，工况点也随之移动到A_3，风量增加到Q_3。这时功率曲线分别为N_1、N_2、N_3。工况点A_1、A_2、A_3的功率则沿N'曲线变化（见图7-21中的虚线）。

对于通风机来说，当其他条件不变，而转速改变时，性能变化有如下关系：

$$\left.\begin{aligned} \frac{Q_1}{Q_2} &= \frac{n_1}{n_2} \\ \frac{P_1}{P_2} &= \left(\frac{n_1}{n_2}\right)^2 \\ \frac{N_1}{N_2} &= \left(\frac{n_1}{n_2}\right)^3 \end{aligned}\right\} \tag{7-18}$$

从图7-21中看出，当转速改变时，其效率曲线也变化，但相应于工况点A_1、A_2、A_3的效率值变化不大，故在转速变化范围为±20%时，可以不考虑效率的变化。

必须指出的是：转速变化时，性能变化的规律虽是按式（7-18）计算，但是实际风量不一定服从这个比例而变化。这是因为实际的工况点是由管网阻力曲线与新的压力曲线之交点而确定，在管网性能曲线R按$P=KQ^2$变化时（即过坐标原点的二次曲线），因通风机的压力变化（在转速改变时）与风量的平方成正比，由式（7-18）可知，这时管网性能变化与通风机性能变化一致，故按式（7-18）计算的风量与实际风量是一致的。而在管网性能曲线R不按$P=KQ^2$变化时，两者变化就不一定一致。

改变转速的方法很多，如改变电动机（直流电动机，多速交流电动机，汽轮机）的转速，或改变传动机构——更换皮带轮或齿轮、液力联轴节等以改变传动比。但是，这些方法在通风机中很少采用。如电动机直联或联轴器直联的通风机一般不能改变转速；通风机由于功率不大，一般也不用汽轮机驱动；直流电动机要有直流电源，故通风机也很少用直流电动机驱动。小功率的通风机有时用改变皮带轮的方法改变转速。在改变通风机转速时，要注意叶轮强度和电动机的负荷，都不能超过允许值。

（2）改变风机的叶轮直径。根据比例定律或表7-4可知（即通风机的风量、风压、功率分别与风机叶轮直径的三次、二次、五次方成正比）。当风机叶轮直径改变时，通风机的性能就发生变化，从而使工况点改变。改变风机叶轮直径的调节方法，也就是更换不同机号的风机，使其风机特性曲线改变，达到改变实际工况点、调节风量的目的。

（3）改变叶片安装角。根据轴流式通风机动轮旋转时，风流沿圆柱面流动规律，可分析通风机的理论风压与叶片安装角的关系，即当通风机风量一定时，安装角越大，风压值也越大；当风压一定时，安装角越大，风量也越大。因此，可增大或减小通风机叶片安装角，改变通风机的工况点，达到调节风量、风压的目的。

另外，对于通风机的调节还可以对其本身的结构进行改变，如在进风中加导流器或改变导流器叶片安装角度、改变叶轮叶片宽度等，使风机参数有所改变，以达到风量调节的目的。

7.4.4.2　各种调节方法的比较

现把各种调节方法的比较列于表7-5所示。

表 7-5　各种调节方法的比较

种类	吸入气体的影响	设备费	调节效率	调节时性能稳定性	维修保养	调节原理	流量变化	轴功率变化
改变管网性能曲线	与气体直接接触,有影响,但因结构简单,一般问题不大	便宜	最差	愈调节性能愈恶化	极容易	增加管网阻力,改变管网性能曲线,使工况点移动	与阀的角度不成比例,在全开时附近灵敏,从全开至半开,风量几乎不变	沿全开时的功率曲线移动
进口导流器	直接接触气体,结构复杂,只适用于清洁的常温气体	比上述阀门费用高,但比其他两种费用低	风量在 70% ~100% 范围内最高,80% 以下也较好	愈调节性能愈好	稍为麻烦	改变进入叶片的气流方向,从而改变压力曲线	与阀的角度不成比例,在全开时附近灵敏,从全开至半开,风量几乎不变	沿着比全开时功率更低的曲线移动
改变转速	与吸入气体无关	高	70% ~100% 风量范围内比进口导叶稍低,80% 以下很好	调节时不影响性能的稳定	麻烦	改变叶轮转速,以改变通风机压力曲线	与转速成比例变化	与转速的三次方成比例变化
动叶可调	与无调节一样	高	最佳	调节性能好	麻烦	改变动叶安装角,使压力曲线变化	风量变化范围广	最省功

7.5　通风机的命名和选择

7.5.1　通风机的命名

7.5.1.1　离心式通风机的命名

目前在我国通风机行业对于离心式通风机的全称包括名称、型号、机号、传动方式、旋转方向和出口位置 6 个部分，其排列顺序如图 7-22 所示。

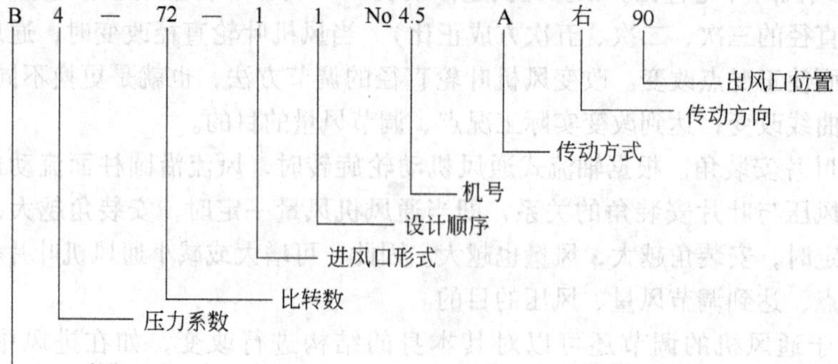

图 7-22　离心式通风机命名的排列顺序

（1）名称。它指风机的用途，以表示用途的汉语拼音的首字表示，如表 7-1 所示。一般用途的风机省略不写，示例中的B代表防爆风机。

（2）型号。4—72—11代表风机的型号。

第一组数字表示风机风压系数乘10后，再按四舍五入进位，取一位数；

第二组数字表示风机比转数化整后的正整数；

第三组数字表示风机进口吸入形式（如表7-6所示）及设计的顺序号。

表7-6 通风机进口吸入形式

代号	0	1	2
通风机进口吸入形式	双侧吸入	单侧吸入	二级串联吸入

（3）机号。用风机叶轮直径的分米数，尾数四舍五入，在前面以符号№表示。例如№4.5表示该风机叶轮直径为4.5×100=450mm。

（4）传动方式。离心式通风机的传动方式共有6种，即A式、B式、C式、D式、E式和F式，如图7-23所示。

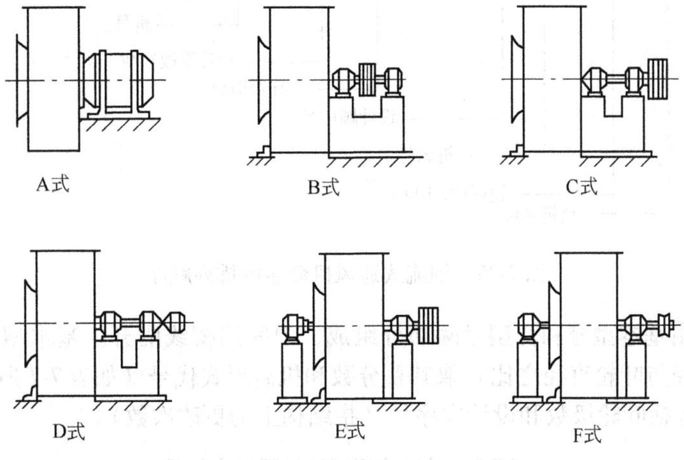

图7-23 离心式通风机传动方式示意图

其中A式为直接传动，即通风机与电动机同轴，小型通风机一般采用这种传动方式；B式、C式、E式均为皮带传动，C式常用于中、小型风机，而B式和E式常用于大型风机传动；D式和F式为联轴器传动，D式常用于中小型风机，F式常用于大型风机传动。

（5）传动方向。它指叶轮的旋转方向，用“右”和“左”表示。“右”表示从主轴槽轮或电动机位置看，叶轮旋转方向为顺时针；“左”表示从主轴槽轮或电动机位置看，叶轮旋转方向为逆时针。

（6）出口位置。按出口位置和叶轮旋转方向，用右（或左）及角度表示，如图7-24所示。

7.5.1.2 轴流式通风机的命名

与离心式风机相似，轴流式通风机的全称包括名称、型号、机号、传动方式、气流方向和风口位置6个部分，其排列顺序如图7-25所示。

（1）名称。一般都称为轴流式通风机，在名称前可加通风机用途的汉字或汉语拼音的缩写，如表7-1所示。一般用途的风机省略不写。图中K表示矿井通风。

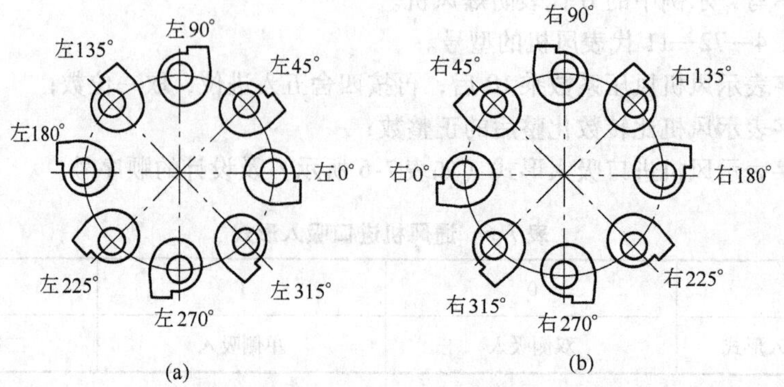

图 7-24　离心式通风机的出风口角度位置示意图

（a）左出风口；（b）右出风口

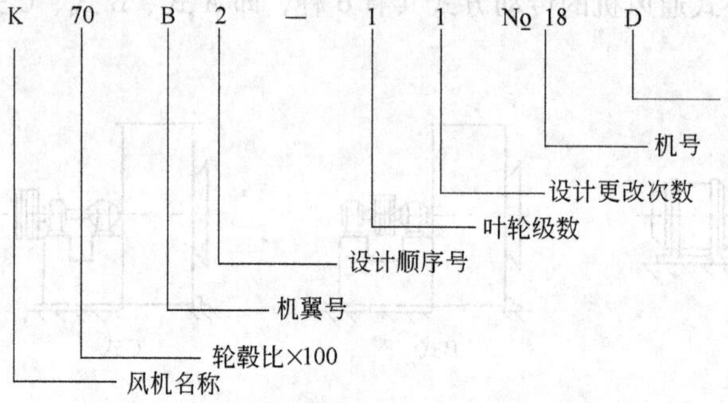

图 7-25　轴流式通风机命名的排列顺序

（2）型号。由基本型号和变型号两部分组成，中间用横线隔开。基本型号包括风机轮毂比（叶轮轮毂直径与叶轮直径之比）取其百分数和机翼形式代号（如表7-7所示）以及设计顺序号。变型型号包括叶轮级数和设计次序号（指结构上的更改次数）。

表 7-7　轴流式通风机机翼形式代号

代 号	机 翼 形 式		代 号	机 翼 形 式	
A	机翼型	扭曲叶片	B	机翼型	非扭曲叶片
C	对称机翼型	扭曲叶片	D	对称机翼型	非扭曲叶片
E	半机翼型	扭曲叶片	F	半机翼型	非扭曲叶片
G	对称半机翼型	扭曲叶片	H	对称半机翼型	非扭曲叶片
K	等厚板型	扭曲叶片	L	等厚板型	非扭曲叶片
M	对称等厚板型	扭曲叶片	N	对称等厚板型	非扭曲叶片

（3）机号。用风机叶轮直径的分米数，尾数四舍五入，在前面以符号№表示。例如№18表示该风机叶轮直径为 $18 \times 100 = 1800$mm。

（4）传动方式。离心式通风机的传动方式共有6种，即A式、B式、C式、D式、E式和F式，如图7-26所示。

（5）气流方向。用于区别吸气和出气方向，分别以“入”（正对风口气流顺面方向流入）和“出”（正对风口气流迎面方向流入）表示，选用时一般可不表示。

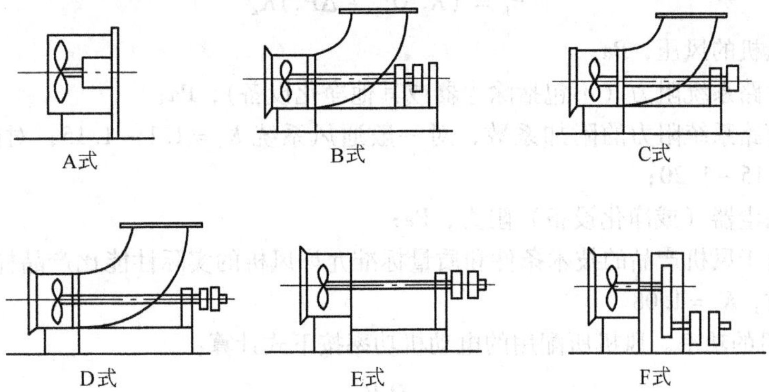

图 7-26 轴流式通风机的传动方式示意图

A 式—直接传动；B 式、C 式—引出式皮带传动；D 式—引出式联轴器传动；E 式、F 式—长轴式联轴器传动

（6）出口位置。分进风口与出风口两种，用入、出若干角度表示，如图 7-27 所示，若无进风和出风口位置时则可不予表示。

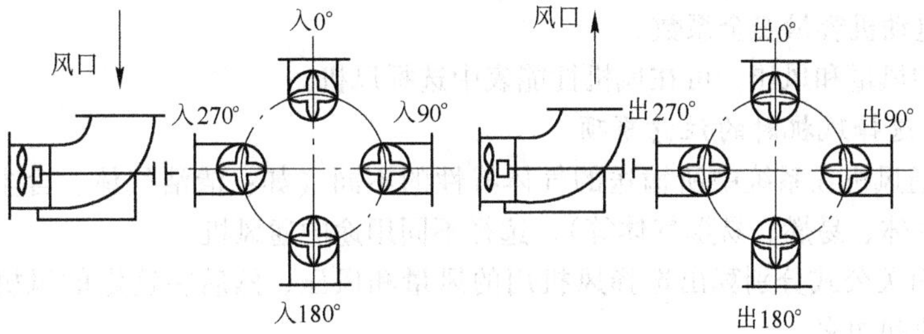

图 7-27 轴流式通风口风口位置示意图

7.5.2 通风机的选择程序

通风机的选择主要是指风机本体的选择，同时还包括与其相配的传动部件、电动机等的选择。正确地选择通风机是保证通风系统能否正常工作的关键。风机选择不当，不是风量不足，达不到设计要求，就是风量过大，造成一次设备投资及能耗的浪费。因此，在选择风机时，一定要全面考虑，做到正确合理地选择，以达到预期要求。

7.5.2.1 风机的选择计算

（1）风量：

$$Q_f = K_1 K_2 Q + Q_r \tag{7-19}$$

式中 Q_f——风机的风量，m^3/s；

Q——通风系统的排风量，m^3/s；

K_1——风管漏风附加系数，对一般通风系统 $K_1 = 1.1$，对除尘系统 $K_1 = 1.15$；

K_2——除尘器或净化设备的漏风附加系数；

Q_r——袋式除尘器的反吹风量，m^3/s。

（2）风压：

$$P_f = (K_3 \Delta P_1 + \Delta P_2) K_4 \tag{7-20}$$

式中 P_f——风机的风压，Pa；

ΔP_1——管路系统阻力（不包括除尘器或其他净化设备），Pa；

K_3——管路系统阻力的附加系数，对一般通风系统 $K_3 = 1.1 \sim 1.15$；对除尘系统 $K_3 = 1.15 \sim 1.20$；

ΔP_2——除尘器（或净化设备）阻力，Pa；

K_4——由于风机产品的技术条件和质量标准允许风机的实际性能比产品样本低而附加系数，$K_4 = 1.08$。

（3）电动机的功率。风机所配用的电动机功率按下式计算：

$$N = \frac{Q_f P_f}{1000 \times \eta \times \eta_j} \cdot m \tag{7-21}$$

式中 Q_f——风机的风量，m^3/s；

P_f——风机的风压，Pa；

N——配用的电动机功率，kW；

η——风机运行时的效率；

η_j——机械传动效率；

m——电动机容量安全系数。

已知风机的风量和风压，可在风机性能表中选择风机。

7.5.2.2　选择风机时的注意事项

（1）根据通风机在系统中所输送的气体特性的不同（如：清洁气体、含尘气体、有腐蚀性气体、高温气体、易燃、易爆气体等），选择不同用途的通风机。

（2）根据有关公式分别算出选择风机用的风量和风压、然后在选定的风机类型中确定风机的机号、转速和功率。

（3）根据通风机在除尘系统中所设置的具体位置，以及风机周围的工艺条件要求，确定风机的旋向和出风口位置。

（4）选择风机时应尽可能选用新型的、高效的、低噪声的风机，并使所选风机的实际工况点尽可能接近最高效率点。

（5）选择风机时，应尽量避免采用风机的联合运行，当不可避免时，应选用同类型、同机号、同性能的通风机参加联合运行。

复 习 题

7-1　简述离心式和轴流式通风机的工作原理。

7-2　离心式通风机按其叶片出口角不同可分为哪几种，各有何特点？

7-3　通风机按不同用途可分为哪几类？

7-4　通风机的性能参数和特性曲线有哪些，用图示表示。

7-5　通风机的无因次参数有哪些，如何计算？

7-6　什么是通风机的比转数，有何作用？

7-7　什么是通风管网的特性曲线和风机运行的工况点？

7-8　通风机串联和并联有何特点？

7-9　通风机的工况点如何调节？

7-10　简述通风机的选择步骤。

8 通风净化系统测试技术

通风净化系统的测试是通风净化系统运行调节的重要手段。通风净化系统施工完毕后，正式运行前，要通过测试对系统各分支管的风量进行调整；对于已运行的通风净化系统，通过测试可以了解运行情况，发现存在问题；在设计新车间时，为收集原始资料和有关数据，也需要进行现场测定。但与工业通风净化有关的基本量有许多。如粉尘性质方面有：密度、安置角、比电阻等；气体性质方面有温度、湿度、压力、流速、流量以及气体中的含尘浓度等。评价这些量需要一定的仪器、设备和方法，本章主要介绍通风净化中某些特定量的测定方法，而常用的某些量（如气体温度等）可由普通物理学中所介绍的方法进行测定。

8.1 粉尘特性的测定

8.1.1 粉尘样品的分取

测定粉尘的各种特性，必须以具体的粉尘为对象。从尘源处收集来的粉尘，要经过随机分取处理，以使所测的粉尘具有良好的代表性。分取样品的方法一般有：圆锥四分法、流动切断法和回转分取法等。

8.1.1.1 圆锥四分法

圆锥四分法是将粉尘经漏斗下落到水平板上堆积成圆锥体，再将圆锥垂直分成四等份 a、b、c、d，舍去对角上两份 a、c，而取其另一对角上的两份 b、d。混合后重新堆成圆锥再分成四份进行取舍。如此依次重复2~3次，最后取其任意对角两份作为测试用粉尘样品。如图8-1所示。

8.1.1.2 流动切断法

流动切断法是在从现场取回的试料比较少的情况下采用。把试料放入固定的漏斗中，使其从漏斗小孔中流出，如图8-2所示。用容器在漏斗下部左右移动，随机接取一定量的粉料作为分析用样品，如图8-2（a）所示。此外也可以将装有粉尘的漏斗左右移动，使粉尘漏入两个并在一起的容器内，然后取其中一个。将试料重复分缩几次，直至所取试料的数量满足分析用样为止，如图8-2（b）所示。

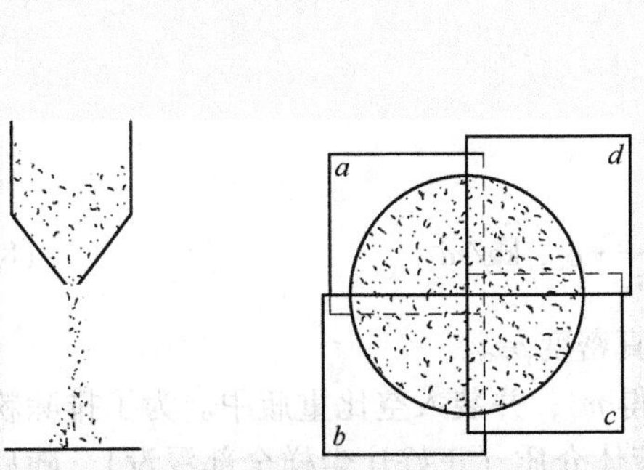

图8-1　圆锥四分法取样

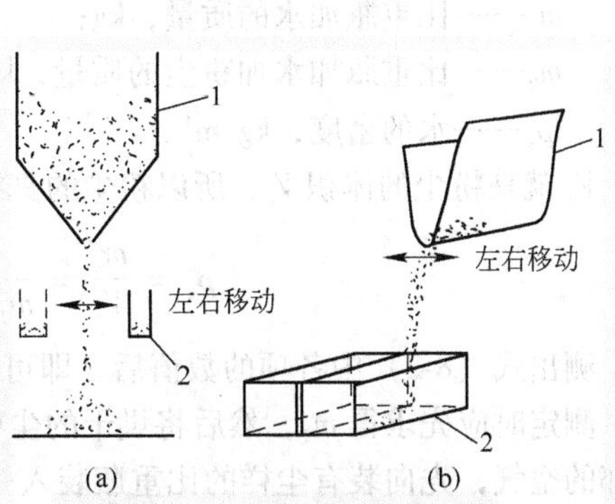

图8-2　流动切断法取样

1—漏斗；2—容器

8.1.1.3　回转分取法

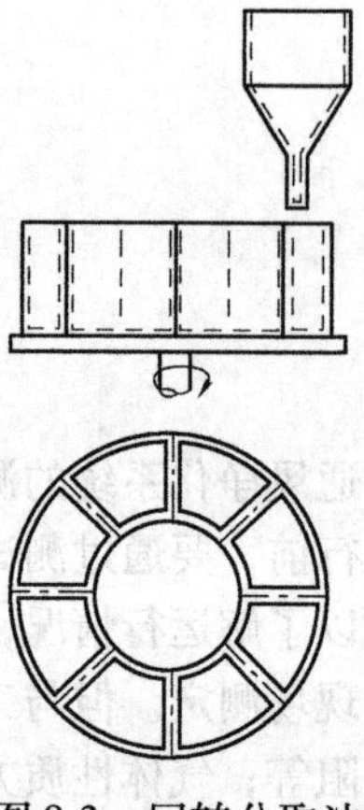

图 8-3　回转分取法

回转分取法是使粉尘从固定的漏斗中流出，漏斗下部设有转动的分隔成八个部分的圆盘。粉尘均匀地落到圆盘上的各部分，取其中一部分作为分析测定用料。有时为了简化设备，也可使圆盘固定而将漏斗用回转运动，使粉尘均匀落入圆盘各部分中，如图 8-3 所示。

8.1.2　粉尘真密度的测定

粉尘在空气中的沉降或悬浮与其密度有很大关系，真密度是粉尘的重要物性之一。测量粉尘真密度的方法较多，如比重瓶法（液相置换法)、气相加压法等，但较常用的是比重瓶法，下面只介绍该法测定粉尘真密度的原理和方法。

用比重瓶法测定粉尘真密度的原理是：利用液体介质浸没尘样，在真空状态下排除粉尘内部的空气，求出粉尘在密实状态下的体积和质量，然后计算出单位体积粉尘的质量，即真密度，如图 8-4 所示。

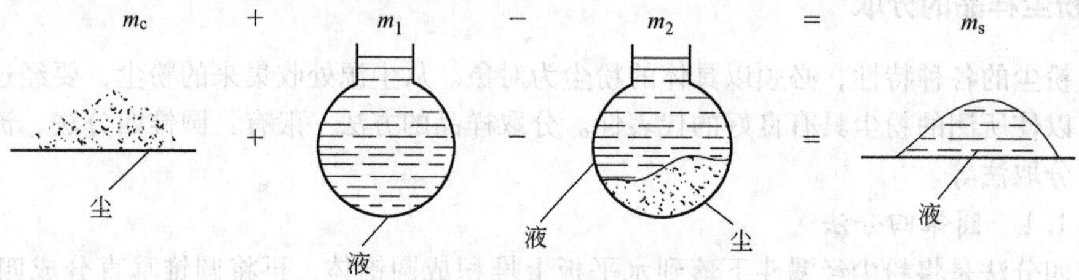

图 8-4　测定粉尘真密度的示意图

如果把粉尘放入装满水的比重瓶内，排出水的体积就是粉尘的真实体积 V_c。

如图 8-4 所示可以看出，从比重瓶中排出的水的体积：

$$V_s = \frac{m_s}{\rho_s} = \frac{m_1 + m_c - m_2}{\rho_s},\ \text{m}^3 \tag{8-1}$$

式中 m_s——排出水的质量，kg；

m_c——粉尘质量，kg；

m_1——比重瓶加水的质量，kg；

m_2——比重瓶加水加粉尘的质量，kg；

ρ_s——水的密度，kg/m³。

V_s 就是粉尘的体积 V_c，所以粉尘的真密度：

$$\rho_c = \frac{m_c}{V_c} = \frac{m_c}{m_1 + m_c - m_2} \cdot \rho_s,\ \text{kg/m}^3 \tag{8-2}$$

测出式（8-2）中各项的数值后，即可求得粉尘真密度 ρ_c。

测定时应先求得 m_1，然后将烘干的尘样称重求得 m_c，并装入空比重瓶中。为了排除粉尘内部的空气，先向装有尘样的比重瓶装入一定量的液体介质（正好让尘样全部浸没），随后把装有尘样的比重瓶和装有备用液体的烧杯一起放在密闭容器内，用真空泵抽气。当容器内真空度接近 100kPa 后，保持 30min。然后取出比重瓶静置 30min，使其与室温相同，再将备用液体注满比重瓶，称重求得 m_2。同时用温度计测出备用液体的温度，得出相应的密度 ρ_s。应用式（8-2）求出粉尘真密度 ρ_c。测定时应同时测定 2～3 个样品，然后求平均值。每两个样品的相对误差不应超过2%。

选用的液体介质要易于渗入到粉尘内部的空隙，又不使粉尘产生物理化学变化。

8.1.3 粉尘堆积密度的测定

测定粉尘的堆积密度（表观密度、容积密度）时，需要准确地测出粉尘（包括尘粒间的空隙）所占据的体积及粉尘的质量。如图 8-5 所示标准的粉尘堆积密度测定装置。首先称出盛灰桶 1 的质量 m_0（kg），灰桶容积规定为 100cm³。漏斗 2 中装入灰桶容积 1.2～1.5 倍的粉尘。抽出塞棒 3 后，粉尘由一定的高度（115mm）落入灰桶，然后用厚 3mm 的刮片将灰桶上堆积的粉尘刮平。称取灰桶加粉尘的质量 m_s（kg），即可求得粉尘的堆积密度：

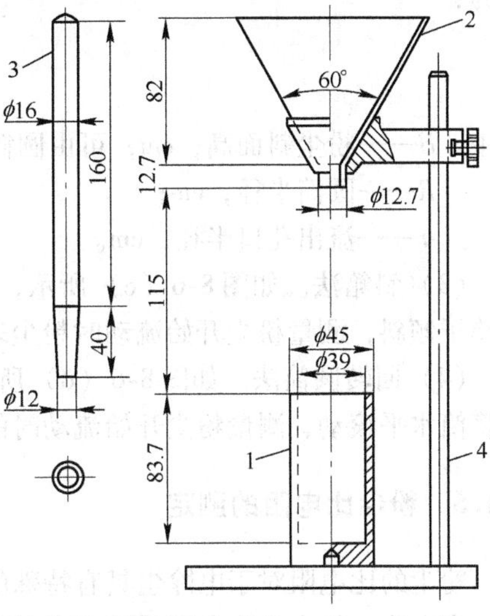

图 8-5 粉尘堆积密度计

1—灰桶；2—漏斗；3—塞棒；4—支架

$$\rho_b = \frac{m_s - m_0}{V},\ \mathrm{kg/m^3} \tag{8-3}$$

式中 V——灰桶的体积，m³，标准规定为 $V = 100\mathrm{cm^3}$。

8.1.4 粉尘安置角的测定

粉尘安置角的测定方法很多，现简单介绍如下：

（1）注入法。如图 8-6（a）所示，粉尘自漏斗流出落到水平圆板上，用测角器直接量其堆积角或量得粉尘锥体的高度求其堆积角，即

$$\tan\alpha = \frac{H}{R} \tag{8-4}$$

式中 H——粉尘锥体高度，cm；

R——底板半径，cm，一般为40cm；

α——粉尘安置角，（°）。

（2）排出法。如图 8-6（b）所示，粉尘从容器的底部圆孔排出，测量粉尘流出后在容器内的堆积斜面与容器底部水平面的夹角。装粉尘的容器可以是带有刻度的透明圆筒。粉尘安置

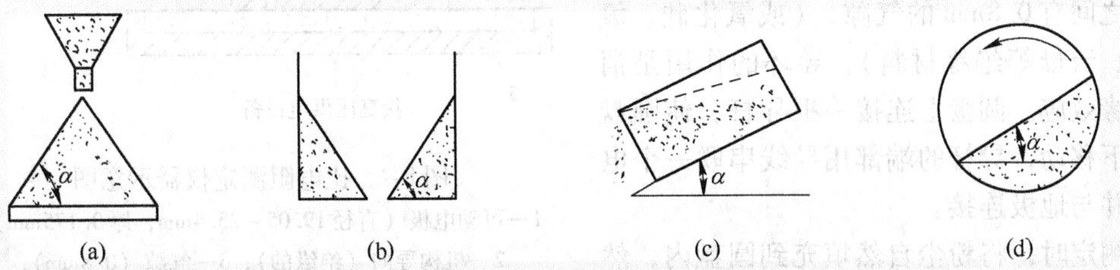

图 8-6 粉尘安置角测定装置示意图

（a）注入法；（b）排出法；（c）斜箱法；（d）回转圆筒法

角为：

$$\tan\alpha = \frac{H}{R - r} \tag{8-5}$$

式中　H——粉尘斜面高，cm，可由圆筒刻度上直接读出。

R——圆筒半径，cm；

r——流出孔口半径，cm。

（3）斜箱法。如图8-6（c）所示，在水平放置的箱内装满粉尘，然后提高箱子的一端，使箱子倾斜，测量粉尘开始流动时粉尘表面与水平面的夹角。

（4）回转圆筒法。如图8-6（d）所示，粉尘装入透明圆筒中（粉尘体积占筒体1/2）。然后将筒水平滚动，测量粉尘开始流动时的粉尘表面与水平面的夹角。

8.1.5　粉尘比电阻的测定

粉尘的比电阻对于电除尘具有特殊的意义，因而粉尘比电阻的测定显得十分重要，并提出了许多方法。粉尘的比电阻是随其所处的状态（烟气温度、湿度、成分等）而变化的，因此在实验室条件下测定时，应尽可能模拟现场实际的烟气条件，具体的要求为：

（1）模拟电除尘器粉尘的沉积状态，即粉尘层的形成是在电场作用下荷电粉尘逐步堆积而成。

（2）模拟电除尘器中的气体状态（气体的温度、湿度、气体成分等）。

（3）模拟电除尘器的电气工况，即在高压电场下的电压和电晕电流。

在实际测量中，使粉尘、烟气及电气条件完全满足上述要求是相当困难的。因而不同的仪器及测定方法在满足上述要求时，各有侧重。用不同方法测出的比电阻值差别较大，有的甚至达到1~2个数量级。

在现有的各种方法中，大致可分为实验室测定方法和现场测定方法。这两种方法各有特点，实验室测定方法可以调节测定条件（如温度、湿度等），适用于研究工作，但不可能与现场烟气条件完全一致，如烟气的成分就很难模拟。

下面介绍一种目前在实验室中采用较多的方法——平板（圆盘）电极法。仪器的结构如图8-7所示。在一个内径为76mm、深5mm的圆盘内装上被测粉尘，圆盘下部接高压电源，粉尘上表面放置一根可上下移动的盘式电极，在圆盘的外周有一圆环，圆环与圆盘之间有0.8mm的气隙，（或氧化硅、氧化铝、云母等绝缘材料），导环的作用是消除边缘效应。圆盘上连接一根导杆，使圆盘能上下移动，导杆的端部用导线串联一个电流表并与地极连接。

测定时，将粉尘自然填充到圆盘内，然后用刮片刮平，给粉尘层施加逐渐升高的电压，取90%的击穿电压时的电压和电流，按

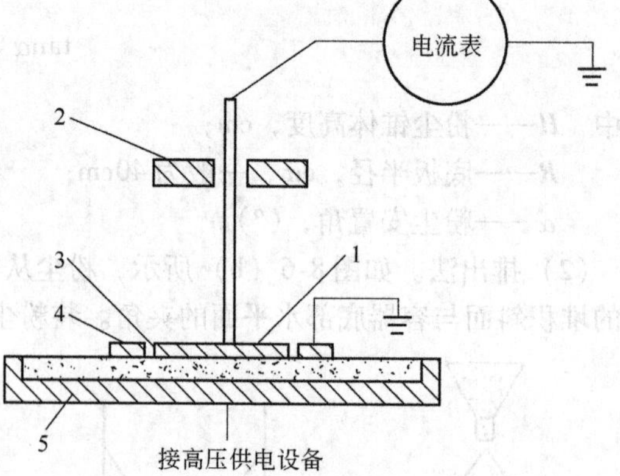

图8-7　比电阻测定仪器示意图

1—可动电极（直径19.05~25.4mm，厚3.175mm）；
2—机构导向（绝缘的）；3—气隙（0.8mm）；
4—屏蔽环（直径28.6mm，厚3.175mm）；
5—尘盘（内径76mm，深5mm）

下式计算比电阻。

$$R_b = \frac{V}{I} \cdot \frac{A}{\delta} \tag{8-6}$$

式中　R_b——粉尘比电阻，Ω · cm；

V——计算电压，V；

I——计算电流，A；

δ——粉尘层厚度，cm；

A——圆盘面积，cm^2。

根据需要，也可将圆盘置于可调节温度、湿度和气体参数的测定箱内进行测定。

8.2　通风系统风压、风速、风量的测定

8.2.1　测定断面和测点的布置

8.2.1.1　测定断面的选择

通风管道内的风速和风量的测定，目前都是通过测量压力，再换算求得。要得到管道中气体的真实压力值，除了正确使用测压仪器外，合理选择测量断面，减少气流扰动对测量结果的影响，也很重要。测量断面应选择在气流平稳的直管段上。测量断面设在弯头、三通等异形部件前面（相对气流运动方向）时，距这些部件的距离要大于 2 倍管道直径；设在这些部件的后面时，应大于 4 ~ 5 倍管道直径，如图 8-8 所示。现场条件许可时，离这些部件的距离越远，气流越平稳，对测量越有利。但是测试现场往往难于完全满足要求，这时只能根据上述原则选取适宜的断面位置，同时适当增加测点密度。但距局部构件的最小距离至少是管道直径的 1.5 倍。

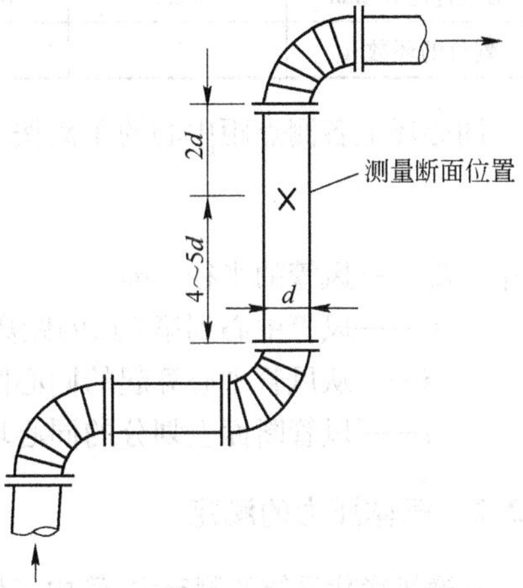

图 8-8　测点布置示意图

在测定动压时如发现任何一个测点出现零值或负值，表明气流不稳定，有涡流，该断面不宜作为测定断面。如果气流方向偏出风管中心线 15°以上，该断面也不能作测量断面（检查方法：毕托管端部正对气流方向，慢慢摆动毕托管使动压值最大，这时毕托管与风管外壁垂线的夹角即为气流方向与风管中心线的偏离角）。

选择测量断面时，还应考虑测定操作的方便和安全。

8.2.1.2　测点的布置

由流体力学可知，气流速度在管道断面上的分布是不均匀的。由于速度的不均匀性，压力分布也是不均匀的。因此，必须在同一断面上多点测量，然后求出该断面的平均值。

(1) 矩形管道可将管道断面划分为若干等面积的小矩形，测点布置在每个小矩形的中心，小矩形每边的长度为 200mm 左右，如图 8-9 所示。对于工业炉窑，其烟道的断面积较大，测点数按表 8-1 确定。

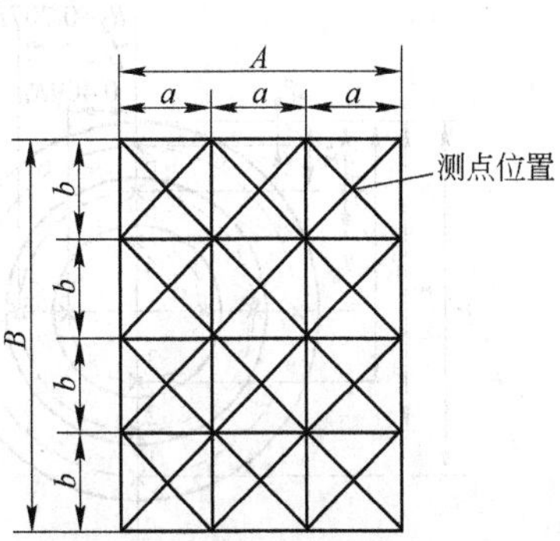

图 8-9　矩形风管测点布置图

表 8-1　矩形烟道的分块和测点数

烟道断面积/m^2	等面积小块数	测点数
1 以下	2×2	4
1～4	3×3	9
4～9	4×3	12

（2）圆形管道在同一断面设置两个彼此垂直的测孔，并将管道断面分成一定数量的等面积同心环，同心环的环数按表 8-2 确定。

表 8-2　圆形风管的分环数

风管直径 D/mm	≤300	300～500	500～800	850～1100	>1150
划分的环数 n	2	3	4	5	6

图 8-10 是划分为三个同心环的风管的测点布置图，其他同心环的测点可参照图 8-10 所示的布置。对于圆形烟道其分环数按表 8-3 确定。

表 8-3　圆形烟道的分环数

烟道直径 D/mm	<0.5	0.5～1.0	1～2	2～3	3～5
划分的环数 n	1	2	3	4	5

同心环上各测点距中心的距离按下式计算：

$$R_i = R_0\sqrt{\frac{2i-1}{2n}} \tag{8-7}$$

式中　R_0——风管的半径，mm；

R_i——风管中心到第 i 点的距离，mm；

i——从风管中心算起的同心圆环的顺序号；

n——风管断面上划分的同心环数量。

8.2.2　气体压力的测定

在通风净化系统的测定中，管内气体的压力是测得最多的项目。不但因为压力本身是表征气体状态的重要参数，而且流速（大小和方向）、流量等参数的测量，也往往要转换成压力测量问题。

空气在风管内流动时，会出现三种压力，静压 P_j、动压 P_d 和全压 P_q。

静压力表示气体的势能，其大小向各个方向都相同，在测定时，为了排除动压的干扰，一般通过垂直于气流的测孔测得，如图 8-11 所示。静

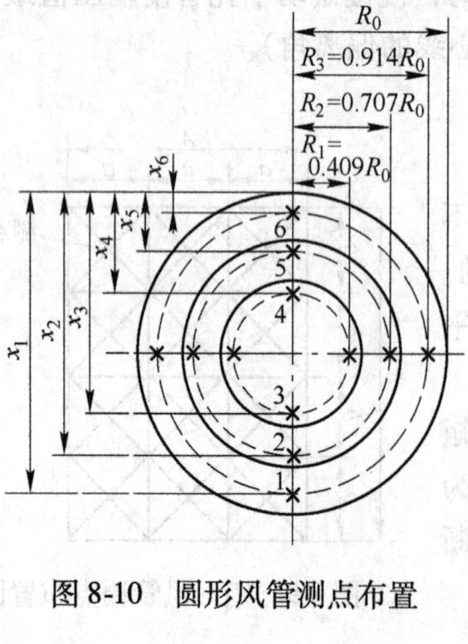

图 8-10　圆形风管测点布置

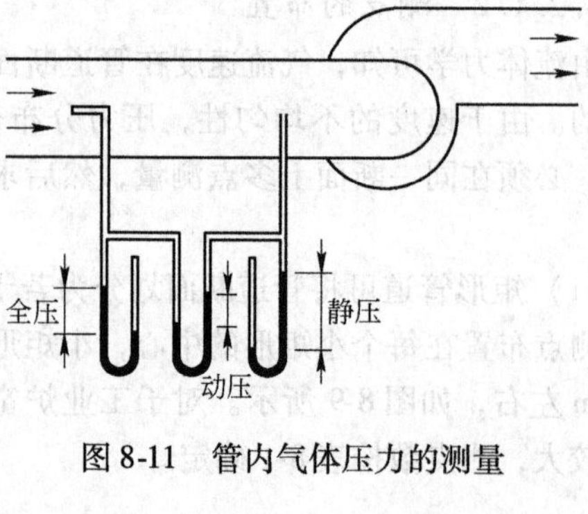

图 8-11　管内气体压力的测量

压可以是正值或负值。静压是正值时，表示管内气体压力高于周围的大气压。反之，为负值时，风管内气体压力低于周围大气压力。

动压是气体流动所具有的动能，其方向与气体流向一致，其值永远为正。测动压是为了求出气体的流速。动压与流速之间的关系：

$$P_d = \frac{1}{2}\rho \cdot u^2 \tag{8-8}$$

式中 P_d——气体流动所具有的动压，Pa；

ρ——气体的密度，kg/m^3；

u——气体运动的速度，m/s。

全压是静压和动压的代数和。在正对气流的方向上，既有动压，又有静压，因此，全压值可以通过正对气流的测孔测取，如图 8-11 所示的测定方法。

全压与静压一样，可以是正值或负值。在通风机的吸入段，全压为负值，但其绝对值小于静压的绝对值。在风机的压出段，全压为正值，其绝对值大于静压值。

测量压力的装置一般由三部分组成：感受压力的测压管，传输部分及压力显示部分。

8.2.2.1 测压管

测压管是直接感受气体压力的仪器或元件，在测定中，常用测压孔和各种形状的测压管，应用最广泛的就是皮托管。皮托管是与压力计配合使用的测量气体压力的一种仪表，常用的有标准型（或称 L 形）和 S 形两种，用紫铜或不锈钢制成。

A 标准型皮托管

标准型皮托管如图 8-12 所示，管内有两个通路。一个通路是在端部中心留有小孔，测定时此孔应正对气流以感受全压；另一个通路是在管的侧面，管壁上钻有小孔，测定时，小孔应垂直于气流方向，感受静压。这两个侧孔测到的压力差值即为动压值。

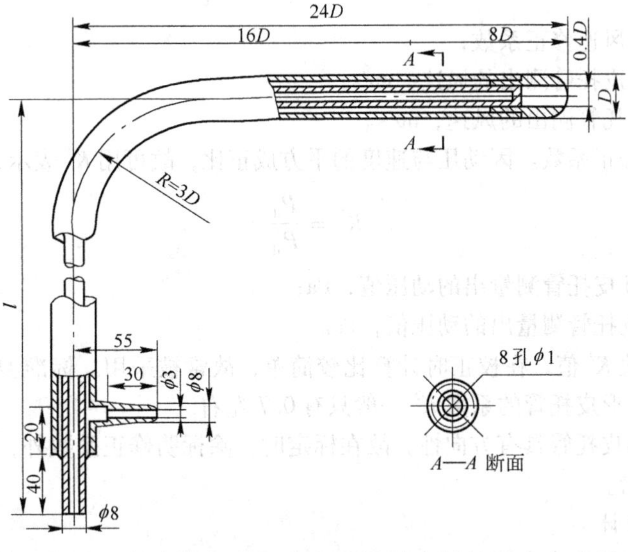

图 8-12 标准型皮托管

B S 形皮托管

S 形皮托管如图 8-13 所示，它有两个背对背的测孔，一个正对气流测全压，一个背对气流感受静压。因此，测孔和管径均较大，故适用于测定含尘浓度较高的气体。但其误差较大，且具有方向性，即背对背的两个测孔互换位置再来测定，其测定值将有所不同。

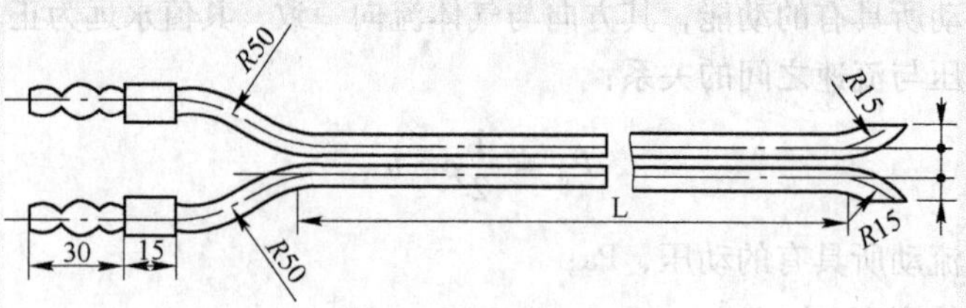

(a)

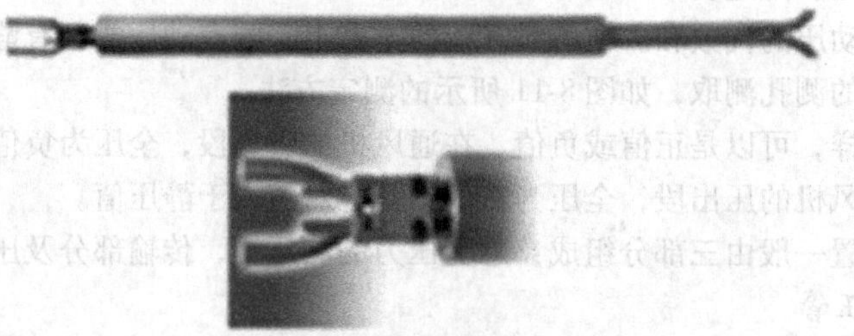

(b)

图 8-13 S形皮托管

(a) 结构示意图；(b) 实物图

无论是标准型皮托管还是S形皮托管，均应在风洞内用标准皮托管进行校正，求出皮托管系数。皮托管系数有的采用风速修正系数：

$$K = \frac{u_0}{u} \tag{8-9}$$

式中 K——皮托管风速修正系数；

u_0——用标准皮托管测出的风速，m/s；

u——被校皮托管测出的风速，m/s。

有的则用动压修正系数。因动压与速度的平方成正比，故可用 K^2 表示，即：

$$K^2 = \frac{P_d}{P'_d} \tag{8-10}$$

式中 P_d——用标准皮托管测量出的动压值，Pa；

P'_d——被校皮托管测量出的动压值，Pa。

皮托管修正系数 K^2 值，在校正时计算比较简单，故常被采用。标准型皮托管的校正系数一般接近于1，而S形皮托管的系数 K^2 一般只有0.7左右。

如前所述，S形皮托管具有方向性，故在标定时，除标明修正系数外，还标明哪一端接全压，以免使用时接错。

8.2.2.2 压力计

在通风净化系统测定中常用的压力显示仪表是液柱式压力计，因此，压力的单位是mm水柱和mm汞柱等来表示，这样比较方便。单位之间的换算如下

$$P = h\rho_w g \tag{8-11}$$

式中 P——压力，Pa；

h——用液体柱高度表示的压力，mm 液体柱；

g——重力加速度，m^2/s；

ρ_w——液体的密度，kg/m^3。

下面介绍几种常用的液体压力计。

A　U 形管压力计

最简单的液体压力计是 U 形管，如图 8-14 所示，其中装有水、汞、酒精等作为工作液，根据所测压力范围来选取，对于 U 形管，最重要的是要保持管内径在全长上均匀一致（通常为 5 ~ 10mm），否则液体上升的高度将会受到影响而产生误差。管径越小，误差越大，因而一般不希望用管径很小的 U 形管。当 U 形管中注入水时，由于在两管中作用压力不同而产生的水位高差 h，就表示气体的压差 ΔP，其读数为 mm 水柱的单位，采用其他液体作为工作液时，测得的压力为 mm 液柱。

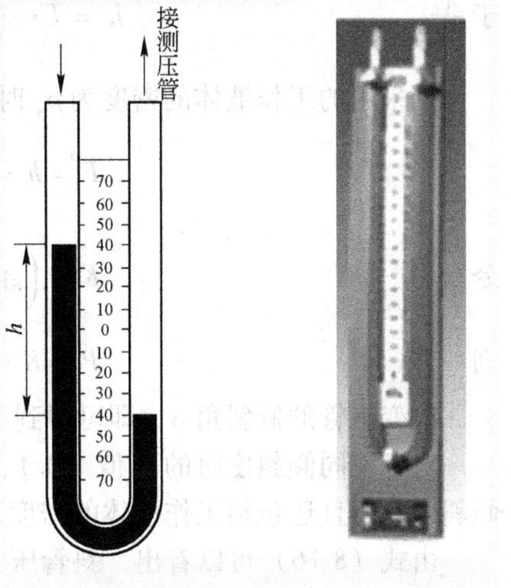

图 8-14　U 形管压力计

B　倾斜式压力计

倾斜式压力计如图 8-15 所示，它实际上就是 U 形管压力计的一根管子加粗成为一个容器，另一根管子可倾斜。一般容器直径为 100mm，倾斜管直径 5mm，因此，容器端截面积 A_2 比倾斜管截面积 A_1 要大得多，只要容器中液体变动很微小的高度 h_2，就可以在倾斜管上反映出很大的液柱高度变化 h_1。倾斜管的角度 α 可以使读数放大一些，从而提高读数准确度。读数时不需看容器内液面高度，只读取倾斜管内的液柱长度 l。同时可以在倾斜管上加上精确的读数装置，以减少视差，精确度要比 U 形管压力计提高若干倍，常用来测动压。

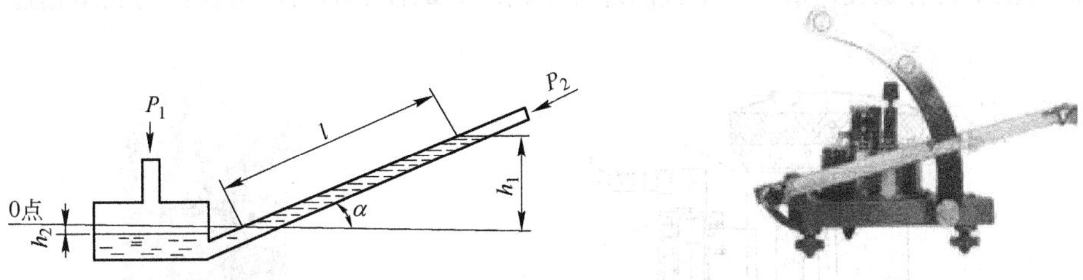

图 8-15　倾斜式压力计

（a）原理图；（b）实物图

当微压计不感受压差，即 $P_1 = P_2$ 时，容器中和倾斜管中的液面处于同一高度，即处于 0-0 水平面上。当微压计通入压差时，$P_1 > P_2$，则倾斜管液面上升高度 h_1 为：

$$h_1 = l \cdot \sin\alpha \qquad (8\text{-}12)$$

式中　l——斜管上工作液的长度，mm；

α——倾斜管与水平线的夹角，(°)。

同时容器中液面下降 h_2，二者的液面高差为：

$$h = h_1 + h_2 = h_2 + l \cdot \sin\alpha \qquad (8\text{-}13)$$

由于液体下降的体积等于液体上升的体积，即

$$A_1 \cdot l = A_2 \cdot h_2$$

于是

$$h = l \cdot \sin\alpha + l \cdot \frac{A_1}{A_2} = l \cdot \left(\sin\alpha + \frac{A_1}{A_2}\right) \tag{8-14}$$

当采用的工作液体的密度为 ρ_w 时，压力为：

$$P = h \cdot \rho_w \cdot g = l \cdot \left(\sin\alpha + \frac{A_1}{A_2}\right)\rho_w g \tag{8-15}$$

令

$$K = \left(\sin\alpha + \frac{A_1}{A_2}\right)\rho_w$$

则

$$P = K \cdot l \cdot g \tag{8-16}$$

改变斜管的倾斜角 α，即可得到不同的 K 值，亦即改变微压计的灵敏度和量程。

对于不同倾斜度时的 K 值（0.1、0.2、0.3、0.4 等）标定在仪器上。该 K 值不仅考虑了倾斜角，而且还包括工作液体的密度及断面比影响。

由式（8-16）可以看出，斜管压力计的精度较直管（U 形压力计）的高。随着 α 角减少，精度随之提高。但是，当 $\sin\alpha < 0.05$ 时，由于工作液弯月面的影响，则其精度有所降低，因而也不宜采用。

倾斜压力计的量程一般为 0～200mm 水柱，最小分度值为 0.2mm 水柱。倾斜压力计通常采用酒精（$\rho_w = 810\text{kg/m}^3$）作为工作液，但读数仍为 mm 水柱。

C　补偿式微压计

补偿式微压计是一种精度较高（达 0.02～0.05mm 水柱）的压力计。它除了作一般微小压差的测量外，还用于校正其他压力计（如倾斜压力计）。

补偿式微压计（如图 8-16 所示）是一用橡皮管 3 连接起来的两个水匣 1、2 所组成的系统。大的水匣 1 具有螺旋沟槽，与中央的螺杆 4 相配。螺杆下端用铰与仪器的底座相连，而上

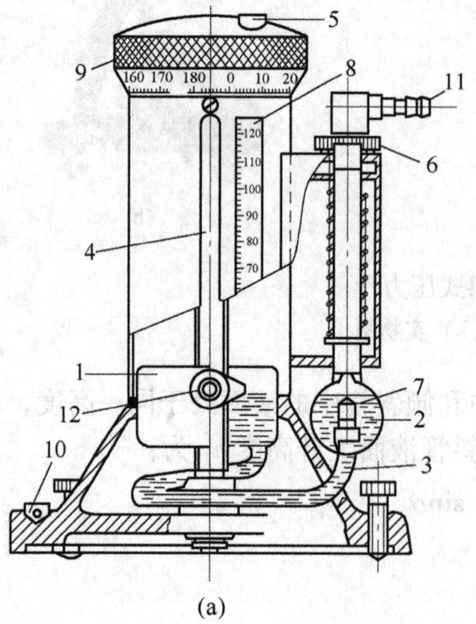

(a)

(b)

图 8-16　补偿式微压计

（a）原理图；（b）实物图

1、2—水匣；3—橡皮管；4—螺杆；5—柱销；6—轮盘；7—指示顶针；8—垂直刻度；9—旋鼓；10—水准器；11、12—短管

端连于旋鼓9上。借助于旋鼓9上的柱销5使其向左向右旋转，从而带动水匣1上下移动，由于水匣1的位置改变，水匣2中的水位也不断变化，一直到设于水匣2内部的三角形指示顶针7的针尖与水表面接触为止。为了更准确地调零位，水匣2也设有螺纹，旋转轮盘6，也可以使水匣2垂直上下移动4~5mm。螺杆4的旋转轮数有两个刻度进行计算；垂直刻度8及设于旋鼓9上的水平刻度。垂直刻度的最小分度为2mm，而水平刻度按旋鼓9的圆周分为200个刻度。旋鼓每旋转一圈，水匣1上升一个分度，例如在垂直刻度上的读数为12，而水平刻度盘上的读数为120，则总的读数为：

$$12 + \frac{120}{100} = 13.2\text{mm 水柱}$$

由此可见，读数的精度可达 $\frac{1}{100}$ mm。仪器的底座用水准器10找准。

补偿式微压计用水作为工作液体。仪器工作前的初始位置是水匣1、2均与大气相通，而三角形顶针7的针尖与水匣2中的水面接触。测压时，将短管11、12与测压点相连，压力大的接地管11。这时水匣2中的水被压入水匣1中。按顺时针转旋鼓9以调整水匣1的位置，使水匣2中的水位仍保持在初始位置（顶针7的针尖与水面接触），此时水匣1的上升高度（由垂直刻度与水平刻度盘上读得），即为11、12两短管所接受的压差。

测量的精度由观察三角形顶针的针尖与水面接触的准确度来保证。为此采用简单的光学系统，由于光的直射和反射，使顶针在镜面上造成了正反两个影子。若顶针的针尖不与水面接触，则镜面上两顶针的针尖互相离开，如图8-17（b）所示，调整水匣1的高度，使顶端正好处于水面上时，两针尖的影子刚好接触，如图8-17（c）所示，用此方法来观察水位有很高的精度。

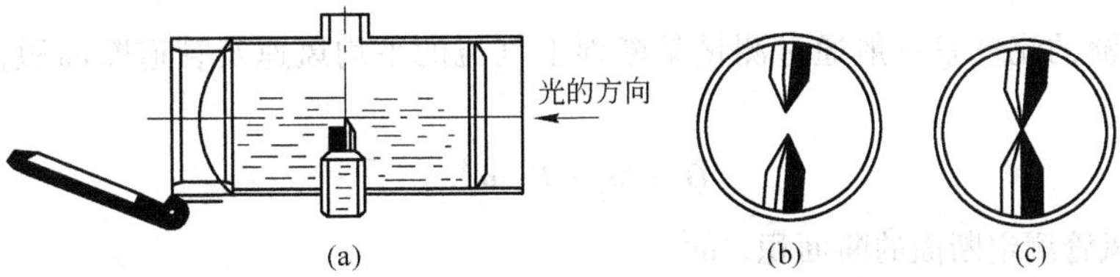

图8-17 补偿式微压计光学系统

补偿式微压计的量程为0~120mm水柱。这种形式的压力计精度高，但惰性大，反应速度慢，要求操作熟练，特别是在压力波动频繁时，不易将针尖对准，读数的误差会很大。

8.2.2.3 传压管道

传压管道的作用是将测压管所感到的压力传到压力计。为加快传导速度，最好把传压管道（胶皮管）的长度尽可能取短些。其工作时，必须防止阻塞和泄漏。

8.2.3 气流速度的测量

气流速度的测量包括测量速度的大小和方向，但在工程上对通风净化系统管内风速的测量，一般只测量速度的大小。

（1）当管内气流速度低于5m/s时，一般采用热电式风速计测量其速度大小。常用的热球式风速仪就是热电式风速计的一种。

热球式风速仪，由热球式测量头和测量仪表两部分组成。

测杆头部有一个直径约0.8mm的玻璃球，球内绕有加热玻璃球的镍铬线圈和两个串联的热电偶，热电偶的冷端连接在磷钢质的支柱上，直接暴露在气流中。当一定大小的电流通过加热线圈时，玻璃球的温度就升高，其升高值与气流速度有关。风速越小，其温升越大，风速为零时，温升最高。玻璃球温度升高程度通过热电偶在电表上指示出来，因此，在通过校正后，即可用电表的读数来表示气流速度。如 QDF 型热球式风速仪有测量范围为 0.05 ~ 5m/s，0.05 ~10m/s及 0.05 ~30m/s 三种，适用于气体温度为 15 ~55℃，相对湿度不大于 85%，气体中含尘浓度很低的作业环境。

这种仪器对微风速感应灵敏，反应迅速，准确，特别适用于测定排风罩口上的风速、罩口外速度场的气流分布以及用于管内气流速度较低的场合。但这种仪器需要经常校准及维修。

（2）当风管内风速大于5m/s 时，一般通过测量风管内各测点处的动压值 P_d 来计算出管内测点处的风速

$$u_i = \sqrt{\frac{2P_d}{\rho}} \tag{8-17}$$

式中　u_i——风管内某测定断面上测点处的风速，m/s；

P_d——测定断面上测点处的动压值，Pa；

ρ——管内空气的密度，kg/m³。

风管内测定断面上的平均风速 u_p 是各测点风速的平均值，即

$$u_p = \frac{u_1 + u_2 + \cdots + u_n}{n} = \sqrt{\frac{2}{\upsilon}}\left(\frac{\sqrt{P_{d1}} + \sqrt{P_{d2}} + \cdots + \sqrt{P_{dn}}}{n}\right),\ \mathrm{m/s} \tag{8-18}$$

8.2.4　管内气流流量的测量

风管内气流的流量 Q 一般通过测量某断面上气流的平均风速及管道断面积，通过计算得到，即

$$Q = u_p \cdot F,\ \mathrm{m^3/s} \tag{8-19}$$

式中　F——风管测定断面的断面积，m²。

在实验室中进行风管内气流流量的测量还可以使用孔板流量计、弯头流量计等测量装置。

8.2.4.1　根据弯头处的压差测定流量

弯头流量计是利用管道弯管处的压差测量管内气体流量的装置，其测量原理如图 8-18 所示。当气流在弯管处流动时，在曲率半径方向 A 及 B 两点之间会产生静压差，这一压差与气流的速度成正比。测出这两点间的静压差就可以计算出通过该管的气体流量。

$$Q = \mu F \sqrt{\frac{2}{\rho}(P_A - P_B)} \cdot \frac{1}{2} \cdot \sqrt{\frac{R}{D}} \tag{8-20}$$

式中　Q——在某工况下气体的流量，m³/s；

μ——流量系数，通过实验标定；

F——弯管断面积，m²；

P_A——弯管外侧的静压，Pa；

P_B——弯管内侧的静压，Pa；

R——弯管（轴线）的曲率半径，m；

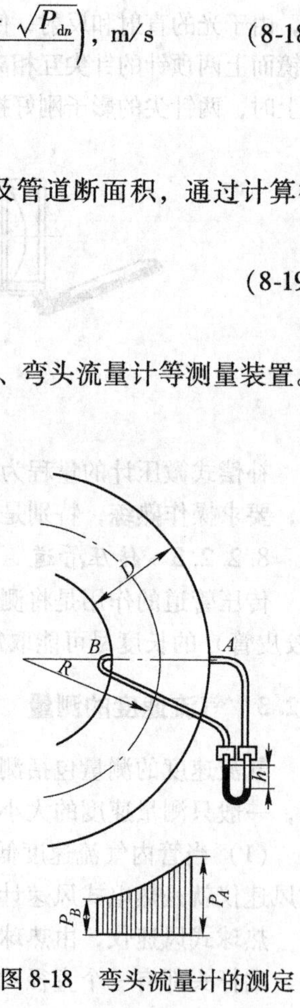

图 8-18　弯头流量计的测定

D——弯管的内径，m。

根据实验资料，当 $R/D>1$ 时，在精度为 ±5% 的范围内，流量系数 μ 可取为 1。如果测量精度要求高于 ±5 时，则可以事先用皮托管进行校正。

根据实验数据表明，流量系数 μ 与进入弯管时断面上的气流分布均匀性有关，在弯管前面希望有尽可能长的直管段。插板阀门等部件设于弯头前大于 $25D$、弯头后大于 $10D$ 处。当在所测弯管前同一平面内有一反向弯管时，如图 8-19 所示，测定结果比较精确。

8.2.4.2 *在管道入口处测定流量*

管道的入口处作成角度为 45°的圆锥管，如图 8-20 所示。如果用阻力系数 $\zeta=0.15$ 来表示圆锥管入口处的压力损失和在距离为 1 倍管径的管段阻力，则距圆锥 1 倍管径处的静压按伯努利方程式为：

$$P_j = (1+0.15)\frac{u^2\rho}{2} = 1.15\times\frac{u^2\rho}{2},\ \text{Pa} \tag{8-21}$$

式中 u——测定静压处的流速，m/s。

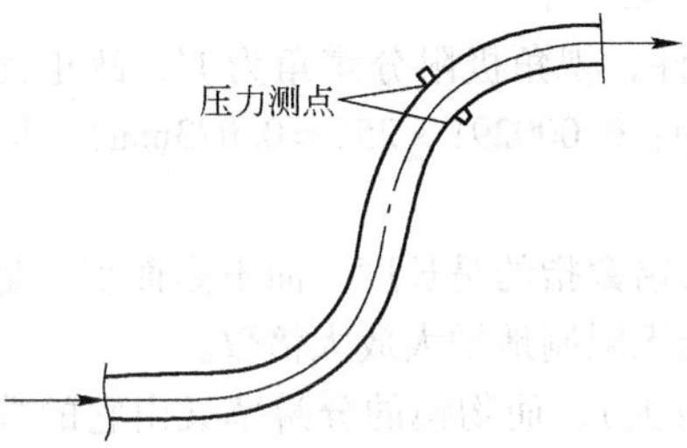

图 8-19 弯头测定流量的测点布置

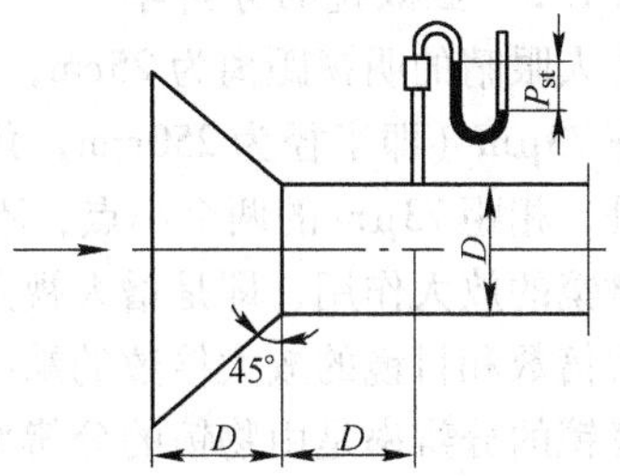

图 8-20 入口流量的测定

由式（8-21）得：

$$u = \sqrt{\frac{P_j\cdot 2}{1.15\rho}} = 1.32\sqrt{\frac{P_j}{\rho}},\ \text{m/s} \tag{8-22}$$

测出静压 P_j，由式（8-15）可计算出气体的流速和流量。

这一方法简单方便，但只有当气流均匀流入时才能获得正确的结果，而这点却不是经常能做到的。

8.3 粉尘粒径与粒径分布的测定

粉尘粒径的测定方法很多，可以利用粉尘不同的特性（如光学性能、惯性、电性等）测出。由于各种测定方法所依据的原理不同，测出粒径的物理意义也不同，如表 8-4 所示。例如用筛分法和显微镜法测得的粉尘粒径是投影径（定向径、长径、短径等）；用电导法（库尔特法）测得的是等体积径；用沉降法测得的是斯托克斯径等。一般说来，粉尘并非球体，因而不同方法测出的粒径之间没有可比性。下面介绍几种在我国通风工程中常用的方法。

8.3.1 光学显微镜法

利用光学显微镜直接测出粉尘的尺寸和形状，是常用的一种方法，尤其配合滤膜采样，更为方便。

表 8-4　粉尘粒径测定方法

类　别	测定方法		测定范围/μm	粒径符号	分布基准	适用条件
显微镜法	电子显微镜		0.001 ~ 0.5	d_j	面积或个数	实验室
	光学显微镜		0.5 ~ 100	d_j	面积或个数	实验室
细孔通过法	电导法		0.3 ~ 500	d_v	体　积	实验室
	光散射法		0.5 ~ 10	d_v	个　数	现　场
沉降法	液体介质	粒径计法	<100	d_{st}	计　重	实验室
		移液法	0.5 ~ 60	d_{st}	计　重	实验室
	气体介质	重　力	1 ~ 100	d_{st}	计　重	实验室
		离心力	1 ~ 70	d_{st}	计　重	实验室现场
		惯心力	0.3 ~ 20	d_{st}	计　重	现　场
超细粉尘分级法	扩散法		0.01 ~ 2	d_{st}	个　数	现　场

8.3.1.1　显微镜的分辨率

正常人眼睛的明视距离为25cm，在较好的照明条件，视角极限分辨角为1′，故正常人眼的分辨率73μm（即半径为250mm，角度为1′的弧长为：0.000291 × 256 = 0.073mm），即在明视距离处，相距73μm的两个小点，不会误认为一个点。

显微镜的放大作用，即是增大视角，显微镜的放大倍数指的是长度，而不是面积，是由物镜的放大倍数和目镜的放大倍数的乘积得出，但也不能无限制地增大放大倍数。

显微镜的分辨率是由物镜的分辨率决定（第一次放大），而物镜的分辨率又由它的数值孔径和照明光线的波长两个参数决定的。

物镜的数值孔径

$$N \cdot A = n \cdot \sin\frac{\alpha}{2} \tag{8-23}$$

式中　n——物镜与标本之间介质的折射率；空气 $n = 1$；水 $n = 1.33$；香柏油 $n = 1.515$；

　　α——物镜镜口角，如图 8-21 所示。

$$\alpha < 180°,\ \sin\frac{\alpha}{2} < 1$$

干物镜的数值孔径为 0.05 ~ 0.95；水浸物镜的数值孔径为 0.1 ~ 1.25；油浸物镜的数值孔径可达 1.5。

一般物镜上标有如 10/0.25、160/0.17 字样，其中 10 为放大倍数，0.25 表示数值孔径，160 表示镜筒长度（mm），0.17 为盖玻璃片厚度（mm）。

用普通光线，中央照明，显微镜分辨距离用下式表示：

$$d = \frac{0.16\lambda}{N \cdot A} \tag{8-24}$$

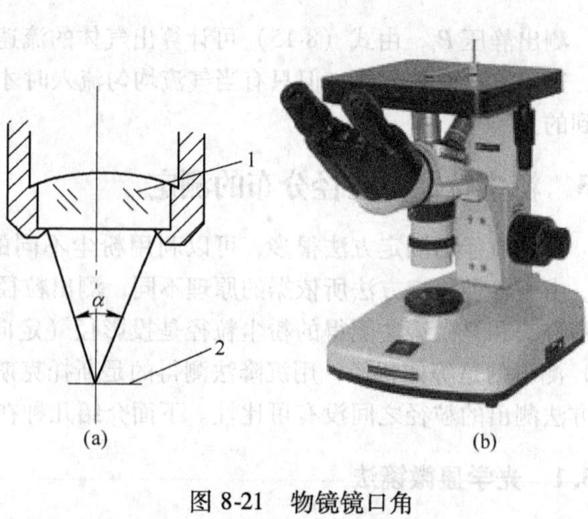

(a)　　(b)

图 8-21　物镜镜口角

（a）镜口角；（b）实物图

1—物镜；2—标本面

式中 d——物镜分辨距离，μm；

λ——照明光线的波长，μm；

$N \cdot A$——物镜的数值孔径。

照明用可见光的波长范围为0.4～0.7μm，若取其平均值为0.55μm，这是人眼最敏感的波长，如取油浸物镜的数值孔径为1.25，则 $d \approx 0.27$μm，而一般用的干物镜将为0.4～0.5μm。

常用的显微镜放大倍数为500～1000。

8.3.1.2 样品制作方法

为在显微镜下观测，需将试样粉尘均匀地分布于玻璃片上。样品的制作要细致，并注意样品的代表性。制作方法有三类：

(1) 干式制样法：

1) 冲击采样法。利用打气筒把一定量的含尘空气经窄缝高速冲击于玻璃片，使沉积其上，为防止粉尘逸散，常涂一层黏性油于玻璃片上。此法可直接从空气中取样。

2) 干式分散法。将已制备好的试样，用毛笔尖，将试样黏附后，轻轻地均匀弹落在玻璃片上，为防止飞扬，玻璃片上涂一薄层黏性油。

(2) 湿式制样法：

1) 滤膜涂片法。将取样后的滤膜放于磁坩埚或其他小器皿，加1～2mL醋酸丁酯溶剂，使滤膜溶解并搅拌均匀，然后取一滴，加在盖玻璃片上的一端，再用另一玻璃片制成样品，1min后，形成透明薄膜，即可观测。操作简单，适于滤膜测尘，样品可长期保存。

2) 滤膜透明法。将采样后的滤膜，受尘面向下平铺于盖玻璃片上，然后在样品中心部位滴一小滴二甲苯，二甲苯向周围扩散并使滤膜成透明薄膜，数分钟后即可观测，若滤膜积尘过多时，不便观测。

(3) 切片法。将已制备好的试样，分散于树脂中，固结后切成薄片进行观测。

8.3.1.3 观测

(1) 显微镜放大倍数的选择。粉尘的粒径分布若范围较窄，可用一个放大倍数观测，一般选用物镜的放大倍数为40倍，目镜放大倍数为10～15倍，总放大倍数为400～600倍。对微细粉尘可用更高的放大倍数。

(2) 目镜测微尺的标定。目镜测微尺如图8-22所示，是一线状分度尺，它放在目镜镜筒中，用以量度尘粒尺寸。但其每一分格所表示尺寸与所选放大倍数有关，故使用前要用标准尺（物镜测微尺）标定。

物镜测微尺是一标准尺度，每一小刻度为10μm，如图8-23所示。

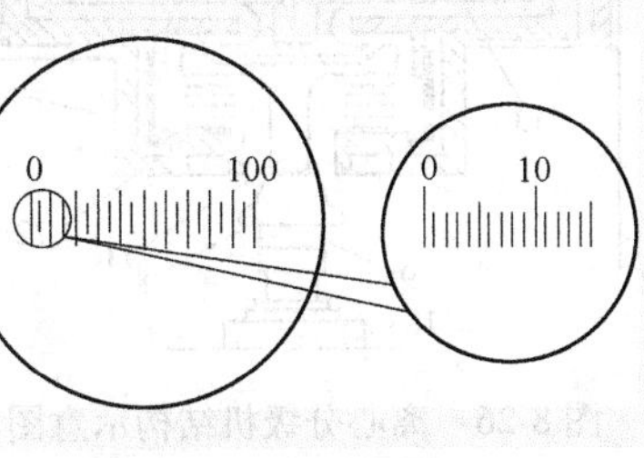

图8-22 目镜测微尺

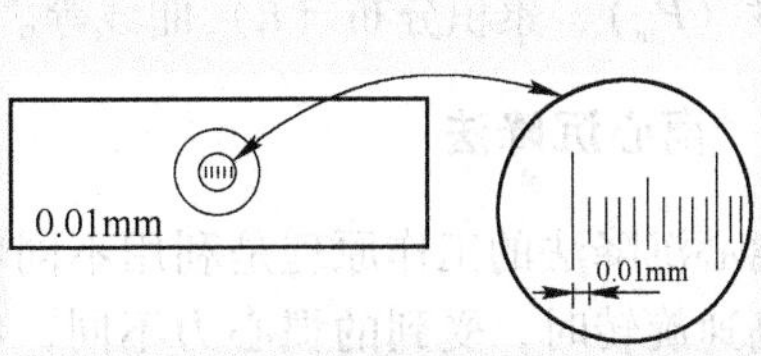

图8-23 物镜测微尺

标定时，将物镜测微尺放在显微镜载物台上（相当于粉尘试样），选好目镜并装好目镜测微尺，如图8-22所示，先用低倍物镜，将物镜测微尺调到视野正中，然后换所选用的物镜，调好焦距。操作时要注意先将物镜调至低处，注意观察不要碰到测微尺，然后目视目镜，慢慢向上调整，直至物象清晰。慢慢调整载物台，使物镜测微尺的刻度与目镜测微尺的刻度的一端对齐（或某一刻度互相对齐），再找出另一互相对齐的刻度线。因物镜测微分度是绝对长度10μm，据此计算出目镜测微尺一个刻度所度量的尺寸。如图8-24所示，两测微尺的0点相对，另一测目镜尺的32与物镜尺的14对齐，则目镜测微尺每一刻度的度量长度为：

$$\frac{10 \times 14}{32} = 4.4\mu m$$

若要更换物镜或目镜时，要重新标定。

8.3.1.4　测定

准备好的样品放于载物台上，进行观测，用目镜测微尺度量尘粒大小，一般取定向径。观测方法常用的有两种：一是在一固定视野内测量所有尘粒，尘粒过密时容易混杂；另一种是以目镜刻度尺为基准，凡是在刻度尺范围内的即计测，然后向一个方向移动样品，继续计测，如图8-25所示。

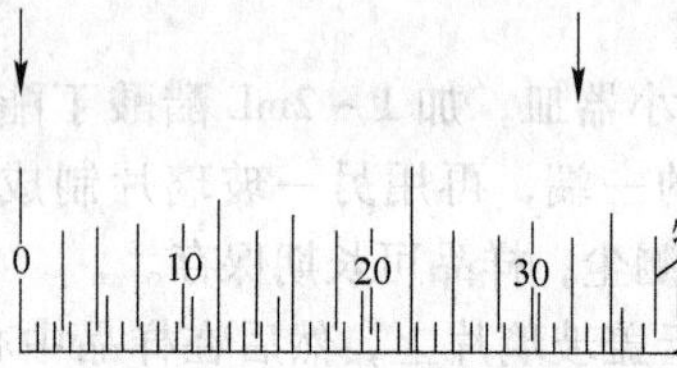

图8-24　目镜测微尺标定示意图

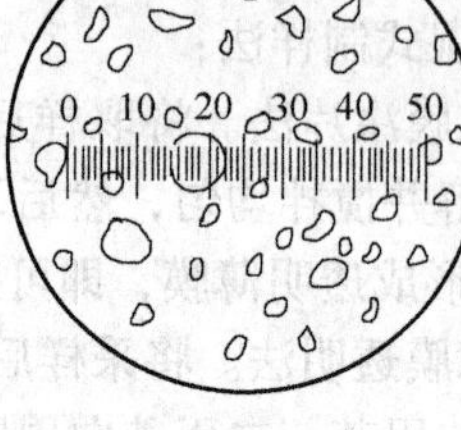

图8-25　粒径测定示意图

度量粒径可按分散度划分的粒级范围计数。观测时对尘粒不应有选择，每一样品计测200粒以上。可用血球计数器分挡计数，较方便。

8.3.1.5　测定数据分析

根据测定要求划分出分散度的粒级范围，一般划分为：<2μm，2~5μm，6~10μm，10~20μm，>20μm，每一粒级范围取其平均值为该粒级的代表粒径。<2μm粒级，因为一般显微镜最小观测到0.5μm，其代表粒径按1.25μm计算，>20μm粒级，如数量很少，即不再划分。并取20μm作为代表粒径或按实际平均粒径计。

根据需要，计算出数量分散度（P_n）和质量分散度（P_m）、累积分布（R）曲线等。

8.3.2　离心沉降法

离心沉降法的工作原理是利用不同粒径的尘粒在高速旋转时，受到的惯心力不同，使尘粒分级，测定用的仪器为离心分级机，也有人把这种仪器称为巴寇离心分级机。下面简要介绍其作用原理和使用方法。

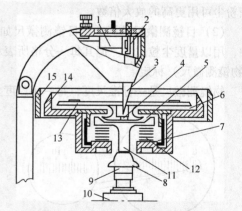

图8-26　离心分级机结构示意图

1—带金属筛的试料容器；2—带调节螺钉的垂直遮板；3—供料漏斗；4—小孔；5—旋转通道；6—气流出口；7—分级室；8—节流；9—节流片；10—电机；11—回柱状芯子；12—均流片；13—辐射叶片；14—上部边缘；15—保护圈

图8-26是离心分级机的结构示意图，试验粉尘在容器1中由金属筛网除去0.4mm以上的粗大

尘粒后，均匀进入供料漏斗3，再经小孔4落入旋转通道5。在电机10带动下，旋转通道以每分钟3500转的高速旋转。位于旋转通道内的尘粒在惯性离心力的作用下，向外侧移动。电机10同时带动辐射叶片13旋转，由于叶片的旋转，空气从仪器下部吸入，经节流装置8、均流片12、分级室7、气流出口6后，由上部边缘14排出。尘粒由旋转通道5到达分级室7时，既受到惯性离心力的作用，又受到向心气流的作用。图8-27是分级室内气流和尘粒运动的示意图。从该图可以看出，当作用在尘粒A上的惯性离心力大于气流的作用力时，尘粒A沿点划线继续向外壁移动，最后落入分级室内。如果惯性离心力小于气流的作用力，尘粒A沿虚线移动，随气流一起向中心运动，最后吹出离心分级机。当旋转速度、尘粒密度和通过分级室的风量一定时，被气流吹出分级机的尘粒粒径是一定的。

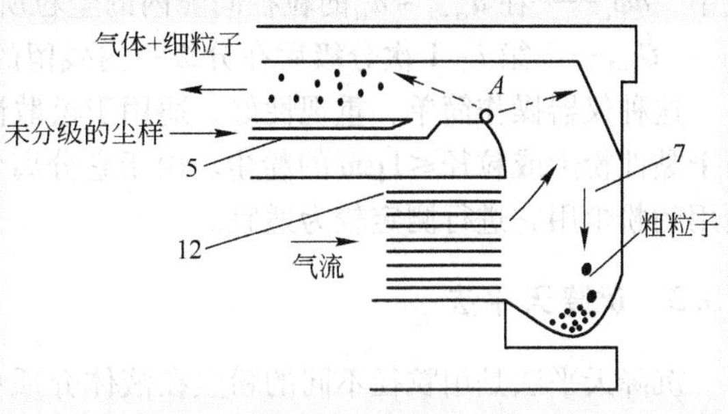

图8-27　尘粒在分级室内运动示意图

离心分级机带有一套节流片（共7片），改变节流片就可以改变通过分级机的风量。由最小的风量开始，逐渐顺序加大风量，就可以由小到大逐级地把粉尘由分级机吹出，使粉尘由细到粗逐渐分级。每分级一次应把分级室内残留的粉尘刷出、称重，两次分级的质量差就是被吹出的尘粒质量，即两次分级相对应的尘粒粒径间隔之间的粉尘质量。

为了确定在分级机内被吹出的尘粒直径，仪器在出厂前，厂方要先用标准粉尘进行试验，确定每一个节流片（即每一种风量）所对应的粉尘粒径。试验用的粉尘密度如与标准粉尘不同，用下式进行修正：

$$d_c = d'_c\sqrt{\frac{\rho'_c}{\rho_c}} \tag{8-25}$$

式中　d'_c——某一节流片对应的实际粉尘的分级粒径，μm；

d_c——某一节流片对应的标准粉尘的分级粒径，μm；

ρ'_c——标准粉尘的真密度，kg/m^3，一般为1000kg/m^3；

ρ_c——实际粉尘的真密度，kg/m^3。

为了便于计算，有的厂家随机给出换算表，根据尘粒真密度和节流片规格，即可查得分级粒径。

每次试验所需的尘样为10～20g，采用万分之一天平称重。分级一次所需时间为20～30min。每次分级后，应将分级室内残留的粉尘刷出、称重。然后再放入离心分级机中在新的风量下（即新的节流片下）进行分级，直到分级完毕。

经第i级分离后的残留物，即粒径大于d_{ci}的尘粒，在尘样中所占的质量百分数按下式计算：

$$\phi_{d_{ci-\infty}} = \frac{G_i + G_0}{G} \times 100\% \tag{8-26}$$

式中　$\phi_{d_{ci-\infty}}$——第i级分离后，粒径大于d_{ci}的尘粒所占的质量百分数，%；

G_i——第i级分离后在分级室内残留的尘粒质量，g；

G_0——第一级分离时残留在加料容器金属筛网上的尘粒质量，g；

G——试验粉尘的质量，g。

某一粒径间隔内的尘粒所占质量百分数为：

$$d\phi_i = \frac{(G_{i-1}+G_0)-(G_i+G_0)}{G}\times 100\% = \frac{G_{i-1}-G_i}{G}\times 100\% \tag{8-27}$$

式中　$d\phi_i$——在 $d_{ci-1} \sim d_{ci}$ 的粒径间隔内的尘粒所占的质量百分数，%；

G_{i-1}——第 $i-1$ 次分级后在分级室内残留的尘粒质量，g。

这种仪器操作简单，重现性好，适用于松散性的粉尘，如滑石粉、石英粉、煤粉等。不适用于黏性粉尘或粒径≤1μm 的粉尘。由于它分离尘粒的情况与旋风除尘器相似，旋风除尘器实验用的粉尘用它进行测定较为适宜。

8.3.3　沉降天平法

沉降天平法是用粒径不同的粉尘在液体介质中沉降速度的不同，使粉尘颗粒分级的仪器。其工作原理如图 8-28 所示。如均匀分散悬浮液中含有不同粒径（d_1、d_2、d_3、d_4）的尘粒，由于沉降速度的不同，在沉降距离 H 内，它们的沉降时间分别为 τ_1、τ_2、τ_3、τ_4。不同粒径尘粒的沉降量与时间的函数关系可用直线Ⅰ、Ⅱ、Ⅲ、Ⅳ表示。把不同尘粒的沉降直线叠加，得出的阶梯型折线 $0PQRN$ 就是全部尘粒的合成沉降曲线。运用几何原理可以证明，直线 $0P$ 和 PQ 的斜率差就是粒径 d_1 尘粒的沉降率 $\frac{dW_1}{d\tau}$。$\left(\frac{dW_1}{d\tau}\cdot\tau_1\right)$ 就是 d_1 尘粒的沉降总量，在纵坐标用（$W_1 \sim 0$）表示。同理（$W_1 \sim W_2$）即为 d_2 的沉降总量。$W_2 \sim 0$ 即为全部粉尘的总沉降量。将某一粒径（d_i）尘粒的沉降量 ΔW_i 除以总沉降量 W，即为该粒径下尘粒所占质量百分数。

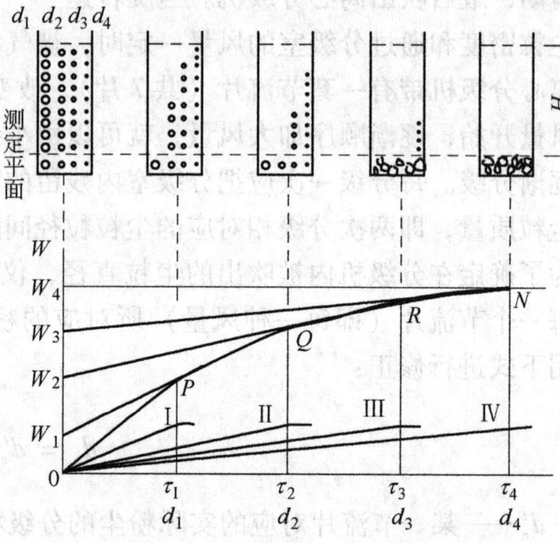

图 8-28　沉降曲线解析原理图

因为生产粉尘的粒径分布大多是连续的，所以得出的沉降曲线如图 8-29 所示，该曲线的顶点（坐标原点）是粉尘开始沉降的点。横轴为粉尘沉降所需的时间（或相应的粉尘粒径）；纵轴为沉降粉尘的累计质量。沉降天平的结构如图 8-30 所示。天平原处于平衡状态，当悬浮液中尘粒沉积到称量盘上达到一定量（10～20mg）时，天平失去平衡，横梁 3 产生最大倾斜，

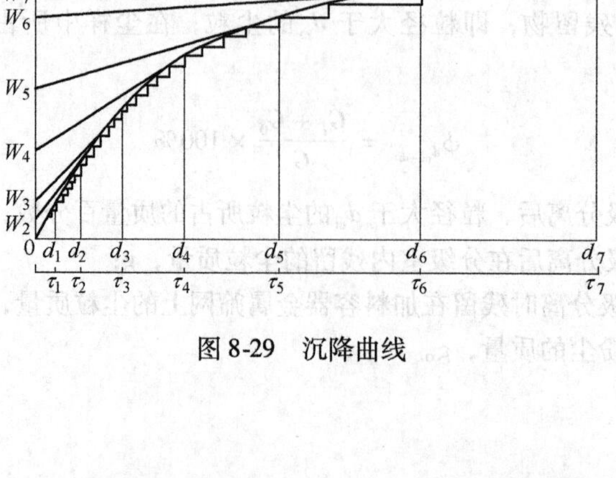

图 8-29　沉降曲线

此时光路接通。光电二极管6接受光源4的讯号后，经驱动装置8，使记录装置9和加载部分10产生动作，记录笔向右画出一小格，同时加载链条下降一定的高度，使横梁恢复平衡，横梁平衡时光路折断，讯号中断。当第二次再沉降10～20mg时，上述过程再循环一次。这样，全部记录下整个沉降过程。记录下的曲线为阶梯状，如图8-29所示。把阶梯角连成一条光滑的曲线，即为粉尘的沉降曲线。根据沉降曲线即可算出粉尘的粒径分布。先进的沉降天平可直接给出粒径分布。

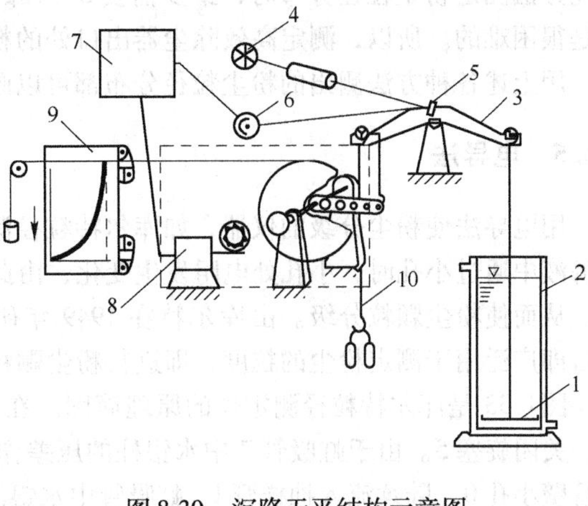

图8-30 沉降天平结构示意图

1—称量盘；2—沉降瓶；3—天平横梁；4—光源；5—反光镜；6—光电二极管；7—放大器；8—驱动装置；9—记录装置；10—加载装置

沉降天平测定的粒径范围为0.2～4μm，大于40μm的尘粒要预先去除。因沉降天平装有自动记录装置，简化了操作，缩短了测定时间。

用沉降天平法测出的尘粒粒径就是斯托克斯粒径。

8.3.4 惯性冲击法

惯性冲击法是利用惯性冲击使尘粒分级的。它的工作原理如图8-31所示，从喷嘴高速喷出的含尘气流与隔板相遇时，要改变自身的流动方向，进行绕流。气流中惯性大的尘粒会脱离气流撞击并沉积在隔板上。如果把几个喷嘴依次串联，逐渐减小喷嘴直径（即加大喷嘴出口流速），并由上向下依次减小喷嘴与隔板的距离，在各级隔板上就会沉积不同粒径的尘粒。各级喷嘴所能分离的尘粒粒径，可用有关公式计算。

用上述原理测定粉尘粒径分布的仪器称为串联冲击器，串联冲击器通常由两级以上的喷嘴串联而成。

图8-32是串联冲击器用于现场测定时的情况。这种仪器可以直接测定管道内粉尘的浓度和粒径分布。和前面所述的仪器相比，采用串联冲击器可以大大简化操作程序和测定时间。用

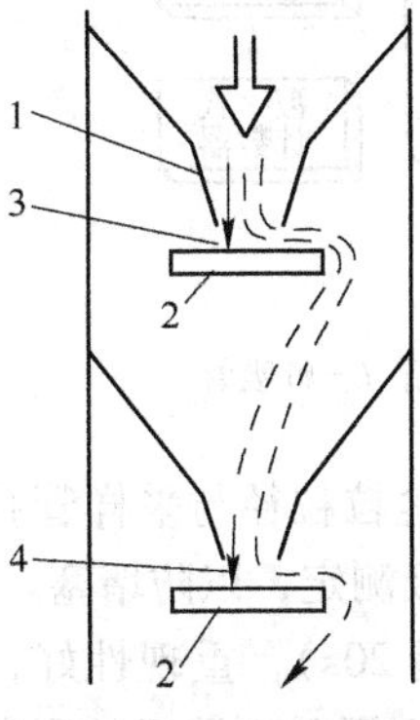

图8-31 惯性冲击尘粒分级原理图

1—喷嘴；2—隔板；3—粗大尘粒；4—细小尘粒

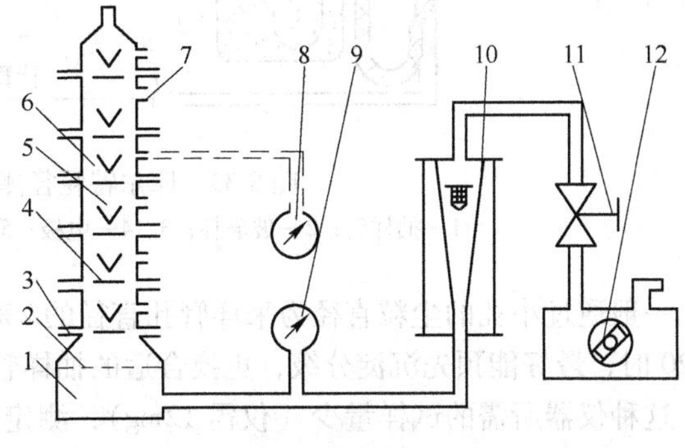

图8-32 串联冲击器

1—冲击器底座；2—滤膜；3—底座上盖；4—挡板；5—喷嘴；6—冲击器；7—真空度测试孔；8—真空表Ⅰ；9—真空表Ⅱ；10—转子流量计；11—针状阀；12—真空泵

其他方法测定粉尘粒径分布时，最少需要 5 ~ 10g 尘样，在高效除尘器的出口，取这么多的尘样是很困难的。所以，测定高效除尘器出口处的粉尘粒径分布时，它的优越性更为突出。

用上述各种方法测出的粉尘粒径分布都可以画在对数概率纸上，以便进一步分析检查。

8.3.5　电导法

用电导法使粉尘分级的仪器，如库尔特粒径测定仪（计数器），其基本原理是根据尘粒在电解液中通过小孔时，小孔处电阻发生变化，由此引起电压波动，其脉冲值与尘粒的体积成正比，从而使粉尘颗粒分级。由库尔特在 1949 年研制成功的这种仪器，最早用于检查血球数，随后即广泛用于测定粉尘的粒度，即进行粉尘颗粒的分级。

图 8-33 是库尔特粒径测定仪的原理简图。在抽样管 1 和玻璃杯 2 中放入待测粉尘的悬浊液，关闭旋塞 5。由于虹吸管 7 中水银柱的压差作用，使悬浊液（电解质）由玻璃杯 2，经抽样管壁小孔 0，陆续流入抽样管 1。虹吸管中水银液面的移动，通过触点 a、b，使开关 6 开闭。由开关 6 控制计数器的运转。当小孔处没有尘粒穿越时，该处电阻值为悬浊液的电阻；当有尘粒穿越时，其电阻值为尘粒电阻与悬浊液电阻的并联值。因此，有尘粒穿越小孔时，孔口处的电阻即发生变化，尘粒体积越大，引起的电阻值变化也越大；孔口处电阻的变化，使孔口内外两极板间的电压波动，即产生一个电压脉冲。由此可见，电压脉冲幅值与电阻值成正比，而电阻值与粉尘颗粒的体积近似成正比。把电压脉冲值放大、计数后，即可给出不同体积范围的尘粒个数以及粉尘颗粒的总数。利用这些数据便可得出粉尘的计数粒径分布。目前，这种仪器大都配有计算机，因而可直接给出粉尘的质量粒径分布。

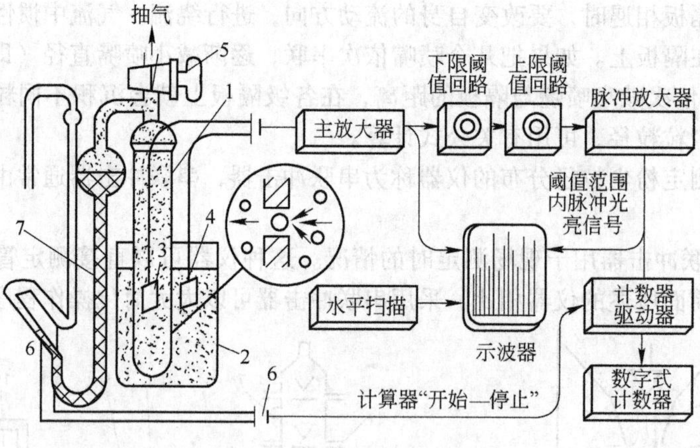

图 8-33　库尔特粒径测定仪原理简图

1—抽样管；2—玻璃杯；3、4—电极；5—旋塞；6—开关；7—虹吸管

一般通过小孔的尘粒直径为采样管孔直径的 2% ~ 30%。当尘粒粒径与采样管孔径比超过 1∶20 时，最好能预先沉淀分级，更换合适的抽样管分别进行分级测定，以防堵塞。

这种仪器所需的试样量少（仅需 12mg），测定时间短（只用 20s），重现性好，可以自动记录。其缺点主要是，一个规格的小孔管所测粒径范围有限，其上限受到孔径的限制；而下限则由于细粉尘与小孔的大小相比很小，使脉冲的分辨率急剧降低。

粒度分析仪器的种类较多，如比较先进的有英国产的激光粒度仪 Mastersizer2000E 和美国产的最新 S3500 系列激光粒度分析仪，如图 8-34 所示。

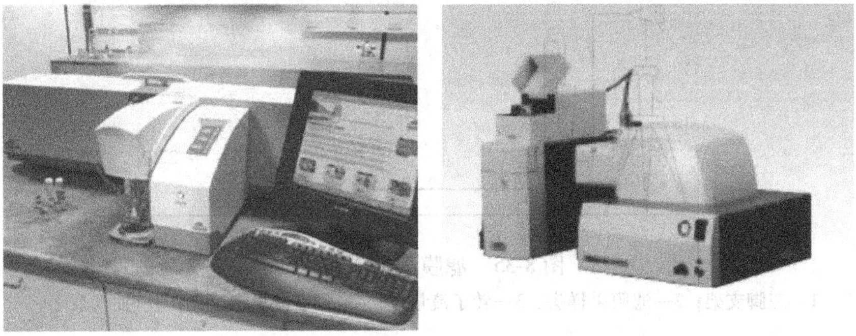

(a) (b)

图 8-34 激光粒度仪

（a）Mastersizer 2000E（英国）；（b）S3500（美国）

8.4 粉尘浓度的测定

8.4.1 工作区粉尘浓度的测定

工作区粉尘浓度测定的常用方法是滤膜测尘法，由于这种方法具有操作简单、精度高、费用低、易于在工矿企业中推广等优点而得到广泛应用。此外光散射测尘、β 射线测尘、压电晶体测尘等快速测尘方法，在工矿企业中也得到逐步应用。

8.4.1.1 滤膜测尘法

A 测定原理

对工作环境中粉尘浓度的测定方法，标准规定用滤膜增重法，即用抽气泵抽取一定体积的含尘气体，把气体中的粉尘阻留在已知质量的滤膜上，由采样后滤膜的增重，计算出单位体积空气中所含粉尘的质量（mg/m^3）。

$$C = \frac{m_2 - m_1}{Q} \times 1000,\ mg/m^3 \tag{8-28}$$

式中 C——工作环境空气中的粉尘浓度，mg/m^3；

m_1、m_2——采样前、后的滤膜质量，mg；

Q——采气量，L；由下式计算：

$$Q = q \cdot t \tag{8-29}$$

q——采样流量，L/min；

t——采样时间，min。

B 测定器材

用采样器从车间空气中采集尘样，所用采样器的结构如图 8-35 所示。由滤膜采样头，转子流量计和抽气泵等部分所组成。

a 采样滤膜

采样用的滤膜采用过氯乙烯纤维滤膜。当粉尘浓度低于 50mg/m^3 时，用直径 40mm 的滤膜；当粉尘浓度太高时，为防止滤膜上积存的粉尘层太厚脱落下来，改用直径为 75mm 的滤膜。当过氯乙烯纤维滤膜不适用时，改用玻璃纤维滤膜。

b 天平

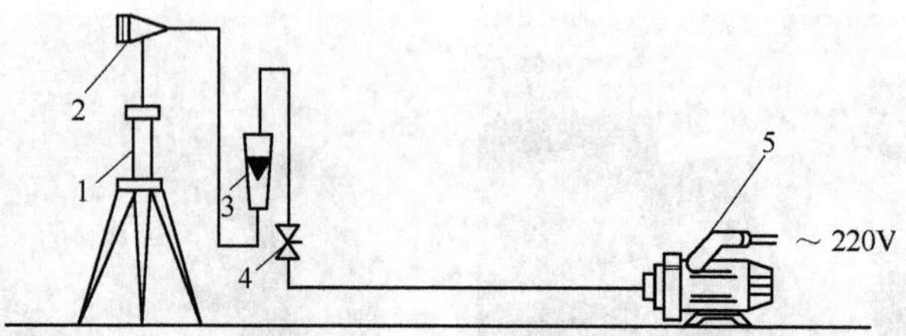

图 8-35　滤膜测尘系统

1—三脚支架；2—滤膜采样头；3—转子流量计；4—调节流量螺旋夹；5—抽气泵

称重滤膜的天平，用感量不低于 0.0001g 的分析天平，按计量部门的规定，每年校验一次。

c　流量计

气体流量计，常用 15 ~40L/min 的转子流量计，也可应用涡轮式气体流量计；当需要加大流量时，可用提高到 80L/min 的流量计，流量计至少每半年用钟罩式气体计量器，皂膜流量计或精度为 ±1% 的转子流量计校正一次。若流量计有明显污染时，应及时清洗校正。

d　滤膜采样头

滤膜采样头的结构如图 8-36 所示，由顶盖 1、漏斗 2、夹盖 3 等组成。平面滤膜 6 被夹在锤形环 4 和夹座 5 之间，由顶盖 1 拧紧在带螺旋的夹座 5 上。形成一绷紧平面。

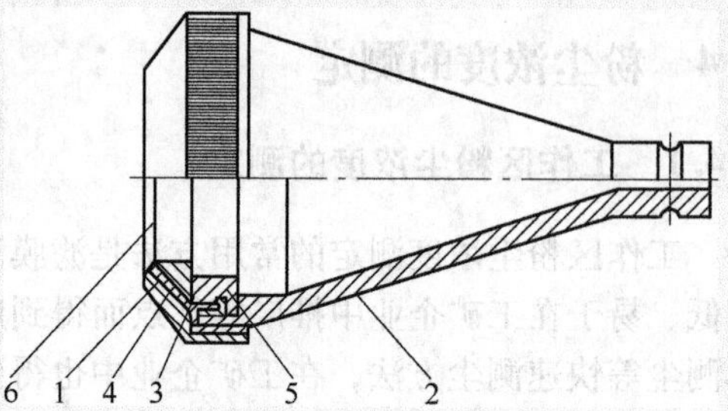

图 8-36　滤膜采样头

1—顶盖；2—漏斗；3—夹盖；4—锤形环；5—夹座；6—滤膜

C　测定方法

根据作业场所空气中粉尘测定方法中规定：采样位置选择在接近操作（一般距地面高 1.5m 左右）或产尘点的工人呼吸带。对连续性产尘作业的工作环境，在作业开始 30min 后开始测定，对于阵发性产尘作业，在工人工作时采样。

采样流量一般用 15 ~40L/min，不得超过 80L/min。采样时间一般不少于 10min，以滤膜上的粉尘增重不低于 1mg 为基本要求调节采样时间。

8.4.1.2　光散射测尘

光散射式粉尘浓度计是利用光照射尘粒引起的散射光，经光电器件变成电讯号，用其表示悬浮粉尘浓度的一种快速测定仪，被测量的含尘空气由仪器内的抽气泵吸入，通过尘粒测量区。在此区域它们受到由专门光源经透镜产生的平行光的照射，由于尘粒的存在，会产生不同方向（或某一方向）的散射光，由光电倍增管接受后，再转变为电讯号。如果光学系和尘粒系一定，则这种散射光强度与粉尘浓度间具有一定的函数关系。如果将散射光量经过光电转换元件变换成为有比例的电脉冲，通过单位时间内的脉冲计数，就可以知道悬浮粉尘的相对浓度。由于尘粒所产生的散射光强弱与尘粒的大小、形状、光折射率、吸收度、组成等因素密切相关，因而根据所测得散射光的强弱从理论上推算粉尘浓度比较困难。因此，这种仪器要通过对不同粉尘的标定，以确定散射光的强弱和粉尘浓度的关系。

光散射式粉尘浓度计可以测出瞬时的粉尘浓度及一定时间间隔内的平均浓度，并可将数据储存于微机中。量测范围可从 0.01mg/m³ 至 100mg/m³。其缺点是对不同的粉尘，需进行专门的标定。这种仪器在国外应用较为广泛，其中 CCD1000-FB 便携式微电脑粉尘仪实物如图 8-37 所示。

8.4.2 管道内空气含尘浓度的测定

8.4.2.1 采样装置

管道中气流含尘浓度的测定装置如图 8-38 所示。它与工作区采样装置的不同点是，在滤膜采样器之前增设采样管 2，含尘气流经采样管进入采样装置 3，因此采样管也称引尘管。采样管头部设有可更换的尖嘴形采样头 1，如图 8-39 所示。滤膜采样器的结构也略有不同，在滤膜夹前增设了圆锥形漏斗，如图 8-40 所示。

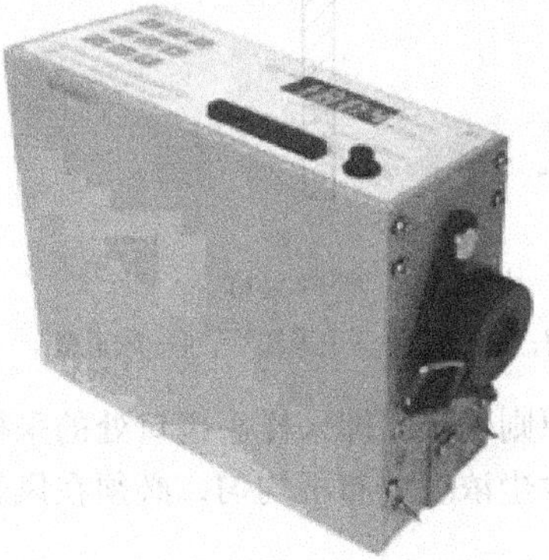

图 8-37 便携式微电脑粉尘仪

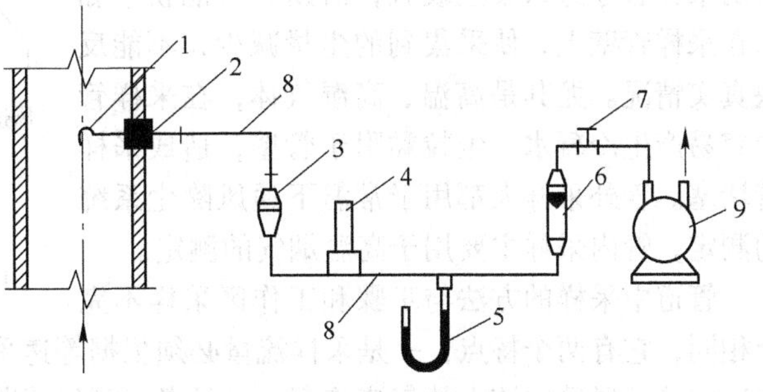

图 8-38 管道采样示意图

1—采样头；2—采样管；3—滤膜采样器；4—温度计；5—压力计；6—流量计；7—螺旋夹；8—橡皮管；9—抽气机

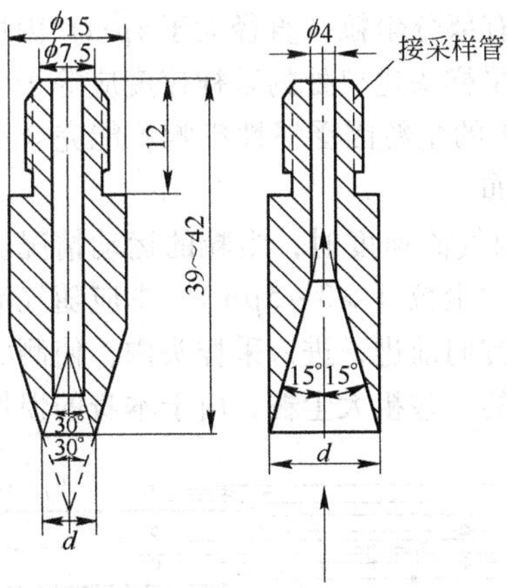

图 8-39 采样头

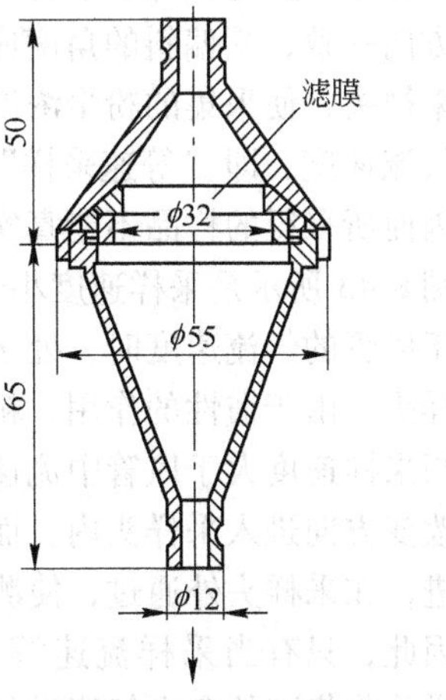

图 8-40 管道采样用的滤膜采样盒

在高浓度场合下，为增大滤料的容尘量，可以采用图 8-41 所示的滤筒收集尘样。滤筒的集尘面积大、容尘量大，阻力小、过滤效率高，对 0.3 ~ 0.5μm 的尘粒捕积效率在 99.5% 以上。国产的玻璃纤维滤筒有加胶合剂的和不加胶合剂的两种。加胶合剂的滤筒能在 200℃ 以下使用，不加胶合剂的滤筒可在 400℃ 以下使用，国产的刚玉滤筒可在 850℃ 以下使用。有胶合剂

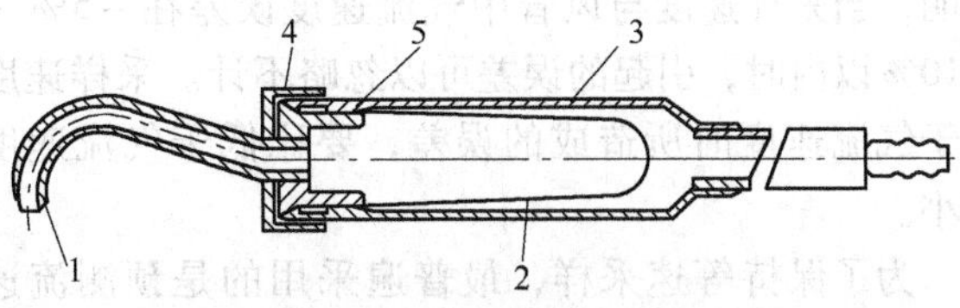

图 8-41 滤筒及滤筒夹

1—采样嘴；2—滤筒；3—滤筒夹；4—外盖；5—内盖

的玻璃纤维滤筒，含有少量的有机黏合剂，在高温下使用时，由于黏合剂蒸发，滤筒质量会有某些减轻。因此使用前、后必须加热处理，去除有机物质，使滤筒质量保持稳定。

按照集尘装置（滤膜、滤筒）所放位置的不同，采样方式分为管内采样和管外采样两种。如图 8-38 所示中的滤膜放在管外，称为管外采样。如果滤膜或滤筒和采样头一起直接插入管内，如图 8-42 所示，称为管内采样。管内采样的主要优点是尘粒通过采样嘴后直接进入集尘装置，沿途没有损耗。管外采样时，尘样要经过较长的采样管才进入集尘装置，沿途有可能粉尘黏附在采样管壁上，使采集到的尘量减少，不能反映真实情况。尤其是高温、高湿气体，在采样管中容易产生冷凝水，尘粒黏附于管壁，造成采样管堵塞。管外采样大都用于常温下通风除尘系统的测定，管内采样主要用于高温烟气的测定。

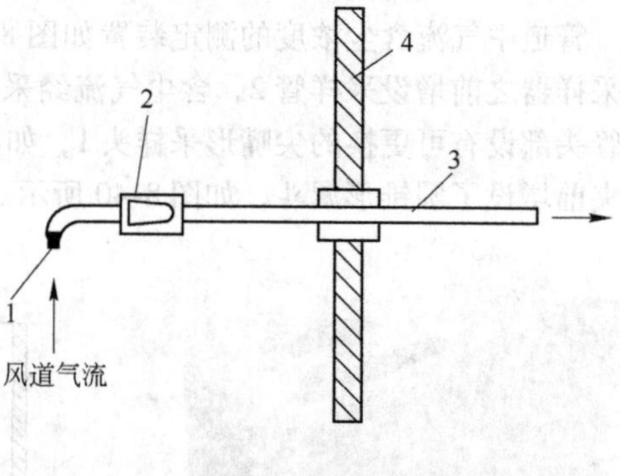

图 8-42　管内采样

1—采样嘴；2—滤筒；3—采样管；4—风道壁

管道中采样的方法与步骤和工作区采样不完全相同，它有两个特点：一是采样流量必须根据等速采样的原则确定。即采样头进口处的采样速度应等于风管中该点的气流速度。二是考虑到风管断面上含尘浓度分布不均匀，必须在风管的测定断面上多点取样，求得平均的含尘浓度。

8.4.2.2　等速采样

在风管中采样时，为了取得有代表性的尘样，要求采样头进口正对含尘气流，采样头轴线与气流方向一致，其偏斜的角度应小于 ±5°。否则，将有部分尘粒（直径大于 4μm）因惯性不能进入采样头，使采集的粉尘浓度低于实际值。另外，采样头进口处的采样速度应等于风管中该点的气流速度，即“等速采样”。非等速采样时，较大的尘粒因受惯性影响不能完全沿流线运动，因而所采得的样品不能真实反映风管内的尘粒分布。

如图 8-43 所示是采样速度小于、大于和等于风管内气流速度时，尘粒的运动情况。采样流速小于风管的气流速度时，处于采样头边缘的一些粗大尘粒（>3 ~5μm），本应随气流一起绕过采样头。由于惯性的作用，粗大尘粒会继续按原来方向前进，进入采样头内，使测定结果偏高。当采样速度大于风管中流速时，处于采样头边缘的一些粗大尘粒，由于本身的惯性不能随气流改变方向进入采样头内，而是继续沿着原来的方向前进，在采样头外通过，使测定结果比实际情况偏低。因此，只有当采样流速等于风管内气流速度时，采样管收集到的含尘气流样品，才能反映风管内气流的实际含尘情况。

在实际测定中，不易做到完全等速采样。经研究证明，当采样速度与风管中气流速度误差在 -5% ~ +10% 以内时，引起的误差可以忽略不计。采样速度高于气流速度时所造成的误差，要比低于气流速度时小。

为了保持等速采样，最普遍采用的是预测流速法，另外还有静压平衡法和动压平衡法等。

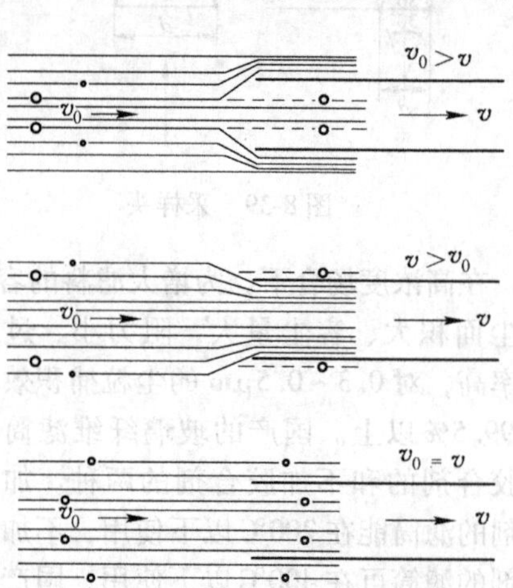

图 8-43　在不同采样速度时尘粒运动情况

A　预测流速法

为了做到等速采样，在测尘之前，先要测出风管测定断面上各测点的气流速度，然后根据各测点速度及采样头进口直径算出各点采样流量，进行采样。为了适应不同的气流速度，备有一套进口内径为4mm、5mm、6mm、8mm、10mm、12mm、14mm的采样头。采样头一般做成渐缩锐边圆形，锐边的锥度以30°为宜。

根据采样头进口内径d(mm)和采样点的气流速度v(m/s)，即可算出等速采样的抽气量：

$$Q = \frac{\pi}{4}\left(\frac{d}{1000}\right)^2 \times u \times 60 \times 1000 = 0.047d^2u,\ \text{L/min} \tag{8-30}$$

若计算的抽气量超出了流量计或抽气机的工作范围，应改换小号的采样头及采样管，再按上式重新计算抽气量。

B 静压平衡法

管道内气流速度波动大时，按上述方法难以取得准确的结果，为简化操作，可采用如图8-44所示的等速采样头。在等速采样头的内、外壁上各有一根静压管。对于采用锐角边缘、内外表面精密加工的等速采样头，可以近似认为，气流通过采样头时的阻力为零。因此，只要采样头内外的静压差保持相等，采样头内的气流速度等于风管内的气流速度（即采样头内外的动压相等）。采用等速采样头采样，不需预先测定气流速度，只要在测定过程中调节采样流量，使采样头内、外静压相等，就可以做到等速采样。采用等速采样头可以简化操作，缩短测定时间。但是，由于管内气流的紊流、摩擦以及采样头的设计和加工等因素的影响，实际上并不能完全做到等速采样。等速采样头目前主要用于工况不太稳定的锅炉烟气测定。

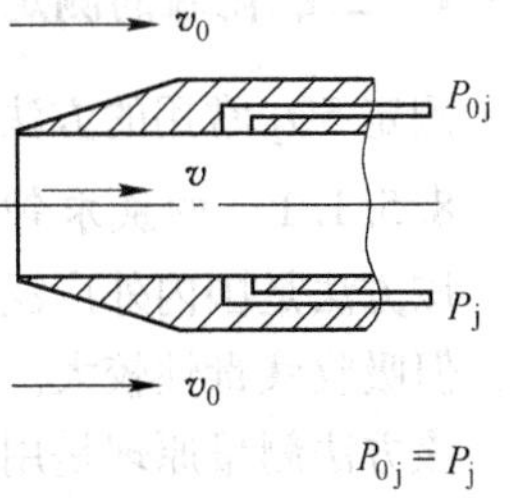

图8-44 等速采样头示意图

应当指出，等速采样头是利用静压而不是用采样流量来指示等速情况的，其瞬时流量在不断变化着，所以记录采样流量时不能用瞬时流量计，要用累计流量计。

8.4.2.3 采样点的布置

测定管内气流的含尘浓度，要考虑气流的运动状况和管道内粉尘的分布情况。经研究表明风管断面上含尘浓度的分布是不均匀的。在垂直管中，含尘浓度由管中心向管壁逐渐增加。在水平管中，由于重力的影响，下部的含尘浓度较上部大，而且粒径也大。因此，一般认为，在垂直管段采样，要比在水平管段采样好。要取得风管中某断面上的平均含尘浓度，必须在该断面进行多点采样。在管道断面上如何布点，测得的平均含尘浓度接近实际情况。目前常用的采样方法如下：

(1) 多点采样法。分别在已定的每个采样点上采样，每点采集一个样品，而后再计算出断面的平均粉尘浓度。这种方法可以测出各点的粉尘浓度，了解断面上的浓度分布情况，找出平均浓度点的位置。缺点是测定时间长，工序繁琐。

(2) 移动采样法。为了较快测得管道内粉尘的平均浓度，可以用同一集尘装置，在已定的各采样点上，用相同的时间移动采样头连续采样。由于各测点的气流速度是不同的，要做到等速采样，每移动一个测点，必须迅速调整采样流量。在测定过程中，随滤膜上或滤筒内粉尘的积聚，阻力也会不断增加，必须随时调整螺旋夹，保证各测点的采样流量保持稳定。每个采样点的采样时间不得少于2min。该方法测定结果精度高，目前应用较为广泛。

(3) 平均流速点采样法。找出风管测定断面上的气流平均流速点，并以此点作为代表点进行等速采样。把测得的粉尘浓度作为断面的平均浓度。

(4) 中心点采样法。在风管中心点进行等速采样，以此点的粉尘浓度作为断面的平均浓度。这种方法测点定位较为方便。

对于粉尘浓度随时间变化显著的场合，采用上述两种方法测出的结果较为接近实际。

在常温下进行管道测尘时，同样要考虑温度、压力变化对流量计读数的影响，因此要根据有关公式进行修正。滤膜的准备、含尘浓度计算等，与工作区采样基本相同。

8.5 气体含量测定方法

本节主要介绍二氧化硫（SO_2）、氮氧化物（NO_x）、一氧化碳（CO）、臭氧（O_3）、总烃及非甲烷和氟化物的测定方法，详细工作原理和其他气体的测定可参见有关书籍。

8.5.1 二氧化硫的测定

测定 SO_2 常用的方法有分光光度法、紫外荧光法、电导法、库仑滴定法、火焰光度法等。

8.5.1.1 四氯汞钾溶液吸收盐酸副玫瑰苯胺分光光度法

该方法是国内外广泛采用的测定环境空气中 SO_2 的方法，具有灵敏度高、选择性好等优点，但吸收液毒性较大。

该方法测量原理是用氯化钾和氯化汞配制成四氯汞钾吸收液，气样中的二氧化硫用该溶液吸收，生成稳定的二氯亚硫酸盐络合物，该络合物再与甲醛和盐酸副玫瑰苯胺作用，生成紫色络合物，其颜色深浅与 SO_2 含量成正比，用分光光度法测定。

测定方法要点是先用亚硫酸钠标准溶液配制标准色列，在最大吸收波长处以蒸馏水为参比测定吸光度，用经试剂空白修正后的吸光度对 SO_2 含量绘制标准曲线。然后，以同样方法测定显色后的样品溶液，经试剂空白修正后，按相关公式计算样气中 SO_2 的含量。

8.5.1.2 钍试剂分光光度法

该方法所用吸收液无毒，样品采集后相当稳定，但灵敏度较低，所需采样体积大，适合于测定 SO_2 日平均浓度。它与四氯汞钾溶液吸收盐酸副玫瑰苯胺分光光度法都被国际标准化组织规定为测定 SO_2 标准方法。

该方法测量原理是大气中的 SO_2 用过氧化氢溶液吸收并氧化为硫酸。硫酸根离子与过量的高氯酸钡反应，生成硫酸钡沉淀，剩余钡离子与钍试剂作用生成钍试剂——钡络合物（紫红色）。根据颜色深浅，间接进行定量测定。

8.5.1.3 紫外荧光法

荧光通常是指某些物质受到紫外光照射时，各自吸收了一定波长的光之后，发射出比照射光波长长的光，而当紫外光停止照射后，这种光也随之很快消失。当然，荧光现象不限于紫外光区，还有 X 荧光、红外荧光等。利用测荧光波长和荧光强度建立起来的定性、定量方法称为荧光分析法。

荧光法测定 SO_2 的主要干扰物质是水分和芳香烃化合物。水的影响一方面是由于 SO_2 可溶于水造成损失，另一方面，由于 SO_2 遇水产生荧光猝灭而造成负误差，可用半透膜渗透法或反应室加热法除去水的干扰。芳香烃化合物在 190 ~ 230nm 紫外光激发下也能发射荧光造成正误差，可用装有特殊吸附剂的过滤器预先除去。

紫外荧光 SO_2 监测仪由气路系统及荧光计两部分组成。

8.5.1.4 恒电流库仑滴定法

这种方法工作原理是发送池是由铂丝阳极、铂网阴极、活性炭参比电极及 0.3mol/L 碱性碘化钾溶液组成的库仑（电解）池。若将一恒流电源加于两电解电极上，则电流从阳极流入，经阴极和参比电极流出。因参比电极通过负载电阻和阴极连接，故阴极电位是参比电极电位和负载上的电压降之和。如果进入库仑池的气样不含 SO_2，库仑池又无其他反应则阳极氧化的碘离子和阴极还原的碘离子相等，参比电流无电流输出。如果气样中含有 SO_2，则与溶液中的碘发生反应，使阴极电流下降。气样中 SO_2 含量越大，消耗碘越多，导致阴极电流减小而通过参比电极流出的电流越大。当气样以固定流速连续地通入库仑池时，则参比电流和 SO_2 量之间存在一定关系，如此可测出气样中 SO_2 含量。

8.5.1.5 溶液电导法

用酸性过氧化氢溶液吸收气样中的二氧化硫所生成的硫酸，使吸收液电导率增加，其增加值决定于气样中 SO_2 含量，故通过测量吸收液吸收 SO_2 前后电导率的变化，就可以得知气样中 SO_2 的浓度。

电导式 SO_2 自动监测仪有间歇式和连续式两种类型。间歇式测量结果为采样时段的平均浓度，连续式测量结果为不同时间的瞬时值。电导测量法的仪器结构比较简单，但易受温度变化和共存气体（如 CO_2、NO_2、NH_3、H_2S 等）的干扰，并需定期补充吸收液。

8.5.2 氮氧化物的测定

氮的氧化物有一氧化氮、二氧化氮、三氧化二氮、四氧化三氮和五氧化二氮等多种形式。大气中的氮氧化物主要以一氧化氮（NO）和二氧化氮（NO_2）形式存在。大气中的 NO 和 NO_2 可以分别测定，也可以测定二者的总量。常用的测定方法有盐酸萘乙二胺分光光度法、化学发光法及恒电流库仑滴定法等。

8.5.2.1 盐酸萘乙二胺分光光度法

该方法采样和显色同时进行，操作简便，灵敏度高，是国内外普遍采用的方法。根据采样时间不同分为两种情况，一是吸收液用量少，适于短时间采样，检出限为 0.05μg/5mL（按与吸光度 0.01 相对应的亚硝酸根含量计）；当采样体积为 6L 时，最低检出浓度（以 NO_2 计）为 0.01mg/m^3。二是吸收液用量大，适于 24h 连续采样，测定大气中 NO_x 的日平均浓度，其检出限为 0.25μg/25mL；当 24h 采气量为 288L 时，最低检出浓度（以 NO_2）为 0.002mg/m^3。

该方法测量原理用冰醋酸、对氨基苯磺酸和盐酸萘乙二胺配成吸收液采样，大气中的 NO_2 被吸收转变成亚硝酸和硝酸，在冰醋酸存在条件下，亚硝酸与对胺基苯磺酸发生重氮化反应，然后再与盐酸萘乙二胺耦合，生成玫瑰红色偶氮染料，其颜色深浅与气样中 NO_2 浓度成正比，因此，可用分光光度法进行 NO_2 浓度测定。

8.5.2.2 化学发光法

该方法的基本原理是某些化合物分子吸收化学能后，被激发到激发态，再由激发态返回至基态，以光量子的形式释放出能量，这种化学反应称为化学光反应，利用测量化学发光强度对物质进行分析测定的方法称为化学发光分析法。

8.5.2.3 原电池库仑滴定法

这种方法与 SO_2 库仑滴定测定法的不同之处是库仑池不施加直流电压，而依据原电池原理工作。库仑池中有两个电极，一是活性炭阳极，二是铂网阴极，池内充 0.1mol/L 磷酸盐缓冲溶液（pH = 7）和 0.3mol/L 碘化钾溶液。当进入库仑池的气样中含有 NO_2 时，则与电解中的 I^- 反应，将其氧化成 I_2，而生成的 I_2，又立即在铂网阴极上还原为 I^-，便产生微小电流。如果电流效率达 100%，则在一定条件下，微电流大小与气样中 NO_2 浓度成正比，故可根据法拉第电解定律将产生的电流换算成 NO_2 的浓度，直接进行显示和记录。测定总氮氧化物时，需先让气样通过三氧化铬氧化管，将 NO 氧化成 NO_2。

8.5.3　一氧化碳的测定

测定大气中 CO 的方法有非分散红外吸收法、气相色谱法、定电位电解法、间接冷原子吸收法等。

8.5.3.1　非分散红外吸收法

这种方法被广泛用于 CO、CO_2、CH_4、SO_2、NH_3 等气态污染物质的监测，具有测定简便、快速，不破坏被测物质和能连续自动监测等优点。其原理是当 CO、CO_2 等气态分子受到红外辐射（1～25μm）照射时，将吸收各自特征波长的红外光，引起分子振动能级和转动能级的跃迁，产生振动-转动吸收光谱，即红外吸收光谱。在一定气态物质浓度范围内，吸收光谱的峰值（吸光度）与气态物质浓度之间的关系符合朗伯-比尔定律，因此，测其吸光度即可确定气态物质的浓度。

CO 的红外吸收峰在 4.5μm 附近，CO_2 在 4.3μm 附近，水蒸气在 3μm 和 6μm 附近。因为空气中 CO_2 和水蒸气的浓度远大于 CO 的浓度，故干扰 CO 的测定。在测定前用制冷或通过干燥剂的方法可除去水蒸气；用窄带光学滤光片或气体滤波室将红外辐射限制在 CO 吸收的窄带光范围内，可消除 CO_2 的干扰。

8.5.3.2　气相色谱法

色谱分析法又称层析分析法，是一种分离测定多组分混合物的极其有效的分析方法。它基于不同物质在相对运动的两相中具有不同的分配系数，当这些物质随流动相移动时，就在两相之间进行反复多次分配，使原来分配系数只有微小差异的各组分得到很好地分离，依次送入检测器测定，达到分离、分析各组分的目的。

色谱法的分类方法很多，常按两相所处的状态来分。用气体作为流动相时，称为气相色谱；用液体作为流动相时，称为液相色谱或液体色谱。

气相色谱分析常用的检测器有：热导检测器、氢火焰离子化检测器、电子捕获检测器和火焰光度检测器。对检测器的要求是：灵敏度高、检测度（反映噪声大小和灵敏度的综合指标）低、响应快、线性范围宽。

8.5.3.3　汞置换法

汞置换法也称间接冷原子吸收法。该方法基于气样中的 CO 与活性氧化汞在 180～200℃ 发生反应，置换出汞蒸气，带入冷原子吸收测汞仪测定汞的含量，再换算成 CO 浓度。

测定时，先将适宜浓度的 CO 标准气由定量管进样，测量吸收峰高或吸光度，再用定量管进入气样，测其峰高或吸光度，再按相关公式计算气样中 CO 的浓度，该方法检出限为 $0.04mg/m^3$。

8.5.4　臭氧的测定

测定臭氧（O_3）的方法有吸光光度法、化学发光法、紫外线吸收法等。

8.5.4.1　硼酸碘化钾分光光度法

该方法为用含有硫代硫酸钠的硼酸碘化钾溶液作吸收液采样，大气中的 O_3 等氧化剂氧化碘离子为碘分子，而碘分子又立即被硫代硫酸钠还原，剩余硫代硫酸钠加入过量碘标准溶液氧化，剩余碘于 352nm 处以水为参比测定吸光度。同时采集零气（除去 O_3 的空气），并准确加入与采集大气样品相同量的碘标准溶液，氧化剩余的硫代硫酸钠，于 352nm 测定剩余碘的吸光度，则气样中剩余碘的吸光度减去零气样剩余碘的吸光度即为气样中 O_3 氧化碘化钾生成碘的吸光度。根据标准曲线建立的回归方程式，按相关公式计算气样中 O_3 的浓度。

8.5.4.2 化学发光法

测定臭氧的化学发光法有三种，即罗丹明 B 法、一氧化氮法和乙烯法。

罗丹明 B（$C_{28}H_{31}C_1$）是一种比较好的化学发光试剂。将大气样品通入焦性没食子酸-罗丹明 B 乙醇溶液，则焦性没食子酸被 O_3 氧化，产生受激中间体，并迅速与罗丹明 B 作用，使罗丹明 B 被激发而发光。发光峰值波长为584nm；发光强度与 O_3 含量成正比；测定 O_3 含量范围为$(3 \sim 140) \times 10^{-4}\%$。共存 NO_x、SO_2 等组分不干扰测定。

一氧化氮法是利用NO 与 O_3 接触发生化学发光反应原理建立的。发光峰值波长为1200nm，测定 O_3 含量范围为$(0.001 \sim 50) \times 10^{-4}\%$。该反应主要用于测定 NO。

乙烯法是较通用的方法，1971 年就被美国环境保护局确定为测定大气中 O_3 浓度的标准方法。该方法原理基于 O_3 能与乙烯发生均相化学发光反应，即气样中 O_3 与过量乙烯反应，生成激发态甲醛，而激发态甲醛瞬间回至基态，放出光子，波长范围为 300 ~ 600nm，峰值波长435nm。发光强度与 O_3 含量成正比，其反应对 O_3 是特效的，SO_2、NO_2、Cl_2 等共存不干扰测定；测定 O_3 含量线性范围为$(0.01 \sim 200) \times 10^{-4}\%$。

8.5.5 总烃及非甲烷烃的测定

总碳氢化合物常以两种方法表示，一种是包括甲烷在内的碳氢化合物，称为总烃（THC），另一种是除甲烷以外的碳氢化合物，称为非甲烷烃（NMHC）。大气中的碳氢化合物主要是甲烷，其体积分数范围为$(2 \sim 8) \times 10^{-4}\%$。但当大气严重污染时，大量增加甲烷以外的碳氢化合物。甲烷不参与光化学反应，因此，测定不包括甲烷的碳氢化合物对判断和评价大气污染具有实际意义。

大气中的碳氢化合物主要来自石油炼制、焦化、化工等生产过程中逸散和排放的气体及汽车排气，局部地区也来自天然气、油田气的逸散。对大气造成污染的一般是具有挥发性的碳氢化合物，它们是形成光化学烟雾的主要物质之一。

测定总烃和非甲烷烃的主要方法有：气相色谱法和光电离检测法。

8.5.5.1 气相色谱法

其原理基于以氢火焰离子化检测器分别测定气样中的总烃和甲烷烃含量，两者之差即为非甲烷烃含量。

以氮气为载气测定总烃时，总烃峰包括氧峰，即大气中的氧产生正干扰，可采用两种方法消除，一种方法用除碳氢化合物后的空气测定空白值，从总烃中扣除；另一种方法用除碳氢化合物后的空气作载气，在以氮气为稀释气的标准气中加一定体积纯氧气，使配制的标准气样中氧含量与大气样品相近，则氧的干扰可相互抵消。

8.5.5.2 光电离（PID）检测法

有机化合物分子在紫外光照射下可产生光电离现象，用 PID 离子检测器收集产生的离子流，其大小与进入电离室的有机化合物的质量成正比。

凡是电离能小于 PID 紫外辐射能的物质（至少低 0.3eV）均可被电离测定。PID 光电离检测法通常使用10.2eV 的紫外光源，此时，氧、氮、二氧化碳、水蒸气等不电离，无干扰；CH_4 的电离能为12.98eV，也不被电离，而 C_4 以上的烃大部分可电离；这样，可直接测定大气中的非甲烷烃。该方法简单，可进行连续监测。但是，所检测的非甲烷烃是指 C_4 以上的烃，而色

谱法检测的是 C_2 以上的烃。

8.5.6　氟化物的测定

大气中的气态氟化物主要是氟化氢，也可能有少量氟化硅（SiF_4）和氟化碳（CF_4）。含氟粉尘主要是冰晶石（Na_3AlF_6）、萤石（CaF_2）、氟化铝（AlF_3）、氟化钠（NaF）及磷灰石 $[3Ca_3(PO_4)_2 \cdot CaF_2]$ 等。

测定大气中氟化物的方法有吸光光度法、滤膜（或滤纸）采样-氟离子选择电极法等。目前广泛采用后一种方法。

8.5.6.1　*滤膜采样-氟离子选择电极法*

用磷酸氢二钾溶液浸渍的玻璃纤维滤膜或碳酸氢钠-甘油溶液浸渍的玻璃纤维滤膜采样，则大气中的气态氟化物被吸收固定，尘态氟化物同时被阻留在滤膜上。采样后的滤膜用水或酸浸取后，用氟离子选择电极法测定。

如需要分别测定气态、尘态氟化物时，第一层采样膜用孔径 0.8μm 经柠檬酸溶液浸渍的纤维素酯微孔膜先阻留尘态氟化物，第二、三层用磷酸氢二钾浸渍过的玻璃纤维滤膜采集气态氟化物。用水浸取滤膜，测定水溶性氟化物；用盐酸溶液浸取，测定酸溶性氟化物；用水蒸气热解法处理采样膜，可测定总氟化物。采样滤膜均分张测定。

8.5.6.2　*石灰滤纸采样-氟离子选择电极法*

用浸渍氢氧化钙溶液的滤纸采样，则大气中的氟化物与氢氧化钙反应而被固定，用总离子强度调节剂浸取后，以离子选择电极法测定。

该方法将浸渍吸收液的滤纸自然暴露于大气中采样，对比前一种方法，不需要抽气动力，并且由于采样时间长（7 天到一个月），测定结果能较好地反映大气中氟化物平均污染水平。

8.6　通风除尘系统的测定

8.6.1　排风罩的测定

排风罩测定的内容主要包括排风罩的排风量、排风罩的阻力和阻力系数、排风罩的流量系数以及排风罩口外速度的变化规律等。

8.6.1.1　*排风罩排风量的测定*

排风罩的排风量可以通过以下几种方法测定。

A　*用平均风速法测定排风量*

排风罩的排风量可以通过测定罩口上的平均吸气速度 u_p 和罩口面积 F_0 来确定，即

$$Q = u_p \cdot F_0, \ m^3/s \tag{8-31}$$

测定罩口平均风速的仪器可用叶轮风速计和热球风速计等。

测定的方法可以视具体情况而定。当罩口面积很大时，可用确定测点的方法将其分成等面积的小块，测出各个块中心的风速，再进而求出罩口的平均风速。当罩口面积不大时，可用叶轮式风速计沿整个罩面慢慢移动，测定的结果可以认为是罩口平均风速。

B　*用动压法测定排风量*

如图 8-45 所示，在测定断面测得该断面各测点的动压值 P_{dj}，即可用式（8-17）计算出各测点的风速 u_i。用式（8-18）计算出测定断面的平均风速 u_p，用式（8-19）计算出排风罩的排风量。

C 用静压法测定排风量

在实际测定中，用测定排风罩面上或其连接管道中平均风速（或平均动压）的方法测定其排风量比较麻烦，且可能不易找到气流比较平稳的断面，可以用静压法测定排风罩的排风量。

用图 8-45 所示的测定方法测出排风罩连接管中的静压 P_j，则排风量 Q 可用下式计算

$$Q = \mu F \sqrt{\frac{2|P_j|}{\rho}} \tag{8-32}$$

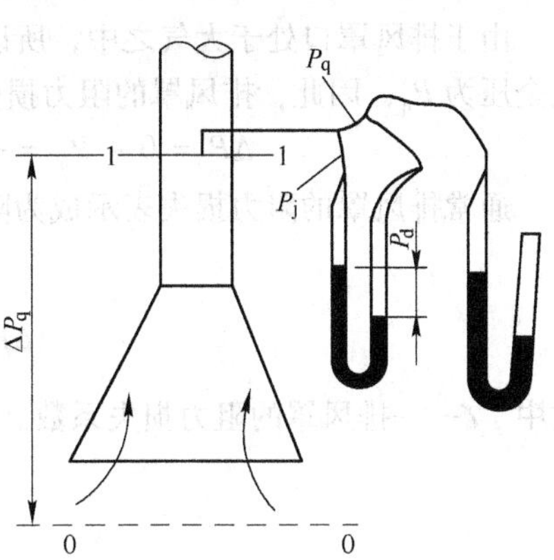

图 8-45 排风罩的测定

式中 Q——排风罩的排风量，m^3/s；

F——罩口连接管测定断面的面积，m^2；

P_j——测定断面的静压，Pa；

ρ——管内气体的密度，kg/m^3；

μ——流量系数，只与排风罩的结构形状有关：

$$\mu = \sqrt{\frac{P_d}{|P_j|}} \tag{8-33}$$

由式（8-33）可知，只要测出排风罩连接管中的动压 P_d 和静压 P_j，就可以求出排风罩的流量系数 μ 值。μ 值也可以从有关资料中查得。但由于实际的排风罩和资料上绘出的不可能完全相同，如果按资料上给出的 μ 值计算排风量很可能有一定的误差。

在一个通风除尘系统中，如果有许多个形式相同的排风罩，如果先测出排风罩的 μ 值，然后按式（8-32）计算出各排风罩要求的静压，通过调整静压来调节各排风罩的排风量，整个系统调节工作会大大简化。

在工业通风除尘的许多试验台上，把管道的进风口制成规定的标准形状，如图 8-46 所示的形状，其流量系数 μ 是已知值。图 8-46（a）所示的圆弧形集流器，其流量系数 $\mu = 0.99$；图 8-46（b）所示的圆锥形集流器，其流量系数 $\mu = 0.98$。这样，只要用补偿式微压计测出测定断面的静压值，就能很方便、比较准确地测出进风口的流量。

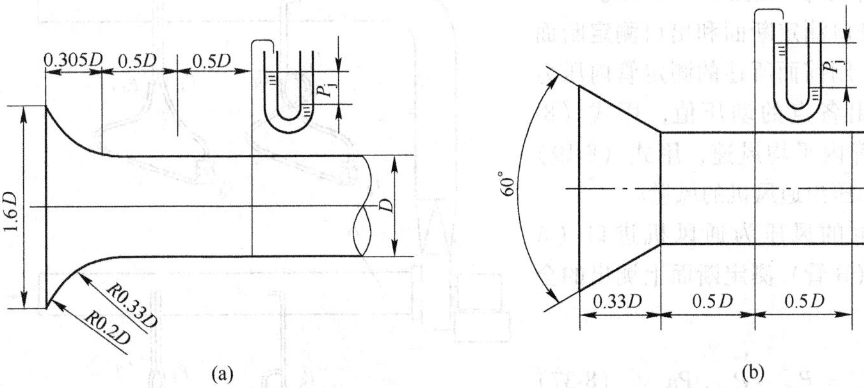

图 8-46 集流器

8.6.1.2 排风罩阻力的测定

排风罩的阻力损失可以通过测定排风罩连接管处的全压来确定。

由于排风罩口处于大气之中，所以排风罩面外全压为零，如图 8-45 所示，测定断面 1—1 处全压为 P_q，因此，排风罩的阻力损失

$$\Delta P = 0 - P_q = -P_q = -(P_j - P_d) = |P_j| - P_d,\ \text{Pa} \tag{8-34}$$

通常排风罩的阻力损失表示成为阻力损失系数 ζ 与动压 P_d 的乘积的形式，即

$$\Delta P = \zeta \cdot \frac{\rho u^2}{2} = \zeta P_d,\ \text{Pa} \tag{8-35}$$

式中　ζ——排风罩的阻力损失系数。即

$$\zeta = \frac{\Delta P}{P_d}$$

把式（8-34）和式（8-35）代入式（8-33）可以得到排风罩吸入口流量系数 μ 与阻力系数 ζ 的关系为

$$\mu = \frac{1}{\sqrt{1+\zeta}} \tag{8-36}$$

从式（8-36）可以看出，对于 μ 和 ζ，只要测定出其中的一个，就可以计算出另一个系数。

8.6.2　通风机性能的测定

通风机是提供通风净化系统中空气流动能量的设备，是把电动机提供的机械能转换为空气流动的压能的能量转换机械。

通风机的性能主要通过其提供的风量 Q、风压 P、风机的输出功率 $N_{出}$、电机对风机的输入功率 $N_{入}$、风机的效率 η 及噪声等性能参数来体现，对通风机空气动力性能的测定主要是测定风机产生的风量、风压及风机的效率之间的关系。

通风机生产厂对出厂的通风机的性能的试验要在规定的通风机空气动力性能试验装置上进行，试验方法按目前国家通风机性能试验标准的规定执行。

在通风净化系统中，往往只测定风机产生的风量和风压。通风机产生的风量的测定是通过测定通风机进、出口管路（A 管和 B 管）中的动压来实现的，如图 8-47 所示。

在风机进口测定断面和出口测定断面各个测点上，用前面所述的测定管内压力的方向，测出各点的动压值，用式（8-18）计算出管内平均风速，用式（8-19）计算出流入和压出通风机的风量。

风机产生的风压为通风机进口（A 管）和出口（B 管）测定断面上测出的全压之差，即

$$P_q = P_{qB} - P_{qA},\ \text{Pa} \tag{8-37}$$

由于通风机进口处的全压值为负值，所以通风机产生的全压为进、出口测定断面上全压值的绝对值之和。

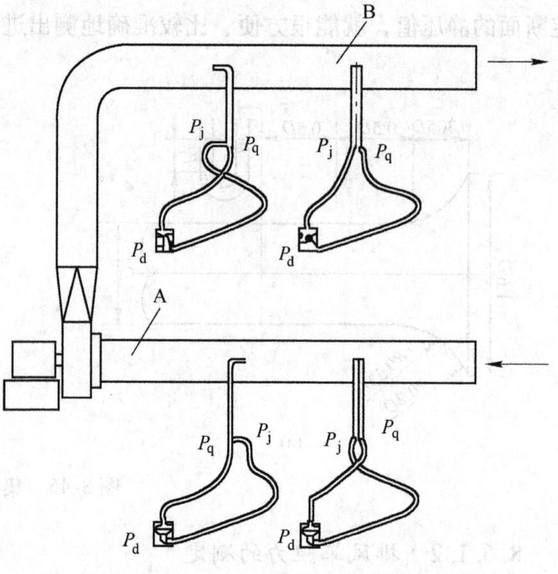

图 8-47　通风机风压测定原理图

8.6.3 除尘器性能的测定

对于除尘器的性能一般测定其处理风量、除尘器阻力、除尘效率。

8.6.3.1 处理风量的测定

除尘器处理的风量是反映除尘器处理气体能力的指标，通过测定其进、出口测定断面上的风量进行，如图8-48所示。如果除尘器无漏风现象，则其进口处的风量应等于出口处的风量。如果有漏风，则其处理风量为除尘器进、出口风量的平均值。

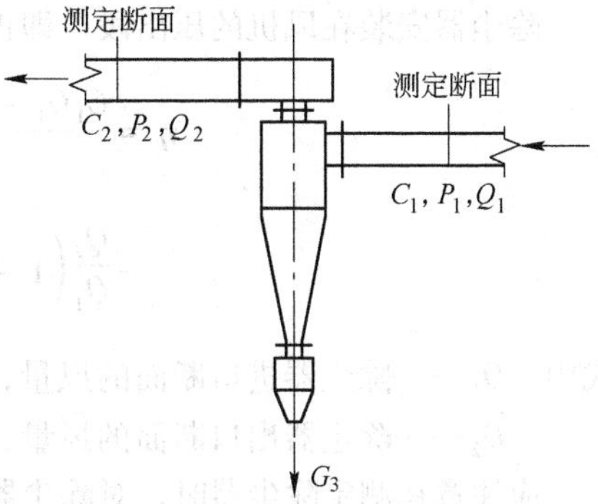

图8-48 除尘器性能测定原理图

8.6.3.2 漏风量的测定

除尘器的漏风率是除尘器一项重要的技术指标。它对除尘器的处理风量和除尘效率均有重大影响。因此，某些除尘器的制造标准中对漏风量提出了具体要求。如CDWY系列电除尘器要求漏风率<7%，大型的袋式除尘器要求漏风率<5%等。

漏风率的测定方法有风量平衡法、热平衡法等。风量平衡法是最常用的方法。根据定义，除尘器漏风率用下式表示：

$$\varepsilon = \frac{Q_2 - Q_1}{Q_1} \times 100\% \tag{8-38}$$

式中 Q_1——除尘器进口处风量，m^3/s；

Q_2——除尘器出口处风量，m^3/s。

从式（8-38）可以看出，只要测出除尘器进、出口处的风量，即可求得漏风率 ε。

采用风量平衡法测定漏风率时，要注意温度变化对气体体积的影响。对于反吹清灰的袋式除尘器，清灰风量应从除尘器出口风量中扣除。

8.6.3.3 阻力损失的测定

除尘器的阻力损失用除尘器出口与进口平均全压差表示。即

$$\Delta P = P_{q2} - P_{q1} \tag{8-39}$$

式中 ΔP——除尘器的阻力，Pa；

P_{q2}——除尘器出口处的平均全压，Pa；

P_{q1}——除尘器进口处的平均全压，Pa。

8.6.3.4 除尘效率的测定

在现场测定时，由于条件限制，一般用浓度法测定除尘器全效率。除尘器全效率为：

$$\eta = \frac{C_1 - C_2}{C_1} \times 100\% \tag{8-40}$$

式中 C_1——除尘器进口处平均粉尘浓度，mg/m^3；

C_2——除尘器出口处平均粉尘浓度，mg/m^3。

现场使用的除尘系统总会有少量漏风，为了消除漏风对测定结果的影响，应按下列公式计算除尘器全效率。

除尘器安装在风机吸入段，即负压段，$Q_2 > Q_1$。

$$\eta = \frac{C_1 Q_1 - C_2 Q_2}{C_1 Q_1} \times 100\% \tag{8-41}$$

除尘器安装在风机的压出段，即正压段，$Q_1 > Q_2$。

$$\eta = \frac{C_1 Q_1 - C_1(Q_1 - Q_2) - C_2 Q_2}{C_1 Q_1} \times 100\%$$

$$= \frac{Q_2}{Q_1}\left(1 - \frac{C_2}{C_1}\right) \times 100\% \tag{8-42}$$

式中　Q_1——除尘器进口断面的风量，m^3/s；

Q_2——除尘器出口断面的风量，m^3/s。

应注意在测定除尘器时，对除尘器进口及出口断面的测定应同时进行。在测定中如果发现除尘器漏风严重，应消除漏风后再进行测定。

对除尘器分级效率的测定，要测定出除尘器进口及出口处含尘气流中粉尘的粒度分布，按式（4-43a）和式（4-41）计算出除尘器的分级效率和除尘效率。

除尘器出口含尘气流中，由于含尘浓度很低，大量收集粉尘样品比较困难，测定粉尘的分散度有一定的难度。因此，有时测定除尘器收集下来的粉尘的粒径分布及入口含尘气流中粉尘的粒径分布，用式（4-42）和式（4-43a）计算出除尘器的分级效率。

粉尘的性质及系统的运行工况对除尘器的除尘效率影响较大，因此，给出除尘器全效率测定时，应同时说明系统的运行工况，以及粉尘的真密度，粒径分布等状况，或者直接测定除尘器的分级效率。

附　　录

附录 1　居住区大气中有害物质的最高容许浓度

编号	物质名称	最高容许浓度 /$mg \cdot m^{-3}$	
		一次	日平均
1	一氧化碳	3.00	1.00
2	乙　醛	0.01	
3	二甲苯	0.30	
4	二氧化硫	0.50	0.15
5	二氧化碳	0.04	
6	五氧化二磷	0.15	0.05
7	丙烯腈		0.05
8	丙烯醛	0.10	
9	丙　酮	0.80	
10	甲基对硫磷（甲基 E605）	0.01	
11	甲　醇	3.00	1.00
12	甲　醛	0.05	
13	汞		0.0003
14	吡　啶	0.08	
15	苯	2.40	0.80
16	苯乙烯	0.01	
17	苯　胺	0.10	0.03
18	环氧氯丙烷	0.20	
19	氟化物（换算成 F）	0.02	0.007
20	氨	0.20	
21	氧化氮（换算成 NO_2）	0.15	
22	砷化物（换算成 As）		0.003
23	敌百虫	0.10	
24	酚	0.02	
25	硫化氢	0.01	
26	硫　酸	0.30	0.10
27	硝基苯	0.01	
28	铅及其无机化合物（换算成 Pb）		0.0007
29	氯	0.10	0.03
30	氯丁二烯	0.10	
31	氯化氢	0.05	0.015
32	铬（六价）	0.0015	
33	锰及其化合物（换算成 MnO_2）		0.01
34	飘　尘	0.50	0.15

注：1. 一次最高容许浓度，指任何一次测定结果的最大容许值。

2. 日平均最高容许浓度，指任何一日的平均浓度的最大容许值。

3. 本表所列各项有害物质的检验方法，应按现行的《大气监测检验方法》执行。

4. 灰尘自然沉降量，可在当地清洁区实测数值的基础上增加 3～5t/(km^2·月)。

附录 2　车间空气中有害物质的最高容许浓度

编号	物质名称	最高容许浓度 /$mg \cdot m^{-3}$
	(一)有毒物质	
1	一氧化碳①	30
2	一甲胺	5
3	乙　醚	500
4	乙　腈	3
5	二甲胺	10
6	二甲苯	100
7	二甲基甲酰胺(皮)	10
8	二甲基二氯硅烷	2
9	二氧化硫	15
10	二氧化硒	0.1
11	二氯丙醇(皮)	5
12	二硫化碳(皮)	10
13	二异氰酸甲苯酯	0.2
14	丁　烯	100
15	丁二烯	100
16	丁　醛	10
17	三乙基氯化锡(皮)	0.01
18	三氧化二砷及五氧化二砷	0.3
19	三氧化铬、铬酸盐重铬酸盐(换算成 CrO_2)	0.05
20	三氯氢硅	3
21	己内酰胺	10
22	五氧化二磷	1
23	五氯酚及其钠盐	0.3

续附录2

编号	物质名称	最高容许浓度 /mg·m^{-3}
24	六六六	0.1
25	丙体六六六	0.05
26	丙 酮	400
27	丙烯腈(皮)	2
28	丙烯醛	0.3
29	丙烯醇(皮)	2
30	甲 苯	100
31	甲 醛	3
32	光 气	0.5
	有机磷化合物:	
33	内吸磷(E059)(皮)	0.02
34	对硫磷(E605)(皮)	0.05
35	甲拌磷(3911)(皮)	0.01
36	马拉硫磷(4049)(皮)	2
37	甲基内吸磷(甲基E059)(皮)	0.2
38	甲基对硫磷(甲基E605)(皮)	0.1
39	乐戈(乐果)(皮)	1
40	敌百虫(皮)	1
41	敌敌畏(皮)	0.3
42	吡 啶	4
	汞及其化合物:	
43	金属汞	0.01
44	升 汞	0.1
45	有机汞化合物(皮)	0.005
46	松节油	300
47	环氧氯丙烷(皮)	1
48	环氧乙烷	5
49	环己酮	50
50	环己醇	50
51	环己烷	100

编号	物质名称	最高容许浓度 /mg·m^{-3}
52	苯(皮)	40
53	苯及其同系物的一硝基化合物(硝基苯及硝基甲苯等)(皮)	5
54	苯及其同系物的二及三硝基化合物(二硝基苯、三硝基甲苯等)(皮)	1
55	苯的硝基及二硝基氯化物(一硝基氯苯、二硝基氯苯等)(皮)	1
56	苯胺、甲苯胺、二甲苯胺(皮)	5
57	苯乙烯	40
	钒及其化合物:	
58	五氧化二钒烟	0.1
59	五氧化二钒粉尘	0.5
60	钒铁合金	1
61	苛性碱(换算成NaOH)	0.5
62	氟化氢及氟化物(换算成F)	1
63	氨	30
64	臭 氧	0.3
65	氧化氮(换算成NO_2)	5
66	氧化锌	5
67	氧化镉	0.1
68	砷化氢	0.3
	铅及其化合物:	
69	铅 烟	0.03
70	铅 尘	0.05
71	四乙基铅(皮)	0.005
72	硫化铅	0.5
73	碳及其化合物	0.001

编号	物质名称	最高容许浓度 /mg·m^{-3}
74	钼(可溶性化合物)	4
75	钼(不溶性化合物)	6
76	黄 磷	0.03
77	酚(皮)	5
78	萘烷、四氢化萘	100
79	氰化氢及氢氰酸盐(换算成HCN)(皮)	0.3
80	联苯-联苯醚	7
81	硫化氢	10
82	硫酸及三氧化硫	2
83	锆及其化合物	5
84	锰及其化合物(换算成MnO_2)	0.2
85	氯	1
86	氯化氢及盐酸	15
87	氯 苯	50
88	氯萘及氯联苯(皮)	1
89	氯化苦	1
	氯代烃:	
90	二氯乙烷	25
91	三氯乙烯	30
92	四氯化碳(皮)	25
93	氯乙烯	30
94	氯丁二烯(皮)	2
95	溴甲烷(皮)	1
96	碘甲烷(皮)	1
97	溶剂汽油	350
98	滴滴涕	0.3
99	羰基镍	0.001
100	钨及碳化钨	6
	醋酸酯:	
101	醋酸甲酯	100
102	醋酸乙酯	300
103	醋酸丙酯	300
104	醋酸丁酯	300
105	醋酸戊酯	100

续附录2

编号	物质名称	最高容许浓度 /mg·m^{-3}	编号	物质名称	最高容许浓度 /mg·m^{-3}	编号	物质名称	最高容许浓度 /mg·m^{-3}
	醇：			（二）生产性粉尘		5	含有10%以下游离二氧化硅的煤尘	10
106	甲　醇	50	1	含有10%以上游离二氧化硅的粉尘（石英、石英岩等）②	2	6	铝、氧化铝、铝合金粉尘	4
107	丙　醇	200						
108	丁　醇	200	2	石棉粉尘及含有10%以上石棉的粉尘	2	7	玻璃棉和矿渣棉粉尘	5
109	戊　醇	100						
110	糠　醛	10	3	含有10%以下游离二氧化硅的滑石粉尘	4	8	烟草及茶叶粉尘	3
111	磷化氢	0.3	4	含有10%以下游离二氧化硅的水泥粉尘	6	9	其他粉尘③	10

注：1. 表中最高容许浓度，是工人工作地点空气中有害物质所不应超过的数值。工作地点系指工人为观察和管理生产过程而经常或定时停留的地点，如生产操作在车间内许多不同地点进行，则整个车间均算为工作地点。

2. 有（皮）标记者为除经呼吸道吸收外，尚易经皮肤吸收的有毒物质。

3. 工人在车间内停留的时间短暂，经采取措施仍不能达到上表规定的浓度时，可与省、市、自治区卫生主管部门协商解决。

4. 本表所列各项有毒物质的检验方法，应按现行的《车间空气监测检验方法》执行。

① 一氧化碳的最高容许浓度在作业时间短暂时可予放宽：作业时间1h以内，一氧化碳浓度可达到50 mg/m^3，5h以内可达到100mg/m^3。15～20min可达到200mg/m^3。在上述条件下反复作业时，两次作业之间须间隔2h以上。

②含有80%以上游离二氧化硅的生产性粉尘，宜不超过1mg/m^3。

③其他粉尘系指游离二氧化硅含量在10%以下，不含有毒物质的矿物性和动植物性粉尘。

附录3　槽边缘控制点的吸入速度 u_x

（单位：m/s）

槽的用途	溶液中主要有害物	溶液温度/℃	电流密度/A·cm^{-2}	u_x/m·s^{-1}
镀　铬	H_2SO_4、CrO_3	55～58	20～35	0.5
镀耐磨铬	H_2SO_4、CrO_3	68～75	35～70	0.5
镀　铬	H_2SO_4、CrO_3	40～50	10～20	0.4
电化学抛光	H_2PO_4、H_2SO_4、CrO_3	70～90	15～20	0.4
电化学腐蚀	H_2SO_4、KCN	15～25	8～10	0.4
氰化镀锌	ZnO、NaCN、NaOH	40～70	5～20	0.4
氰化镀铜	CuCN、NaOH、NaCN	55	2～4	0.4
镍层电化学抛光	H_2SO_4、CrO_3、$C_3H_5(OH)_3$	40～45	15～20	0.4
铝件电抛光	H_3PO_4、$C_3H_5(OH)_3$	85～90	30	0.4
电化学去油	NaOH、Na_2CO_3、Na_3PO_4、Na_2SiO_4	约80	3～8	0.35
阳极腐蚀	H_2SO_4	15～25	3～5	0.35
电化学抛光	H_3PO_4	18～20	1.5～2	0.35
镀　镉	NaCN、NaOH、Na_2SO_4	15～25	1.5～4	0.35

续附录 3

槽的用途	溶液中主要有害物	溶液温度/℃	电流密度/A · cm^{-2}	u_x/m · s^{-1}
氰化镀锌	ZnO、NaCN、NaOH	15 ~ 30	2 ~ 5	0. 35
镀铜锡合金	NaCN、CuCN、NaOH、Na_2SnO_3	65 ~ 70	2 ~ 2. 5	0. 35
镀　镍	$NiSO_4$、NaCl、$COH_6(SO_3Na)_2$	50	3 ~ 4	0. 35
镀锡(碱)	Na_2SnO_3、NaOH、CH_3COONa、H_2O_2	65 ~ 75	1. 5 ~ 2	0. 35
镀锡(滚)	Na_2SnO_3、NaOH、CH_2COONa	70 ~ 80	1 ~ 4	0. 35
镀锡(酸)	SnO_4、NaOH、H_2SO_4、C_6H_5OH	65 ~ 75	0. 5 ~ 2	0. 35
氰化电化学浸蚀	KCN	15 ~ 25	3 ~ 5	0. 35
镀　金	$K_4Fe(CN)_6$、Na_2CO_3、$H(AuCl)_4$	70	4 ~ 6	0. 35
铝件电抛光	Na_3PO_4	—	20 ~ 25	0. 35
钢件电化学氧化	NaOH	80 ~ 90	5 ~ 10	0. 35
退　铬	NaOH	室　温	5 ~ 10	0. 35
酸性镀铜	$CuCO_4$、H_2SO_4	15 ~ 25	1 ~ 2	0. 3
氰化镀黄铜	CuCN、NaCN、Na_2SO_3、$Zn(CN)_2$	20 ~ 30	0. 3 ~ 0. 5	0. 3
氰化镀黄铜	CuCN、NaCN、NaOH、Na_2CO_3、$Zn(CN)_2$	15 ~ 25	1 ~ 1. 5	0. 3
镀　镍	$NiSO_4$、Na_2SO_4、NaCl、$MgSO_4$	15 ~ 25	0. 5 ~ 1	0. 3
镀锡铅合金	Pb、Sn、H_3BO_4、HBF_4	15 ~ 25	1 ~ 1. 2	0. 3
电解纯化	Na_2CO_3、K_2CrO_4、H_2CO_4	20	1 ~ 6	0. 3
铝阳极氧化	H_2SO_4	15 ~ 25	0. 8 ~ 2. 5	0. 3
铝件阳极绝缘氧化	$C_2H_4O_4$	20 ~ 45	1 ~ 5	0. 3
退　铜	H_2SO_4、CrO_3	20	3 ~ 8	0. 3
退　镍	H_2SO_4、$C_2H_5(OH)_3$	20	3 ~ 8	0. 3
化学脱脂	NaOH、Na_2CO_3、Na_3PO_4	—	—	0. 3
黑　镍	$NiSO_4$、$(NH_4)_2SO_4$、$ZnSO_4$	15 ~ 25	0. 2 ~ 0. 3	0. 25
镀　银	KCN、AgCl	20	0. 5 ~ 1	0. 25
预镀银	KCN、K_2CO_4	15 ~ 25	1 ~ 2	0. 25
镀银后黑化	Na_2S、Na_2SO_3、$(CH_2)_2CO$	15 ~ 25	0. 08 ~ 0. 1	0. 25
镀　铍	$BeSO_4$、$(NH_4)_2Mo_7O_2$	15 ~ 25	0. 005 ~ 0. 02	0. 25
镀　金	KCN	20	0. 1 ~ 0. 2	0. 25
镀　钯	Pa、NH_4Cl、NH_4OH、NH_3	20	0. 25 ~ 0. 5	0. 25
铝件铬酐阳极氧化	CrO_3	15 ~ 25	0. 01 ~ 0. 02	0. 25
退　银	AgCl、KCN、Na_2CO_3	20 ~ 30	0. 3 ~ 0. 1	0. 25
退　锡	NaOH	60 ~ 75	1	0. 25
热水槽	水蒸气	> 50	—	0. 25

注：u_x 值系根据溶液的质量浓度、成分、温度和电渣密度等因素综合确定。

附录4　通风管道统一规格

1. 圆形风管的规格

外径 D/mm	钢板制风管 外径允许偏差/mm	钢板制风管 壁厚/mm	塑料制风管 外径允许偏差/mm	塑料制风管 壁厚/mm
100	±1	0.5	±1	3.0
120				
140				
160				
180				
200				
220		0.75		4.0
250				
280				
320				
360				
400				
450				
500				
560		1.0	±1.5	
630				
700				5.0
800				
900				
1000				
1120				6.0
1250		1.2 ~ 1.5		
1400				
1600				
1800				
2000				

外径 D/mm	除尘风管 外径允许偏差/mm	除尘风管 壁厚/mm	气密性风管 外径允许偏差/mm	气密性风管 壁厚/mm
80 90 100	±1	1.5	±1	2.0
110 120				
(130) 140				
(150) 160				
(170) 180				
(190) 200				
(210) 220				
(240) 250				
(260) 280				
(300) 320				
(340) 360				
(380) 400				
(420) 450				
(480) 500				
(530) 560		2.0		3.0 ~ 4.0
(600) 630				
(670) 700				
(750) 800				
(850) 900				
(950) 1000				
(1060) 1120				
(1180) 1250				
(1320) 1400				
(1500) 1600		3.0		4.0 ~ 6.0
(1700) 1800				
(1900) 2000				

2. 矩形管道规格

外边长 $A \times B$ /mm × mm	钢板制风管 外边长允许偏差/mm	钢板制风管 壁厚/mm	塑料制风管 外边长允许偏差/mm	塑料制风管 壁厚/mm	外边长 $A \times B$ /mm × mm	钢板制风管 外边长允许偏差/mm	钢板制风管 壁厚/mm	塑料制风管 外边长允许偏差/mm	塑料制风管 壁厚/mm
120 × 120	−2	0.5	−2	3.0	630 × 500	−2	1.0	−3	5.0
160 × 120	−2	0.5	−2	3.0	630 × 630	−2	1.0	−3	5.0
160 × 160	−2	0.5	−2	3.0	800 × 320	−2	1.0	−3	5.0
220 × 120	−2	0.5	−2	3.0	800 × 400	−2	1.0	−3	5.0
200 × 160	−2	0.5	−2	3.0	800 × 500	−2	1.0	−3	5.0
200 × 200	−2	0.75	−2	3.0	800 × 630	−2	1.0	−3	5.0
250 × 120	−2	0.75	−2	3.0	800 × 800	−2	1.0	−3	5.0
250 × 160	−2	0.75	−2	3.0	1000 × 320	−2	1.0	−3	6.0
250 × 200	−2	0.75	−2	3.0	1000 × 400	−2	1.0	−3	6.0
250 × 250	−2	0.75	−2	3.0	1000 × 500	−2	1.0	−3	6.0
320 × 160	−2	0.75	−2	3.0	1000 × 630	−2	1.0	−3	6.0
320 × 200	−2	0.75	−2	3.0	1000 × 800	−2	1.0	−3	6.0
320 × 250	−2	0.75	−2	3.0	1000 × 1000	−2	1.0	−3	6.0
320 × 320	−2	0.75	−2	3.0	1250 × 400	−2	1.2	−3	6.0
400 × 200	−2	0.75	−2	4.0	1250 × 500	−2	1.2	−3	6.0
400 × 250	−2	0.75	−2	4.0	1250 × 630	−2	1.2	−3	6.0
400 × 320	−2	0.75	−2	4.0	1250 × 800	−2	1.2	−3	6.0
400 × 400	−2	0.75	−2	4.0	1250 × 1000	−2	1.2	−3	6.0
500 × 200	−2	0.75	−2	4.0	1600 × 500	−2	1.2	−3	8.0
500 × 250	−2	0.75	−2	4.0	1600 × 630	−2	1.2	−3	8.0
500 × 320	−2	0.75	−2	4.0	1600 × 800	−2	1.2	−3	8.0
500 × 400	−2	0.75	−2	4.0	1600 × 1000	−2	1.2	−3	8.0
500 × 500	−2	0.75	−2	4.0	1600 × 1250	−2	1.2	−3	8.0
630 × 250	−2	1.0	−3	5.0	2000 × 800	−2	1.2	−3	8.0
630 × 320	−2	1.0	−3	5.0	2000 × 1000	−2	1.2	−3	8.0
630 × 400	−2	1.0	−3	5.0	2000 × 1250	−2	1.2	−3	8.0

附录5　各种粉尘的爆炸浓度下限

名　称	爆炸浓度/g·m^{-3}	名　称	爆炸浓度/g·m^{-3}
铝粉末	58.0	面　粉	30.2
蒽	5.0	萘	2.5
酪素赛璐珞尘末	8.0	燕　麦	30.2
豌　豆	25.2	麦　糠	10.1
二苯基	12.5	沥　青	15.0
木　屑	65.0	甜菜糖	8.9
渣　饼	20.2	甘草尘土	20.2
工业用酪素	32.8	硫　磺	2.3
樟　脑	10.1	硫矿粉	13.9
煤　末	114.0	页岩粉	58.0
松　香	5.0	烟草末	68.0
饲料粉末	7.6	泥炭粉	10.1
咖　啡	42.8	六次甲基四胺	15.0
燃　料	270.0	棉　花	25.2
马铃薯淀粉	40.3	菊苣(蒲公英属)	45.4
玉蜀黍	37.8	茶叶末	32.8
木　质	30.2	兵　豆	10.1
亚麻皮屑	16.7	虫　胶	15.0
玉蜀黍粉	12.6	一级硬橡胶尘末	7.6
硫的磨碎粉末	10.1	谷仓尘末	227.0
奶　粉	7.6	电子尘末	30.0

附录6　气体和蒸气的爆炸极限

名　称	气体、蒸气相对密度	爆炸极限 体积分数/% 下限	爆炸极限 体积分数/% 上限	爆炸极限 质量分数/mg·m^{-3} 下限	爆炸极限 质量分数/mg·m^{-3} 上限	生产类别	发火点/℃
氨	0.59	16.00	27.00	111.20	187.20	乙	
松节油	—	0.80	—	44.50	—	乙	
汽　油	3.15	1.00	6.00	37.20	223.20	甲	-50～+30
煤　油	—	1.40	7.50	—	—	甲	+28
照明气	0.50	8.00	24.50	47.05	145.20	甲	
氢	0.07	9.15	75.00	3.45	62.50	甲	
水煤气	0.54	12.00	66.00	81.50	423.50	乙	
发生炉煤气	2.90	20.70	73.70	221.00	755.00	乙	

续附录 6

名　称	气体、蒸气相对密度	爆炸极限				生产类别	发火点/℃
		体积分数/%		质量分数/mg · m^{-3}			
		下　限	上　限	下　限	上　限		
高炉煤气	—	35.00	74.00	315.00	666.00	乙	
苯	2.77	1.50	9.50	49.10	31.00	甲	-50 ~ +10
甲　苯	3.20	1.20	7.00	45.50	266.00	甲	
甲　烷	0.55	5.00	16.00	32.60	104.20	甲	
乙　烷	1.03	3.00	15.00	30.10	180.50	甲	
丙　烷	1.52	2.30	9.50	41.50	170.50	甲	
丁　烷	2.00	1.60	8.50	38.00	210.50	甲	
戊　烷	2.49	1.40	8.00	41.50	237.00	甲	-10
丙　酮	2.00	2.90	13.00	69.00	308.00	甲	-17
二氯化乙烯	3.55	9.70	12.80	386.00	514.00	甲	+6
氯化乙烯	—	3.00	80.00	54.00	144.00	甲	
甲　醇	—	6.00	36.50	78.50	478.00	甲	-1 ~ +32
乙　烯	0.97	3.00	34.00	34.80	392.00	甲	
丙　烯	1.45	2.00	11.00	34.40	190.00	甲	
乙　炔	0.90	3.50	82.00	37.20	870.00	甲	
乙　醇	1.59	3.50	18.00	66.20	340.10	甲	+9 ~ +32
丙　醇	2.10	2.50	8.70	62.30	226.00	甲	+22 ~ +45
丁　醇	—	3.10	10.20	94.00	309.00	甲	+27 ~ +34
硫化氢	1.19	4.30	45.50	60.50	642.20	甲	
二硫化碳	2.60	1.90	81.30	58.80	250.00	甲	-43

附录7　局部阻力系数

序号	名称	图形和断面	局部阻力系数ζ(ζ值以图内所示的速度v计算)										
				h/D_0									
				0.1	0.2	0.3	0.4	0.5	0.6	0.7	0.8	0.9	1.0	∞
1	伞形风帽(管边尖锐)	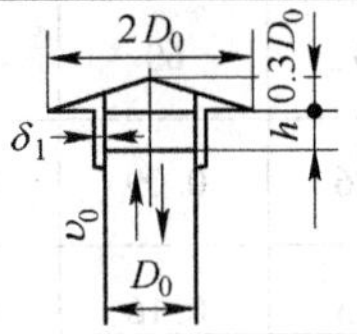	进风	2.63	1.83	1.53	1.39	1.31	1.19	1.15	1.08	1.07	1.06	1.06
			排风	4.00	2.30	1.60	1.30	1.15	1.10	—	1.00	—	1.00	—
2	带扩散管的伞形风帽	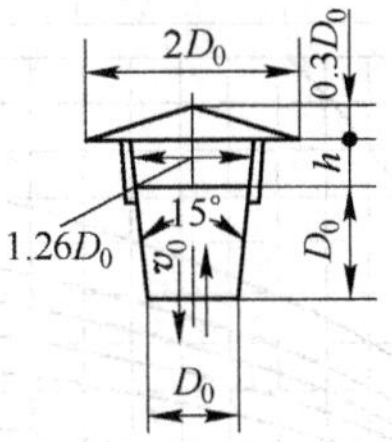	进风	1.32	0.77	0.60	0.48	0.41	0.30	0.29	0.28	0.25	0.25	0.25
			排风	2.60	1.30	0.80	0.70	0.60	0.60	—	0.60	—	0.60	—

序号	名称	图形和断面	$\frac{F_1}{F_0}$	α/(°) 10	15	20	25	30
3	渐扩管	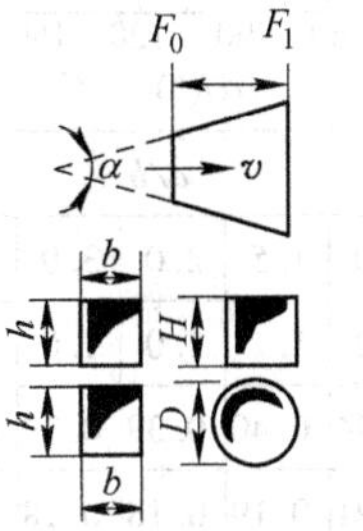	1.25	0.02	0.03	0.05	0.06	0.07
			1.50	0.03	0.06	0.10	0.12	0.13
			1.75	0.05	0.09	0.14	0.17	0.19
			2.00	0.06	0.13	0.20	0.23	0.26
			2.25	0.08	0.16	0.26	0.38	0.33
			3.50	0.09	0.19	0.30	0.36	0.39

序号	名称	图形和断面					
4	渐扩管	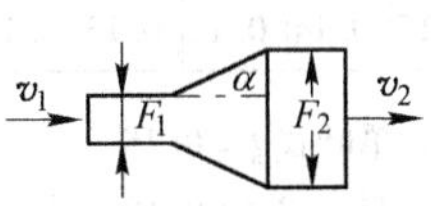	α	22.5	30	45	90
			ζ_1	0.6	0.8	0.9	1.0

序号	名称	图形和断面											
5	突扩	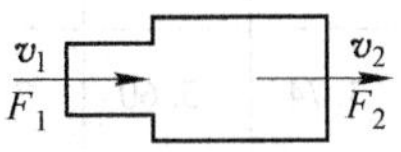	$\frac{F_1}{F_2}$	0	0.1	0.2	0.3	0.4	0.5	0.6	0.7	0.9	1.0
			ζ_1	1.0	0.81	0.64	0.49	0.36	0.25	0.16	0.09	0.01	0
6	突缩	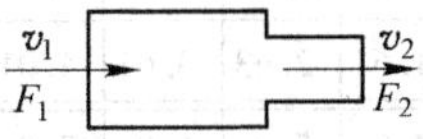	$\frac{F_2}{F_1}$	0	0.1	0.2	0.3	0.4	0.5	0.6	0.7	0.9	1.0
			ζ_2	0.5	0.47	0.42	0.38	0.34	0.30	0.25	0.20	0.09	0

序号	名称	图形和断面	局部阻力系数
7	渐缩管	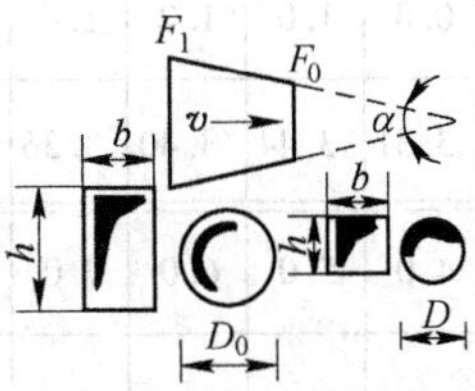	当 $\alpha\leqslant45°$ 时，$\zeta=0.10$

续附录 7

序号	名 称	图形和断面	局部阻力系数 ζ（ζ 值以图内所示的速度 v 计算）					
			α/(°)	20	40	60	90	120
8	伞形罩	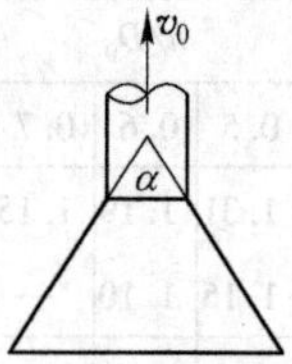	图 形	0.11	0.06	0.09	0.16	0.27
			矩 形	0.19	0.13	0.16	0.25	0.33

序号	名 称	图形和断面	局部阻力系数 ζ
9	圆（方）弯管	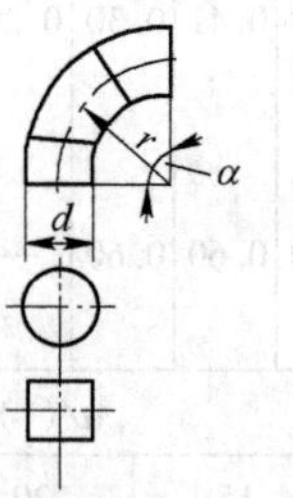	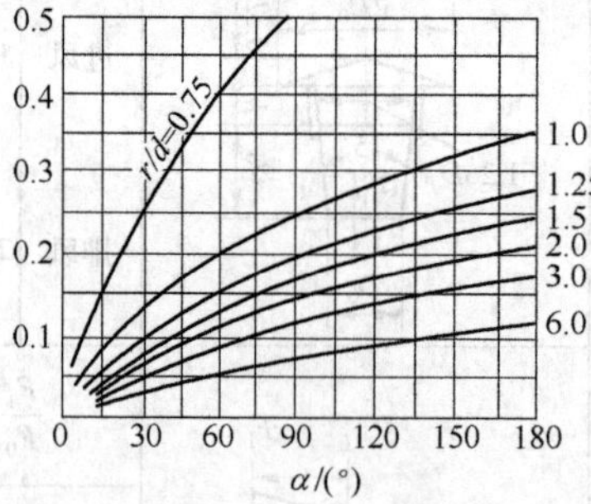

序号	名 称	图形和断面	r/b	a/b 0.25	0.5	0.75	1.0	1.5	2.0	3.0	4.0	5.0	6.0	8.0
10	矩形弯头	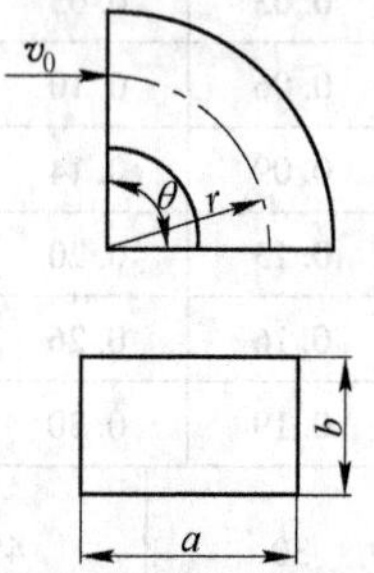	0.5	1.5	1.4	1.3	1.2	1.1	1.0	1.0	1.1	1.1	1.2	1.2
			0.75	0.57	0.52	0.48	0.44	0.40	0.39	0.39	0.40	0.42	0.43	0.44
			1.0	0.27	0.25	0.23	0.21	0.19	0.18	0.18	0.19	0.20	0.27	0.21
			1.5	0.22	0.20	0.19	0.17	0.15	0.14	0.14	0.15	0.16	0.17	0.17
			2.0	0.20	0.18	0.16	0.15	0.14	0.13	0.13	0.14	0.14	0.15	0.15

序号	名 称	图形和断面	局部阻力系数 ζ
11	板弯头带导叶		1. 单叶式 ζ=0.35 2. 双叶式 ζ=0.10

序号	名 称	图形和断面								
12	乙形管	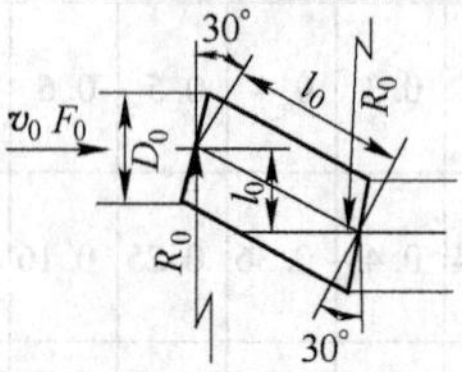	l_0/D_0	0	1.0	2.0	3.0	4.0	5.0	6.0
			R_0/D_0	0	1.90	3.74	5.60	7.46	9.30	11.3
			ζ	0	0.15	0.15	0.16	0.16	0.16	0.16

序号	名 称	图形和断面											
13	乙形弯头	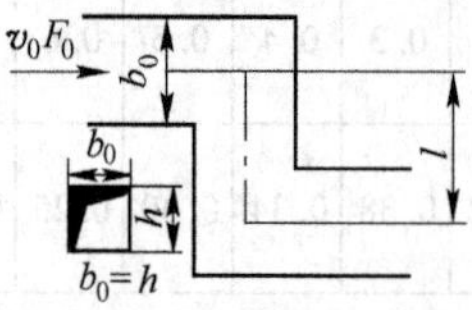	l/b_0	0	0.4	0.6	0.8	1.0	1.2	1.4	1.6	1.8	2.0
			ζ	0	0.62	0.89	1.61	2.63	3.61	4.01	4.18	4.22	4.18
			l/b_0	2.4	2.8	3.2	4.0	5.0	6.0	7.0	9.0	10.00	∞
			ζ	3.75	3.31	3.20	3.08	2.92	2.80	2.70	2.5	2.41	2.30
14	Z 形管	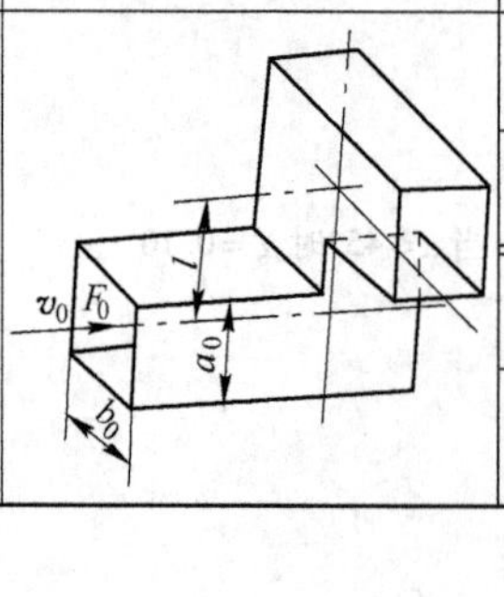	l/b_0	0	0.4	0.6	0.8	1.0	1.2	1.4	1.6	1.8	2.0
			ζ	1.15	2.40	2.90	3.31	3.44	3.40	3.36	3.28	3.20	3.11
			l/b_0	2.4	2.8	3.2	4.0	5.0	6.0	7.0	9.0	10.00	∞
			ζ	3.16	3.18	3.15	3.00	2.89	2.78	2.70	2.50	2.41	2.30

续附录7

序号	名 称	图形和断面	局部阻力系数ζ(ζ值以图内所示的速度v计算)
15		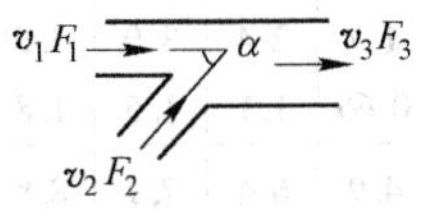 $F_1+F_2=F_3$ $\alpha=30°$	局部阻力系数$\zeta\left(\frac{\zeta_1}{\zeta_2}\right.$值以图内所示速度$\left.\frac{v_1}{v_2}\right.$计算$\left.\right)$

F_2/F_3 \ L_2/L_3	0.00	0.03	0.05	0.1	0.2	0.3	0.4	0.5	0.6	0.7	0.8	1.0
						ζ_2						
0.06	-1.13	-0.07	-0.30	+1.82	10.1	23.3	41.5	65.2	—	—	—	—
0.10	-1.22	-1.00	-0.76	+0.02	2.88	7.34	13.4	21.1	29.4	—	—	—
0.20	-1.50	-1.35	-1.22	-0.84	+0.05	+1.4	2.70	4.46	6.48	8.70	11.4	17.3
0.33	-2.00	-1.80	-1.70	-1.40	-0.72	-0.12	+0.52	1.20	1.89	2.56	3.30	4.80
0.50	-3.00	-2.80	-2.6	-2.24	-1.44	-0.91	-0.36	0.14	0.56	0.84	1.18	1.53
						ζ_1						
0.01	0	0.06	+0.04	-0.10	-0.81	-2.10	-4.07	-6.60	—	—	—	—
0.10	0.01	0.10	0.08	0.04	-0.33	-1.05	-2.14	-3.60	5.40	—	—	—
0.20	0.06	0.10	0.13	0.16	+0.06	-0.24	-0.73	-1.40	-2.30	-3.34	-3.59	-8.64
0.33	0.42	0.45	0.48	0.51	0.52	+0.32	+0.07	-0.32	-0.83	-1.47	-2.19	-4.00
0.50	1.40	1.40	1.40	1.36	1.26	1.09	+0.86	+0.53	+0.15	-0.52	-0.82	-2.07

序号	名 称	图形和断面
16	合流三通(分支管)	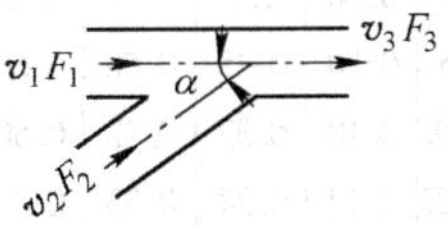 $F_1+F_2>F_3$ $F_1=F_2$ $\alpha=30°$

$\frac{L_2}{L_3}$ \ F_2/F_3	0.1	0.2	0.3	0.4	0.6	0.8	1.0
				ζ_2			
0	-1.00	-1.00	-1.00	-1.00	-1.00	-1.00	-1.00
0.1	+0.21	-0.46	-0.57	-0.60	-0.62	-0.63	-0.63
0.2	3.1	+0.37	-0.06	-0.20	-0.28	-0.30	-0.35
0.3	7.6	1.5	+0.50	+0.20	+0.05	-0.08	-0.10
0.4	13.50	2.95	1.15	0.59	0.26	+0.18	+0.16
0.5	21.2	4.58	1.78	0.97	0.44	0.35	0.27
0.6	30.4	6.42	2.60	1.37	0.64	0.46	0.31
0.7	41.3	8.5	3.40	1.77	0.76	0.56	0.40
0.8	53.8	11.5	4.22	2.14	0.85	0.53	0.45
0.9	58.0	14.2	5.30	2.58	0.89	0.52	0.40
1.0	83.7	17.3	6.33	2.92	0.89	0.39	0.27

序号	名 称	图形和断面
17	合流三通(直管)	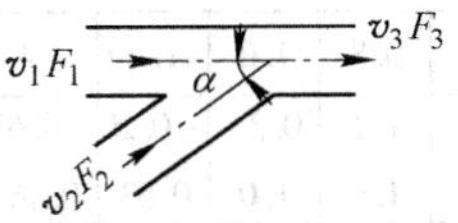 $F_1+F_2>F_3$ $F_1=F_2$ $\alpha=30°$

$\frac{L_2}{L_3}$ \ F_2/F_3	0.1	0.2	0.3	0.4	0.6	0.8	1.0
				ζ_1			
0	0.00	0	0	0	0	0	0
0.1	0.02	0.11	0.13	0.15	0.16	0.17	0.17
0.2	-0.33	0.01	0.13	0.18	0.20	0.24	0.29
0.3	-1.10	-0.25	-0.01	+0.10	0.22	0.30	0.35
0.4	-2.15	-0.75	-0.30	-0.05	0.17	0.26	0.36
0.5	-3.60	-1.43	-0.70	-0.35	0.00	0.21	0.32
0.6	-5.40	-2.35	-1.25	-0.70	-0.20	+0.06	0.25
0.7	-7.60	-3.40	-1.95	-1.2	-0.50	-0.15	+0.10
0.8	-10.1	-4.61	-2.74	-1.82	-0.90	-0.43	-0.15
0.9	-13.0	-6.02	-3.70	-2.55	-1.40	-0.80	-0.45
1.0	-16.30	-7.70	-4.75	-3.35	-1.90	-1.17	-0.75

续附录7

序号	名称	图形和断面	$\frac{F_2}{F_1}$	$\frac{F_3}{F_1}$	ζ值									
					支管 ζ_{31}（对应 v_3）									
					L_3/L_2									
					0.2	0.4	0.6	0.8	1.0	1.2	1.4	1.6	1.8	2.0
18	合流三通	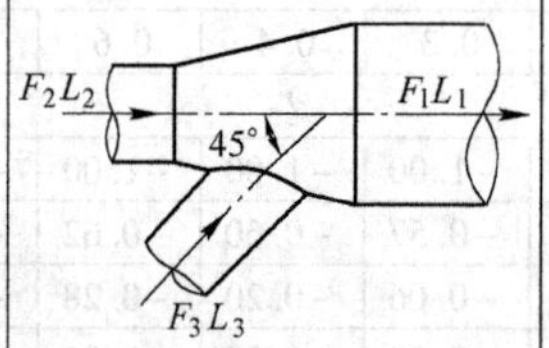	0.3	0.2	−2.4	−0.01	2.0	3.8	5.3	6.6	7.8	8.9	9.8	11
				0.3	−2.8	−1.2	0.12	1.1	1.9	2.6	3.2	3.7	4.2	4.6
			0.4	0.2	−1.2	0.93	2.8	4.5	5.9	7.2	8.4	9.5	10	11
				0.3	−1.6	−0.27	0.81	1.7	2.4	3.0	3.6	4.1	4.5	4.9
				0.4	−1.8	−0.72	0.07	0.66	1.1	1.5	1.8	2.1	2.3	2.5
			0.5	0.2	−0.46	1.5	3.3	4.9	6.4	7.7	8.8	9.9	11	12
				0.3	−0.94	0.25	1.2	2.0	2.7	3.3	3.8	4.2	4.7	5.0
				0.4	−1.1	−0.24	0.42	0.92	1.3	1.6	1.9	2.1	2.3	2.5
				0.5	−1.2	−0.38	0.18	0.58	0.88	1.1	1.3	1.5	1.6	1.7
			0.6	0.2	−0.55	1.3	3.1	4.7	6.1	7.4	8.6	9.6	11	12
				0.3	−1.1	0	0.88	1.6	2.3	2.8	3.3	3.7	4.1	4.5
				0.4	−1.2	−0.48	0.10	0.54	0.89	1.2	1.4	1.6	1.8	2.0
				0.5	−1.3	−0.62	−0.14	0.21	0.47	0.68	0.85	0.99	1.1	1.2
				0.6	−1.3	−0.69	−0.26	0.04	0.26	0.42	0.57	0.66	0.75	0.82
			0.8	0.2	0.06	1.8	3.5	5.1	6.5	7.8	8.9	10	11	12
				0.3	−0.52	0.35	1.1	1.7	2.3	2.8	3.2	3.6	3.9	4.2
				0.4	−0.67	−0.05	0.43	0.80	1.1	1.4	1.6	1.8	1.9	2.1
				0.6	−0.75	−0.27	0.05	0.28	0.45	0.58	0.68	0.76	0.83	0.88
				0.7	−0.77	−0.31	−0.02	0.18	0.32	0.43	0.50	0.56	0.61	0.65
				0.8	−0.78	−0.34	−0.07	0.12	0.24	0.33	0.39	0.44	0.47	0.50
			1.0	0.2	0.40	2.1	3.7	5.2	6.6	7.8	9.0	11	11	12
				0.3	−0.21	0.54	1.2	1.8	2.3	2.7	3.1	3.7	3.7	4.0
				0.4	−0.33	0.21	0.62	0.96	1.2	1.5	1.7	2.0	2.0	2.1
				0.5	−0.38	0.05	0.37	0.60	0.79	0.93	1.1	1.2	1.2	1.3
				0.6	−0.41	−0.02	0.23	0.42	0.55	0.66	0.73	0.80	0.85	0.89
				0.8	−0.44	−0.10	0.11	0.24	0.33	0.39	0.43	0.46	0.47	0.48
				1.0	−0.46	−0.14	0.05	0.16	0.23	0.27	0.29	0.30	0.30	0.29
					直管 ζ_{21}（对应 v_2）									
			$\frac{F_2}{F_1}$	$\frac{F_3}{F_1}$	L_3/L_2									
					0.2	0.4	0.6	0.8	1.0	1.2	1.4	1.6	1.8	2.0
			0.3	0.2	5.3	−0.01	2.0	1.1	0.34	−0.20	−0.61	−0.93	−1.2	−1.4
				0.3	5.4	3.7	2.5	1.6	1.0	0.53	0.16	−0.14	−0.38	−0.58
			0.4	0.2	1.9	1.1	0.46	−0.07	−0.49	−0.83	−1.1	−1.3	−1.5	−1.7
				0.3	2.0	1.4	0.81	0.42	0.08	−0.20	−0.43	−0.62	−0.78	−0.92
				0.4	2.0	1.5	1.0	0.68	0.39	0.16	−0.04	−0.21	−0.35	−0.47
			0.5	0.2	0.77	0.34	−0.09	−0.48	−0.81	−1.1	1.3	−1.5	−1.7	−1.8
				0.3	0.85	0.56	0.25	0.03	−0.27	−0.48	−0.67	−0.82	−0.96	−1.1
				0.4	0.88	0.66	0.43	0.21	0.02	−0.15	−0.30	−0.42	−0.51	−0.64
				0.5	0.91	0.73	0.54	0.36	0.21	0.06	−0.06	−0.17	−0.26	−0.35

续附录7

序号	名称	图形和断面	ζ值						
19	通风机出口变径管	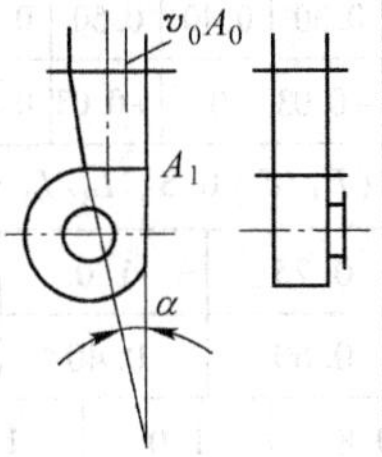	α/(°)	A_0/A_1					
				1.5	2	2.5	3	3.5	4
			10	0.08	0.09	0.1	0.1	0.11	0.11
			15	0.1	0.11	0.12	0.13	0.11	0.15
			20	0.12	0.14	0.15	0.16	0.17	0.18
			25	0.15	0.18	0.21	0.23	0.25	0.26
			30	0.18	0.25	0.3	0.33	0.35	0.35
			35	0.21	0.31	0.38	0.41	0.43	0.44

20 分流三通

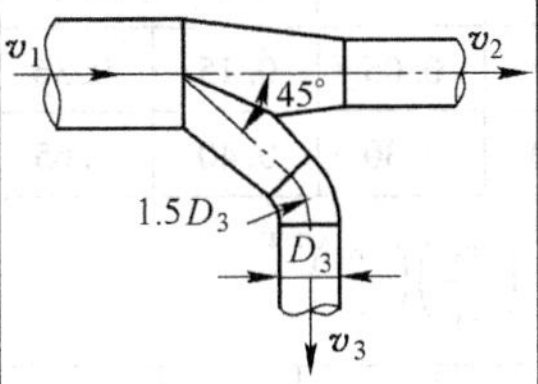

局部阻力系数ζ（ζ值以图内所示的速度v计算）

支管道（对应v_3）

v_2/v_1	0.2	0.4	0.6	0.7	0.8	0.9	1.0	1.1	1.2
ζ_{13}	0.76	0.60	0.52	0.50	0.51	0.52	0.56	0.6	0.68
v_3/v_1	1.4	1.6	1.8	2.0	2.2	2.4	2.6	2.8	3.0
ζ_{13}	0.86	1.1	1.4	1.8	2.2	2.6	3.1	3.7	4.2

主管道（对应v_2）

v_2/v_1	0.2	0.4	0.6	0.8	1.0	1.2	1.4	1.6	1.8	2.0
ζ_{12}	0.14	0.06	0.05	0.09	0.18	0.30	0.46	0.64	0.84	1.0

21 90°矩形断面吸入三通

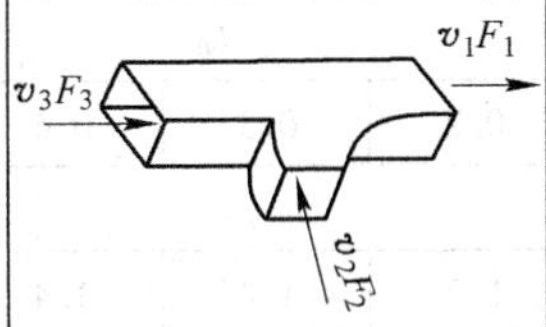

$\frac{L_2}{L_1}$	$\frac{F_2}{F_3}$			$\frac{F_2}{F_3}$	
	0.25	0.50	1.0	0.5	1.0
	ζ_2（对应v_2）			ζ_3（对应v_3）	
0.1	-0.6	-0.6	-0.6	0.20	0.20
0.2	0.0	-0.2	-0.3	0.20	0.22
0.3	0.4	0.0	-0.1	0.10	0.25
0.4	1.2	0.25	0.0	0.0	0.24
0.5	2.3	0.40	0.1	-0.1	0.20
0.6	3.6	0.70	0.2	-0.2	0.18
0.7	—	1.0	0.3	-0.3	0.15
0.8	—	1.5	0.4	-0.4	0.00

22 矩形三通

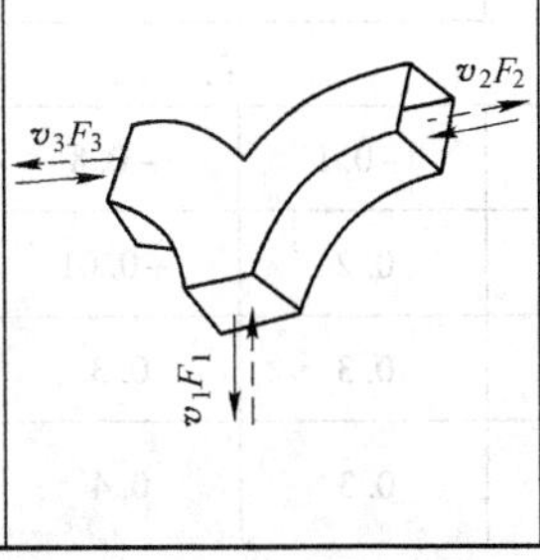

F_2/F_1	0.5	1
分　流	0.304	0.247
合　流	0.233	0.072

续附录 7

序号	名称	图形和断面	局部阻力系数 ζ（ζ 值以图内所示的速度 v 计算）
23	圆形三通	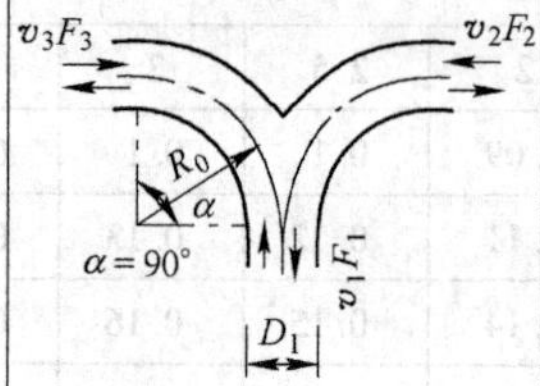	见下表
24	直角三通	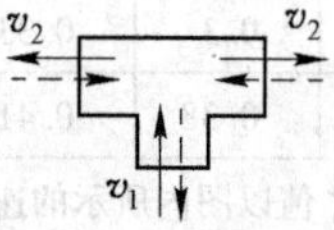	见下表
25	矩形送出三通	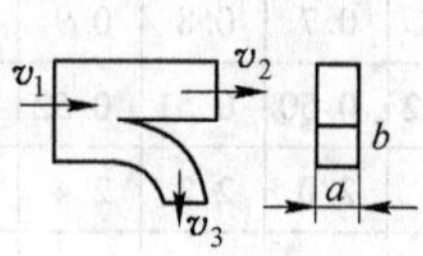	见下表
26	矩形吸入三通	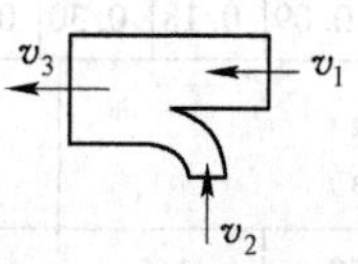	见下表
27	侧孔吸风	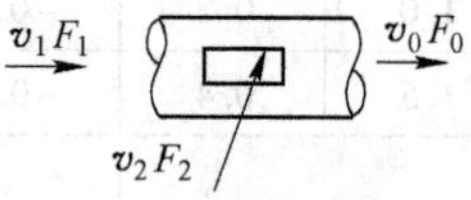	见下表

23 圆形三通

合流（$R_0/D_1=2$）

L_3/L_1	0	0.10	0.20	0.30	0.40	0.50	0.60	0.70	0.80	0.90	1.0
ζ_1	-0.13	-0.10	-0.07	-0.03	0	+0.03	0.03	0.03	0.03	0.05	0.08

分流（$F_3/F=0.5$，$L_3/L_1=0.5$）

R_0/D_1	0.5	0.75	1.0	1.5	2.0
ζ_1	1.10	0.60	0.40	0.25	0.20

24 直角三通

v_2/v_1	0.6	0.8	1.0	1.2	1.4	1.6
ζ_{12}	1.18	1.32	1.50	1.72	1.98	2.28
ζ_{21}	0.6	0.8	1.0	1.6	1.9	2.5

25 矩形送出三通

$v_2/v_1<1$ 时可不计，$v_2/v_1 \geqslant 1.0$ 时

x	0.25	0.5	0.75	1.0	1.25
ζ_2	0.21	0.07	0.05	0.15	0.36
ζ_3	0.30	0.20	0.30	0.40	0.65

表中：$x = \left(\frac{v_3}{v_1}\right)\left(\frac{a}{b}\right)^{1/4}$

$\Delta P = \zeta \frac{\rho v_1^2}{2}$

26 矩形吸入三通

v_1/v_3	0.4	0.6	0.8	1.0	1.2	1.5
$\frac{F_1}{F_2}=0.75$	-1.2	-0.3	0.35	0.8	1.1	—
0.67	-1.7	-0.9	-0.3	-0.1	0.45	0.7
0.60	-2.1	-0.3	-0.8	0.4	0.1	0.2
ζ_2	-1.3	-0.9	-0.5	0.1	0.55	1.4

$\Delta P = \zeta \frac{\rho v_3^2}{2}$

27 侧孔吸风

F_2/F_1	L_2/L_0 = 0.1	0.2	0.3	0.4	0.5
	ζ_0				
0.1	0.8	1.3	1.4	1.4	1.4
0.2	-1.4	0.9	1.3	1.4	1.4
0.4	-9.5	0.2	0.9	1.2	1.3
0.6	-21.2	-2.5	0.3	1.0	1.2

F_2/F_1	L_2/L_0 = 0.1	0.2	0.3	0.4
	ζ_1			
0.1	0.1	-0.1	-0.8	-2.6
0.2	0.1	0.2	-0.01	-0.6
0.4	0.2	0.3	0.3	0.2
0.6	0.2	0.3	0.4	0.4

续附录7

<table>
<tr><th>序号</th><th>名　称</th><th>图形和断面</th><th>局部阻力系数ζ（ζ值以图内所示的速度v计算）</th></tr>
<tr><td>28</td><td>调节式送风口</td><td>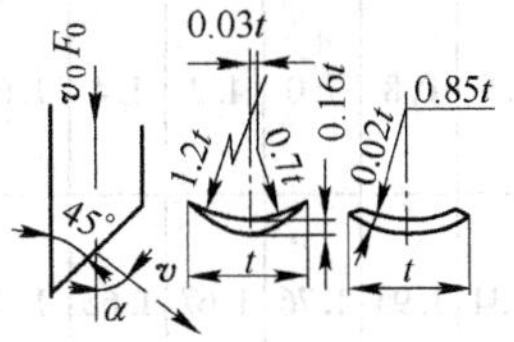
</td><td>
<table>
<tr><td>α/(°)</td><td>30</td><td>40</td><td>50</td><td>60</td><td>70</td><td>80</td><td>90</td><td>100</td><td>110</td></tr>
<tr><td>流线形叶片</td><td>6.4</td><td>2.7</td><td>1.7</td><td>1.6</td><td>—</td><td>—</td><td>—</td><td>—</td><td>—</td></tr>
<tr><td>简易叶片</td><td>—</td><td>—</td><td>—</td><td>1.2</td><td>1.2</td><td>1.4</td><td>1.8</td><td>2.4</td><td>3.5</td></tr>
</table></td></tr>
<tr><td>29</td><td>带外挡板的条缝形送风口</td><td>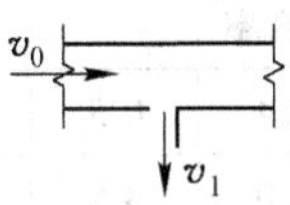
</td><td>
<table>
<tr><td>v_1/v_0</td><td>0.6</td><td>0.8</td><td>1.0</td><td>1.2</td><td>1.5</td><td>2.0</td></tr>
<tr><td>ζ_1</td><td>2.73</td><td>3.3</td><td>4.0</td><td>4.9</td><td>6.5</td><td>10.4</td></tr>
</table></td></tr>
<tr><td>30</td><td>侧面送风口</td><td>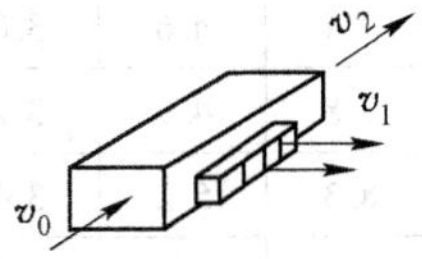
</td><td>$\zeta=2.04$</td></tr>
<tr><td>31</td><td>45°的固定金属百叶窗</td><td>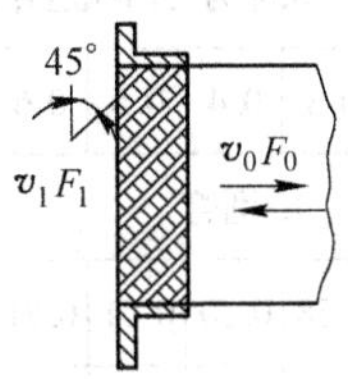
</td><td>
<table>
<tr><td>$\frac{F_1}{F_0}$</td><td>0.1</td><td>0.2</td><td>0.3</td><td>0.4</td><td>0.5</td><td>0.6</td><td>0.7</td><td>0.8</td><td>0.9</td><td>1.0</td></tr>
<tr><td>进风ζ</td><td>—</td><td>45</td><td>17</td><td>6.8</td><td>4.0</td><td>2.3</td><td>1.4</td><td>0.9</td><td>0.6</td><td>0.5</td></tr>
<tr><td>排风ζ</td><td>—</td><td>58</td><td>24</td><td>13</td><td>8.0</td><td>5.3</td><td>3.7</td><td>2.7</td><td>2.0</td><td>1.5</td></tr>
<tr><td colspan="11">F_0—净面积</td></tr>
</table></td></tr>
<tr><td>32</td><td>单面空气分布器</td><td>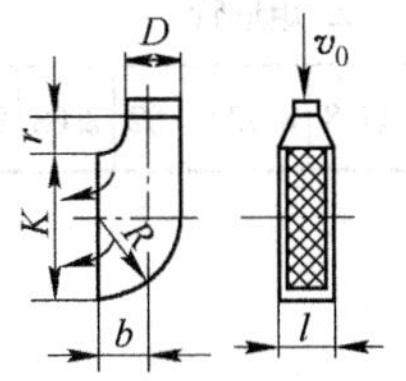
</td><td>当网格净面积为80%时　$r=0.2D$　$R=1.2D$
$b=0.7D$　$l=1.25D$
$\zeta=1.0$　$K=1.8D$</td></tr>
<tr><td>33</td><td>侧面孔口（最后孔口）</td><td>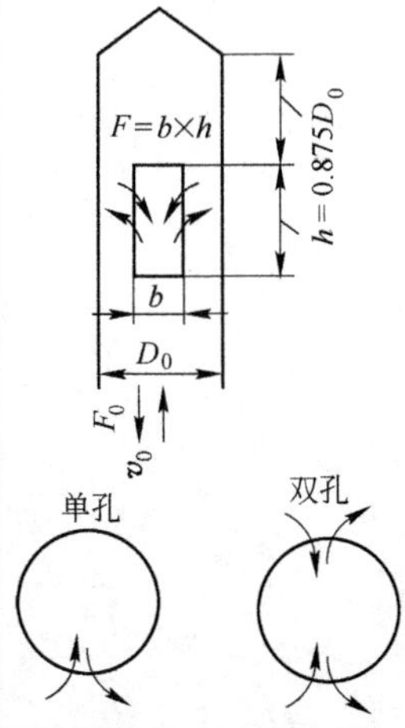
</td><td>
<table>
<tr><td colspan="2">F/F_0</td><td>0.2</td><td>0.3</td><td>0.4</td><td>0.5</td><td>0.6</td><td>0.7</td><td>0.8</td><td>0.9</td><td>1.0</td><td>1.2</td><td>1.4</td><td>1.6</td><td>1.8</td></tr>
<tr><td rowspan="4">送出</td><td colspan="14">单　孔</td></tr>
<tr><td>ζ</td><td>65.7</td><td>30.0</td><td>16.4</td><td>10.0</td><td>7.30</td><td>5.50</td><td>4.48</td><td>3.67</td><td>3.16</td><td>2.44</td><td>—</td><td>—</td><td>—</td></tr>
<tr><td colspan="14">双　孔</td></tr>
<tr><td>ζ</td><td>67.7</td><td>33.0</td><td>17.2</td><td>11.6</td><td>8.45</td><td>6.80</td><td>5.86</td><td>5.00</td><td>4.38</td><td>3.47</td><td>2.90</td><td>2.52</td><td>2.25</td></tr>
<tr><td rowspan="4">吸入</td><td colspan="14">单　孔</td></tr>
<tr><td>ζ</td><td>64.5</td><td>30.0</td><td>14.9</td><td>9.00</td><td>6.27</td><td>4.54</td><td>3.54</td><td>2.70</td><td>2.28</td><td>1.60</td><td>—</td><td>—</td><td>—</td></tr>
<tr><td colspan="14">双　孔</td></tr>
<tr><td>ζ</td><td>65.5</td><td>36.5</td><td>17.0</td><td>12.0</td><td>8.75</td><td>6.85</td><td>5.50</td><td>4.54</td><td>3.84</td><td>2.76</td><td>2.01</td><td>1.40</td><td>1.10</td></tr>
</table></td></tr>
</table>

续附录 7

序号	名　称	图形和断面	局部阻力系数 ζ（ζ 值以图内所示的速度 v 计算）
34	墙　孔	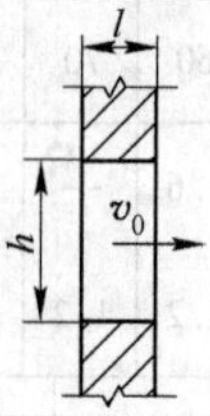	见下表
35	孔板送风口	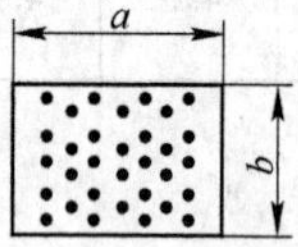	见下表
36	插板阀	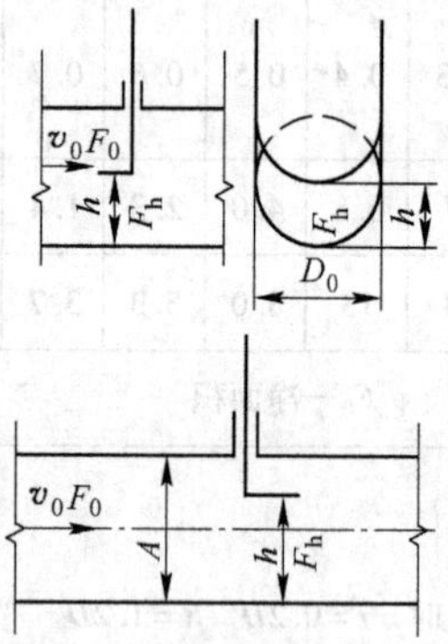	见下表

34 墙孔

l/h	0.0	0.2	0.4	0.6	0.8	1.0	1.2	1.4	1.6	1.8	2.0	4.0
ζ	2.83	2.72	2.60	2.34	1.95	1.76	1.67	1.62	1.6	1.6	1.55	1.55

35 孔板送风口

v	开孔率 0.2	0.3	0.4	0.5	0.6
0.5	30	12	6.0	3.6	2.3
1.0	33	13	6.8	4.1	2.7
1.5	35	14.5	7.4	4.6	3.0
2.0	39	15.5	7.8	4.9	3.2
2.5	40	16.5	8.3	5.2	3.4
3.0	41	17.5	8.0	5.5	3.7

$$\Delta P = \zeta \frac{v^2\rho}{2}$$

v 为面风速

36 插板阀

ζ 值（相应风速为管内风速 v_0）

h/D_0	0	0.1	0.125	0.2	0.3	0.4	0.5	0.6	0.7	0.8	0.9	1.0
1. 圆管												
F_h/F_0	0	—	0.16	0.25	0.38	0.50	0.61	0.71	0.81	0.90	0.96	1.0
ζ	∞	—	97.9	35.0	10.0	4.60	2.06	0.98	0.44	0.17	0.06	0
2. 矩形管												
ζ	∞	193	—	44.5	17.8	8.12	1.02	2.08	0.95	0.39	0.09	0

参考文献

[1] 梁凤珍，等．工业通风与除尘技术[M]．北京：中国建筑工业出版社，1983.
[2] 苏汝维，等．工业通风与防尘工程学[M]．北京：北京经济学院出版社，1988.
[3] 孙一坚．工业通风[M]．北京：中国建筑工业出版社，1994.
[4] 蒋仲安．湿式除尘技术及其应用[M]．北京：煤炭工业出版社，1999.
[5] 蒋仲安．矿山环境工程(第2版)[M]．北京：冶金工业出版社，2009.
[6] 王汉青．通风工程[M]．北京：机械工业出版社，2008.
[7] William A. Burgess, Michael J. Ellenbecker, Robert D. Treitman – 2nd ed. Ventilation for Control of the Work Environment[M]. A John Wiley and Sones, Inc., Publication. 2004.
[8] Robert Jennings Heinsohn PHd, PE. Industrial Ventilation Engineering Principles[M]. A Wiley Interscience Publication. 1990.
[9] C. David Cooper. F. C. Alley. Air Pollution Control[M]. Waveland Press, Inc. 2002.
[10] Jeremy Colls. Air Pollution[M]. Spon Press. 2002.
[11] Dust Control Handbook for Minerals Processing[M]. Bureau of Mines U. S. Department of the Interior. 2003.
[12] 胡传鼎．通风除尘设备设计手册[M]．北京：煤炭工业出版社，1999.
[13] 张殿印，等．除尘工程设计手册[M]．北京：化学工业出版社，2003.